单页 Web 应用

JavaScript 从前端到后端

Single Page Web Applications

［美］Michael S. Mikowski
Josh C. Powell 著
包勇明 译

人民邮电出版社
北京

图书在版编目（CIP）数据

单页Web应用 ：JavaScript从前端到后端 / （美）米可夫斯基（Mikowski,M.S.），（美）鲍威尔（Powell,J.C.）著 ；包勇明译. -- 北京 ：人民邮电出版社，2014.10（2018.10重印）

书名原文：Single page web applications: JavaScript end-to-end

ISBN 978-7-115-36362-6

Ⅰ. ①单… Ⅱ. ①米… ②鲍… ③包… Ⅲ. ①JAVA语言—程序设计 Ⅳ. ①TP312

中国版本图书馆CIP数据核字(2014)第178040号

◆ 著 [美] Michael S. Mikowski Josh C. Powell
译 包勇明
责任编辑 杨海玲
责任印制 彭志环 焦志炜

◆ 人民邮电出版社出版发行 北京市丰台区成寿寺路 11 号
邮编 100164 电子邮件 315@ptpress.com.cn
网址 http://www.ptpress.com.cn
固安县铭成印刷有限公司印刷

◆ 开本：800×1000 1/16
印张：25.5
字数：558 千字 2014 年 10 月第 1 版
印数：8 701－9 000 册 2018 年 10 月河北第 11 次印刷

著作权合同登记号 图字：01-2013-7459 号

定价：69.00 元

读者服务热线：(010) 81055256 印装质量热线：(010) 81055316
反盗版热线：(010) 81055315

内容提要

本书是设计和构建大规模 JavaScript 单页 Web 应用（SPA）的宝贵指南，这些应用从前端到后端都使用 JavaScript：浏览器端应用、Web 服务器和数据库。

本书大约三分之二的内容专门讲解单页 Web 应用的客户端开发，先定义何为 JavaScript 单页应用，接着介绍书中使用的单页 Web 应用的架构，然后依次讲解 Shell 模块、功能模块、Model 模块、Data 模块和 Fake 模块等，其中还专门拿出一整章讲解开发单页 Web 应用时需要掌握的 JavaScript 概念和特性；剩下三分之一的内容讲解单页 Web 应用的服务器端开发和其他与单页 Web 应用相关的知识，如 Node.js、MongoDB、CDN、搜索引擎优化、数据分析、错误日志以及各个层级的缓存等。本书最后的两个附录分别介绍 JavaScript 的编码规范和单页 Web 应用的测试。

本书适合 Web 开发人员、架构师和产品经理阅读，需要读者至少要有些 JavaScript、HTML 和 CSS 的开发经验。

译者简介

包勇明 资深前端工程师，有七年多的前端开发经验，热爱各种前端技术，注重实践，也非常注重基础理论知识，已经开发过多个颇具规模的单页应用。目前正在开发和维护一个云盘和协作类的产品。

译者序

单页 Web 应用（single page web application，SPA）无疑是目前网站开发技术的弄潮儿，很多传统网站都在或者已经转型为单页 Web 应用，新的单页 Web 应用网站（包括移动平台上的）也如雨后春笋般涌现出来，如 Gmail、Evernote、Trello 等。如果你是一名 Web 开发人员，却还没开发过或者甚至是没有听说过单页应用，那你已经 Out 很久了。

单页 Web 应用和前端工程师息息相关，因为最主要的变革发生在浏览器端，用到的技术其实还是 HTML+CSS+JavaScript，所有的浏览器都原生支持，当然有的浏览器因为具备一些高级特性，从而使得单页 Web 应用的用户体验更上一层楼。关于单页应用的优点和缺点，网上讲解的文章有很多，这里就不展开论述了。

单页 Web 应用，顾名思义，就是只有一张 Web 页面的应用。浏览器一开始会加载必需的 HTML、CSS 和 JavaScript，之后所有的操作都在这张页面上完成，这一切都由 JavaScript 来控制。因此，单页 Web 应用会包含大量的 JavaScript 代码，复杂度可想而知，模块化开发和架构设计的重要性不言而喻。

随着单页 Web 应用的崛起，各种框架也不断涌现，如 Backbone.js、Ember.js、Angular.js 等，还有 RequireJS 等模块加载器。但是，本书没有讲解这些框架和模块加载器，这也正是我最喜欢这本书的原因。作者坦言自己很少使用框架，认为框架的限制过多，一旦不符合框架本身的设计哲学，结果可能适得其反。在翻译的过程中，曾多次想给作者鼓掌，因为我一直以来的观点和想法多次和作者的不谋而合。当然我和作者一样，也并不反对使用框架。不管是按照书中的方法来开发，还是决定使用其他可用的框架库，书中的思想都是适用的。

本书作者主要是介绍他们多年来开发单页 Web 应用网站的经验，他们已经从中提炼出单页 Web 应用的架构设计，这些架构设计思想是本书的精华所在，是本书最有价值且最值得回味和学习的知识。我特别欣赏作者那种毫无保留的分享精神和对技术认真严肃的态度，讲解的过程中一直担心遗漏了什么，结果使得本书的篇幅大大超出了他们最初的计划。

本书前面 6 章都在讲解单页 Web 应用的客户端。鉴于完整性的需要，最后 3 章讲的是服务端技术，同样讲得深入浅出，推荐所有 Web 开发人员尤其是前端工程师仔细阅读。作者特意选择和 JavaScript 相关的服务端技术，即 Node.js 和 MongoDB。作者想证明全栈 JavaScript 开发的可行性。作者表示结果是令他们自己满意的。当然服务端也可以选择其他平台，作者从来没有也不会说 Node.js 和 MongoDB 是最好的服务端技术，这一点也是特意强调过的。最后还添加了两个附录，分别介绍 JavaScript 的编码规范和单页 Web 应用的测试，这也是程序开发的两大话题，很值得一读。

单页 Web 应用的开发会遇到很多挑战，但我相信随着技术的不断发展和人们的不断努力，这些挑战会被一一突破。比如，目前棘手的 SEO 问题，需要搜索引擎公司和开发人员的不断尝试和配合，我相信会有那么一天，SEO 的问题将不复存在。

由于本人水平有限，加之时间仓促，翻译过程中难免有纰漏之处，敬请广大读者批评指正。

序

2006年，我编写了生平第一个JavaScript单页Web应用，当时还不叫单页Web应用。这对我的改变非常大。在职业生涯的早期，我关注的是底层Linux内核技术以及并行和分布式计算，用户界面一直就是简单的命令行。在2006年接受了旧金山大学的终身教师职位后，我启动了一个颇具野心的分布式计算项目，叫River（http://river.cs.usfca.edu）,它需要交互式图形界面来简化分布式机器的管理和调试。

当时Alex Russell刚刚杜撰了"comet"这个词，我们从中受到了启发，并决定使用这一技术，界面使用Web浏览器。在尝试使用JavaScript来实现实时交互时，争论颇多，遇到了很大的挑战。尽管做出了一些成果，但是效果并没有希望的那么好。这一挑战就是我们不得不自己来开发所有的东西，因为当时还没有今天使用的库和技术。比如，jQuery，它的第一个版本是后来才发布的。

2011年6月，Mike Mikowski以UI架构师的身份加盟了SnapLogic（http://snaplogic.com）公司，当时我是研发主管。我们在同一个团队工作，设计下一代数据集成产品。Mike和我花了无数时间讨论软件工程和语言设计的核心问题。我们互相学到了很多东西。Mike也和我分享了这本书的草稿，我也学习了他和Josh构建单页Web应用的方法。很明显，他们已经开发了几代商业级单页Web应用，并且利用这一经验提炼出了全面、清晰和相对简单的技术和架构。

自从2006年我投入到River项目以来，开发浏览器原生单页Web应用的技术已经成熟，它们通常优于第三方插件，像Java或者Flash。有很多好书关注这些技术，像HTML、CSS、JavaScript、jQuery、NodeJS和HTTP，但遗憾的是，很少有书能很好地把这些技术结合在一起。

这本书是一个例外。它详细地展示了精心测试过的技巧，在从前端到后端都使用JavaScript来构建引人注目的单页Web应用时，需要用到这些技巧。它分享了从几代单页Web应用中提炼出来的深刻见解。可以说Mike和Josh走过很多的弯路，这样你就不用重蹈覆辙了。有了这本书，你就可以关注应用的目标，而不是应用的实现。

这本书中的解决方案使用了现代 Web 标准，在相当长的时间内都是有效的，可以在很多浏览器和设备上正常运行。真希望在 2006 年开发 River 项目时，就具备今天的技术和拥有这本书。我们当然会很好地对它们加以利用。

Gregory D. Benson
旧金山大学计算机科学系教授

前言

Josh 是我在找工作的时候认识的，2011 年夏天他给我提供了一个 Web 架构师的职位。尽管最终我决定接受另外一个机会，但是我们相见甚欢，并讨论了一些关于单页 Web 应用的有趣问题以及互联网的未来。有一天，Josh 天真地建议我们俩合写一本书，我傻傻地同意了，于是数百个周末我们把自己关起来，经历着相同的命运。我们最开始预计这会是一本很薄的书，少于 300 页。最初的想法是作为经验丰富的开发者提供从前端到后端都使用 JavaScript 来创建产品级单页 Web 应用的深刻见解。本书中的概念适用于任何开发 JavaScript 单页 Web 应用的人，不管他们是按照书中的方法来开发，还是决定使用其他可用的框架库。

当首次发布 MEAP 版本的时候，第一个月就有将近 1000 人购买了此书。我们倾听着他们的反馈，也在聚会、大学和行业会议上向成千上万的开发者和有影响力的人发表演讲，使其知道为什么单页 Web 应用如此吸引人。我们听到的声音是渴望了解与这个主题相关的知识。我们发现开发者渴望学习构建 Web 应用的更好的方法。于是又添加了很多内容，覆盖了更多的主题。例如，添加了附录 B，详细演示了如何进行无头单页 Web 应用[①]的测试，因为很多人觉得书稿中关于测试的讲解还不够全面。

我们还提供了开发产品级单页 Web 应用的深刻见解，也讲解了一些读者真正想要的额外主题。于是，我们的“小”书的篇幅就比最初估计的大约翻了一番。希望你喜欢这本书。

Michael S. Mikowski

① headless SPA，即不在浏览器中运行的单页应用，具体内容请见附录 B。——译者注

关于作者

Michael Mikowski 是一位屡获殊荣的工业设计师和单页应用架构师，是一位有着 13 年经验的全栈 Web 开发人员和架构师。他担任 HP/HA 平台开发经理将近四年，该平台在大规模集群中使用 mod_perl 应用服务器，每天需要处理数十亿次请求。

在 2007 年，他开发了 AMD 公司的“Where to Buy”网站，受网站托管技术的限制，他无法使用其他解决方案，于是他就着手开发商业级单页 Web 应用。之后，他被单页应用的发展潜力迷住了，持续不断地设计和开发了很多类似的解决方案。他坚信面向质量设计、创造性地破坏、简约主义和有针对性的测试技巧可以消除单页应用开发的复杂度和混乱。

他是很多开源项目的贡献者，发布了很多 jQuery 插件。他出席了 2012 年和 2013 年的 HTML5 开发者大会、Developer Week 2003，并出现在旧金山大学和很多公司。近期他的工作是 UI 架构师、顾问和用户体验工程学的主管。

Josh Powell 自从 IE6 还算好的浏览器开始就已经投身于 Web 开发。他是一位有着超过 13 年经验的软件工程师和 Web 架构师，他痴迷于开发 Web 应用的技巧，并组建团队来做这件事情。目前他正沉浸于尝试不同的单页 Web 应用技术，并乐此不疲。

本性使然，他活跃于公开演讲，并出席过单页应用和 JavaScript 大会，如 HTML5 开发者大会和 NoSQL Now!，从大学到硅谷公司，如 Engine Yard、RocketFuel 和其他很多公司。他还为 www.learningjquery.com 和各种在线杂志撰写文章。

致谢

两位作者想感谢下面这些人。

- Joey Brooks，负责介绍我俩认识的招聘人员。这一切都是你的错，Joey。
- John Resig 和所有 jQuery 开发者，你们创建了一个极其专注、可扩展和给力的库。jQuery 使得开发单页 Web 应用更加快速、可靠和有趣。
- Ian Smith，编写和维护 TaffyDB，这是一个在浏览器中操作数据的强大工具。
- Niels Johnson（亦称“Spikels”），他校对书稿以换取对书稿的早期访问。我认为我们是这笔交易的赢家，因为他的评论异常详尽，对最后的编辑非常有用。
- Manning 公司的 Michael Stephens，是他帮助我们理出了首个大纲，并创建了本书的结构。
- Bert Bates，他知道如何更好地编写技术书籍，胜于这个星球上的绝大多数人。在思考本书的读者群时，他确实帮了很大的忙。
- Karen Miller，我们的开发编辑，在编写这本书的大多数时间里我们都在一起，督促我们及参与到这个过程中的其他人，保持本书的向前推进。
- Benjamin Berg，我们的文字编辑，Janet Vail，我们的产品编辑，她擅长沟通交流，使本书得以高效出版，以及所有在这本书上帮助过我们的 Manning 工作人员。
- Ernest Friedman-Hill，我们的技术插图顾问，本书中一些最令人瞩目的插图背后就是他提供的思想。
- John J. Ryan，在出版本书之前不久，他很仔细地对最终书稿进行了技术校对。
- 所有的审阅者，他们对我们编写的内容和代码提供了详尽的分析，这样我们就能够按照需要对其进行简化和增强，他们是 Anne Epstein、Charles Engelke、Curtis Miller、Daniel Bretoi、James Hatheway、Jason Kaczor、Ken Moore、Ken Rimple、Kevin Martin、Leo Polovets、Mark Ryall、Mark Torrance、Mike Greenhalgh、Stan Bice 和 Wyatt Barnett。
- 成千上万 MEAP 版本的购买者、与会人员和同事：他们要求我们对书中演示的解决方案进行优化。

Mike 还想感谢下面这些人。

■ 建议我写这本书的 Josh Powell。这是一个很棒的主意，也是一次很不错的学习经历。现在请准许我回归原来的生活，好吗？
■ 本书序的撰写者 Gregorgy Benson。
■ Gaurav Dhillon、John Schuster、Steve Goodwin、Joyce Lam、Tim Likarish 和 SnapLogic 团队的其他人，他们懂得经济和优雅设计的价值。
■ Anees Iqbal、Michael Lorton、David Good 和 GameCrush 团队的其他人。虽然 GameCrush 开发的产品并不尽如人意，但它是我曾见过的最接近成功的产品。
■ 我的父母，他们给我买了一台电脑，却拒绝为它购买任何软件。这是学习如何写代码的强大动力。
■ 我忘了提及的每个人。墨菲定律第 8 条清楚地表明，我忘记的一些很重要的人，只能在本书出版后才会想起来。为此，我真诚地表示歉意并希望你们会原谅我。

Josh 想感谢下面这些人。

■ 答应和我一起写这本书的 Mike Mikowski。我很高兴我并没有尝试靠自己一个人编写整本书。很傻，很天真！我的意思是……谢谢。
■ 我的兄弟 Luca Powell，拥有追随梦想的勇气，创建了一家企业，可以做他自己。是他鼓舞了我。
■ 我家里的其他人还有朋友，没有他们我就不会是现在的我。
■ 让我自由完成本书的 John Kelly，他懂得这事儿是得花时间的。它真是花时间！
■ Mark Torrance，是他指导我成长为经验丰富的开发团队成员，并给了我自由，让我能开始编写这本书。
■ Wilson Yeung 和 Dave Keefer，推动我深入学习 Web 开发的知识。你们对我的职业生涯和软件工程知识及经验产生了最大的影响。

关于本书

在考虑写这本书的时候，我们设想的是三分之二的内容关注单页 Web 应用开发的客户端，其他三分之一的内容关注 Web 服务器和单页 Web 应用所需要的服务。但我们无法决定使用何种 Web 服务器。我们使用 Ruby/Rails、Java/Tomcat、mod_perl 和其他平台编写过大量的传统网站和单页 Web 应用网站的服务器，它们都各有缺点，尤其是对单页 Web 应用的支持有所欠缺，这使得我们想要的更多。

最近我们切换到了“纯”JavaScript 栈：Web 服务器使用 Node.js，数据库使用 MongoDB。虽然有挑战，但我们发现这经历是令人解脱和信服的。相同的语言和数据格式的好处意义深远，它们比从“多语言栈”（polyglot-stack）中失去的某种语言功能都更为重要。

迄今为止，我们觉得“纯”JavaScript 栈可以向读者提供最大的价值，因为我们知道没有其他书本演示如何把各个部分组合在一起。我们认为这种“纯”JavaScript 栈会继续受到欢迎，并成为单页应用最常使用的开发方式。

本书导读

第 1 章介绍单页应用。这一章会对 JavaScript 单页应用进行定义，并和其他单页应用进行对比。这一章还会比较传统 Web 网站和单页应用，并讨论使用单页应用的时机、好处和挑战。在这一章的最后，会指导读者开发一个可用的单页应用。

第 2 章讲解对构建单页应用必需的 JavaScript 功能和特性。由于单页应用中的所有代码都使用 JavaScript 编写，并不是事后为了提供一些用户交互而添加的，所以理解语言是如何工作的就非常重要。这一章会讨论变量、格式和函数，还有其他一些高级主题，如执行环境、闭包和对象原型。

第 3 章介绍本书使用的单页应用架构，也介绍用户接口主模块 Shell。Shell 会协调功能模块和浏览器相关的事件和数据（如 URL 和 cookie）。这一章还会实现一种事件处理程序和用来管理页面状态的锚接口模式。

第 4 章详细讲解功能模块，它向单页应用提供定义良好和有作用域的功能。精心编写的功能模块就相当于第三方 JavaScript 模块。提倡隔离以确保质量和模块化。

第 5 章演示如何构建 Model 模块，它将客户端的所有业务逻辑整合在一个名字空间中。Model 负责数据管理和同服务器的交互，从而隔离客户端。这一章还会设计和开发 People API，使用 Fake 数据模块和 JavaScript 控制台对 Model 进行测试。

第 6 章完成 Model 的其他工作。这一章会设计和开发 Chat API，依然使用 Fake 数据模块和 JavaScript 控制台对它进行测试。这一章会引进 Data 模块，对应用加以修改，以便使用来自 Web 服务器的真实数据。

第 7 章介绍 Web 服务器 Node.js。由于单页应用的大多数代码都在客户端，后端可以用任何语言编写，只要它能很好地满足应用的要求即可。后端使用 JavaScript 编写，可以使编程环境保持一致，并能简化全栈开发。如果之前从没用过 Node.js，那么这是很不错的介绍，即使对于一位经验丰富的 Node.js 开发者，本章也有一些关于单页应用中服务器所扮演角色的深刻见解。

第 8 章介绍了数据库。我们使用 MongoDB，因它是有产品证明的数据库，按 JSON 文档来存储数据，客户端使用的也是相同的数据格式。在深入了解单页应用中服务器所扮演的角色之前，我们会向没有使用过 MongoDB 的人做基本介绍。

第 9 章讲解一些单页应用概念上的细节，它们不同于传统的 MVC Web 应用：单页应用的搜索引擎优化、收集单页应用的分析数据和记录单页应用中的错误日志。我们也会讲解一些对于传统 Web 应用很重要的领域知识，它们对单页应用的开发尤其重要：通过 CDN 快速提供静态资源内容以及栈的各个层级的缓存。

附录 A 会非常详细地介绍 JavaScript 的编码标准，它们对读者可能有用也可能没用，但我们已经发现它们是组织单页应用中的 JavaScript 代码的宝贵指南，使之易测试、易维护并且非常易读。在这里我们会讲解为什么编码标准很重要，组织代码并为之添加文档，命名变量和方法，保护名字空间，组织文件，以及使用 JSLint 来验证 JavaScript。我们还会提供两张 Web 页面作为读者编码时的参考。

附录 B 会讲解单页 Web 应用的测试。测试单页应用可以另外写本书，但它是一个很重要并且很关键的话题，不容忽视。我们讲解了设置测试模式，选择测试框架，创建测试集，以及修改单页应用的模块以便添加测试设置。

读者群体

本书是为 Web 开发人员、架构师和产品经理编写的，他们至少要有一些 JavaScript、HTML 和 CSS 的开发经验。如果你从来没有接触过 Web 开发，本书不适合你，但不管怎样还是欢迎购买。有很多非常不错的教初学者开发和设计网站的书，但这一本不是。

希望本书成为很好的设计和构建大规模单页应用的指南，这些应用从前端到后端都使用 JavaScript。数据库、Web 服务器和浏览器应用所使用的语言都是 JavaScript。本书大约三分之二的内容专门讲解客户端，最后三分之一的内容演示如何使用 JavaScript 工具（如

Node.js 和 MongoDB）构建服务器。如果你受限于其他服务器平台，大部分的逻辑应该很容易转化，而通信服务则需要一台事件驱动的 Web 服务器。

编码规范和下载

出现在代码清单或者正文中的以等宽字体显示的源代码，是用来把它和普通文本分隔开的。代码清单中的注释是强调的重要概念。

本书中的示例源代码可以到 Manning 出版社的网站下载：www.manning.com/SinglePageWebApplications。

软件和硬件需求

如果你使用的是最近的 Mac OSX 或者是 Linux 电脑，假如你安装了我们在讲解过程中提到的软件，那么对于本书中的练习，很少或者不会有什么麻烦。

如果你使用的是 Windows，对于本书的第一部分和第二部分内容，很少或者不会有什么麻烦。第三部分内容需要一些 Windows 上没有或者有限制的工具。我们推荐使用免费可用的虚拟机（请查看 http://www.oracle.com/technetwork/server-storage/virtualbox/downloads/index.html）和 Linux 发行版（推荐 Ubuntu Server 13.04，请查看 http:// www.ubuntu.com/download/server）。

作者在线支持

购买这本书将免费获得 Manning 出版社运营的私有 Web 论坛的访问权限，在这里可以对本书提出意见、咨询技术问题和得到作者和其他用户的帮助。在 Web 浏览器中打开 www.manning.com/SinglePageWebApplications，可以访问和订阅该论坛。注册之后，页面会提示如何使用论坛，在论坛可以得到哪种帮助，以及需要遵守哪些规则。

Manning 会向读者保证提供一个场所，在那里读者之间以及读者和作者之间可以进行一些有意义的交流。但不保证作者会有指定量的参与度，他们对作者在线论坛的贡献是自愿行为（并且是没有报酬的）。我们建议你尝试向作者提有挑战性的问题，以免他们对问题提不起兴趣。

只要本书还在印刷，作者在线论坛和之前存档的问题就可以通过 Manning 出版社的网站访问。

关于封面插图

本书封面上的图片的标题是“Gobenador de la Abisinia”，或曰阿比西尼亚州长，今天叫做埃塞俄比亚。这幅插图取自首次于1799年出版的“西班牙地区服饰习俗概略”。这本书的标题页写着：

Coleccion general de los Trages que usan actualmente todas las Nacionas del Mundo desubierto, dibujados y grabados con la mayor exactitud por R.M.V.A.R. Obra muy util y en special para los que tienen la del viajero universal.

尽可能按字面意思翻译如下：

在已知的世界中使用的一般服饰的收集作品，由R.M.V.A.R非常精确地设计和印刷。这项工作非常有用，特别是对那些环球旅行者来说。

尽管对设计师、雕刻师和手工为该插图着色的工人一无所知，但是在这张画中，他们“精确”的工作是显而易见的。这本图集作品非常丰富多彩，“Gobenador de la Abisinia”只是很多张图片中的一张。它们的多样性把200年前世界不同国家服饰的独特性和个性化展现得淋漓尽致。

Manning通过将来自这本图集中的图片作为封面的方式来庆祝创造性、主动性和计算机业务的乐趣，也让两个世纪前丰富多彩的生活重新焕发光彩。

目录

第三部分 单页应用服务器

第一部分

单页应用简介

阅读本页所逝去的这段时间，有 3500 万人将花费 1 分钟的时间来等待传统网站页面的加载。这些旋转图标所消耗的时间，足够好奇号登陆车[1]往返火星 96 次。传统网站的生产成本是惊人的，这些成本足以让企业毁灭。加载慢的网站会把用户从我们的网站赶走，我们的竞争对手会笑得合不拢嘴，欢迎用户跑进他们的“钱包”。

由于流行的 MVC 服务端框架关注的是为客户端提供一页页的静态内容，这些客户端从本质上说是哑客户端（dumb client），这是传统网站慢的原因之一。例如，当我们在展示幻灯片的传统网站上点击链接时，页面会“闪白”，过几秒钟后所有的东西都会重新加载：导航栏、广告、标题、文本和底部都会重新渲染。然而唯一改变的东西只是幻灯片图片，可能还有描述文字。更糟糕的是，当页面中的某些元素可用的时候却没有任何提示。例如，有时当链接在页面上显现时就可以点击，其他时候得等到重绘 100%完成，再过 5 秒钟才可以点击。对于经验越来越丰富的 Web 用户来说，这种迟钝的、不一致的和笨拙的体验就变得难以接受。

单页应用（single page web application）[2]是我们准备学习的另外一种更好的开发 Web 应用的方法。单页应用是在浏览器中运行的桌面应用。因此它具有快速响应的体验，用户会感到惊喜和愉悦，而不是困惑和恼火。在第一部分我们将学习：

---

① 好奇号（Curiosity）是一辆美国宇航局火星科学实验室辖下的火星探测器，主要用于探索火星的盖尔撞击坑，为美国宇航局火星科学实验室计划的一部份。好奇号的任务包括：探测火星气候及地质，探测盖尔撞击坑内的环境是否曾经能够支持生命，探测火星上的水，及研究日后人类探索的可行性。更多信息请参见 http://zh.wikipedia.org/wiki/好奇号。——译者注

② 单页 Web 应用，作者在整本书中都使用缩略词 SPA。考虑到目前 SPA 并未被业界大规模接受，尤其中文读者可能会觉得陌生，在翻译过程中考虑到表述的简洁性和大家的习惯叫法，只使用“单页应用”一词，不过译者还是希望本书所有的读者能记住 SPA 这个缩略词。——译者注

- 单页应用是什么以及它给传统网站带来的好处；
- 单页应用如何使 Web 应用更具响应性和更令人着迷；
- 为了开发单页应用，如何提升 JavaScript 技能；
- 如何构建单页应用的示例。

产品设计逐渐被视为商业和企业 Web 应用成功的决定性因素。单页应用经常是提供最佳用户体验的最好选择。因此，我们期待以用户为中心的设计需求，带动更多人采用单页应用，并使之日臻完美。

第1章 第一个单页应用

本章涵盖的内容

- 定义单页应用
- 比较最流行的单页应用平台：Java、Flash 和 JavaScript
- 编写第一个 JavaScript 单页应用
- 使用 Chrome 开发者工具查看单页应用
- 探讨单页应用对用户的好处

本书是为 Web 开发人员、架构师和产品经理而编写的，他们至少要有些 JavaScript、HTML 和 CSS 的经验。如果你从来没有涉猎过 Web 开发，本书就不适合你，但不管怎样还是欢迎购买。有很多非常不错的教初学者开发和设计网站的书，但这一本不是。

希望本书成为很好的设计和构建大规模单页应用的指南，这些应用从前端到后端都使用 JavaScript。如图 1-1 描述，实际上数据库、Web 服务器和浏览器应用都使用 JavaScript 语言。

我们花费了最近的 6 年时间，主导开发了很多大规模的商业级和企业级单页应用。在这期间，我们不断变更方法以便战胜遭遇的挑战。我们在本书中分享了这些方法，它们帮助我们更快速地进行开发，提供了更好的用户体验，保证了质量，提升了团队的沟通效率。

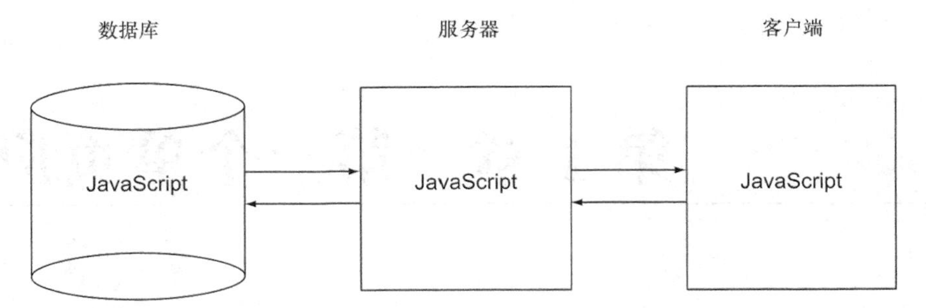

图 1-1　从前端到后端都使用 JavaScript

1.1 定义、一些历史和一些关注点

单页应用是指在浏览器中运行的应用，在使用期间页面不会重新加载。像所有的应用一样，它旨在帮助用户完成任务，比如“编写文档”或者“管理 Web 服务器”。可以认为单页应用是一种从 Web 服务器加载的富客户端。

1.1.1 一些历史

单页应用已经出现了很长一段时间。我们来看一些早期的示例。

- 井字棋——http://rintintin.colorado.edu/～epperson/Java/TicTacToe.html。嗨，我们没说这游戏会很好玩。这个应用是在井字棋游戏中挑战强大无情的电脑对手。需要安装 Java 插件，请查看 http://www.java.com/en/download/index.jsp。为了能运行这个小程序（applet），你可能需要对浏览器进行授权。
- Flash 空间登陆器——http://games.whomwah.com/spacelander.html。这是早期的 Flash 游戏，大约在 2001 年由 Duncan Robertson 编写。需要安装 Flash 插件，请查看 http://get2.adobe.com/flashplayer/。
- JavaScript 按揭计算器——http://www.mcfedries.com/creatingawebpage/mortgage.htm。这个计算器几乎和 JavaScript 自己一样古老，但计算完全没问题。不需要插件。

机灵的读者（甚至一些懒散的人[①]）会注意到我们展示了三种最流行的单页应用平台示例：Java 小程序、Flash/Flex 和 JavaScript。上述这些读者可能已经注意到，只有 JavaScript 单页应用不需要第三方插件就能运行，没有什么开销和安全方面的顾虑。

如今，JavaScript 单页应用通常是这三个平台之中的最佳选择。但是 JavaScript 花了一段时间才变得具有竞争力，或者说是适用于绝大多数单页应用。我们来看下这是为什么。

① 如果你一边在阅读本章的内容，一边在吃掉在胸口的薯片，那么你就是个懒散的人。

1.1.2 是什么导致 JavaScript 单页应用姗姗来迟

在 2000 年以前，Flash 和 Java 小程序发展得很不错。Java 被用来在浏览器中运行复杂的应用，甚至是完整的办公套装软件[1]。Flash 成了运行富浏览器游戏的选择平台，还有后来的视频。另一方面，JavaScript 主要致力于的，仍旧不过是按揭计算器、表单验证、翻转特效和弹窗而已。问题在于我们无法依靠 JavaScript（或者是它使用的渲染方法）在所有流行的浏览器上提供一致的关键功能。尽管如此，JavaScript 单页应用还是比 Flash 和 Java 小程序拥有很多引人入胜的优势。

- 不需要插件——用户不用关心插件的安装和维护以及操作系统的兼容性，就能访问应用。开发人员也同样不用为单独的安全模型而担心，这能减少开发和维护时令人头痛的问题[2]。
- 不臃肿——使用 JavaScript 和 HTML 的单页应用，所需的资源要比需要额外运行环境的插件少得多。
- 一种客户端语言——Web 架构师和大多数开发人员需要知道很多种语言和数据格式，HTML、CSS、JSON、XML、JavaScript、SQL、PHP/Java/Ruby/Perl 等。当我们已经在页面上的其他地方使用了 JavaScript，为什么还要用 Java 编写小程序、或者是用 ActionScript 编写 Flash 应用呢？在客户端上的所有东西只使用一种编程语言，可以大大地降低复杂性。
- 更流畅和更具交互性的页面——我们已经看过了网页上的 Flash 和 Java 应用。应用通常只显示在某个小方盒内，小方盒周围的很多东西和 HTML 元素不同：图形 widget 不一样、右键不一样、声音不一样、与页面的其他部分交互也受到限制。而 JavaScript 单页应用的话，整个浏览器窗口都是应用界面。

随着 JavaScript 的成熟发展，它的大部分缺点不是被修复了，就是被缓解了，它的价值优势也水涨船高。

- Web 浏览器是世界上最广泛使用的应用——很多人会整天开着浏览器窗口并一直使用着。访问 JavaScript 应用只不过是在书签栏上点击一下罢了。
- 浏览器中的 JavaScript 是世界上分布最广的执行环境之一——到 2011 年 12 月，每天激活的 Android 和 iOS 移动设备差不多有一百万台。每台设备的系统都内置了稳健的 JavaScript 执行环境。最近三年，在世界各地的手机、平板、笔记本电脑和台式机上，发布了超过十亿个稳健的 JavaScript 实现。
- 部署 JavaScript 应用很简单——把 JavaScript 应用托管到 HTTP 服务器上后，就能

---

① Applix (VistaSource) Anywhere Office。

② 你会说“同源策略”？如果你曾经使用 Flash 或者 Java 开发过东西，你对此挑战应该是再熟悉不过了。

被超过十亿的 Web 用户使用。

- JavaScript 对跨平台开发很有用——现在可以使用 Windows、Mac OS X 或者 Linux 来创建单页应用，部署了一个单独的应用，不但可以在所有的台式机设备上使用，而且可以在所有的平板和智能手机上使用。我们得感谢趋于一致的跨浏览器标准实现，还有诸如 jQuery 以及 PhoneGap 这样成熟的库消除了不一致性。
- JavaScript 的运行速度变得惊人的快并且有时能和编译型语言匹敌——它的快速发展得益于 Mozilla Firefox、Google Chrome、Opera 和 Microsoft 之间持续不断的激烈竞争。现代 JavaScript 实现利用了诸如即时编译（JIT）成本地机器码、分支预测、类型推断和多线程的高级优化技术[①]。
- JavaScript 逐渐引入了高级功能——这些功能包括 JSON 原生对象、本地 jQuery 风格的选择器和更加一致的 AJAX 功能。使用成熟的库，如 Strophie 和 Socket.IO，推送消息要比以往容易得多。
- HTML5、SVG 和 CSS3 的标准和支持已向前推进——这些进步可以完美地渲染像素级别的图形，这是可以和 Java 或 Flash 的生成速度和质量相媲美的。
- 整个 Web 项目从头到尾都可以使用 JavaScript——现在我们可以使用卓越的 Node.js Web 服务器，使用诸如 CouchDB 或者 MongoDB 来保存数据，它们都用 JSON 来通信，JSON 是一种 JavaScript 数据格式。我们甚至可以在服务器和浏览器之间共享代码库。
- 台式机、笔记本甚至移动设备都越来越强大了——多核处理器的普及和 G 级别的内存，意味着过去在服务器上完成的处理工作，现在可以分给客户端的浏览器了。

有了这些优势，JavaScript 单页应用已变得相当流行，对有丰富经验的 JavaScript 开发人员和架构师的需求也日益旺盛。曾经为多种操作系统（或者是为 Java 或 Flash）开发的应用，如今只需运行一个 JavaScript 应用即可。创业公司选择使用 Node.js 作为 Web 服务器，移动应用开发人员使用 JavaScript 和 PhoneGap 为多种移动平台创建“原生的”应用，这只需要一份代码库。

JavaScript 并不完美，我们轻而易举就能发现遗漏的、不一致的和其他不喜欢的东西。但所有的语言都一样。一旦适应了它的核心思想，采取最佳方法并学会了哪些部分应该避免使用，JavaScript 开发就会变得愉悦和高效。

生成式的 JavaScript：殊途同归

我们发现直接使用 JavaScript 开发单页应用更加容易。我们把这些应用叫做原生的单页应用。另外一种出人意料的流行方法是使用生成式的 JavaScript，开发人员使用另一种语言来编写代码，

---

① 请查看 http://iq12.com/old_blog/as3-benchmark/和 http://jacksondunstan.com/articles/1636，一些同 Flash ActionScript3 的比较。

然后再转换成 JavaScript。这种转换要么发生在运行时，要么发生在单独的生成阶段。著名的 JavaScript 生成器有以下几个。

- **Google Web Toolkit(GWT)**——请查看 http://code.google.com/webtoolkit/。GWT 使用 Java 来生成 JavaScript。
- **Cappuccino**——请查看 http://www.cappuccino.org/。Cappuccino 使用 Objective-J，Objective-J 是 Mac OS X 上的 Objective-C 的副本。Cappuccino 自身是从 Cocoa 应用框架移植过来的，Cocoa 也源自 OS X。
- **CoffeeScript**——请查看 http://coffeescript.org/。CoffeeScript 将一种自定义的语言转换成 JavaScript，它提供了一些语法糖。

考虑到 Google 在 Blogger、Google Groups 和其他许多网站上使用了 GWT，我们可以放心地说生成式的 JavaScript 单页应用已被广泛地使用了。这就有个问题：何苦要用一种高级语言来编写代码，然后把它转换成其他语言？这儿有很多生成式的 JavaScript 仍然很受欢迎的理由，以及为什么这些理由已经没有原来那么令人信服了。

- 熟悉度——开发人员可以使用更熟悉或者更简单的语言。有了生成器和框架，他们不用学习 JavaScript 的古怪语法就能进行开发。问题在于，在转换的过程中，最终还是会丢失一些东西。当发生这样的情况时，开发人员不得不查看生成的 JavaScript 并弄懂它，从而使之正常工作。我们觉得使用抽象层级的语言，还不如直接使用 JavaScript 来得高效。
- 框架——开发人员明白，在服务端和客户端使用一致的构建库 GWT，使得整个体系结构紧密地结合在了一起。这是一个很有说服力的论据，尤其当团队已经具备了很多专业知识和有很多正在研发中的产品。
- 多目标——开发人员可以用生成器为多个目标编写代码，比如一个文件给 Internet Explorer 使用，另一个文件给其余的浏览器使用。尽管为不同的目标生成代码听起来很不错，但是我们认为，为所有的浏览器只部署一份 JavaScript 源代码更加高效。幸亏是趋于一致的浏览器实现和成熟的跨浏览器库（如 jQuery），现在编写复杂的单页应用要简单得多了，无需修改就能在所有主流的浏览器上运行。
- 成熟度——开发人员认为开发大规模应用，JavaScript 没什么结构化可言。然而 JavaScript 还是逐渐地成为一种更好的语言，有令人印象深刻的优势和容易控制的缺陷。从强类型语言（比如 Java）转来的开发人员，有时候觉得类型安全的缺失是不可饶恕的。还有些从有配套框架（比如 Ruby on Rails）转来的开发人员，则对结构化的明显缺失而有所不满。令人欣慰的是，可以结合代码验证工具、代码标准和使用成熟的库来缓解这些问题。

今天，我们相信原生的 JavaScript 单页应用通常都是最佳选择。这也是我们在本书中要设计和构建的单页应用。

1.1.3 我们的关注点

本书演示了如何从前端到后端都使用 JavaScript[①]来开发有吸引力的、稳健的、可扩展的和易于维护的单页应用。除非另有说明，否则从这一刻起，当提到单页应用时，我们指的就是原生的 JavaScript 应用，业务和显示逻辑直接使用 JavaScript 编写，由浏览器执行。JavaScript 利用浏览器技术来渲染界面，如 HTML5、CSS3、Canvas 或者 SVG。

单页应用可以使用许多服务端技术。自从这么多的 Web 应用转移到了浏览器端，通常对服务器的要求就大大地降低了。图 1-2 展示了业务逻辑和 HTML 的生成是如何从服务端迁移到客户端的。

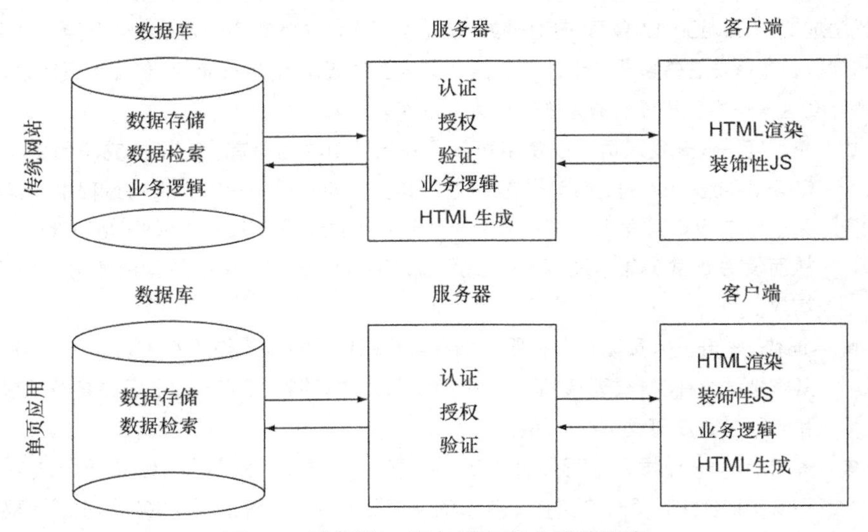

图 1-2 数据库、服务器和客户端的职责

在第 7 章和第 8 章，我们会重点讨论后端，所使用的 Web 服务器和数据库的语言都是 JavaScript。你可以不选择这种方式或者可能喜欢另一种后端。这没关系，不管后端使用的是什么技术，本书中使用的大部分单页应用的思想和技术都是有效的。但是如果你想从前端到后端都使用 JavaScript，那我们已经为你代劳了。

我们在客户端使用的库，包括用来操作 DOM 的 jQuery，还有历史管理和事件处理的插件。我们使用 TaffyDB2 来提供高性能的、以数据为中心的模型。使用 Socket.IO 提供在服务端和客户端之间无缝的、近实时的消息传输。在服务端，使用 Node.js 作为基于事件的 Web 服务器。Node.js 使用 Google V8 JavaScript 引擎，擅长处理成千上万的并发连接。在 Web 服务器上也使用了 Socket.IO。使用的数据库是 MongoDB，它是一种 NoSQL 数据

① 本书的另外一个名字可以是《使用最佳方法构建单页应用》，但这显得有点儿啰嗦。

库，使用 JavaScript 原生的数据格式 JSON 来保存数据，也有 JavaScript API 和命令行接口。所有这些都是久经考验和流行的解决方案。

开发单页应用所需要编写的 JavaScript 代码，在规模上至少要比传统网站大一个数量级，这是因为应用的很多逻辑从服务端转移到了浏览器端。开发一个单页应用，可能需要很多开发人员同时编写代码，最终的代码量可能远远超过 100 000 行。以前为服务端开发而保留的约定和规范，在这种规模下工作是必需的。另外一方面，服务器软件已被简化，只和认证、验证和数据服务相关。在演示示例的过程中，请记住这一点。

1.2 构建第一个单页应用

现在是时候来开发单页应用了。我们将会采取最佳做法，在讲解的同时会进行解释。

1.2.1 定义目标

我们的第一个单页应用，目标不太大，在浏览器窗口的右下角显示一个聊天滑块，你可能在 Gmail 或者 Facebook 上见过，和它们是类似的。当应用加载时，滑块是收起的。当点击滑块时，它就会展开，如图 1-3 所示。再次点击，它又会收起来。

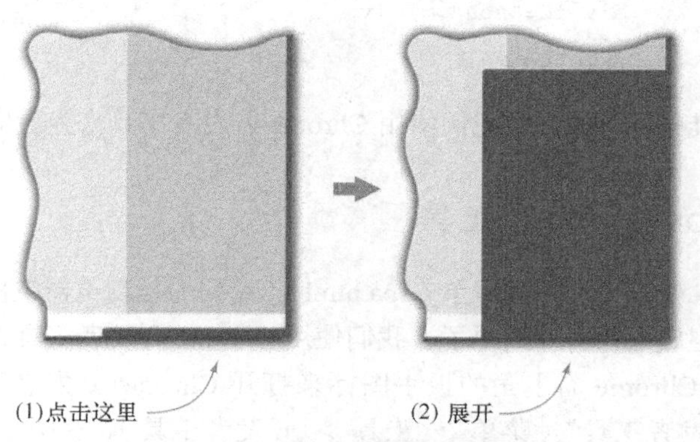

图 1-3 收起和展开的聊天滑块

除了打开和关闭聊天滑块以外，单页应用通常还会做很多其他的事情，比如发送和接收聊天消息。为了使这个简介示例相对简单和简洁，我们会省略这些麻烦的细节。借用一句名言，单页应用不是一天建成的。不用担心，在第 6 章和第 8 章会再来讲解发送和接收消息。

在接下来的几个小节，我们会为单页应用开发创建一个文件，介绍一些我们喜欢的工具、开发聊天滑块的代码以及强调一些最佳做法。我们在这儿给出了很多需要吸收的东西，并不期望你现在就能理解所有的事情，尤其是我们使用的一些 JavaScript 技巧。在接下来的几章里面，每一个主题都会更详细地进行讨论，但是现在，请放松，不要担心这些鸡毛蒜皮的小事，知道是什么情况就行啦。

1.2.2 创建文件结构

我们使用单个文件 spa.html 来创建应用，外部库只使用 jQuery。一般而言，更好的做法是将 CSS 和 JavaScript 分成单独的文件，但开始时使用单个文件，对开发和示例都很方便。我们先规定在哪儿放置样式和 JavaScript，还会添加一个<div>容器，在其中编写应用的 HTML 代码，如代码清单 1-1 所示。

代码清单 1-1 “小荷才露尖尖角”——spa.html

```
<!doctype html>
<html>
<head>
  <title>SPA Chapter 1 section 1.2.2</title>
  <style type="text/css"></style>
  <script type="text/javascript"></script>
</head>
<body>
  <div id="spa"></div>
</body>
</html>
```

添加 script 标签，用来放置 JavaScript。

添加 style 标签，用来放置 CSS 选择器。在 JavaScript 之前加载 CSS 通常能更快地渲染页面，这是最佳做法。

新建一个 div，id 为 spa。JavaScript 会管理这个容器的内容。

现在已经准备好了文件，我们使用 Chrome 开发者工具来查看应用的当前状态。

1.2.3 使用 Chrome 开发者工具

使用 Google Chrome 打开清单（spa.html）。看到的是浏览器空白窗口，因为还没有添加任何内容。但底层已有所效果了。我们使用 Chrome 开发者工具查看一下。

可以点击 Chrome 右上角的扳手图标来打开 Chrome 开发者工具，选择“工具”，然后选择“开发者工具”（菜单 > 工具 > 开发者工具）。这会显示开发者工具，如图 1-4 所示。如果没有看到 JavaScript 控制台，点击左下角的 Activate console 按钮就能显示控制台。控制台应该是空白的，这意味着没有 JavaScript 警告或者错误。这是正确的，因为当前还没有 JavaScript。控制台上方的“Elements”区域显示了 HTML 代码和页面结构。

尽管我们在这里乃至整本书都使用 Chrome 开发者工具，但是其他浏览器也有类似的功能。比如，Firefox 有 Firebug，IE 和 Safari 也都提供了它们自己的开发者工具。

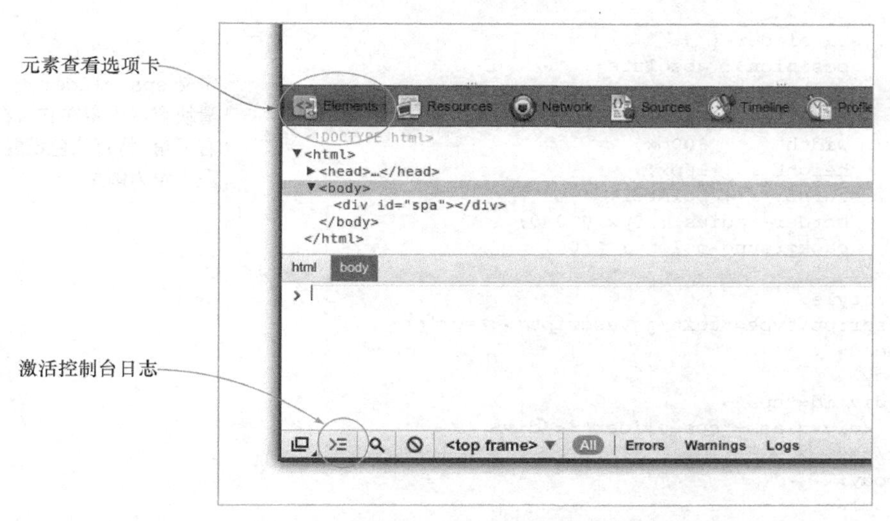

图 1-4 Google Chrome 开发者工具

在这本书中，当展示清单的时候，我们将经常使用 Chrome 开发者工具，以便确保 HTML、CSS 和 JavaScript 可以很好地在一起工作。现在我们来创建 HTML 和 CSS。

1.2.4 开发 HTML 和 CSS

我们需要在 HTML 中添加一个单独的聊天滑块容器。先在 spa.html 文件的`<style>`区块添加容器的样式。对样式部分的修改，如代码清单 1-2 所示。

代码清单 1-2 HTML 和 CSS——spa.html

```
<!doctype html>
<html>
<head>
  <title>SPA Chapter 1 section 1.2.4</title>
  <style type="text/css">
    body {
      width    : 100%;
      height   : 100%;
      overflow : hidden;
      background-color : #777;
    }
    #spa {
      position : absolute;
      top      : 8px;
      left     : 8px;
      bottom   : 8px;
      right    : 8px;
      border-radius : 8px 8px 0 8px;
      background-color : #fff;
    }
```

定义<body>标签，填充整个浏览器窗口，并隐藏任何溢出部分。将背景色设置为中灰色。

定义容纳单页应用所有内容的容器。

```
    .spa-slider {
      position : absolute;
      bottom   : 0;
      right    : 2px;
      width    : 300px;
      height   : 16px;
      cursor   : pointer;
      border-radius : 8px 0 0 0;
      background-color : #f00;
    }
  </style>
  <script type="text/javascript"></script>
</head>
<body>
  <div id="spa">
    <div class="spa-slider"></div>
  </div>
</body>
</html>
```

定义 spa-slider 类，将聊天滑块容器固定在它所在容器的右下角。将背景色设置为红色，左上角为圆角。

当在浏览器中打开 spa.html 时，看到的滑块是收起的，如图 1-5 所示。我们使用了流式布局（liquid layout），界面按显示大小自适应，滑块总是固定在右下角。我们没有给容器添加边框，因为这会增加容器的宽度，从而妨碍开发，因为必须修改容器的大小来适应这些边框。在创建并验证了基本布局之后再来添加边框是很方便的，之后的章节就是这么做的。

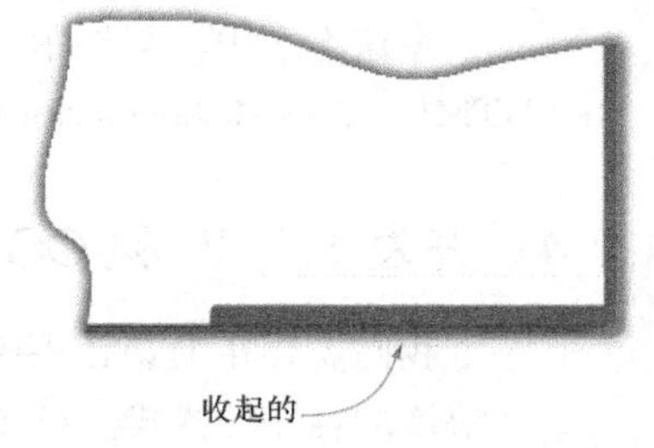

图 1-5 收起的聊天滑块——spa.html

现在已经有了视觉元素，该是使用 JavaScript 给页面添加交互功能的时候了。

1.2.5 添加 JavaScript

我们想使用 JavaScript 的最佳写法。有个工具会有所帮忙，它就是由 Douglas Crockford 编写的 JSLint。JSLint 是一种 JavaScript 验证器，能确保代码不会破坏很多明显的 JavaScript 最佳写法。我们也想使用 jQuery，它是一种操作 DOM 的工具，由 John Resig 编写。jQuery 提供了能很容易实现滑块动画的跨浏览器工具。

在编写 JavaScript 之前，我们先把想要做的事情列个提纲。第一个脚本标签加载 jQuery 库。第二个脚本标签会包含我们自己的 JavaScript，分成以下三个部分。

（1）声明 JSLint 设置的头部。

（2）spa 函数，创建和管理聊天滑块。

（3）一行在浏览器 DOM 可用时就调用 spa 函数的代码。

我们仔细地看一下需要 spa 函数做什么。经验告诉我们，要用一个区块来声明模块变量，包括配置常量。需要一个函数来切换聊天滑块，需要一个接收用户点击事件的函数，它会调用切换函数。最后，需要一个函数来初始化应用的状态。我们把提纲再细化一下，见代码清单 1-3。

代码清单 1-3 JavaScript 开发，第一轮——spa.html

```
/* jslint settings */

// Module /spa/
// Provides chat slider capability
  // Module scope variables
    // Set constants
    // Declare all other module scope variables

  // DOM method /toggleSlider/
  // alternates slider height

  // Event handler /onClickSlider/
  // receives click event and calls toggleSlider

  // Public method /initModule/
  // sets initial state and provides feature
    // render HTML
    // initialize slider height and title
    // bind the user click event to the event handler

// Start spa once DOM is ready
```

这是一个好的开端！我们保持注释的原貌，来添加代码。为清楚起见，注释以粗体显示，见代码清单 1-4。

代码清单 1-4 JavaScript 开发，第二轮——spa.html

```
/* jslint settings */

// Module /spa/
// Provides chat slider capability
//
var spa = (function ( $ ) {
  // Module scope variables
  var
    // Set constants
    configMap = { },
    // Declare all other module scope variables
    $chatSlider,
    toggleSlider, onClickSlider, initModule;

  // DOM method /toggleSlider/
  // alternates slider height
  //
  toggleSlider = function () {};

  // Event handler /onClickSlider/
  // receives click event and calls toggleSlider
  //
  onClickSlider = function ( event ) {};

  // Public method /initModule/
  // sets initial state and provides feature
  //
  initModule = function ( $container ) {
    // render HTML
    // initialize slider height and title
```

```
    // bind the user click event to the event handler
  };
}());

// Start spa once DOM is ready
```

现在来进行 spa.html 的最后一轮开发，如代码清单 1-5 所示。先加载 jQuery 库，然后引入自己的 JavaScript，其中包括 JSLint 设置、spa 模块和一行在 DOM 可用时调用 spa 模块的代码。spa 模块的功能现在是完备的。如果你现在没明白所有的事情，请不用担心，这儿有很多需要吸收的知识，在之后的章节我们会更加详细地讲解所有的内容。这仅仅是一个示例来告诉你能做些什么。

代码清单 1-5　JavaScript 开发，第三轮——spa.html

```
<!doctype html>
<html>
<head>
  <title>SPA Chapter 1 section 1.2.5</title>
  <style type="text/css">
...
  </style>

  <script type="text/javascript" src=
    "http://ajax.googleapis.com/ajax/libs/jquery/1.9.1/jquery.min.js">
  </script>

  <script type="text/javascript">
  /*jslint         browser : true, continue : true,
    devel  : true, indent  : 2,    maxerr   : 50,
    newcap : true, nomen   : true, plusplus : true,
    regexp : true, sloppy  : true, vars : true,
    white  : true
  */
  /*global jQuery */

  // Module /spa/
  // Provides chat slider capability
  //
  var spa = (function ( $ ) {
    // Module scope variables
    var
      // Set constants
      configMap = {
        extended_height : 434,
        extended_title : 'Click to retract',
        retracted_height : 16,
        retracted_title : 'Click to extend',
        template_html : '<div class="spa-slider"><\/div>'
      },

      // Declare all other module scope variables
      $chatSlider,
      toggleSlider, onClickSlider, initModule;
```

从 Google 的 CDN 引入 jQuery 库，这会减轻服务器的负载，通常会更快。因为有很多其他网站也使用了 Google CDN 上的 jQuery，所以用户浏览器已经缓存了 jQuery 库的概率很高，这样无需发起 HTTP 请求就可以使用它。

引入 JSLint 设置。使用 JSLint 确保了代码不会有常见的 JavaScript 编码错误。现在不用去管这些值是什么意思。附录 A 会讲解 JSLint 的更多细节。

将代码封装在 spa 名字空间内。第 2 章会讲解更多关于这种写法的细节。

在使用之前声明所有的变量。把模块的配置值保存在 configMap 中，把模块的状态值保存在 stateMap 中。

```
// DOM method /toggleSlider/
// alternates slider height
//
toggleSlider = function () {
  var
    slider_height = $chatSlider.height();

  // extend slider if fully retracted
  if ( slider_height === configMap.retracted_height ) {
    $chatSlider
      .animate({ height : configMap.extended_height })
      .attr( 'title', configMap.extended_title );
    return true;
  }

  // retract slider if fully extended
  else if ( slider_height === configMap.extended_height ) {
    $chatSlider
      .animate({ height : configMap.retracted_height })
      .attr( 'title', configMap.retracted_title );
    return true;
  }

  // do not take action if slider is in transition
  return false;
}

// Event handler /onClickSlider/
// receives click event and calls toggleSlider
//
onClickSlider = function ( event ) {
  toggleSlider();
  return false;
};
// Public method /initModule/
// sets initial state and provides feature
//
initModule = function ( $container ) {

  // render HTML
  $container.html( configMap.template_html );

  $chatSlider = $container.find( '.spa-slider' );
  // initialize slider height and title
  // bind the user click event to the event handler
  $chatSlider
    .attr( 'title', configMap.retracted_title )
    .click( onClickSlider );

  return true;
};

return { initModule : initModule };
}( jQuery ));

// Start SPA once DOM is ready
//
```

把所有的 DOM 方法聚集在一个区块中。

添加展开聊天滑块的代码。检测滑块的高度，判断它是否是完全收起的。如果是的话，就使用 jQuery 动画将它展开。

添加收起聊天滑块的代码。检测滑块的高度，判断它是否是完全展开的。如果是的话，就使用 jQuery 动画将它收起。

把所有的事件处理程序聚集在一个区块中。保持小而专注的处理程序是很好的做法。它们应该调用其他方法来更新显示或者修改业务逻辑。

把所有的公开方法聚集在一个区块中。

添加滑块模板的 HTML 代码，来填充 $container。

查找聊天滑块 div，把它保存到模块作用域变量 $chatSlider 中。模块作用域变量对 spa 名字空间内的所有函数可见。

设置聊天滑块的标题，在滑块上面绑定点击事件处理程序 onClickSlider。

通过返回 spa 名字空间中的对象，导出公开方法。我们只导出了一个方法：initModule。

```
  jQuery(document).ready(
    function () { spa.initModule( jQuery('#spa') ); }
  );
  </script>
</head>

<body>
  <div id="spa"></div>
</body>
</html>
```

仅在 DOM 可用后，使用 jQuery 的 `ready` 方法，启动单页应用。

清理 HTML。现在，JavaScript 会渲染聊天滑块，所以可以把它从静态 HTML 中移除了。

不要过于担心 JSLint 验证，因为在之后的章节会详细地讲解它的用法。但现在需要讲解一些值得注意的概念。首先，脚本顶部的注释设置了验证偏好。其次，这段脚本和设置会通过验证，没有任何错误和警告。最后，JSLint 要求函数在使用前就要声明，因此脚本是“从下往上”读取函数的，级别最高的函数在最后面。

我们使用 jQuery，是因为它为基础的 JavaScript 功能提供了最优的、跨浏览器的工具：DOM 的选取、遍历和操作，AJAX 方法以及事件。比如，使用 jQuery 的`$(selector).animate(...)`方法，就能很容易地编写相当复杂的动画效果：在指定的时间周期内，使聊天滑块从收起到展开做高度变化的动画（反之亦然）。滑块的运动，先缓慢地启动，加速，然后再慢慢地停下来。这种运动叫做缓动，需要帧频计算、三角函数和跨主流浏览器的奇特实现知识。如果我们自己来编写，则需要几十行额外代码。

`jQuery(document).ready(function)`也帮我们节省了很多工作。只有在 DOM 可用之后才会运行这个函数。传统为此的做法是使用 `window.onload` 事件。由于各种各样的原因，`window.onload` 对于要求很高的单页应用来说并不是一种高效的解决方案，尽管在这里区别不是很大。但是编写在所有的浏览器中都能使用的正确代码，是一件痛苦乏味和繁琐的事情[①]。

如前面的示例所示，使用 jQuery 所带来的好处，大大地超过了它的成本。在上面的示例中，它缩短了开发时间，减小了脚本长度，并提供了稳健的跨浏览器功能。由于 jQuery 库压缩后的体积很小，并且用户在他们的设备上很可能已经有它的缓存，因此它的使用成本很低甚至可以忽略不计。图 1-6 演示了动画完成后的聊天滑块。

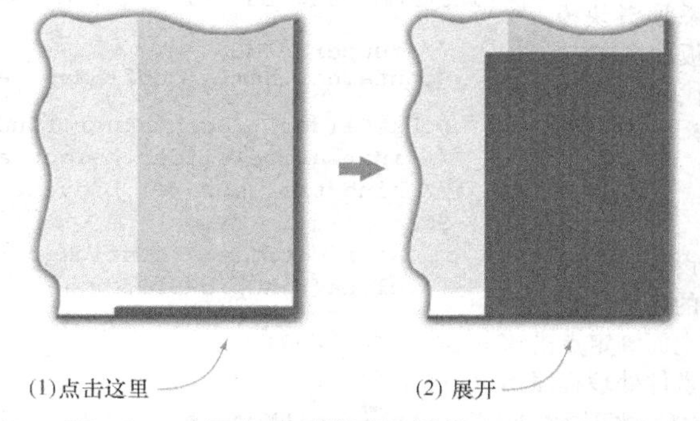

图 1-6 动画完成后的聊天滑块——spa.html

① 请查看 http://www.javascriptkit.com/dhtmltutors/domready.shtml，感受一下痛苦。

现在已经完成了聊天滑块的初步实现，我们使用 Chrome 开发者工具，来看一下应用实际上是如何工作的。

1.2.6　使用 Chrome 开发者工具查看应用

如果 Chrome 开发者工具你已经用得很顺手了，可以略过此部分内容。如果没有，我们强烈建议你动手试一试。

在 Chrome 中打开文件 spa.html。在它加载完之后，就马上打开开发者工具（菜单>工具>开发者工具）。

你注意到的第一件事可能是，DOM 中有了`<div class="spa-slider"...>`元素，它已经被模块更改了，如图 1-7 所示。随着讲解的深入，我们会向应用中添加更多这样的动态元素。

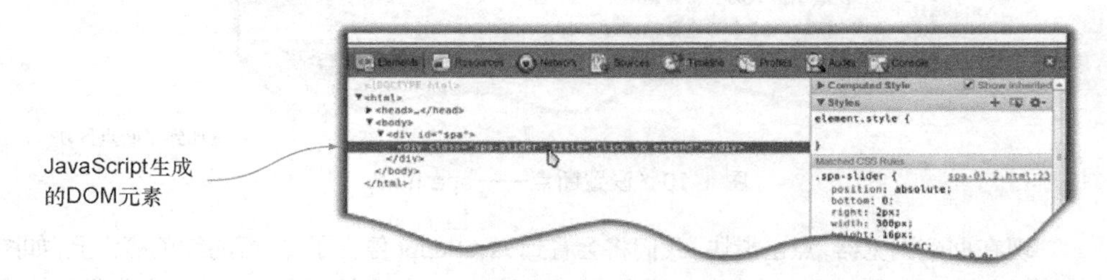

图 1-7　查看元素——spa.html

我们可以研究 JavaScript 的执行情况，请点击开发者工具顶部菜单中的 Sources 按钮。然后选择包含 JavaScript 的文件，如图 1-8 所示。

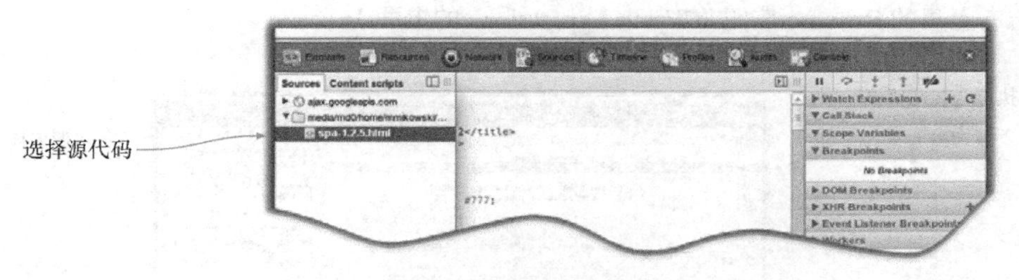

图 1-8　选择源文件——spa.html

在之后的章节，我们会把 JavaScript 放在单独的文件中。但对于这个示例，它是在 HTML 页面中的，如图 1-9 所示。需要向下滚动才能找到想要查看的 JavaScript。

滚动到第 76 行时，看到的是一条 `if` 语句，如图 1-10 所示。我们应该想在执行该语句之前查看代码，点击左边的空白处添加断点。每当 JavaScript 解释器到达脚本的这一行时，它会暂停，所以能查看元素和变量，以便我们更好地理解发生了什么事情。

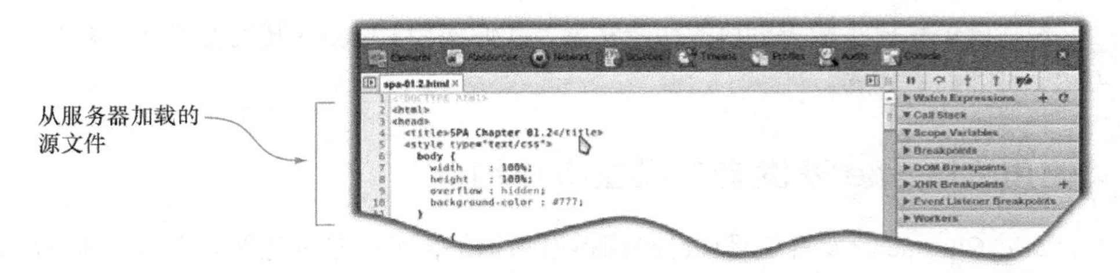

图 1-9 查看源文件——spa.html

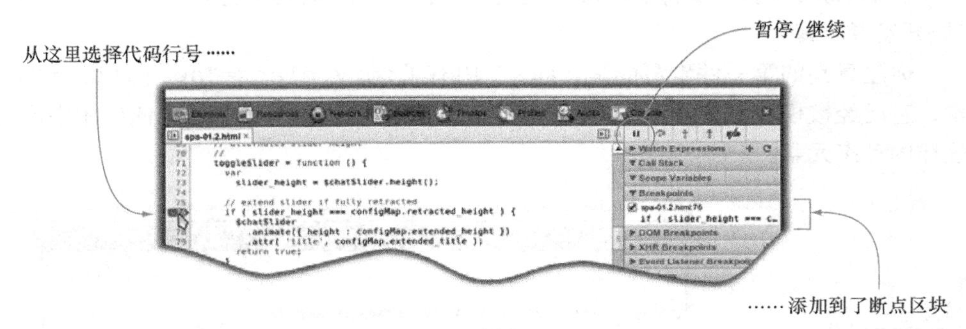

图 1-10 设置断点——spa.html

现在回到浏览器，点击滑块。我们将会看到 JavaScript 停在了 76 行的红色箭头上，如图 1-11 所示。当应用暂停的时候，可以查看变量和元素。可以打开控制台，输入各种变量，按下回车键查看该暂停状态下它们的值。我们发现 `if` 语句的条件为真（`slider_height` 为 16，`configMap.retracted_height` 为 16），甚至可以查看 `configMap` 对象这样的复杂变量，如控制台的底部所示。当查看完时，可以点击第 76 行左边的空白处来移除断点，然后点击右上角的 Resume 按钮（Watch Expressions 的上面）。

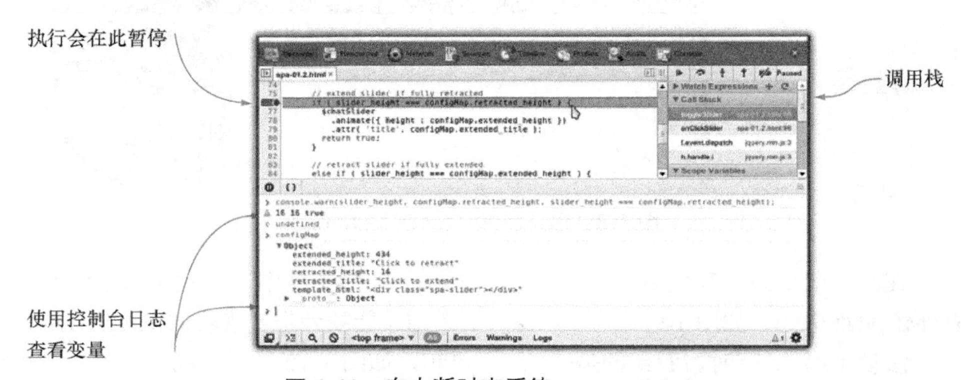

图 1-11 在中断时查看值——spa.html

一旦点击了 Resume 按钮，脚本会从 76 行继续执行，完成滑块的切换。我们回到

Elements 选项卡，看一下 DOM 发生了什么变化，如图 1-12 所示。在图中，我们看到由类 `spa-slider` 提供的 `height` CSS 属性（请看右下角的 Matched CSS Rules），它被元素 `style` 的样式覆盖了（元素的 `style` 的样式的优先级比 `class` 或者 `id` 的要高）。如果再次点击滑块，可以观察到随着滑块的收起，高度实时地在发生变化。

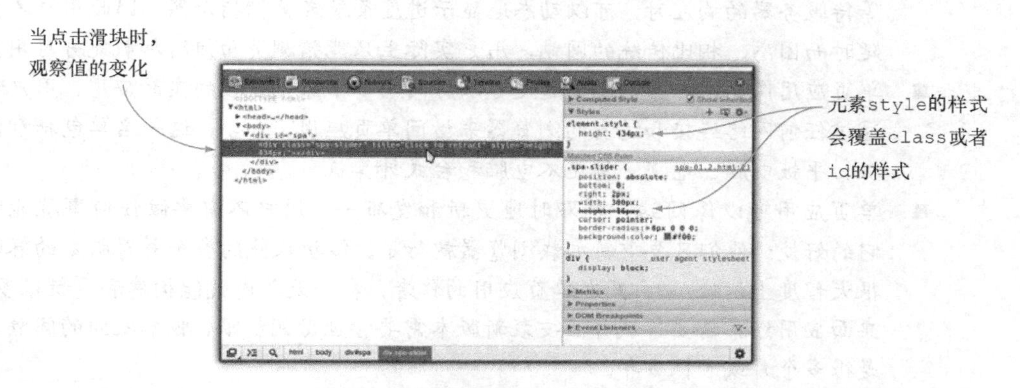

当点击滑块时，
观察值的变化
元素style的样式
会覆盖class或者
id的样式

图 1-12 查看 DOM 变化——spa.html

我们简短地介绍了 Chrome 开发者工具，只演示了很小的一部分功能，以便帮助我们理解和改变应用底层正在发生的事情。在开发这个应用的时候，我们会继续使用这些工具，并且建议你花费一些闲暇时间学习一下 http://mng.bz/PzIJ 上的在线手册。磨刀不误砍柴工。

1.3 精心编写的单页应用的用户效益

现在已经构建了第一个单页应用，相对于传统网站，我们认为单页应用的主要好处是：它提供了更加吸引人的用户体验。单页应用可以做到一举两得：桌面应用的即时性以及网站的可移植性和可访问性。

- 单页应用可以和桌面应用一样渲染——单页应用只需重绘界面上需要变化的部分。相比之下，传统网站的许多用户操作都会重绘整张页面，结果是当浏览器从服务器获取数据的时候，页面会假死并有“闪烁”现象，然后再重绘页面上的所有东西。如果页面很大，服务器又繁忙，或者网络连接很慢，这种“闪烁”现象会持续好几秒钟甚至是更长时间，用户只得猜测页面什么时候才可以再次使用。与单页应用的快速渲染和即时反馈相比，这是一种很恐怖的体验。
- 单页应用可以拥有和桌面应用一样的响应速度——尽可能地把（临时的）工作数据和处理过程从服务端转移到浏览器端，单页应用由此把响应时间缩减至最小。单页应用在本地拥有大多数需要决策判断的数据和业务逻辑，因此是很快的。只有数据验证、授权和持久存储必须要放在服务端，原因我们会在第 6 章到第 8 章中进行讨论。传统网站的大多数应用逻辑在服务端，对大部分的用户输入的响应，他们必须等待一个“请求/响应/重绘”的循环周期。与接近即时响应的单页应用相比，这需要花费几秒钟的时间。

- 单页应用可以和桌面应用一样，把它的状态通知给用户——当单页应用确实必须等待服务器的响应时，可以动态地显示进度条或者繁忙指示器，因此用户不会因延时而困惑。相比传统的网站，用户实际上只能猜测页面何时加载完并可用。
- 单页应用像网络一样，几乎随处可以访问——不像大多数的桌面应用，用户可以通过任何网络连接和适当的浏览器来访问单页应用。如今，这一名单包括智能手机、平板电脑、电视、笔记本电脑和台式计算机。
- 单页应用可以像网站一样即时地更新和发布——用户不需要做任何事就能明白它的好处：他们只要重新加载浏览器就行了。维护软件的多个并存版本的麻烦在很大程度上消除了[①]。开发单页应用的作者，在一天之内就能构建和更新很多次。桌面应用经常需要下载并且安装新版本需要管理访问权限，版本之间的间隔可能是很多个月或者很多年。
- 单页应用和网站一样，是跨平台的——和大多数的桌面应用不一样，精心编写的单页应用可以在提供现代 HTML5 浏览器的任意操作系统上运行。尽管这通常被认为是对开发人员的好处，但对很多同时使用多种设备的用户来说是非常有用的，比如工作时用 Windows，在家用 Mac，Linux 服务器，Android 手机和 Amazon 平板电脑。

所有这些好处意味着，你可能会想把下个应用做成单页应用。每次点击后都会重新渲染整张页面的笨拙网站，容易日益疏远富有经验的用户。精心编写的单页应用具有互动和快速响应的界面，还伴有访问网络的功能，这将帮助我们把客户留在属于他们的地方：使用我们的产品。

1.4 小结

单页应用已经出现了有一段时间。直到不久前，Flash 和 Java 都是客户端平台上使用最为广泛的单页应用，因为它们的功能、速度和一致性，都超过了那些使用 JavaScript 和浏览器来渲染的应用。但是最近，JavaScript 和浏览器渲染到达了一个引爆点，它们克服了最为麻烦的缺陷，比其他客户端平台具有显著的优势。

我们关注的是使用原生的 JavaScript 和浏览器渲染来创建单页应用，除非另有说明，当提及单页应用时，我们指的是原生的 JavaScript 单页应用。我们的单页应用所使用的工具包括 jQuery、TaffyDB2、Node.js、Socket.IO 和 MongoDB。所有这些工具都是久经考验

① 但没有完全消除：如果服务端和客户端的数据交换格式更改了，但是很多用户在他们的浏览器中已经加载了先前版本软件的数据，这会发生什么状况？可以预先提供一些方案。

的流行解决方案。你可以选择采用这些技术的替代者，但是不管特定的技术决策是什么，单页应用的基本结构是不会变的。

我们开发的简单聊天滑块应用，演示了 JavaScript 单页应用的很多特征。对用户输入的即时响应，使用客户端存储的数据（而不是服务端的数据）进行决策判断。使用了 JSLint 来确保应用不包含常见的 JavaScript 错误。还有使用 jQuery 来选取 DOM，为 DOM 添加动画效果，当用户点击滑块的时候会进行事件处理。我们研究了 Chrome 开发者工具来帮助我们理解应用是如何工作的。

单页应用可以做到一举两得，桌面应用的即时性，网站的可移植性和可访问性。在超过数十亿计的支持现代 Web 浏览器的设备上，都能见到 JavaScript 单页应用，并且不需要专有的插件。只要稍许多做点工作，它就可以支持运行很多种不同操作系统的台式机、平板电脑和智能手机。单页应用的更新和发布很简单，通常不需要用户进行任何操作。所有这些好处说明了为什么你可以把你的下个应用做成单页应用。

在下一章，我们将会探讨一些关键的但是经常会被忽略或者被误解的 JavaScript 概念，这对单页应用开发是需要的。然后在本章开发的示例基础上，改进和扩展这个单页应用。

第 2 章　温故 JavaScript

本章涵盖的内容

- 变量作用域，函数提升（function hoisting）和执行环境对象
- 解释变量作用域链（scope chain）以及为什么要使用它们
- 使用原型（prototype）创建 JavaScript 对象
- 编写自执行匿名函数[①]
- 使用模块模式和私有变量
- 探索闭包的乐趣和好处

本章回顾 JavaScript 特有的概念，在构建大规模的原生 JavaScript 单页应用时需要知道这些概念。代码清单 2-1 中的代码片段是第 1 章中的，它演示了我们要讲解的概念。如果你完全明白“怎样”和“为什么”使用这些概念，那么可以略读或者跳过本章，直接翻到第 3 章。

为了能很轻松地跟上示例的思路，你可以复制本章中所有的清单代码，粘贴到 Chrome 开发者工具的控制台里面，按下回车键就会执行代码。强烈鼓励你体验一下其中的乐趣。

---

① 自执行匿名函数（self-executing anonymous function），现在通常叫做立即调用函数表达式（immediately-invoked function expression），缩写为 IIFE。更多信息请参考 http://en.wikipedia.org/wiki/Immediately-invoked_function_expression。——译者注

代码清单 2-1　应用中的 JavaScript

```
...
  var spa = (function ( $ ) {          <-- 自执行匿名函数，模块模式
    // Module scope variables
    var
      configMap = {                    <-- 基于原型的继承，变量提升，变量作用域
        extended_height  : 434,
        extended_title   : 'Click to retract',
        retracted_height : 16,
        retracted_title  : 'Click to extend',
        template_html    : '<div class="spa-slider"></div>'
      },
      $chatSlider,
      toggleSlider, onClickSlider, initModule;
 ...
    // Public method
    initModule = function ( $container ) {     <-- 匿名函数，模块模式，闭包

      $container.html( configMap.template_html );
      $chatSlider = $container.find( '.spa-slider' );

      $chatSlider
        .attr( 'title', configMap.retracted_title )
        .click( onClickSlider );

      return true;
    };
                                               模块模式，作用域链
    return { initModule : initModule };   <--

  }( jQuery ));                <-- 自执行匿名函数
...
```

编码标准和 JavaScript 语法

JavaScript 的语法，对于缺乏经验的人来说可能很困惑。在继续阅读之前，懂得变量声明语块（variable declaration block）和对象字面量（object literal）是很重要的。如果你已经熟悉了这些概念，请放心跳过这一补充说明吧。我们认为很重要的 JavaScript 语法和良好的编码标准，请参见附录 A 的完整纲要。

变量声明语块

```
var spa = "Hello world!";
```

JavaScript 使用关键字 `var` 来声明变量。变量可以包含任意类型的数据：数组、整数、浮点数、字符串等。没有指定变量的类型，因此 JavaScript 是一种宽松类型（loosely typed）的语言。即便是在给变量赋了值之后，值的类型也可以通过赋予不同的类型值而改变，所以 JavaScript 也是一种动态语言。可以用关键字 `var` 同时声明多个 JavaScript 变量并赋值，

它们之间以逗号分隔：

```
var book, shopping_cart,
    spa = "Hello world!",
    purchase_book = true,
    tell_friends = true,
    give_5_star_rating_on_amazon = true,
    leave_mean_comment = false;
```

关于变量声明语块的最佳格式，有很多的观点。我们优先考虑在顶部声明变量但不进行定义，其次才是声明变量的同时又定义它。如上面的示例所示，我们也喜欢在行尾添加逗号的方式，但对此不会很严谨，JavaScript 引擎也不会在意。

对象字面量

对象字面量是指用大括号括起来的一组以逗号分隔的属性所定义的对象。属性用冒号设置值，而不是等号。对象字面量也可以包含数组，它是用方括号括起来的一组以逗号分隔的成员。可以将属性的值设置为函数来定义方法：

```
var spa = {
    title: "Single Page Web Applications",          //attribute
    authors: [ "Mike Mikowski", "Josh Powell" ],   //array
    buy_now: function () {                          //function
      console.log( "Book is purchased" );
    }
}
```

本书广泛地使用了对象字面量和变量声明语块。

2.1 变量作用域

先讨论变量的行为和变量在作用域之内还是之外，是一个很好的起点。

在 JavaScript 中，变量的作用域由函数限定，它们要么是全局的，要么是局部的。全局变量处处可以访问，局部变量只有在声明它的地方才能访问。在 JavaScript 中，唯一能定义变量作用域的语块就是函数。就是这样。全局变量在函数外部定义，局部变量在函数内部定义。很简单，对不对？

换种方式来看，函数就像监狱（prison），在函数中定义的变量就像囚犯（prisoner）。正如监狱限制囚犯不让他们从监狱的围墙逃跑，函数限定了局部变量不让它们逃脱到函数之外，如下列代码所示：

```
var regular_joe = 'I am global!';

function prison() {
  var prisoner = 'I am local!';
}

prison();
console.log( regular_joe );
console.log( prisoner );
```

输出“I am global!”

输出“Error: prisoner is not defined”

JavaScript 1.7、1.8、1.9+和块作用域

JavaScript 1.7 引入了 let 语句，它是一种全新的块作用域（block scope）构造器。很可惜，尽管 JavaScript 已有 1.7、1.8 和 1.9 的标准，但就算是 1.7 标准也没有在所有的浏览器上面实现。在浏览器还未兼容这些 JavaScript 新特性之前，我们假定不存在 JavaScript 1.7 + 的标准。尽管如此，我们还是来看下它是如何工作的：

```
let (prisoner = 'I am in prison!') {
  console.log( prisoner );

}
console.log( prisoner );
```

输出“I am in prison!”

输出“Error: prisoner is not defined”

要使用 JavaScript 1.7，在 script 标签的 type 属性上添加版本即可：

```
<script type = "application/javascript;version = 1.7">
```

这只是体验了下 JavaScript 1.7 + ，另外还有很多变化和新特性。

要是真这么简单那该多好。你遇到的第一个关于 JavaScript 作用域的陷阱可能是，可以在函数中声明全局变量，只要省略 var 关键字即可，如图 2-1 所示。和所有其他的编程语言一样，使用全局变量几乎总是一种不明智的想法。

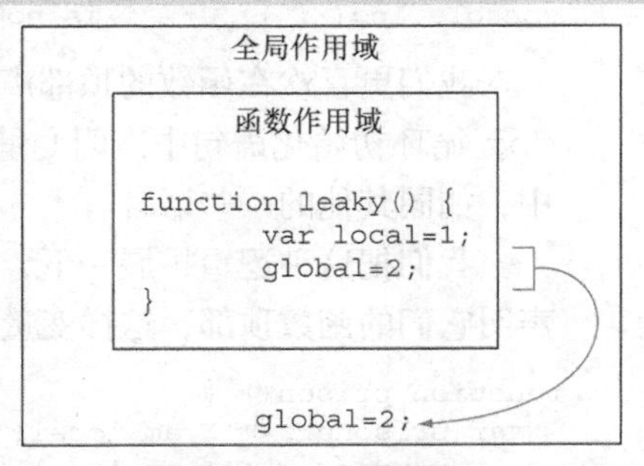

图 2-1 如果在函数中声明局部变量的时候，忘写了 var 关键字，则创建的是全局变量

```
function prison () {
  prisoner_1 = 'I have escaped!';
  var prisoner_2 = 'I am locked in!';
}

prison();
console.log( prisoner_1 );

console.log( prisoner_2 );
```

输出“I have escaped!”

输出错误：prisoner_2 is not defined

这么写是不好的——不要让你的囚犯逃走。另外一个经常出现这种陷阱的地方是，在声明 for 循环的计数器时忘了写 var。请挨个运行下面的 prison 函数：

```
// wrong
function prison () {
  for( i = 0; i < 10; i++ ) {
    //...
  }
}
prison();
console.log( i );  // i is 10
delete window.i;

// permissible
function prison () {
  for( var i = 0; i < 10; i++ ) {
    //...
  }
}
prison();
console.log( i );  // i is not defined

// best
function prison () {
  var i;
  for ( i = 0; i < 10; i++ ) {
    // ...
  }
}
prison();
console.log( i );  // i is not defined
```

我们更喜欢在函数的顶部声明变量的写法，因为此时变量的作用域是相当清晰的。在 for 循环初始化语句中声明变量，可能会导致人们认为变量的作用域被限定在 for 循环中，如同其他的一些语言。

我们把这种逻辑扩展一下，将所有的 JavaScript 声明和大多数的赋值合在一起，放在声明它们的函数顶部，这样变量的作用域就清晰了：

```
function prison() {
  var prisoner = 'I am local!',
      warden   = 'I am local too!',
      guards   = 'I am local three!'
  ;
}
```

使用逗号将局部变量的定义合并在一起，使之一目了然，并且可能更重要的是，不大可能会发生无意的拼写错误以及创建了全局变量而不是局部变量。另外，你有没有注意到它们的对齐方式是那么漂亮？发现了没，从表面上来看，最后的分号像是变量声明语块的闭合标签？我们在附录 A 中会谈论这种和其他格式化 JavaScript 代码的方法，提升可读性和可理解性。变量提升是 JavaScript 另外一种有趣的特性，和声明局部变量息息相关。请看下一小节。

2.2 变量提升

在 JavaScript 中，当变量被声明时，声明会被提升到它所在函数的顶部，并被赋予 undefined 值。这就使得在函数的任意位置声明的变量存在于整个函数中，尽管在赋值之前，它的值一直为 undefined，如图 2-2 所示。

```
function hoisted() {            function hoisted() {
    console.log(v);                 var v;
    var v=1;            ->          console.log(v);
}                                   v=1;
                                }
```

图 2-2 JavaScript 的变量声明会被提升到它们所在函数的顶部，而初始化仍旧在原来的地方。JavaScript 引擎并没有重写代码：每次调用函数时，声明都会重新提升

```
function prison () {
  console.log(prisoner);                       // 输出"undefined"
    var prisoner = 'Now I am defined!';

  console.log(prisoner);                       // 输出"Now I am defined!"
}
prison();
```

作为和图中代码的对比，我们尝试访问一个没有在局部或者全局声明过的变量，这会导致 JavaScript 运行时错误，JavaScript 代码会停止在语句执行的地方：

```
function prison () {
  console.log(prisoner);    // 输出"error: prisoner is not defined"，JavaScript引擎会停止执行代码。
}
prison();
```

因为变量声明总是被提升到函数作用域的顶部，所以在函数的顶部声明变量总是最好的做法，更好的是使用单个 var 语句。这和 JavaScript 的做法是一致的，避免了我们在前面的图中所演示的那种困惑。

```
function prison () {
  console.log(prisoner);          // 输出"undefined"
  var prisoner, warden, guards;

  console.log(prisoner);          // 输出"undefined"
  prisoner = 'prisoner assigned';
  console.log(prisoner);          // 输出"prisoner assigned"
}
prison();
```

这种作用域和提升行为，有时结合在一起时会引起某些惊人的表现。请看下面的代码：

```
var regular_joe = 'Regular Joe';
function prison () {
   console.log(regular_joe);
}
prison();
```

regular_joe 在全局作用域中定义

在函数 prison 内输出全局变量 regular_joe，输出为“Regular Joe”

执行 prison 函数时，console.log()请求输出 regular_joe，JavaScript 引擎首先在局部作用域内检查 regular_joe 是否已被声明。由于 regular_joe 未在局部作用域内声明，然后 JavaScript 引擎检查全局作用域，找到了它的定义并返回了它的值。这叫沿着作用域链往上查找。但是如果变量在局部作用域内也声明了呢？

```
var regular_joe = 'regular_joe is assigned';
function prison () {
   console.log(regular_joe);
   var regular_joe;
}
prison();
```

输出“undefined”。regular_joe 的声明被提升到函数的顶部，在查找全局作用域的 regular_joe 之前，会先检查这一被提升的声明。

这是否违反直觉或者令人困惑？我们来看一下 JavaScript 在底层处理提升的方式。

2.3 高级变量提升和执行环境对象

为了成为一名成功的 JavaScript 开发人员，到目前为止，我们讲解的所有概念通常被认为是有必要知道的。我们更进一步，看一下底层发生了什么：你将成为少数的懂得 JavaScript 实际是如何工作的人之一。先讲解 JavaScript 中很“神奇”的一个特性：变量和函数提升。

2.3.1 提升

当秘密被揭开的时候，和各种各样的魔术把戏一样，几乎令人失望。秘密是 JavaScript 引擎在进入作用域时，会对代码分两轮处理。第一轮，初始化变量；第二轮，执行代码。我知道，这很简单。我不知道为什么通常不用这些术语来描述。我们再更深入地研究一下 JavaScript 引擎在第一轮期间所做事情的细节，因为有一些很有趣的影响。

在第一轮（见代码清单 2-2），JavaScript 引擎分析代码，并做了以下 3 件事情。

（1）声明并初始化函数参数。

（2）声明局部变量，包括将匿名函数赋给一个局部变量，但并不初始化它们。

（3）声明并初始化函数。

代码清单 2-2　第一轮

```
function myFunction( arg1, arg2 ) {
  var local_var = 'foo',
      a_function = function () {
        console.log( 'a function' );
      };

  function inner () {
    console.log('inner');
  }

}
myFunction( 1,2 );
```

声明并初始化函数参数

声明局部变量，包括将匿名函数赋给一个局部变量，但并不初始化它们

声明并初始化函数

在第一轮，局部变量并未被赋值，因为可能需要在代码执行后才能确定它的值，而第一轮不会执行代码。参数被赋值了，因为在向函数传递参数之前，任何决定参数值的代码都已经运行了。

我们可以对比在演示函数提升时的最后一段代码，来证明参数值是在第一轮设置的，见代码清单 2-3。

代码清单 2-3　变量在声明前是未定义的

```
var regular_joe = 'regular_joe is assigned';
function prison () {
  console.log(regular_joe);
  var regular_joe;
}
prison();
```

输出“undefined”。regular_joe 的声明会提升到函数的顶部，在查找全局作用域中的 regular_joe 之前会检查被提升的声明。

在 prison 函数中声明 regular_joe 前，它是未定义的，但是如果 regular_joe 作为参数传入，它在声明前就有值了，见代码清单 2-4。

代码清单 2-4　变量在声明前有值

```
var regular_joe = 'regular_joe is assigned';
function prison ( regular_joe ) {
  console.log(regular_joe);
  var regular_joe;
  console.log(regular_joe);
}

prison( 'the regular_joe argument' );
```

输出“the regular_joe argument”。在第一轮，参数会被赋值。如果不理解 JavaScript 引擎有两轮处理，则看起来像是 regular_joe 参数会被提升的局部变量 regular_joe 的声明所覆盖。

输出“the regular_joe argument”。奇怪吧！因为 regular_joe 已经由参数赋值，当声明它时，不会用 undefined 值覆盖它。这里的声明是多余的。

如果你看得云里雾里，没关系。尽管我们已经解释过了，在执行函数的时候，JavaScript 引擎对它进行了两轮处理，而且在第一轮，它保存了变量，但是我们没明白它是如何保存变量的。明白 JavaScript 引擎是如何保存变量的将有希望消除剩余的困惑。JavaScript 引擎把变量作为属性保存在一个对象上，这个对象称为执行环境对象。

2.3.2　执行环境和执行环境对象

每当函数被调用的时候，就会产生一个新的执行环境。执行环境是一种概念，是运行中的函数的意思，它不是对象。这就好比运动员在奔跑的环境中或者在跳跃的环境中。我们可以把运动员在奔跑的环境中，说成奔跑中的运动员，正如我们可以说成运行中的函数，但行话不是这么说的。我们称之为"执行环境"。

执行环境由函数在执行时发生的所有事物组成。这和函数声明是分离的，因为函数声明描述了当函数执行的时候会发生什么事情。执行环境是指函数的执行。

所有在函数中定义的变量和函数都是执行环境的一部分。在开发人员谈论函数的作用域时，执行环境也是其所指的一部分。如果变量在当前执行环境中可访问，则变量在作用域内，这是"如果在函数运行时变量可访问，则该变量在作用域内"的另外一种说法。

属于执行环境部分的变量和函数，被保存在执行环境对象中，执行环境对象是对执行环境的 ECMA 标准实现。在 JavaScript 引擎中，执行环境对象是一种对象，并且不是在 JavaScript 中可以直接访问的变量。间接地访问执行环境对象是很容易的，因为每次使用变量，就是在访问执行环境对象的属性。

之前我们讨论了 JavaScript 引擎是如何分两轮处理执行环境的，声明和初始化变量，但是这些变量保存在哪里呢？JavaScript 引擎把声明和初始化的变量当作执行环境对象的属性。请看一下表 2-1 中的示例，它演示了变量是如何保存的。

表 2-1　执行环境对象

<table>
<tr><th>代码</th><th>执行环境对象</th></tr>
<tr><td><pre>var example_variable = "example",
    another_example = "another";</pre></td><td><pre>{
    example_variable: "example",
    another_example: "another"
};</pre></td></tr>
</table>

有可能你从来都没听说过执行环境对象。在 Web 开发者社区，一般不会谈论它，大概是因为执行环境对象是 JavaScript 实现层面的东西，并且在开发的时候是无法直接访问的。

理解执行环境对象是理解本章剩余内容的关键，所以我们来研究一下执行环境对象的生命周期以及创建它的 JavaScript 代码，见代码清单 2-5。

代码清单 2-5 执行环境对象——第一轮

```
{
}
```
当调用 outer 时，创建了一个空的执行环境对象。

```
outer(1);

function outer( arg ) {
  var local_var = 'foo';
  function inner () {
    console.log('inner');
  }

  inner();

}
```

```
{
  arg : 1
}
```
声明参数并赋值。

```
{
  arg : 1,
  local_var:undefined
}
```
声明局部变量，但没有赋值。

```
{
  arg : 1,
  local_var : undefined,
  inner : function () {
    console.log('inner');
  }
}
```
声明函数并赋值，但不执行。

没有什么发生：在第一轮，代码没执行。

现在参数和函数已被声明并赋值，并且局部变量已被声明，接着进行第二轮处理，执行 JavaScript，为局部变量赋予定义的值，见代码清单 2-6。

代码清单 2-6 执行环境对象——第二轮

```
{
  arg: 1,
  local_var: undefined,
  inner: function () {
    console.log('inner');
  }
}
```

```
outer(1);

function outer( arg ) {
  var local_var = 'foo';

  function inner () {
    console.log('inner');
  }

  inner();

}
```

```
{
  arg: 1,
  local_var: 'foo',
  inner: function () {
    console.log('inner');
  }
};
```
代码执行时，局部变量被赋值。

```
{
  arg: 1,
  local_var: 'foo',
  inner: function () {
    console.log('inner');
  }
}
```
执行环境对象上表示变量的属性保持不变，但当函数 inner 被调用时，在这内部会创建一个新的执行环境对象。

由于可以在执行环境中调用函数，会产生很多层的深度。在执行环境中调用函数，会创建一个新的嵌套在已存在的执行环境内的执行环境，请看图 2-3。

（1）在<script>标签内的所有东西都在全局执行环境中。

（2）调用 first_function，会在全局执行环境中创建一个新的执行环境。在 first_function 运行时，它有权限访问在调用它时创建的执行环境里面的变量。在这里，

first_function 有权限访问在全局执行环境中定义的变量以及在 first_function 中定义的局部变量。我们说这些变量在作用域中。

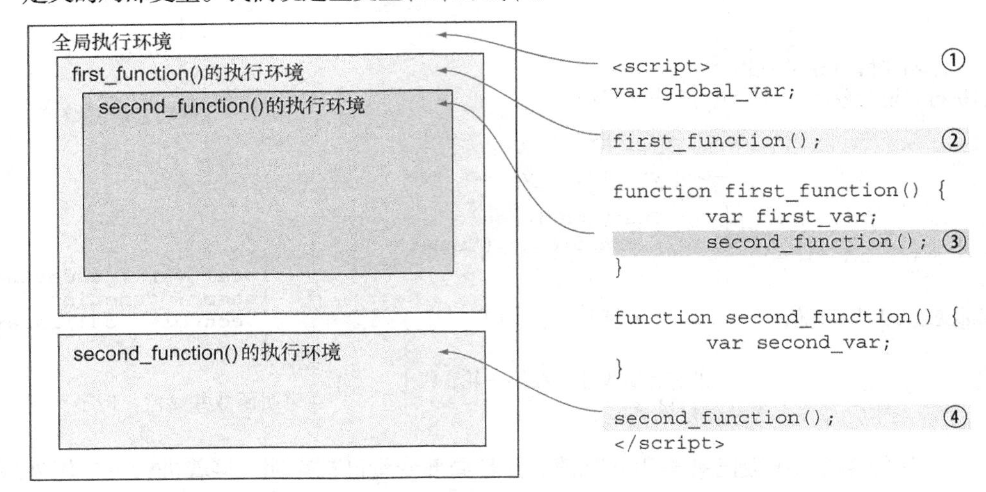

图 2-3 调用函数会创建一个执行环境

（3）调用 second_function，会在 first_function 的执行环境中创建一个新的执行环境。second_function 有权限访问在 first_function 的执行环境中的变量，因为 second_function 是在 first_function 内部被调用的[①]。second_function 也有权限访问在全局执行环境中的变量以及在 second_function 中定义的局部变量。我们说这些变量在作用域中。

（4）再次调用 second_function，这次是在全局执行环境中调用。这里的 second_function 没有权限访问在 first_function 的执行环境中的变量，因为这次 second_function 不是在 first_function 的执行环境中被调用的。也就是说，这次在 second_function 被调用的时候，它没有权限访问在 first_function 中定义的变量，因为它不是在 first_function 中被调用的。

这里的 second_function 执行环境也没有权限访问先前调用的 second_function 中的变量，因为它们发生在不同的执行环境中。也就是说，当在调用函数时，没有权限访问该函数上一次被调用时所创建的局部变量，下一次调用该函数时，也没有权限访问这一次调用函数时所创建的局部变量。我们说这些不能访问的变量不在作用域内。

JavaScript 引擎在执行环境对象中访问作用域内的变量，查找的顺序叫做作用域链，它和原型链一起，描述了 JavaScript 访问变量和属性的顺序。接下来的几节将讨论这些概念。

① 表述有误。JavaScript 中的函数作用域是通过词法来划分的，意即在定义函数的时候作用域链就固定了。图中，second_function 的定义不在 first_function 内，因此它无法访问 first_function 中的局部变量，尽管它是在 first_function 中被调用的。请忽略此段和第 4 小点第一段的内容。——译者注

2.4 作用域链

直到现在，我们讨论的变量作用域主要限制在全局和局部的范围内。这是一个很好的起点，但是作用域是很微妙的，像上一小节讨论的嵌套执行环境。更准确地讲，可以把变量作用域看作链，如图 2-4 所示。当在查找变量的定义时，JavaScript 引擎首先在局部执行环境对象上查找。如果没有定义，则跳出作用域链，到创建它的执行环境中去，并且在该执行环境对象中查找变量的定义，依此类推，直到找到定义或者到达全局作用域为止。

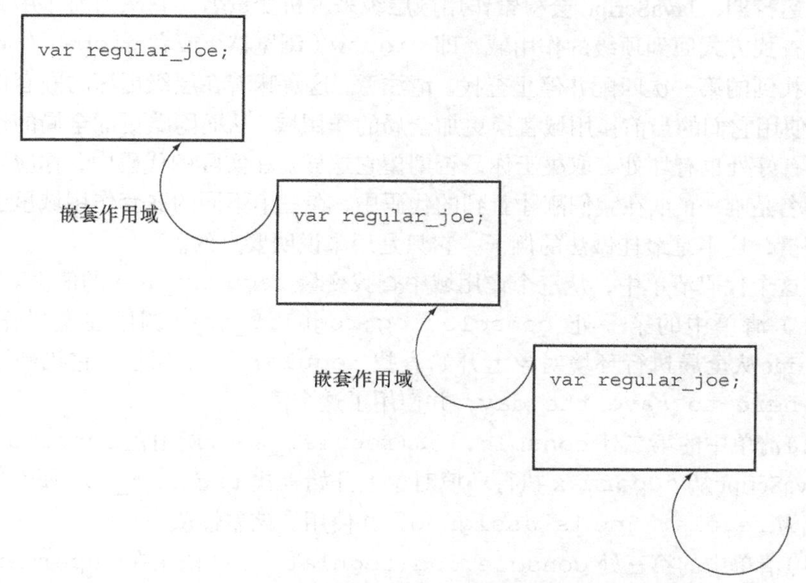

图 2-4 在运行期，JavaScript 会检索作用域层级来解析变量名

为了演示作用域链，我们来修改先前的一个示例。代码清单 2-7 中的代码会打印下面的内容：

```
I am here to save the day!
regular_joe is assigned
undefined
```

代码清单 2-7 作用域链的示例——每次调用，regular_joe 在作用域内都有定义

```
var regular_joe = 'I am here to save the day!';    // 在全局作用域里，设置 regular_joe

// logs 'I am here to save the day!'
console.log(regular_joe);    // 调用作用域：全局。作用域链中的最近匹配：全局的 regular_joe
function supermax(){
  var regular_joe = 'regular_joe is assigned';

  // logs 'regular_joe is assigned'
```

```
  console.log(regular_joe);

  function prison () {
    var regular_joe;
    console.log(regular_joe);
  }

  // logs 'undefined'
  prison();
}
supermax();
```

调用作用域：全局->supermax()。作用域链中的最近匹配：在supermax()中定义的regular_joe。

调用作用域：全局->supermax()->prison()。作用域链中的最近匹配：在prison()中定义的regular_joe。

在运行期，JavaScript 会检索作用域层级来解析变量名。它从当前作用域开始，然后按它的查找方式回到顶级的作用域，即 window（浏览器）或者 global（node.js）对象。它使用找到的第一次匹配并停止查找。请注意，这意味着在层级更深的嵌套作用域中的变量，会使用它们的当前作用域替换更加全局的作用域，从而隐藏更加全局的作用域中的变量。这有好处也有坏处，取决于你是否期望它这样。在实际的代码中，你应当努力尽量使得变量名是唯一的：在我们刚才看到的代码中，在三个不同的嵌套作用域里引入了同一名字的变量，这不是最佳做法的例子，它只是用来说明要点的。

在这个代码清单中，从三个作用域中查找变量 regular_joe 的值。

（1）清单中的第一处 console.log(regular_joe) 调用在全局作用域里面。JavaScript 从全局执行环境对象上开始查找 regular_joe 属性。它找到了一个，值为 I am here to save the day，并使用了这个值。

（2）清单中的第二处 console.log(regular_joe) 调用在 supermax 的执行环境中。JavaScript 从 supermax 执行环境对象上开始查找 regular_joe 属性。它找到了一个，值为 regular_joe is assigned，并使用了该属性值。

（3）清单中的第三处 console.log(regular_joe) 调用在 supermax 执行环境内的 prison 执行环境中。JavaScript 从 prison 执行环境对象上开始查找 regular_joe 属性。它找到了一个，值为 undefined，并使用了该属性值。

在上面这个示例中，regular_joe 在三个作用域内都定义了值。在下一个版本的代码中，在代码清单 2-8 中，我们只在全局作用域里面定义了它。现在程序打印了三次“I am here to save the day!”。

代码清单 2-8　作用域链的示例——只在一个作用域内定义了 regular_joe

```
var regular_joe = 'I am here to save the day!';
// logs 'I am here to save the day!'
console.log(regular_joe);
function supermax(){

  // logs 'I am here to save the day!'
```

在全局作用域里设置 regular_joe

调用作用域：全局，所找到的。

调用作用域：全局->supermax()。作用域链中的最近匹配：全局中的regular_joe。

```
    console.log(regular_joe);
    function prison () {
      console.log(regular_joe);
    }
    // logs 'I am here to save the day!'
    prison();
  }
  // logs 'I am here to save the day'. Three times.
  supermax();
```

调用作用域：全局->supermax()->prison()。作用域链中的最近匹配：全局中的regular_joe。

在查找一个变量的值时，结果可能来自于作用域链上的任何地方，记住这一点是很重要的。要想控制并明白值来自作用域链上的哪个地方，这取决于我们自己，以免陷入折磨人的编码混乱。附录 A 中的 JavaScript 编码标准，列出了很多技巧，有助于我们在这方面所做的努力，我们会一直使用这些技巧。

全局变量和 window 对象

通常我们所说的全局变量是执行环境顶层对象的属性。浏览器的顶层对象是 window 对象；在 node.js 中，顶层对象叫做 global，变量作用域的工作方式也不一样。window 对象包含了很多属性，包括对象、方法（onload、onresize、alert、close……），DOM 元素（document、frames……）以及其他变量。所有这些属性使用语法 window.*property* 来访问。

```
window.onload = function(){
  window.alert('window loaded');
}
```

node.js 的顶层对象叫做 global。由于 node.js 是网络服务器不是浏览器，其中可用的函数和属性是很不一样的。

当浏览器中的 JavaScript 检查全局变量是否存在时，它是在 window 对象上查找的。

```
var regular_joe = 'Global variable';
console.log( regular_joe );          // 'Global variable'
console.log( window.regular_joe ); // 'Global variable'
console.log( regular_joe === window.regular_joe ); // true
```

JavaScript 有一种和作用域链类似的概念，称为原型链，它定义了对象到哪查找它的属性定义。我们来看一下原型和原型链。

2.5 JavaScript 对象和原型链

JavaScript 对象是基于原型（prototype-based）的，而当今其他广泛使用的语言全部都使用基于类（class-based）的对象。在基于类的系统中，对象是这样定义的：使用类来描述它是什么样的。在基于原型的系统中，我们创建的对象，看起来要像我们想要的所有这种类型的对象那样，然后告诉 JavaScript 引擎，我们想要更多像这样的对象。

打个意思相近的比方，如果建筑是基于类的系统，则建筑师会先画出房子的蓝图，然后房子都按照该蓝图来建造。如果建筑是基于原型的，建筑师会先建一所房子，然后将房子都建成像这种模样的。

我们以先前的囚犯示例为基础，对比一下在每种系统中，创建一名囚犯所要的条件有哪些，囚犯属性包括名字、囚犯 ID、监禁（sentence）年数和缓刑（probation）年数。

表 2-2　简单对象创建：类和原型的比较

基于类的	基于原型的

`public class Prisoner {`
`  public int sentence   = 4;`
`  public int probation  = 2;`
`  public string name    = "Joe";`
`  public int id         = 1234;`
`}`
`Prisoner prisoner = new Prisoner();`
	`var prisoner = {`
	`  sentence  : 4,`
	`  probation : 2,`
	`  name      : 'Joe',`
	`  id        : 1234`
	`};`

基于原型的对象更简单，并且当只有一个对象实例时，编写更快。在基于类的系统中，你得定义类，定义构造函数，然后实例化对象，该对象是这个类的实例。一个基于原型的对象只要在适当的地方简单地定义它就行了。

基于原型的系统对于使用一个对象的情况比较占优势，但是它也支持更复杂的使用情况，使多个对象共享相似的特性。我们使用先前的囚犯示例，用代码更改囚犯的名字和 id，但保持监禁和缓刑的预设年数不变。

表 2-3　多个对象：类和原型的比较

基于类的	基于原型的

`/* step 1 */`
`public class Prisoner {`
`  public int sentence  = 4;`
`  public int probation = 2;`
`  public string name;`
`  public string id;`
 	
`  /* step 2 */`
`  public Prisoner( string name,`
`     string id ) {`
 	
`  this.name = name;`
`  this.id = id;`
`  }`
`}`
 	
`/* step 3 */`
`Prisoner firstPrisoner`
` = new Prisoner("Joe","12A");`
 	
`Prisoner secondPrisoner`
`  = new Prisoner("Sam","2BC");`
	`// * step 1 *`
	`var proto = {`
	`  sentence : 4,`
	`  probation : 2`
	`};`
	
	`//* step 2 *`
	`var Prisoner =`
	`    function(name, id){`
	`  this.name = name;`
	`  this.id = id;`
	`};`
	
	`//* step 3 *`
	`Prisoner.prototype = proto;`
	
	`//* step 4 *`
	`var firstPrisoner =`
	`  new Prisoner('Joe','12A');`
	
	`var secondPrisoner =`
	`  new Prisoner('Sam','2BC');`

续表

基于类的	基于原型的
1．定义类 2．定义类的构造函数 3．实例化对象	1．定义原型对象 2．定义对象的构造函数 3．将构造函数关联到原型 4．实例化对象

在表 2-3 中如你所看到的，这两种编程方式遵循类似的顺序，如果你习惯了类，则适应原型应该不难。但是魔鬼在细节中，如果你没有学习基于原型的方法，就从基于类的系统一头扎进了 JavaScript，很容易被某些看起来应该很简单的东西绊倒。我们按顺序逐步地过一遍，看看能学到什么。

在每个方法中，首先创建了对象的模板。模板在基于类的编程中叫做类，在基于原型的编程中叫做*原型对象*，但是它们的作用是一样的：作为创建对象的结构。

然后，创建了构造函数。在基于类的语言中，构造函数是在类的内部定义的，这样的话，当实例化对象时，哪个构造函数与哪个类配对，就很清晰了。在 JavaScript 中，对象的构造函数和原型是分开设置的，所以需要额外多一步来将它们连接在一起。

最后，实例化对象。

JavaScript 使用了 `new` 操作符，这违背了它基于原型的核心思想，可能是试图让熟悉基于类继承的开发人员更容易理解。不幸的是，我们认为这把问题搞混乱了，使得某些应该不熟悉的东西（因此需要学习）仿佛变得熟悉了，导致开发人员一头扎进了开发，直到他们遇到了问题并且花费了好几个小时试图解决 bug，而这 bug 是由于把 JavaScript 误认为是基于类的系统而产生的。

方法 `Object.create` 作为 `new` 操作符的替代方案，使用它来创建 JavaScript 对象时，能增添一种更像是基于原型的感觉。在这本书中，我们只使用 `Object.create` 方法。使用 `Object.create` 来创建表 2-3 中基于原型的囚犯，应该是如代码清单 2-9 所示。

代码清单 2-9　使用 Object.create 创建对象

```
var proto = {
  sentence  : 4,
  probation : 2
};

var firstPrisoner = Object.create( proto );
firstPrisoner.name = 'Joe';
firstPrisoner.id = '12A';

var secondPrisoner = Object.create( proto );
secondPrisoner.name = 'Sam';
secondPrisoner.id = '2BC';
```

`Object.create` 把原型作为参数并返回一个对象，使用这种方式，可以在原型对象上定义共同的属性和方法，然后使用它来创建多个共享相同属性的对象。手动为每个对象设置 name 和 id 是痛苦的，因为会有重复的代码而显得不整洁。另外一种可选的方案是，使用 Object.create 的常见模式是使用工厂函数来创建并返回最终的对象（见代码清单 2-10）。所有的工厂函数我们以 make<object_name>的形式进行命名。

代码清单 2-10 使用 Object.create()和工厂函数

```
var proto = {
  sentence  : 4,
  probation : 2
};

var makePrisoner = function( name, id ) {

  var prisoner = Object.create( proto );
  prisoner.name = name;
  prisoner.id = id;

  return prisoner;
};

var firstPrisoner = makePrisoner( 'Joe', '12A' );

var secondPrisoner = makePrisoner( 'Sam', '2BC' );
```

makePrisoner 是工厂函数，它创建了囚犯对象。

对象的创建方式和前面的清单是相同的，只是封装在工厂函数中了。

现在可以调用 makePrisoner 函数，传入名字和 ID 来创建新的囚犯。

尽管在 JavaScript 中，有许多创建对象的替代方法（这是开发人员再三争论的话题），一般认为使用 Object.create 是最佳方法。我们更喜欢这一方法，因为它清晰地说明了原型是如何被设置的。不幸的是，new 操作符可能是最常用来创建对象的方法。我们说不幸，是由于它误导了开发人员以为 JavaScript 语言是基于类的，遮掩了原型系统的细微差别。

老式浏览器上的 Object.create

Object.create 在 IE 9 + 、Firefox 4 + 、Safari 5 + 以及 Chrome 5 + 中有效。为了在浏览器之间兼容（IE6、7 和 8，说你呢！），当 Object.create 不存在的时候，我们需要定义这个方法，而已经实现它的浏览器则不去管它。

```
// Cross-browser method to support Object.create()

var objectCreate = function ( arg ){
  if ( ! arg ) { return {}; }
  function obj() {};
  obj.prototype = arg;
  return new obj;
};

Object.create = Object.create || objectCreate;
```

现在已经明白了 JavaScript 是如何使用原型来创建共享相同属性的对象，我们再深入地挖掘原型链，谈论一下 JavaScript 引擎是如何实现查找对象的属性值的。

原型链

在基于原型的 JavaScript 中，对象属性的实现方式和功能不同于基于类的系统。它们有很多的相似点，以至于大多数时候不用很清楚地理解也行，但是不同点在它们丑陋的表面之后，我们为之付出的代价是挫折感和低效率。就像预先学习原型和类之间的基本区别是值得的，所以我们来学习一下原型链。

JavaScript 使用原型链来解析属性值。原型链描述了 JavaScript 引擎如何从对象查找到原型以及原型的原型，来定位对象的属性值。当请求对象的属性时，JavaScript 引擎首先直接在该对象上查找。如果找不到该属性，则查找原型（保存在对象的`__proto__`属性中），查看原型是否包含了请求的属性。

如果 JavaScript 引擎在对象的原型上找不到该属性，它就查找原型的原型（原型只是一个对象，所以它也有原型）。依此类推。当 JavaScript 到达通用的（generic）`Object` 的原型，原型链就结束了。如果 JavaScript 在原型链上的所有地方都找不到请求的属性，则返回 `undefined`。由于 JavaScript 引擎会检查原型链，具体细节可能变得错综复杂，但是对于本书，我们只需记住如果在对象上找不到属性，则检查它的原型。

这种“往上爬”的原型链，和 JavaScript 引擎在作用域链上查找变量定义时的“往上爬”是类似的，如图 2-5 所示，与图 2-4 作用域链的思想几乎是一样的。

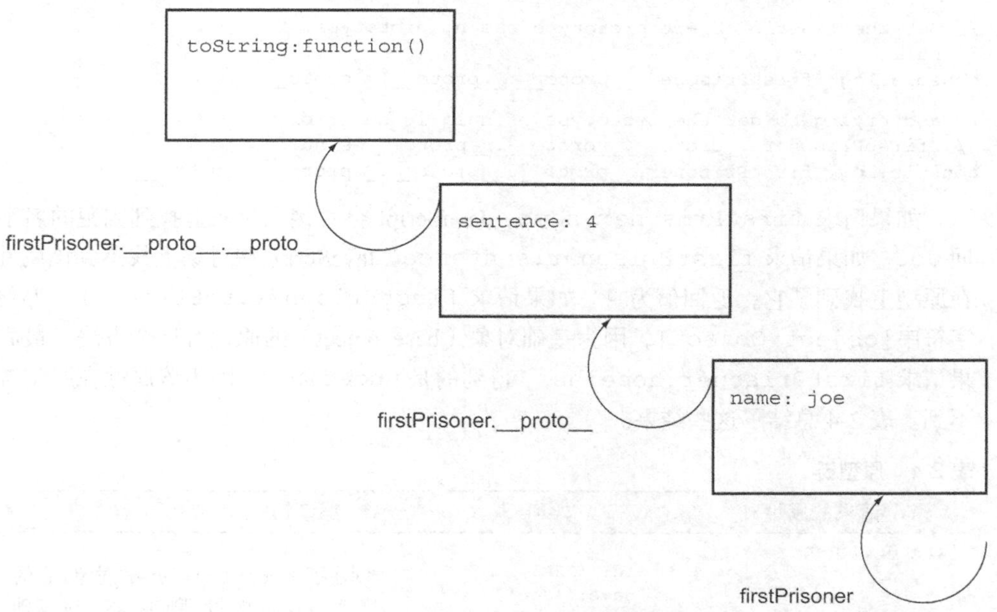

图 2-5　在运行期，JavaScript 会检索原型链来解析属性值

可以使用`__proto__`属性，手动地在原型链上“往上爬”。

```
var proto = {
  sentence  : 4,
  probation : 2
};
```

```
var makePrisoner = function( name, id ) {

  var prisoner = Object.create( proto );
  prisoner.name = name;
  prisoner.id = id;

  return prisoner;
};

var firstPrisoner = makePrisoner( 'Joe', '12A' );

// The entire object, including properties of the prototype
// {"id": "12A", "name": "Joe", "probation": 2, "sentence": 4}
console.log( firstPrisoner );

// Just the prototype properties
// {"probation": 2, "sentence": 4}
console.log( firstPrisoner.__proto__ );

// The prototype is an object with a prototype.  Since one
// wasn't set, the prototype is the generic object prototype,
// represented as empty curly braces.
// {}
console.log( firstPrisoner.__proto__.__proto__ );

// But the generic object prototype has no prototype
// null
console.log( firstPrisoner.__proto__.__proto__.__proto__ );

// and trying to get the prototype of null is an error
// "firstPrisoner.__proto__.__proto__.__proto__ is null"
console.log( firstPrisoner.__proto__.__proto__.__proto__.__proto__ );
```

如果请求 `firstPrisoner.name`，JavaScript 会直接在对象上找到囚犯的名字并返回 `Joe`。如果请求 `firstPrisoner.sentence`，JavaScript 在对象上找不到该属性，但在原型上找到了它，返回值为 `4`。如果请求 `firstPrisoner.toString()`，得到的是字符串`[object Object]`，因为基础对象（base object）的原型有这个方法。最后，如果请求 `firstPrisoner.hopeless`，得到的是 `undefined`，因为该属性在原型链上找不到。表 2-4 总结了这些结果。

表 2-4 原型链

<table>
<tr><th>请求的属性</th><th>原型链</th></tr>
<tr><td>firstPrisoner</td><td><pre>{
  id: '12A',
  name: 'Joe',

  __proto__: {
    probation: 2,
    sentence: 4,

    __proto__: {
      toString : function () {}
    }
  }
}</pre>创建了 firstPrisoner 对象，它的原型以及原型的原型（JavaScript 基础对象）</td></tr>
</table>

续表

请求的属性	原型链

firstPrisoner.name	`{`
	`  id: '12A',`
	`  **name: 'Joe',**`
	
	`  __proto__: {`
	`    probation: 2,`
	`    sentence: 4,`
	
	`    __proto__: {`
	`      toString : function () {}`
	`    }`
	`  }`
	`}`
	name 属性可在 firstPrisoner 对象上直接访问到

firstPrisoner.sentence	`{`
	`  id: '12A',`
	`  name: 'Joe',`
	
	`  **__proto__: {**`
	`    probation: 2,`
	`    **sentence: 4,**`
	
	`    __proto__: {`
	`      toString : function () {}`
	`    }`
	`  }`
	`}`
	sentence 属性在 firstPrisoner 对象上不可访问，所以查找原型，在原型那儿找到了该属性

firstPrisoner.toString	`{`
	`  id: '12A',`
	`  name: 'Joe',`
	
	`  **__proto__: {**`
	`    probation: 2,`
	`    sentence: 4,`
	
	`    **__proto__ :**`
	`      **toString : function () {**`
	`        [ native code ]`
	`      }`
	`    }`
	`  }`
	`}`
	toString() 在对象和它的原型上都没有，所以查找原型的原型，正好是 JavaScript 基础对象

firstPrisoner.hopeless	`{`
	`  id: '12A',`
	`  name: 'Joe',`
	
	`  __proto__: {`
	`    probation: 2,`
	`    sentence: 4,`
	
	`    __proto__ :`
	`      toString : function () {`
	`        [ native code ]`
	`      }`
	`    }`
	`  }`
	`}`
	hopeless 在对象上没有定义
	原型上没有定义
	原型的原型上也没有定义，因此它的值是 undefined

另外一种演示原型链的方法是，更改对象上的某个由原型设置的值，看看会发生什么，见代码清单 2-11。

代码清单 2-11 覆盖原型

```
var proto = {
  sentence  : 4,
  probation : 2
};

var makePrisoner = function( name, id ) {

  var prisoner = Object.create( proto );
  prisoner.name = name;
  prisoner.id = id;

  return prisoner;
};

var firstPrisoner = makePrisoner( 'Joe', '12A' );

// Both of these output 4
console.log( firstPrisoner.sentence );
console.log( firstPrisoner.__proto__.sentence );
firstPrisoner.sentence = 10;

// Outputs 10
console.log( firstPrisoner.sentence );

// Outputs 4
console.log( firstPrisoner.__proto__.sentence );
delete firstPrisoner.sentence;

// Both of these output 4
console.log( firstPrisoner.sentence );
console.log( firstPrisoner.__proto__.sentence );
```

firstPrisoner.sentence 在 firstPrisoner 对象找不到 sentence 属性，所以查找对象的原型并找到了。

把对象的 sentence 属性设置为 10

确认对象上的属性值已设置为 10……

但是对象的原型并没有变化，值仍然为 4

为了使获取到的属性回到原型的值，将属性从对象上删除

接下来，JavaScript 引擎在对象上不能再找到该属性了，必须回头去查找原型链，并在原型对象上找到了该属性。

那么如果更改了原型对象的属性值，会发生什么呢？我知道你在思考。

更改原型

原型继承提供了一个很强大的（有潜在危险的）行为，能够使得所有基于原型的对象即刻发生变化。对于熟悉静态变量的人来说，原型上的属性就像是从原型创建的对象上的静态变量。我们再看一下代码。

```
var proto = {
  sentence  : 4,
  probation : 2
};

var makePrisoner = function( name, id ) {
```

```
  var prisoner = Object.create( proto );
  prisoner.name = name;
  prisoner.id = id;
  return prisoner;
};

var firstPrisoner = makePrisoner( 'Joe', '12A' );

var secondPrisoner = makePrisoner( 'Sam', '2BC' );
```

如果在上面示例的最后检查 firstPrisoner 或者 secondPrisoner，会发现继承属性 sentence 被设置为 4。

```
...
// Both of these output '4'
console.log( firstPrisoner.sentence );
console.log( secondPrisoner.sentence );
```

如果更改原型对象，比如设置 proto.sentence = 5，然后所有之前和之后创建的对象都会变成这个值。因此 firstPrisoner.sentence 和 secondPrisoner.sentence 都是 5。

```
...
proto.sentence = 5;

// Both of these output '5'
console.log( firstPrisoner.sentence );
console.log( secondPrisoner.sentence );
```

这一行为有好处也有坏处。重要的是它在所有的 JavaScript 环境中都是一致的，我们知道这一行为，所以能相应地进行编码。

现在已经知道了对象是如何使用原型从其他对象继承属性的，我们来看一下函数是如何工作的，因为它们的行为可能与你期望的不一样。我们也将研究这些差异是如何能提供全书所使用的有用功能的。

2.6　函数——更深入的窥探

函数是 JavaScript 中的第一类（first-class）对象。它们可以保存在变量中，可以有属性甚至可以作为参数传给调用函数。它们用于控制变量作用域以及提供私有变量和方法。理解函数是理解 JavaScript 的关键之一，是构建专业的单页应用的重要基础。

2.6.1　函数和匿名函数

在 JavaScript 中，函数的一个重要特性是：它是一个对象，和其他对象一样。我们都可能见过 JavaScript 是这么声明函数的：

```
function prison () {}
```

但也可以使用变量来保存函数：

```
var prison = function prison () {};
```

我们可以使用匿名函数，以便减少冗余（以及减小名字不匹配的机率），它只是声明没有名字的函数的标签。下面是一个用局部变量来保存的匿名函数：

```
var prison = function () {};
```

用局部变量保存的函数，调用方式和我们期望的函数调用是一样的：

```
var prison = function () {
  console.log('prison called');
};
prison();
```

输出“prison called”

2.6.2 自执行匿名函数

在 JavaScript 中我们遇到的一个问题是，在全局作用域中定义的所有东西在每个地方都是可用的。有时候你不想和所有人共享，不想第三方库共享它们的内部变量，因为这很容易覆盖对方的库，从而导致难以诊断的问题。使用我们所了解的函数，可以把整个程序封装在函数中，调用这个函数，这样外部代码就不能访问到变量了。

```
var myApplication = function () {
  var private_variable = "private";
};

myApplication();

//outputs an error saying the variable in undefined.
console.log( private_variable );
```

但要都用这种方式来写的话，就显得冗长和不灵活。如果不用“定义函数，把它保存给一个变量，然后执行该函数”，这会很不错。如果有简化方法，那当然是很不错。猜怎么着……还真的有！

```
(function () {
  var private_variable = "private";
})();

//outputs an error saying the variable in undefined.
console.log( private_variable );
```

这叫自执行匿名函数，因为定义它时没有名字并且没有保存给变量，但却立即执行了。我们所做的是用括号把函数括起来，之后跟上一对括号来执行这个函数，如表 2-5 所示。当把这种语法和显式函数调用放在一起的时候，也没觉得很惊讶吧。

表 2-5 显式调用和自执行函数的比对。它们的效果是一样的：创建一个函数然后立即调用它

显式调用	自执行函数

`var foo = function () {`
`  // do something`
`};`
`foo();`
	`(function () {`
	`  // do something`
	`})();`

自执行匿名函数被用来控制变量的作用域，阻止变量泄漏到代码中的其他地方。这可

用于创建 JavaScript 插件，不会和应用代码冲突，因为它不会向全局名字空间添加任何变量。在下一小节，我们会演示一种更加高级的用法，整本书都会使用它。它叫做模块模式（module pattern），使我们有办法定义私有变量和私有方法。首先，我们来看一下自执行匿名函数中的变量作用域是如何工作的。如果这看着很熟悉，是因为它和前面的是一模一样的，只是使用了新的语法：

在自执行匿名函数里面，在声明之前，变量是未定义的，因为 JavaScript 引擎在对函数进行第一轮处理时声明变量，直到第二轮再到声明的地方时才会初始化变量。

当局部变量是在函数的里面声明时，在函数外面是访问不到的。

```
// error message "local_var is not defined"
console.log(local_var);

(function () {

  // local_var is undefined
  console.log(local_var);

  var local_var = 'Local Variable!';

  // local_var is 'Local Variable!'
  console.log(local_var);
}());

// error message "local_var is not defined"
console.log(local_var);
```

在函数中的变量被声明和赋值之后，变量就可用了。

在自执行匿名函数的外面，变量未定义。

将上述代码与下面的代码作比较：

```
console.log(global_var);
var global_var = 'Global Variable!';

console.log(global_var);
```

global_var 未定义，但仍然是声明了的

global_var 为“Global Variable!”。

这里，变量 global_var 污染了全局名字空间，如果代码中或者是项目中的外部 JavaScript 库使用了相同名字的变量，就会有产生冲突的风险。你可能经常在 JavaScript 圈子内听到术语“全局名字空间污染”，指的就是这个。

使用自执行匿名函数，能解决全局变量被第三方库或者甚至是自己无意编写的代码所覆盖的问题。将值作为参数传给自执行匿名函数，就可以保证这个参数的值在执行环境中是你所期望的值，因为外部代码不能影响到它。

首先，看一下如何向自执行匿名函数传递参数。

值 sandwich 传递给匿名函数的第一个参数 what_to_eat。

输出“I'm going to eat a sandwich”。

```
(function (what_to_eat) {

  var sentence = 'I am going to eat a ' + what_to_eat;
  console.log(sentence);
})('sandwich');
```

不知这种语法是否会使你头晕目眩，它就是把值 sandwich 传给匿名函数，作为它的第一个参数。我们来把这种语法和普通函数作一下对比：

```
var eatFunction = function (what_to_eat) {
  var sentence='I am going to eat a ' + what_to_eat;
  console.log( sentence );
};
eatFunction( 'sandwich' );

// is the same as

(function (what_to_eat) {
  var sentence = 'I am going to eat a ' + what_to_eat;
  console.log(sentence);
})('sandwich');
```

唯一的区别是，变量 eatFunction 被移除了，使用一对括号把函数定义包了起来。

一个很著名的阻止变量被覆盖的例子是使用 jQuery 和 Prototype JavaScript 库。它们都大量使用了字符变量$。如果在应用中同时引入了这两个库，则最后添加的库将控制$。将变量传递给自执行匿名函数的技巧，可以用来保证在一块代码里面，jQuery 可以使用$变量。

对于这个例子，你应该知道 jQuery 和$变量是彼此的别名。将 jQuery 变量传递给参数为$的自执行匿名函数，就能避免$被 Prototype 库占用了。

```
( function ( $ ) {

  console.log( $ );
})( jQuery );
```

直到这里，$是 prototype 函数。

在函数作用域里面，$是 jQuery 对象。这是一个简单的示例：甚至是在自执行匿名函数里面定义的函数，也可以通过$来引用 jQuery 对象。

2.6.3　模块模式——将私有变量引入 JavaScript

我们可以把应用封装在自执行匿名函数中，使应用免受第三方库（和我们自己）的影响，这是非常不错的，但是单页应用很庞大，不能定义在一个文件中。如果有方法将该文件分成一个个的模块，每个模块都有它们自己的私有变量，这当然是好的。好吧，你将看到我从哪儿入手……这是可以做到的！

我们来看一下如何把代码分成多个文件，但仍然利用自执行匿名函数来控制变量的作用域。

还是不习惯这种自执行匿名函数的语法吗？

我们换个角度来看一下。下面这种有趣的语法：

```
var prison = (function() {
  return 'Mike is in prison';
})();
```

实际上和下面这种语法是一样的：

```
function makePrison() {
  return 'Mike is in prison';
}
var prison = makePrison();
```

在上面两个示例中，prison 的值都是“Mike is in prison”。唯一的实际区别是，当 makePrison 函数仅需使用一次的时候，在创建和调用这个函数时就不需要保存这个函数。

```
var prison = (function () {
  var prisoner_name = 'Mike Mikowski',
      jail_term = '20 year term';

  return {
    prisoner: prisoner_name + ' - ' + jail_term,
    sentence: jail_term
  };
})();

// this is undefined, no prisoner_name for you.
console.log( prison.prisoner_name );

// this outputs 'Mike Mikowski - 20 year term'
console.log( prison.prisoner );

// this outputs '20 year term'
console.log( prison.sentence );
```

自执行匿名函数的返回值保存在变量 prison 里面。

自执行匿名函数返回了一个对象，对象上的属性正是我们想要的。

prison.prisoner_name 未定义，因为它不是自执行匿名函数返回对象上的属性。

自执行匿名函数会立即执行，返回一个拥有 prisoner 和 sentence 属性的对象。匿名函数没有保存在 prison 变量中，因为匿名函数被执行了：匿名函数的返回值保存在变量 prison 中。

在全局作用域中只添加了 prison 变量，没有添加 prisoner_name 和 jail_term 变量。在稍大一点的模块中，减少全局变量是很重要的。

我们的对象有一个问题，一旦自执行匿名函数停止执行，在它里面定义的变量没有了，所以它们是不能被更改的。prisoner_name 和 jail_term 不是保存给变量 prison 的对象的属性，所以它们无法通过 prison 变量访问。它们用来定义匿名函数的返回对象上的 prisoner 和 sentence 属性，并且这些属性可以在 prison 变量上访问到。

```
...
// outputs undefined
console.log( prison.jail_term );
prison.jail_term = 'Sentence commuted';
// this now outputs 'Sentence commuted', but...
console.log( prison.jail_term );

// this outputs 'Mike Mikowski - 20 year term'... sorry Mike
console.log( prison.prisoner );
```

prison 是一个对象，所以仍然可以在它上面定义 jail_term 属性……

prison.jail_term 为 undefined，因为它不是自执行匿名函数返回的对象上的属性。

……但是 prison.prisoner 仍然是不会被更新的。

prison.prisoner 没被更新，这有几个原因。首先，jail_term 不是 prison 对象或者原型上的属性，它是执行环境中创建的对象变量，prison 变量保存了这个变量，并且执行环境已不复存在，因为函数已经执行结束。其次，这些属性只在匿名函数执行时设置了一次，永远不会被更新。为了能更新它们，我们必须把属性转变为方法，每次调用它们时都会访问变量。

```
var prison = (function () {
  var prisoner_name = 'Mike Mikowski',
      jail_term = '20 year term';

  return {
     prisoner: function () {
       return prisoner_name + ' - ' + jail_term;
    },
    setJailTerm: function ( term ) {
       jail_term = term;
    }
  };
})();

// this outputs 'Mike Mikowski - 20 year term'
console.log( prison.prisoner() );

prison.setJailTerm( 'Sentence commuted' );

// this now outputs 'Mike Mikowski - Sentence commuted'
console.log( prison.prisoner() );
```

返回一个有两个方法的对象。

每次调用 prisoner()时，会重新查找 prisoner_name 和 jail_term。

每次调用 setJailTerm()时，会查找并设置 jail_term。

尽管自执行匿名函数完成了执行，方法 prisoner 和 setJailTerm 仍然可以访问变量 prisoner_name 和 jail_term。prisoner_name 和 jail_term 像是 prison 对象的私有变量。它们只能通过匿名函数返回的对象上的方法来访问，不能在该对象或者原型上直接访问。你听说过闭包很难吧。等等，不好意思……我还没解释过怎样才算是闭包吧，我有解释过吗？好吧，我们往回走几步来看看闭包。

什么是闭包？

闭包是一种抽象的概念，理解起来可能比较困难，所以在回答“什么是闭包”之前，我们需要知道一些背景知识。请稍微忍耐一下，在本部分的最后你会得到答案的。

随着程序的运行，它们会因各种事情而占用计算机的内存，比如保存变量的值。如果程序运行了却从不释放不再需要的内存，电脑最终会崩溃。在一些语言中，像 C，内存管理是由程序员处理的，程序员编写代码时花费了很多时间，以便确保在能释放内存的时候就释放掉。

其他语言，像 Java 和 JavaScript，实现了自动释放内存的系统，当代码不再需要时，就从电脑的内存中把它移除。这些自动化系统叫做垃圾回收器（garbage collector），想必是因为不需要的变量占用了空间就臭气熏天吧。关于哪种系统更好，自动的还是手动的，有多种意见，但这已经超出了本书范围。知道 JavaScript 有垃圾回收器就足够了。

当函数执行完毕时，管理内存的本地方法会将函数中所有创建了的东西从内存中移除。毕竟函数已经执行完毕，所以似乎我们不再需要访问该执行环境中的任何东西了。

```
var prison = function () {
  var prisoner = 'Josh Powell';
};

prison();
```

一旦prison完成执行，我们就不再需要访问prisoner变量，所以Josh自由啦。这种模式有点繁琐，所以我们把它转回为自执行匿名函数的模式。

```
(function () {
  var prisoner = 'Josh Powell';
})();
```

这是同一回事：函数执行完成时，prisoner变量就不再需要保存在内存中了。再见，Josh！

我们把这一段代码粘贴到模块模式中去。

```
var prison = (function () {
  var prisoner = 'Josh Powell';
  return { prisoner: prisoner };
})();

// outputs 'Josh Powell'
console.log( prison.prisoner );
```

将变量或者函数保存为对象上名字相同的属性，然后由模块模式返回该对象，我们对这一做法会非常熟悉：整本书都使用这种方法。

我们仍然不需要在匿名函数执行后访问prisoner变量。因为字符串Josh Powell已经保存在prison.prisoner中，没有理由再在模块所在的内存中保存prisoner变量，因为它不能再被访问。prison.prisoner的值是字符串Josh Powell，但它不再指向prisoner变量。

```
var prison = (function () {
  var prisoner = 'Josh Powell';

  return {
    prisoner: function () {
      return prisoner;
    }
  }
})();

// outputs 'Josh Powell'
console.log( prison.prisoner() );
```

现在，每次执行prison.prisoner时都会访问prisoner变量。prison.prisoner()返回prisoner变量的当前值。如果垃圾回收器来把它从内存中移除了，调用prison.prisoner会返回undefined，而不是Josh Powell。

现在我们终于可以回答“什么是闭包”这个问题了。闭包是阻止垃圾回收器将变量从内存中移除的方法，使得在创建变量的执行环境的外面能够访问到该变量。在prisoner函数被保存到prison对象上时，一个闭包就创建了。闭包因保存函数而被创建，在执行环境的外面，可以动态访问prisoner变量，这就阻止了垃圾回收器将prisoner变量从内存中移除。

我们再多看几个闭包的示例。

```
var makePrison = function ( prisoner ) {
  return function () {
    return prisoner;
  }
};

var joshPrison = makePrison( 'Josh Powell' );
var mikePrison = makePrison( 'Mike Mikowski' );

// outputs 'Josh Powell', prisoner variable is saved in a closure.
// The closure is created because of the anonymous function returned
// from the makePrison call that accesses the prisoner variable.
console.log( joshPrison() );
// outputs 'Mike Mikowski',the prisoner variable is saved in a closure.
// The closure is created because of the anonymous function returned
// from the makePrison call that accesses the prisoner variable.
console.log( mikePrison() );
```

另一种使用闭包的常见情况是，保存变量以便在 Ajax 请求返回时使用。当使用 JavaScript 对象中的方法时，this 指向这个对象：

```
var prison = {
  names: 'Mike Mikowski and Josh Powell',
  who: function () {
    return this.names;
  }
};

// returns 'Mike Mikowski and Josh Powell'
prison.who();
```

如果是使用 jQuery 来发送 Ajax 请求的方法，则 this 不再指向对象，它指向 Ajax 请求对象：

```
var prison = {
  names: 'Josh Powell and Mike Mikowski',
  who: function () {
    $.ajax({
      success: function () {
        console.log( this.names );
      }
    });
  }
};

// outputs undefined, 'this' is the ajax object
prison.who();
```

那么如何指向对象呢？使用闭包来营救！请记住，闭包由函数创建，该函数在当前执行环境中访问了某个变量，并将该函数保存给当前执行环境外的一个变量。在下面的示例中，通过把 this 保存给 that，在函数中访问 that，从而创建了一个闭包，当 Ajax 请求返回时，会执行该函数。Ajax 请求是异步的，所以响应来自发送 Ajax 请求的执行环境之外。

```
var prison = {
  names: 'Mike Mikowski and Josh Powell',
  who: function () {
    var that = this;
    $.ajax({
      success: function () {
        console.log( that.names );
      }
    });
  }
};

// outputs 'Mike Mikowski and Josh Powell'
prison.who();
```

Ajax 请求是异步的，所以在响应抵达的时候，对 who() 的调用已经执行完毕了。

尽管在 Ajax 请求返回的时候，who()已经执行完毕，但是 that 变量不会被垃圾回收，在 success 方法中可以使用该变量。

但愿我们表达闭包的方式，能让你很容易地理解什么是闭包以及它是如何工作的。现在已经理解了闭包是什么，我们再深入地研究一下闭包的机制，看看它是如何实现的。

2.6.4 闭包

闭包是如何工作的？我们知道了闭包是什么，但还不知道它是如何实现的。答案就在执行环境对象中。我们看一下上一小节的示例：

```
var makePrison = function (prisoner) {
  return function () {
    return prisoner;
  }
};

var joshPrison = makePrison( 'Josh Powell' );
var mikePrison = makePrison( 'Mike Mikowski' );

// outputs 'Josh Powell'
console.log( joshPrison() );

// outputs 'Mike Mikowski'
console.log( mikePrison() );
```

当调用 makePrison 时，为这次特定的调用创建了一个执行环境对象，将传入的值赋予 prisoner。请记住，执行环境对象是 JavaScript 引擎的一部分，在 JavaScript 中不能直接访问。

在前面的示例中，我们调用了两次 makePrison，将结果保存到 joshPrison 和 mikePrison。因为 makePrison 的返回值是一个函数，当我们把结果赋予 joshPrison 变量的时候，这个特定的执行环境对象的引用计数置为 1，因为引用计数大于 0，所以 JavaScript 引擎会保留这个特定的执行环境对象。如果这个引用计数降到 0，然后 JavaScript 引擎会知道要对这个对象进行垃圾回收了。

当再次调用 makePrison 并赋予 mikePrison 时，创建了一个新的执行环境对象，这个执行环境对象的引用计数也置为 1。此时，有两个指针分别指向两个执行环境对象，两者的引用计数都是 1，尽管两者是通过执行同一个函数而创建的。

如果再次调用 joshPrison，它会使用“在调用 makePrison 时所创建的并保存给 joshPrison 的执行环境对象”上设置的值。清除保存的执行环境对象的唯一方法（除了关闭网页，聪明的小伙伴们），就是删除 joshPrison 变量。当删除这个变量的时候，这个执行环境对象的引用计数会降到 0，那么在 JavaScript 空闲的时候就会移除这个对象。

我们把一些执行环境对象立刻销毁掉，看看会发生什么事情，见代码清单 2-12。

代码清单 2-12　执行环境对象

```
var curryLog, logHello, logStayinAlive, logGoodbye;

curryLog = function ( arg_text ){
  var log_it = function (){ console.log( arg_text ); };
  return log_it;
};

logHello       = curryLog('hello');
logStayinAlive = curryLog('stayin alive!');
logGoodbye     = curryLog('goodbye');

// This creates no reference to the execution context,
// and therefore the execution context object can be
// immediately purged by the JavaScript garbage collector
curryLog('fred');

logHello();       // logs 'hello'
logStayinAlive(); // logs 'stayin alive!'
logGoodbye();     // logs 'goodbye'
logHello();       // logs 'hello' again

// destroy reference to 'hello' execution context
delete window.logHello;

// destroy reference to 'stayin alive!' execution context
delete window.logStayinAlive;

logGoodbye();     // logs 'goodbve'
logStayinAlive(); // undefined①- execution context destroyed
```

我们必须记住，每次调用函数时都会创建一个唯一的执行环境对象。函数执行完后，执行对象就会被丢弃，除非调用者引用了它。当然，如果函数返回的是数字，就不能引用函数的执行环境对象。但是，如果函数返回的是一个更复杂的结构，像是函数、对象或者数组，将返回值保存到一个变量上（有时是误用）就创建了一个对执行环境的引用。

---

① 这里的实际输出是“stayin alive!”。Java Script 中通过 var 声明的变量是不能通过 delete 操作符来删除的。所以，这段示例代码和代码上方的相关论述还请读者自己进行思考（作者写作时是在浏览器的控制台中测试的，其实作者只注意到了最后的 undefined，没注意到 undefined 之前的正确输出值）。——译者注

创建很多层深的执行环境引用链是可能的。当我们需要它时这是一件好事（思考一下对象继承）。但也有不想要这种闭包的时候，因为它们可能会导致内存使用失控（思考一下内存泄漏）。附录 A 中的约定和工具能帮助你避免无意形成的闭包。

闭包——再谈论一下！

由于闭包是如此的重要，又是 JavaScript 中令人困惑的部分，在我们学习接下来的内容之前，我们再试着解释一下。如果你已经掌握了闭包，可以不用看下面的内容。

```
var   menu, outer_function,
      food = 'cake';

outer_function = function () {
  var fruit, inner_function;
  fruit = 'apple';

  inner_function = function () {
    return { food: food, fruit: fruit };
  }

  return inner_function;
};

menu = outer_function();

// returns { food:  'cake', fruit: 'apple' }
menu();
```

当调用 outer_function 时，创建了一个执行环境。在这个执行环境中定义了 inner_function，因为在 outer_function 执行环境里面定义了 inner_function，它有权限访问在 outer_function 作用域内的所有变量，这里是 food、fruit、outer_function、inner_function 和 menu。当 outer_function 执行完时，你可能期望在执行环境中的所有东西都会被垃圾回收器销毁。你想错了。因为 inner_function 的引用保存给了全局作用域中的变量 menu，所以它并不会被销毁。在声明 inner_function 的作用域内，需要保留对所有变量的访问权限，它“关闭”了 outer_function 执行环境的大门，阻止垃圾回收器来移除它们。这就是闭包。

这将我们带回到了第一个示例，我们看一下是否明白为什么在 Ajax 请求返回后，scoped_var 还是可以访问的。

```
function sendAjaxRequest() {
  var scoped_var = 'yay';
  $.ajax({
    success: function () {
      console.log(scoped_var);
    }
  });
}
sendAjaxRequest();
```

当 Ajax 请求成功完成时，输出“yay”。

之所以可以访问，是因为 success 方法是在调用 sendAjaxRequest 时创建的执行环境中定义的，此时 scoped_var 在作用域中。如果你还是不明白闭包，请不要灰心。闭包是 JavaScript 中较难的概念之一，如果在读了几遍本节的内容后，依然没有明白，请尽管继续学习接下来的章节。为能理解这个概念，你需要一些更多的实践经验。但愿在阅读到本书的最后时，你将会有足够的实践经验，使用闭包也成了你的习惯。

对 JavaScript 的探索和一些细节研究到此结束。这次回顾并不全面，但关注的是我们发现的对开发大规模单页应用来说是必需的概念。希望你喜欢本章的内容。

2.7 小结

本章我们讲解了一些在其他广泛使用的程序语言中没有的概念，尽管这些概念并不是 JavaScript 特有的。这些话题的知识对于编写单页应用很重要，没有这些知识的话，在构建应用时你会觉得很迷茫。

理解变量作用域以及变量和函数提升，是揭去 JavaScript 变量神秘面纱的基础。理解执行环境对象，对于理解“作用域和提升是如何工作的”来说至关重要。

知道在 JavaScript 中如何使用原型创建对象，使得用原生的 JavaScript 编写可重用的代码成为可能。不理解基于原型的对象，工程师们经常会回过头来使用库来编写可重用的代码，依靠库提供的基于类的模型，实际上是在基于原型的模型上封装的。如果在学习了基于原型的方法后，仍然喜欢使用基于类的系统，你依然可以在一些简单的使用案例中利用基于原型的模型。对于构建单页应用，我们将使用基于原型的模型，这有两个原因：我们相信对于我们的使用案例来说更加简单，并且这是 JavaScript 的方式，我们是用 JavaScript 在编码。

编写自执行匿名函数，会控制变量作用域，帮助你防止无意间污染了全局名字空间，以及帮助你编写不会和其他库产生冲突的库和代码库（codebase）。

理解模块模式和使用私有变量，允许你精心制作对象的公开 API，隐藏所有杂乱的、其他对象不需要访问的内部方法和变量。这能保持 API 的美观和简洁，哪些方法需要消化学习，哪些是 API 的内部辅助方法，一目了然。

最后，我们在一个最难的 JavaScript 概念上花费了很多时间：闭包。如果你仍然没有完全理解闭包，希望在这本书中有足够的实践机会来巩固你的理解。

在心中有了这些概念后，我们继续来学习下一章的内容，开始构建具有产品级质量的单页应用。

第二部分

单页应用客户端

单页应用客户端，提供的不只是传统网站的用户界面（UI）。尽管有些人说单页应用的响应速度可以与桌面应用匹敌，而更准确地说，精心开发的单页应用客户端就是桌面应用。

和桌面应用一样，单页应用客户端本质上和传统网页是不同的。当我们用单页应用来替换传统网站时，整套软件工具（software stack）改变了：从数据库服务器到 HTML 模板。有远见的公司已经成功地从传统网站转型到单页应用，他们懂得过去的做法和结构必须要改变。他们重新关注工程师的才能、规则和客户端测试。服务器仍旧是重要的，但它关注的是提供 JSON 数据服务。

所以让我们忘记传统网站客户端开发的所有东西。好吧，不是所有的东西，知道 JavaScript、HTML5、CSS3、SVG、CORS 和一堆其他缩略词依然是件好事。但是，需要记住，我们在这些章节中构建的是桌面应用，不是传统网站。在第二部分，我们学习如何来：

- 构建和测试大规模的、可测试的和强大的单页应用客户端；
- 使得后退按钮、标签和其他历史控件按预期的那样工作；
- 设计、实现和测试健壮的功能模块和它们的 API；
- 使得 UI 能在移动设备和桌面上无缝地工作；
- 组织代码以便大大地改进测试、团队开发和面向质量的设计（design-for-quality）。

有一件事情还没有讨论，即如何使用特定的单页应用框架库。这有很多原因（请查看第 6 章的补充说明，那儿有深入的讨论）。我们想解释的是精心编写的单页应用的内部运作，不是只适用复杂实现的单个框架库。我们使用超过了 6 年时间提炼和经受了很多商业级产品考验的架构。这一架构鼓励可测试性、可读性和面向质量的设计。它也能使得多个客户端开发人员之间的分工变得简单和愉快。有了这一方法，想使用框架库的读者就能做出明智的决策，在使用框架库的时候会取得更大的成功。

第3章 开发 Shell

本章涵盖的内容

- 描述 Shell 模块以及它在架构中的地位
- 组织文件和名字空间
- 创建功能容器，并为之设计样式
- 使用事件处理程序来切换功能容器
- 使用锚接口模式来管理应用的状态

在本章，我们将描述 Shell，它是架构的必需组件。我们先开发包含功能容器的页面布局，然后让 Shell 来渲染它们。接下来演示 Shell 如何管理功能容器：展开和收起聊天滑块。然后让它来捕获用户打开和关闭聊天滑块的点击事件。最后，使用 URI 锚作为状态 API，使用的是锚接口模式。这为用户提供了他们期望的浏览器控件（像前进和后退按钮控件、浏览器历史控件和书签控件）。

到本章的最后，我们将会完成构建可扩展和可维护的单页应用的基础，但先不要想得太多，首先必须理解 Shell。

3.1 深刻理解 Shell

Shell 是单页应用的主控制器（master controller），在我们的架构中是必需的。可以把 Shell 模块的角色和飞机的外壳（shell）作一下对比：

飞机外壳（也叫做硬壳或者机身）是飞机的形状和结构。有座椅、小桌板和引擎等配件，使用各种紧固件把它们附着在机身上。所有的配件都被做成尽可能独立工作，因为没人喜欢当 Milly 阿姨打开小桌板时，导致飞机立即向右侧倾斜。

Shell 模块是单页应用的形状和结构。像聊天、登录和导航等功能模块依靠 API 依附在 Shell 上。所有的功能模块都被构建成尽可能独立地工作，因为没人喜欢当 Milly 阿姨在聊天滑块中输入“ROTFLMAO!!! UR totally pwned!”[①]时，应用立即关闭了她的浏览器窗口。

Shell 只是架构的一部分，是我们从很多商业项目中提炼出来的。这种适用 Shell 的架构如图 3-1 所示。首先编写 Shell 模块是有好处的，因为它是架构的中枢。它是功能模块和业务逻辑以及通用浏览器接口（像 URI 或者 cookie）之间的协调者。当用户点击了后退按钮、登录或者做了其他事情而改变了应用状态，这些状态可以使用书签来标记，Shell 会协调这些改变。

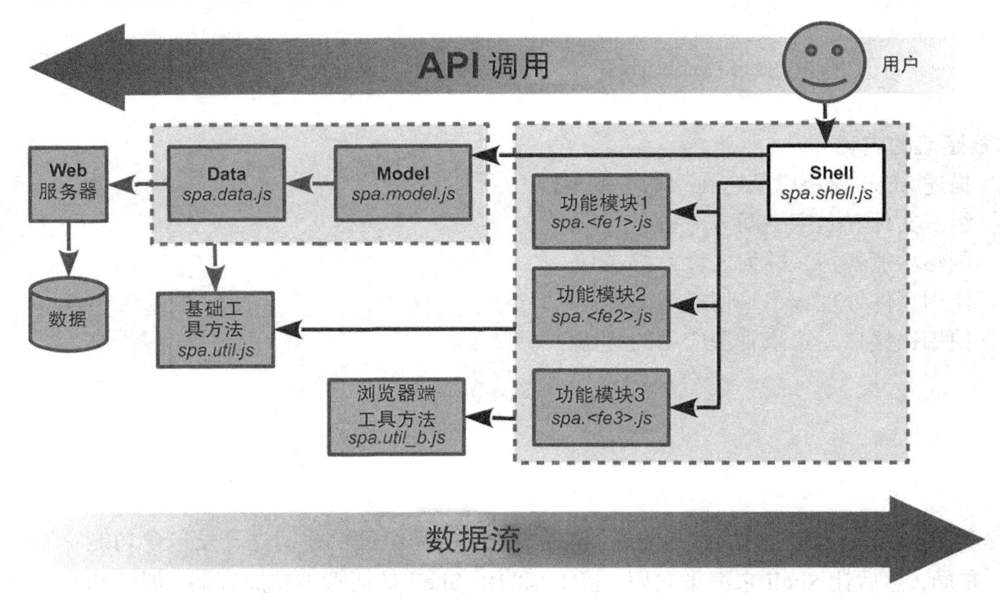

图 3-1　单页应用架构中的 Shell

习惯了模型-视图-控制器（MVC）架构的读者，可能会把 Shell 当作主控制器，因为它是协调所有从属功能模块的控制器。

Shell 负责以下事情。

- 渲染和管理功能容器。
- 管理应用状态。
- 协调功能模块。

下一章会详细地讲解功能模块的协调方式。本章讲解渲染功能容器和管理应用状态。

---

① 网络用语，常见于青少年游戏玩家，中文意思相当于“笑死我了！！！你被完爆了！”。有吹嘘自己很厉害的意思。——译者注

首先，我们开始准备文件和名字空间。

3.2 创建文件和名字空间

我们将根据附录 A 中的编码标准来创建文件和名字空间。特别说明一下，每个 JavaScript 名字空间都会有一个对应的 JavaScript 文件，并且使用自执行匿名函数，以免污染全局名字空间。我们也会建立平行的 CSS 文件结构。这种约定能加快开发、提升质量和简化维护。随着向项目中添加更多的模块和开发人员，它的价值就会增加。

3.2.1 创建文件结构

我们已经选择 spa 作为单页应用的根名字空间。JavaScript 和 CSS 文件名、JavaScript 名字空间和 CSS 选择器名称都同步使用。这样就很容易追踪哪个 JavaScript 文件搭配哪个 CSS 文件。

1. 规划目录和文件

Web 开发人员经常把 HTML 文件放在一个目录中，把 CSS 和 JavaScript 文件放在子目录中。我们没有理由打破这个惯例。我们来创建目录和文件，如代码清单 3-1 所示。

代码清单 3-1 第一轮，文件和目录

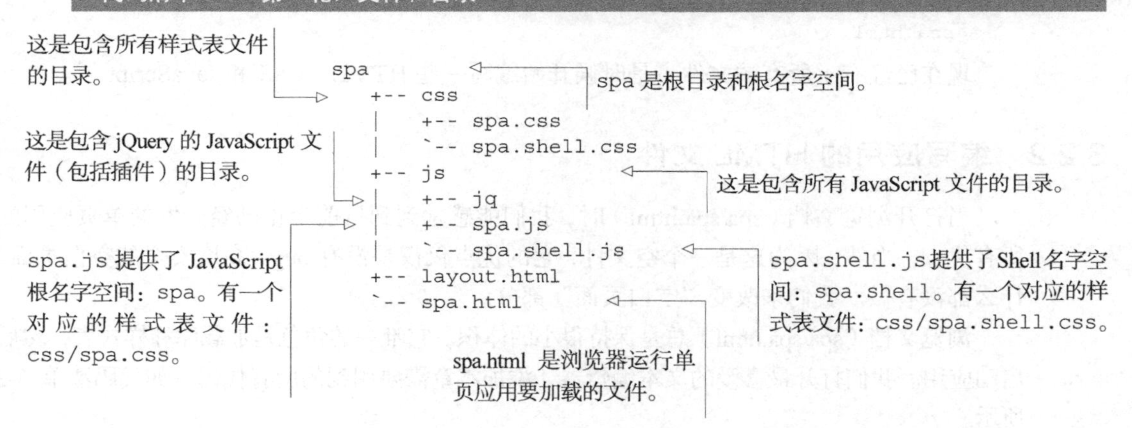

现在已经有了基础结构，我们来安装 jQuery。

2. 安装 jQuery 和插件

jQuery 和它的插件经常以压缩文件或者普通文件的形式提供。我们几乎总是安装普通文件，因为这有益于调试，然而无论怎样，我们都会对它进行压缩，作为构建系统的一部分。现在不用担心它们是做什么用的，稍后在本章你会明白的。

jQuery 库提供了跨平台 DOM 操作和其他工具方法。我们使用的版本是 1.9.1，可以从 http://docs.jquery.com/Downloading_jQuery 获取。我们把它放在 jQuery 目录中：

```
...
  +-- js
  |    +-- jq
  |    |    +-- jquery-1.9.1.js
  ...
```

jQuery 的 uriAnchor 插件提供了管理 URI 的锚组件的工具方法。该插件可以从 github 上获取：https://github.com/mmikowski/urianchor。我们把它放在同一个 jQuery 目录中：

```
...
  +-- js
  |    +-- jq
  |    |    +-- jquery.uriAnchor-1.1.3.js
  ...
```

现在文件和目录结构看起来应该和代码清单 3-2 一样：

代码清单 3-2 添加了 jQuery 和插件之后的文件和目录结构

```
spa
  +-- css
  |    +-- spa.css
  |    `-- spa.shell.css
  +-- js
  |    +-- jq
  |    |    +-- jquery-1.9.1.js
  |    |    `-- jquery.uriAnchor-1.1.3.js
  |    +-- spa.js
  |    `-- spa.shell.js
  +-- layout.html
  `-- spa.html
```

现在已经有了所有的文件，是时候开始编写一些 HTML、CSS 和 JavaScript 了。

3.2.2 编写应用的 HTML 文件

当打开浏览文档（spa/spa.html）时，我们能感觉到到目前为止已经开发的单页应用的所有优点。当然，因为这是一个空文件，它的优点仅仅是没有 bug、高度安全的空白页面，什么都没有做。我们来改变“空白页面”部分。

浏览文档（spa/spa.html）总是保持很小的体积。它唯一的角色是加载库和样式表，然后启动应用。我们打开最喜爱的文本编辑器，添加本章需要用到的所有代码，如代码清单 3-3 所示。

代码清单 3-3 应用的 HTML 文件——spa/spa.html

```
<!doctype html>
<html>
<head>
  <title>SPA Starter</title>

  <!-- stylesheets -->
  <link rel="stylesheet" href="css/spa.css" type="text/css"/>
  <link rel="stylesheet" href="css/spa.shell.css" type="text/css"/>

  <!-- third-party javascript -->
```

首先加载样式表。这能优化性能。如果添加了第三方样式表，应该首先加载它们。

然后加载第三方 JavaScript。目前，加载的第三方脚本只有 jQuery 和操作锚的插件。

```
  <script src="js/jq/jquery-1.9.1.js"          ></script>
  <script src="js/jq/jquery.uriAnchor-1.1.3.js"></script>

  <!-- our javascript -->
  <script src="js/spa.js"      ></script>
  <script src="js/spa.shell.js"></script>
  <script>
    $(function () { spa.initModule( $('#spa') ); });
  </script>

</head>
<body>
  <div id="spa"></div>
</body>
</html>
```

然后加载我们自己的JavaScript库。它们应该按照名字空间的深度进行排序。这点很重要，因为在声明spa的子名字空间（如spa.shell）时，spa名字空间对象必须已经声明。

一旦DOM可用时，初始化应用。熟悉jQuery的人会注意到代码使用了简写方法，因为$(function(...可以被写成$(document).ready(function(...

有性能意识的开发朋友可能会问“为什么不和传统网页一样，把脚本文件放到body容器的最后面呢？”这是一个值得探讨的问题，因为这么做的话，静态的HTML和CSS在JavaScript加载完成前就能显示，通常会使页面渲染更快。然而，单页应用不是这样工作的。它们使用JavaScript来生成HTML，因此将脚本放置在头部之外，并不能更快地渲染页面。相反，我们把所有的外部脚本放在head区块中，以便改进组织结构和易读性。

3.2.3 创建CSS根名字空间

我们的根名字空间是spa，按照附录A的约定，根样式表应该叫做spa/css/spa.css。之前我们已经创建了这个文件，现在来填写内容。因为这是根样式表，它会比其他CSS文件多一些内容。再次打开喜爱的文本编辑器，添加所需的CSS规则，如代码清单3-4所示。

代码清单3-4 CSS根名字空间——spa/css/spa.css

```
/*
 * spa.css
 * Root namespace styles
*/

/** Begin reset */
  * {
    margin  : 0;
    padding : 0;
    -webkit-box-sizing : border-box;
    -moz-box-sizing    : border-box;
    box-sizing         : border-box;
  }
  h1,h2,h3,h4,h5,h6,p { margin-bottom : 10px; }
  ol,ul,dl { list-style-position : inside;}
/** End reset */

/** Begin standard selectors */
  body {
    font : 13px 'Trebuchet MS', Verdana, Helvetica, Arial, sans-serif;
    color            : #444;
    background-color : #888;
```

重置大多数选择器。我们不信任浏览器的默认行为。CSS作者会把这当作一种惯例，尽管这并不是没有争议的。

修改标准选择器。我们再次不信任浏览器的默认行为，因为对于某种类型的元素，我们希望确保跨平台应用有一致的外观。可以（并且将会）在其他文件中修改更多特定的选择器。

```
  }
  a { text-decoration : none; }
    a:link, a:visited { color : inherit; }
    a:hover { text-decoration: underline; }

  strong {
    font-weight : 800;
    color       : #000;
  }
/** End standard selectors */

/** Begin spa namespace selectors */
  #spa {
    position : absolute;
    top      : 8px;
    left     : 8px;
    bottom   : 8px;
    right    : 8px;

    min-height : 500px;
    min-width  : 500px;
    overflow   : hidden;

    background-color : #fff;
    border-radius    : 0 8px 0 8px;
  }
/** End spa namespace selectors */

/** Begin utility selectors */
  .spa-x-select {}
  .spa-x-clearfloat {
    height     : 0      !important;
    float      : none   !important;
    visibility : hidden !important;
    clear      : both   !important;
  }
/** End utility selectors */
```

定义选择器的名字空间。通常使用根名字作为元素选择器，如#spa。

为其他所有模块提供通用选择器。它们以spa-x-作为前缀。

按照我们的编码标准，文件中所有的 CSS id 和 class 都以 spa-为前缀。现在已经创建了应用的根 CSS 文件，我们将创建对应的 JavaScript 名字空间。

3.2.4 创建 JavaScript 根名字空间

我们的根名字空间是 spa，按照附录 A 的约定，根 JavaScript 应该叫做 spa/js/spa.js。必需的 JavaScript 至少是 var spa = {};。但是，我们希望添加一个初始化应用的方法，希望确保代码通过 JSLint 的验证。可以使用附录 A 中的模板，删去一些东西，因为我们不需要所有的内容。我们用第二喜爱的文本编辑器打开这个文件，填写代码清单 3-5 所示的内容。

代码清单 3-5 JavaScript 的根名字空间——spa/js/spa.js

按照附录 A 中的模块模板，设置 JSLint 开关。

告诉 JSLint，spa 和 $是全局变量。如果发现在此清单的 spa 之后要添加自己的变量，那大概能说明我们有什么地方做错了。

使用第 2 章中的模块模式来创建“spa”名字空间。这个模块导出了一个方法：initModule 函数。initModule，顾名思义，是初始化应用的函数。

```
/*
 * spa.js
 * Root namespace module
*/

/*jslint          browser : true,   continue : true,
  devel  : true,   indent : 2,       maxerr  : 50,
  newcap : true,    nomen : true,   plusplus : true,
  regexp : true,   sloppy : true,       vars : false,
  white  : true
*/
/*global $, spa */

var spa = (function () {
  var initModule = function ( $container ) {
    $container.html(
      '<h1 style="display:inline-block; margin:25px;">'
        + 'hello world!'
      + '</h1>'
    );
  };

  return { initModule: initModule };
}());
```

我们希望确保代码没有任何常见的错误和不好的写法。附录 A 演示了如何安装和运行 JSLint 这个充满价值的工具，它正好就是做这件事情的。附录 A 描述了文件顶部的所有`/*jslint ... */`开关的意思。除了附录 A，我们还会在第 5 章更深入地讨论 JSLint。

在命令行中输入 `jslint spa/js/spa.js` 来检查一下我们的代码，我们不应该看到任何警告和错误。现在可以打开浏览文档（spa/spa.html），可以看到有着统治地位的“hello world”，如图 3-2 所示。

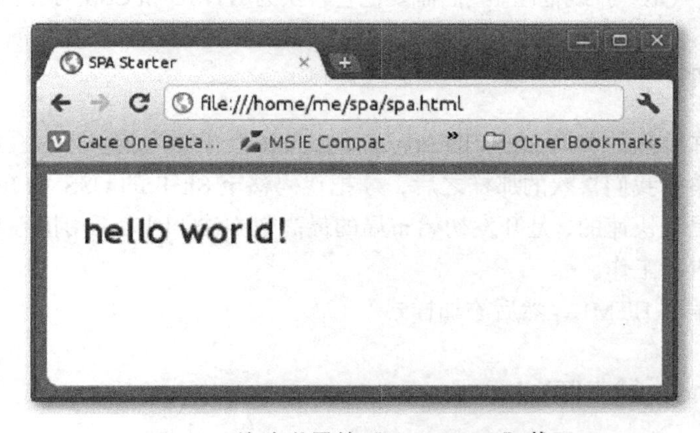

图 3-2 统治世界的“hello world”截图

现在已经问候过了世界，并受到了美味的成功味道的鼓舞，我们开始更有挑战的探索吧。在下一小节，我们开始构建第一个实际工作中的单页应用。

3.3 创建功能容器

Shell 创建并管理着功能模块要用到的容器。比如，聊天滑块容器，会按照流行的惯例，固定在浏览器窗口的右下角。Shell 负责管理滑块容器，但不会管理容器内部的行为，这是留给聊天功能模块的，我们将在第 6 章讨论这个模块。

我们把聊天滑块放在比较完整的布局中。图 3-3 演示了我们想看到的容器线框图。

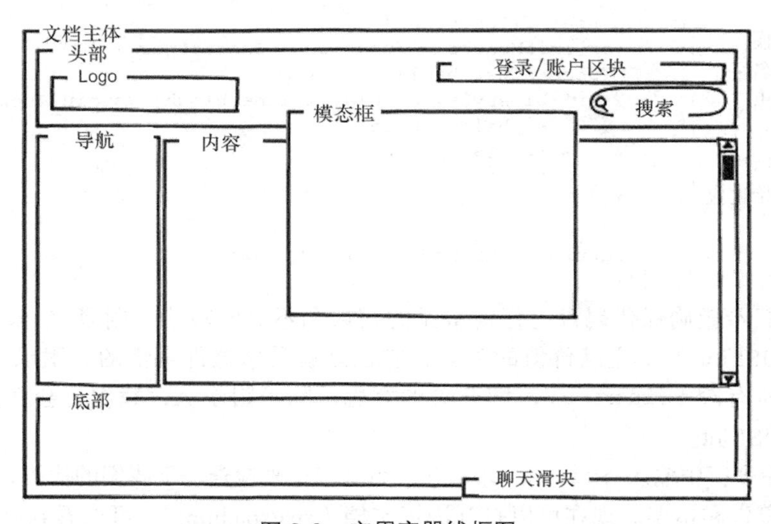

图 3-3 应用容器线框图

当然，这只是一张线框图。我们需要把它转换为 HTML 和 CSS。我们讨论一下如何来做。

3.3.1 选取策略

我们将在单独的布局文档文件 spa/layout.html 中开发功能容器的 HTML 和 CSS。只有当把容器调整为我们喜欢的那样之后，才把代码移至 Shell 的 CSS 和 JavaScript 文件。这种做法通常是最快速的，是开发初始布局的最高效方法，因为不用担心与大多数其他代码交互，就能进行工作。

我们先编写 HTML，然后添加样式。

3.3.2 编写 Shell 的 HTML

HTML5 和 CSS3 的一个主要功能是，我们真的能够把样式和内容分隔开来。线框图显示了我们想要的容器以及它们是如何嵌套的。这是满怀信心地编写容器的 HTML 所需的。打开布局文档（spa/layout.html），输入代码清单 3-6 所示的 HTML。

代码清单 3-6 创建容器的 HTML——spa/layout.html

```
<!doctype html>
  <html>
  <head>
    <title>HTML Layout</title>
    <link rel="stylesheet" href="css/spa.css" type="text/css"/>
  </head>
  <body>
    <div id="spa">
      <div class="spa-shell-head">
        <div class="spa-shell-head-logo"></div>
        <div class="spa-shell-head-acct"></div>
        <div class="spa-shell-head-search"></div>
      </div>
      <div class="spa-shell-main">
        <div class="spa-shell-main-nav"></div>
        <div class="spa-shell-main-content"></div>
      </div>
      <div class="spa-shell-foot"></div>
      <div class="spa-shell-chat"></div>
       <div class="spa-shell-modal"></div>
    </div>
  </body>
  </html>
```

嵌入 logo、账户设置（acct）和 head 容器中的搜索框。

将导航（nav）和 content 容器放在主容器里面。

将 chat 容器固定在外部容器的右下角。

创建 footer 容器。

创建 modal 容器，漂浮在其他内容的上面。

现在应该验证一下 HTML，确保它没有错误。我们喜欢使用令人尊敬的 Tidy 工具，它可以找出缺少的标签和其他常见的 HTML 错误。你可以在 http://infohound.net/tidy/找到 Tidy 的在线版，或者在 http://tidy.sourceforge.net/下载它的源代码。如果你使用的是 Linux 发行版，像 Ubuntu 或者 Fedora，在标准软件库中很可能有现成的 Tidy。现在我们来给这些容器添加一些样式。

3.3.3 编写 Shell 的 CSS

我们将编写支持*流式布局*（liquid layout）的 CSS，除了一些最极端的尺寸，内容的宽度和高度会完全自适应填充浏览器窗口。我们会给功能容器添加背景颜色，这样就可以很容易地看见它们。我们会避免使用任何边框，因为它们会更改 CSS 盒子的尺寸。这在快速原型开发过程中会引入不必要的麻烦。一旦对容器的展示满意了，必要时可以再回过头来添加边框。

流式布局

随着布局变得越来越复杂，我们可能需要使用 JavaScript 来支持布局的流动性（liquidity）。经常使用窗口尺寸变化的事件处理程序来确定浏览器窗口的尺寸，然后重新计算并应用新的 CSS 尺寸。我们会在第 4 章演示这个技术。

我们在布局文档（spa/layout.html）的`<head>`区块中添加 CSS。可以把它放在 `spa.css` 样式表的后面，如代码清单 3-7 所示。所有的更改以粗体显示。

代码清单 3-7 创建容器的 CSS——spa/layout.html

```
<head>
  <title>HTML Layout</title>
  <link rel="stylesheet" href="css/spa.css" type="text/css"/>
  <style>
    .spa-shell-head, .spa-shell-head-logo, .spa-shell-head-acct,
    .spa-shell-head-search, .spa-shell-main, .spa-shell-main-nav,
    .spa-shell-main-content, .spa-shell-foot, .spa-shell-chat,
    .spa-shell-modal {
      position : absolute;
    }
    .spa-shell-head {
      top    : 0;
      left   : 0;
      right  : 0;
      height : 40px;
    }
    .spa-shell-head-logo {
      top        : 4px;
      left       : 4px;
      height     : 32px;
      width      : 128px;
      background : orange;
    }
    .spa-shell-head-acct {
      top    : 4px;
      right  : 0;
      width  : 64px;
      height : 32px;
      background : green;
    }
    .spa-shell-head-search {
      top        : 4px;
      right      : 64px;
      width      : 248px;
      height     : 32px;
      background : blue;
    }

    .spa-shell-main {
      top    : 40px;
      left   : 0;
      bottom : 40px;
      right  : 0;
    }
    .spa-shell-main-content,
    .spa-shell-main-nav {
      top    : 0;
      bottom : 0;
    }
```

```
      .spa-shell-main-nav {
        width       : 250px;
        background : #eee;
      }
      .spa-x-closed .spa-shell-main-nav {
        width : 0;
      }

      .spa-shell-main-content {
        left        : 250px;
        right       : 0;
        background : #ddd;
      }
      .spa-x-closed .spa-shell-main-content {
        left : 0;
      }

      .spa-shell-foot {
        bottom : 0;
        left   : 0;
        right  : 0;
        height : 40px;
      }
      .spa-shell-chat {
        bottom      : 0;
        right       : 0;
        width       : 300px;
        height      : 15px;
        background : red;
        z-index     : 1;
      }
      .spa-shell-modal {
        margin-top    : -200px;
        margin-left   : -200px;
        top           : 50%;
        left          : 50%;
        width         : 400px;
        height        : 400px;
        background    : #fff;
        border-radius : 3px;
        z-index       : 2;
      }
    </style>
  </head>
...
```

当打开浏览文档（spa/layout.html）时，我们应该看到一张和线框图非常相似的页面，如图 3-4 所示。当改变浏览器窗口的尺寸时，我们看到功能容器也会根据需要改变尺寸。我们的流式布局有局限性，如果将宽度或高度缩至小于 500 像素，就会出现滚动条。这么做是因为我们不能把内容压缩至该尺寸之下。

可以使用 Chrome 开发者工具，测试一下某些新定义的样式，初始显示的页面没有使用它们。比如，在 spa-shell-main 容器上添加类 spa-x-closed。这会关闭页面左边的导航条。移除这个类会还原导航条，如图 3-5 所示。

图 3-4　容器的 HTML 和 CSS——spa/layout.html

Elements Resources Network Sources Timeli

```
<!DOCTYPE html>
▼<html>
  ▶<head>…</head>
  ▼<body>
    ▼<div id="spa">
      ▶<div class="spa-shell-head">…</div>
      ▼<div  class="spa-shell-main spa-x-closed">
          <div class="spa-shell-main-nav"></div>
          <div class="spa-shell-main-content"></div>
        </div>
        <div class="spa-shell-foot"></div>
        <div class="spa-shell-chat"></div>
        <div class="spa-shell-modal"></div>
      </div>
    </body>
  </html>
```

添加的类

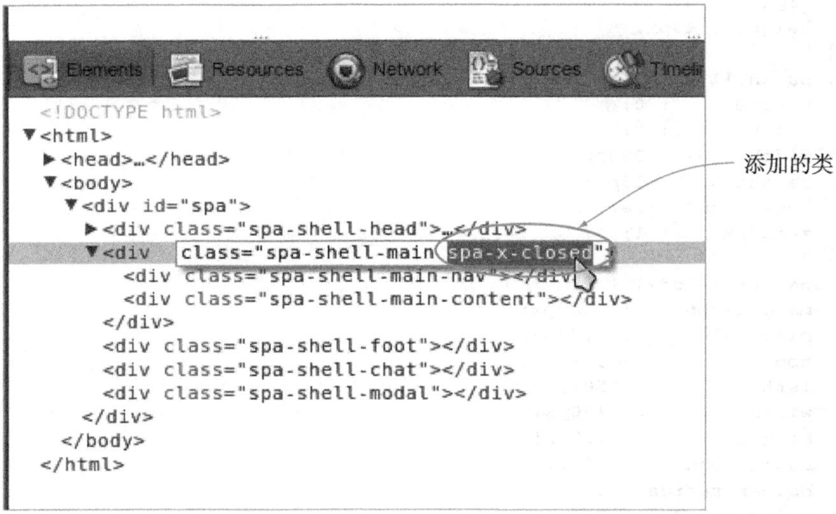

图 3-5　在 Chrome 开发者工具中，双击 HTML 添加类

3.4　渲染功能容器

我们创建的布局文档（spa/layout.html）是一个很好的基础。现在将在单页应用中使用它。第一步是让 Shell 来渲染容器，而不是使用静态的 HTML 和 CSS。

3.4.1　将 HTML 转换为 JavaScript

我们需要 JavaScript 来管理所有的文档变化，因此需要把前面开发的 HTML 转换为

JavaScript 字符串。我们会保留 HTML 的缩进，使之容易阅读和维护，如代码清单 3-8 所示。

代码清单 3-8　拼接 HTML 模板

```
var main_html = String()
  + '<div class="spa-shell-head">'
    + '<div class="spa-shell-head-logo"></div>'
    + '<div class="spa-shell-head-acct"></div>'
    + '<div class="spa-shell-head-search"></div>'
  + '</div>'
  + '<div class="spa-shell-main">'
    + '<div class="spa-shell-main-nav"></div>'
    + '<div class="spa-shell-main-content"></div>'
  + '</div>'
  + '<div class="spa-shell-foot"></div>'
  + '<div class="spa-shell-chat"></div>'
  + '<div class="spa-shell-modal"></div>';
```

我们不担心拼接字符串导致的任何性能损失。当发布产品时，JavaScript 压缩工具会替我们把字符串拼接在一起。

配置你的编辑器！

一名专业的开发人员，应该使用专业级别的文本编辑器或者 IDE。它们大多数都支持正则表达式和宏（macro）。我们应该使得 HTML 转换为 JavaScript 字符串这一过程自动化。例如，令人尊敬的 `vim` 编辑器就能配置成只需两个按键，就能将 HTML 格式化为用 JavaScript 拼接的字符串。可以将下面的内容添加到 `~/.vimrc` 文件中：

```
vmap <silent> ;h :s?^\(\s*\)+ '\([^']\+\)',*\s*$?\1\2?g<CR>
vmap <silent> ;q :s?^\(\s*\)\(.*\)\s*$? \1 + '\2'?<CR>
```

当启动 vim 时，可以直观地选择要改变的 HTML。当按下 `;q`，选择的内容会被格式化；当按下 `;h`，会取消格式化。

3.4.2　在 JavaScript 中添加 HTML 模板

现在是时候往前走一大步并创建 Shell。当初始化 Shell 时，想让它根据我们的选择，用功能模块来填充页面元素。在这么做的时候，我们想缓存 jQuery 集合对象。可以使用附录 A 中的模块模板，连同刚才创建好的 JavaScript 字符串，来完成这个功能。打开文本编辑器，创建如代码清单 3-9 所示的文件。请小心留意注释，它们提供了有用的细节。

代码清单 3-9　开始编写 Shell——spa/js/spa.shell.js

```
/*
 * spa.shell.js
 * Shell module for SPA
*/
```

```
/*jslint         browser : true, continue : true,
  devel  : true, indent  : 2,    maxerr   : 50,
  newcap : true, nomen   : true, plusplus : true,
  regexp : true, sloppy  : true, vars     : false,
  white  : true
*/
/*global $, spa */

spa.shell = (function () {
  //---------------- BEGIN MODULE SCOPE VARIABLES --------------
  var
    configMap = {
      main_html : String()
        + '<div class="spa-shell-head">'
          + '<div class="spa-shell-head-logo"></div>'
          + '<div class="spa-shell-head-acct"></div>'
          + '<div class="spa-shell-head-search"></div>'
        + '</div>'
        + '<div class="spa-shell-main">'
          + '<div class="spa-shell-main-nav"></div>'
          + '<div class="spa-shell-main-content"></div>'
        + '</div>'
        + '<div class="spa-shell-foot"></div>'
        + '<div class="spa-shell-chat"></div>'
        + '<div class="spa-shell-modal"></div>'
    },
    stateMap  = { $container : null },
    jqueryMap = {},

    setJqueryMap, initModule;
  //----------------- END MODULE SCOPE VARIABLES ---------------

  //------------------- BEGIN UTILITY METHODS ------------------
  //-------------------- END UTILITY METHODS -------------------

  //-------------------- BEGIN DOM METHODS --------------------
  // Begin DOM method /setJqueryMap/
  setJqueryMap = function () {
    var $container = stateMap.$container;
    jqueryMap = { $container : $container };
  };
  // End DOM method /setJqueryMap/
  //--------------------- END DOM METHODS ----------------------

  //------------------- BEGIN EVENT HANDLERS -------------------
  //-------------------- END EVENT HANDLERS --------------------

  //------------------- BEGIN PUBLIC METHODS -------------------
  // Begin Public method /initModule/
  initModule = function ( $container ) {
    stateMap.$container = $container;
    $container.html( configMap.main_html );
    setJqueryMap();
  };
  // End PUBLIC method /initModule/

  return { initModule : initModule };
  //------------------- END PUBLIC METHODS ---------------------
}());
```

声明所有在名字空间（即“Module Scope”区块，这里是 `spa.shell`）内可用的变量。请查看附录 A 关于这个的完整讨论和模板的其他部分。

把静态配置值放在 `configMap` 变量中。

缩进 HTML 字符串。这有助于理解并易于维护。

将 jQuery 集合缓存在 `jqueryMap` 中。

此部分声明所有模块作用域内的变量。很多都是在之后赋值。

将在整个模块中共享的动态信息放在 `stateMap` 变量中。

将创建和操作页面元素的函数放在“DOM Methods”区块中。

“Utility Methods”保留区块，这些函数不和页面元素交互。

使用 `setJqueryMap` 来缓存 jQuery 集合。几乎我们编写的每个 Shell 和功能模块都应该有这个函数。`jqueryMap` 缓存的用途是可以大大地减少 jQuery 对文档的遍历次数，能够提高性能。

为 jQuery 事件处理函数保留的“Event Handlers”区块。

将公开方法放在“Public Methods”区块中。

创建 `initModule` 公开方法，用于初始化模块。

显式地导出公开方法，以映射（map）的形式返回。目前可用的只有 `initModule`。

现在有了渲染功能容器的模块，但仍然需要填写 CSS 文件，指示根名字空间模块（spa/js/spa.js）来使用 Shell 模块（spa/js/spa.shell.js），而不是显示有着鼎鼎大名的“hello world”。我们就这么来做。

3.4.3 编写 Shell 的样式表

使用附录 A 中展示的便利的名字空间约定，我们知道需要在名为 spa/css/spa.shell.css 的文件中使用 `spa-shell-*`选择器。可以把在 spa/layout.html 中已经开发好的 CSS 直接复制到这个文件中，如代码清单 3-10 所示。

代码清单 3-10 Shell 的 CSS，直接拿来用的——spa/css/spa.shell.css

```
/*
 * spa.shell.css
 * Shell styles
*/
.spa-shell-head, .spa-shell-head-logo, .spa-shell-head-acct,
.spa-shell-head-search, .spa-shell-main, .spa-shell-main-nav,
.spa-shell-main-content, .spa-shell-foot, .spa-shell-chat,
.spa-shell-modal {
  position : absolute;
}
.spa-shell-head {
  top    : 0;
  left   : 0;
  right  : 0;
  height : 40px;
}
.spa-shell-head-logo {
  top        : 4px;
  left       : 4px;
  height     : 32px;
  width      : 128px;
  background : orange;
}
.spa-shell-head-acct {
  top        : 4px;
  right      : 0;
  width      : 64px;
  height     : 32px;
  background : green;
}
.spa-shell-head-search {
  top        : 4px;
  right      : 64px;
  width      : 248px;
  height     : 32px;
  background : blue;
}
```

```
.spa-shell-main {
  top    : 40px;
  left   : 0;
  bottom : 40px;
  right  : 0;
}
.spa-shell-main-content,
.spa-shell-main-nav {
  top    : 0;
  bottom : 0;
}
.spa-shell-main-nav {
  width  : 250px;
  background : #eee;
}
  .spa-x-closed .spa-shell-main-nav {
     width  : 0;
  }

.spa-shell-main-content {
  left  : 250px;
  right : 0;
  background : #ddd;
}
  .spa-x-closed .spa-shell-main-content {
     left : 0;
  }

.spa-shell-foot {
  bottom : 0;
  left   : 0;
  right  : 0;
  height : 40px;
}
.spa-shell-chat {
  bottom     : 0;
  right      : 0;
  width      : 300px;
  height     : 15px;
  background : red;
  z-index    : 1;
}
.spa-shell-modal {
  margin-top    : -200px;
  margin-left   : -200px;
  top           : 50%;
  left          : 50%;
  width         : 400px;
  height        : 400px;
  background    : #fff;
  border-radius : 3px;
  z-index       : 2;
}
```

定义共享的 CSS 规则。

使用父类来影响子元素。这大概是 CSS 的一个最强大的功能，但几乎没被频繁的使用。

缩进派生选择器，紧跟在父选择器的下面。派生选择器的意思是明确依赖父选择器的选择器。

所有选择器的前缀都是 `spa-shell-`。这有很多好处。

- 这表明这些类是由 Shell 模块（spa/js/spa.shell.js）控制的。
- 这能防止和第三方脚本以及我们的其他模块产生名字空间的冲突。
- 在调试和查看 HTML 文档的时候，我们能立即明白哪些元素是由 Shell 模块生成和控制的。

所有这些好处，能阻止我们掉进水深火热的 CSS 选择器名称的大杂烩炼狱。任何曾经管理过样式表的人，即使是适中规模的，都应该很清楚我们在谈论什么。

3.4.4　指示应用使用 Shell

现在我们来修改根名字空间模块(spa/js/spa.js),以便使用 Shell,而不是费力地把“hello world”复制到 DOM 中去。按照下面粗体所示的进行修改就可以了：

```
/*
 * spa.js
 * Root namespace module
*/
...
/*global $, spa */
var spa = (function () {
  var initModule = function ( $container ) {
    spa.shell.initModule( $container );
  };

  return { initModule: initModule };
}());
```

现在打开浏览文档（spa/spa.html），应该能看到和图 3-6 一样的界面。可以使用 Chrome 开发者工具来确认单页应用生成的文档（spa/spa.html）和布局文档（spa/layout.html）是相符合的。

图 3-6　一种似曾相识的感觉——spa/spa.html

有了这个基础，我们将开始做让 Shell 来管理功能容器的工作。可能现在是好好休息一下的美好时光，因为下一小节相当有挑战。

3.5 管理功能容器

Shell 渲染并管理着功能容器。这些“顶层”容器（通常是 DIV）包含了功能内容。Shell 初始化并协调着应用中所有的功能模块。Shell 指示功能模块来创建和管理所有功能容器中的内容。我们将在第 4 章更深入地探讨功能模块。

在这一小节，我们首先编写展开和收起聊天滑块功能容器的方法。然后创建点击事件处理程序，因此可以根据用户希望的，来打开或者关闭滑块。然后会查检我们的作品，并讨论下一个重要功能：使用 URI 哈希片段（hash fragment）来管理页面的状态。

3.5.1 编写展开或收起聊天滑块的方法

我们对聊天滑块函数的要求是适度的。我们需要它具备产品级的质量，但不用过度设计。下面是我们想要完成的需求。

（1）开发人员能够配置滑块运动的速度和高度。

（2）创建单个方法来展开或者收起聊天滑块。

（3）避免出现竞争条件（race condition），即滑块可能同时在展开和收起。

（4）开发人员能够传入一个可选的回调函数，会在滑块运动结束时调用。

（5）创建测试代码，以便确保滑块功能正常。

为满足这些需求，我们来修改一下 Shell，如代码清单 3-11 所示[1]。所有的更改以粗体显示。请留意一下注释，因为它们详细地说明了和需求相关的更改。

代码清单 3-11 为展开和收起聊天滑块而修订的 Shell——spa/js/spa.shell.js

```
...
spa.shell = (function () {
  //---------------- BEGIN MODULE SCOPE VARIABLES --------------
  var
    configMap = {
      main_html : String()
      ...
      chat_extend_time    : 1000,
      chat_retract_time   : 300,
      chat_extend_height  : 450,
      chat_retract_height : 15
    },
    stateMap  = { $container : null },
    jqueryMap = {},

    setJqueryMap, toggleChat, initModule;
  //----------------- END MODULE SCOPE VARIABLES ---------------
```

根据需求 1：“开发人员能够配置滑块运动的速度和高度”，在模块配置映射中保存收起和展开的时间和高度。

在模块作用域变量列表中，添加 toggleChat 方法。

① 现在是感谢宇宙苍生的好时机，因为没有 jQuery 的话，生活不知道会有多么艰难。

```
//--------------------- BEGIN UTILITY METHODS -----------------
//---------------------- END UTILITY METHODS ------------------

//---------------------- BEGIN DOM METHODS --------------------
// Begin DOM method /setJqueryMap/
setJqueryMap = function () {
  var $container = stateMap.$container;

  jqueryMap = {
    $container : $container,
    $chat : $container.find( '.spa-shell-chat' )
  };
};
// End DOM method /setJqueryMap/

// Begin DOM method /toggleChat/
// Purpose   : Extends or retracts chat slider
// Arguments :
//   * do_extend - if true, extends slider; if false retracts
//   * callback  - optional function to execute at end of animation
// Settings  :
//   * chat_extend_time, chat_retract_time
//   * chat_extend_height, chat_retract_height
// Returns   : boolean
//   * true  - slider animation activated
//   * false - slider animation not activated
//
toggleChat = function ( do_extend, callback ) {
  var
    px_chat_ht = jqueryMap.$chat.height(),
    is_open    = px_chat_ht === configMap.chat_extend_height,
    is_closed  = px_chat_ht === configMap.chat_retract_height,
    is_sliding = ! is_open && ! is_closed;

  // avoid race condition
  if ( is_sliding ){ return false; }

  // Begin extend chat slider
  if ( do_extend ) {
    jqueryMap.$chat.animate(
      { height : configMap.chat_extend_height },
      configMap.chat_extend_time,
      function () {
        if ( callback ){ callback( jqueryMap.$chat ); }
      }
    );
    return true;
  }
  // End extend chat slider

  // Begin retract chat slider
  jqueryMap.$chat.animate(
    { height : configMap.chat_retract_height },
    configMap.chat_retract_time,
    function () {
```

根据需求 2：“创建单个方法来展开或者收起聊天滑块”，添加 toggleChat 方法。

将聊天滑块的 jQuery 集合缓存到 jqueryMap 中。

根据需求 3：“避免出现竞争条件，即滑块可能同时在展开和收起”，如果滑块已经在运动中，则拒绝执行操作，防止出现竞争条件。

根据需求 4：“开发人员能够传入一个可选的回调函数，会在滑块运动结束时调用”，在动画完成后调用回调函数。

```
        if ( callback ){ callback( jqueryMap.$chat ); }
      }
    );
    return true;
    // End retract chat slider
  };
  // End DOM method /toggleChat/
  //---------------------- END DOM METHODS ----------------------

  //------------------- BEGIN EVENT HANDLERS -------------------
  //-------------------- END EVENT HANDLERS --------------------

  //------------------- BEGIN PUBLIC METHODS -------------------
  // Begin Public method /initModule/
  initModule = function ( $container ){
    // load HTML and map jQuery collections
    stateMap.$container = $container;
    $container.html( configMap.main_html );
    setJqueryMap();

    // test toggle
    setTimeout( function () {toggleChat( true ); }, 3000 );
    setTimeout( function () {toggleChat( false );}, 8000 );
  };
  // End PUBLIC method /initModule/

  return { initModule : initModule };
  //------------------- END PUBLIC METHODS ---------------------
}());
```

根据需求 5：“创建测试代码，以便确保滑块功能正常”，在页面加载完后过 3 秒，展开滑块，过 8 秒后收起滑块。

如果你正在运行这个示例，首先请在命令行中输入 `jslint spa/js/spa.shell.js`，使用 JSLint 来检查一下代码，不应该看到任何警告和错误。接着，请重新加载浏览文档（spa/spa.html），并看到 3 秒过后，聊天滑块会展开，8 秒过后又会收起。现在已经能让滑块动起来了，我们可以使用鼠标点击的方式来切换它的位置。

3.5.2 给聊天滑块添加点击事件处理程序

很多用户希望在聊天滑块上点击就能展开或者收起，因为这是常见惯例。下面是我们想要完成的需求：

（1）设置提示信息文字来提示用户操作，比如“Click to retract”。

（2）添加点击事件处理程序来调用 `toggleChat`。

（3）将点击事件处理程序绑定到 jQuery 事件上。

为满足以上需求，我们来修改一下 Shell，如代码清单 3-12 所示。所有的更改还是用粗体显示，注解详细地说明了和需求相关的更改。

代码清单 3-12 为处理聊天滑块的点击事件而修订的 Shell——spa/js/spa.shell.js

```
...
spa.shell = (function () {
  //---------------- BEGIN MODULE SCOPE VARIABLES --------------
  var
    configMap = {
      ...
      chat_retract_height  : 15,
      chat_extended_title  : 'Click to retract',
      chat_retracted_title : 'Click to extend'
    },
    stateMap  = {
      $container        : null,
      is_chat_retracted : true
    },
    jqueryMap = {},

    setJqueryMap, toggleChat, onClickChat, initModule;
  //----------------- END MODULE SCOPE VARIABLES ---------------
  ...
  //--------------------- BEGIN DOM METHODS --------------------
  // Begin DOM method /setJqueryMap/
  ...
  // End DOM method /setJqueryMap/
  // Begin DOM method /toggleChat/
  // Purpose   : Extends or retracts chat slider
  ...
  // State     : sets stateMap.is_chat_retracted
  //   * true  - slider is retracted
  //   * false - slider is extended
  //
  toggleChat = function ( do_extend, callback) {
    var
      px_chat_ht = jqueryMap.$chat.height(),
      is_open    = px_chat_ht === configMap.chat_extend_height,
      is_closed  = px_chat_ht === configMap.chat_retract_height,
      is_sliding = ! is_open && ! is_closed;

    // avoid race condition
    if ( is_sliding ) { return false; }

    // Begin extend chat slider
    if ( do_extend ) {
      jqueryMap.$chat.animate(
        { height : configMap.chat_extend_height },
        configMap.chat_extend_time,
        function () {
          jqueryMap.$chat.attr(
            'title', configMap.chat_extended_title
          );
          stateMap.is_chat_retracted = false;
          if ( callback ) { callback( jqueryMap.$chat ); }
        }
      );
      return true;
    }
```

根据需求 1："设置提示信息文字来提示用户操作……"，在 configMap 变量中添加收起时和展开时的标题文字。

在 stateMap 里面添加 is_chat_retracted。在 stateMap 里面列出所有会用到的键是一种很好的做法，容易找到和查看。这会在 toggleChat 方法里面用到。

在模块作用域的函数名字列表中添加 onClickChat。

更新 toggleChat API 文档，指出该方法是如何设置 stateMap.is_chat_retracted 的。

```
    // End extend chat slider

    // Begin retract chat slider
    jqueryMap.$chat.animate(
      { height : configMap.chat_retract_height },
      configMap.chat_retract_time,
      function () {
        jqueryMap.$chat.attr(
          'title', configMap.chat_retracted_title
        );
        stateMap.is_chat_retracted = true;
        if ( callback ) { callback( jqueryMap.$chat ); }
      }
    );
    return true;
    // End retract chat slider
  };
  // End DOM method /toggleChat/
  //--------------------- END DOM METHODS ----------------------

  //------------------- BEGIN EVENT HANDLERS -------------------
  onClickChat = function ( event ) {
    toggleChat( stateMap.is_chat_retracted );
    return false;
  };
  //-------------------- END EVENT HANDLERS --------------------

  //------------------- BEGIN PUBLIC METHODS -------------------
  // Begin Public method /initModule/
  initModule = function ( $container ) {
    // load HTML and map jQuery collections
    stateMap.$container = $container;
    $container.html( configMap.main_html );
    setJqueryMap();

    // initialize chat slider and bind click handler
    stateMap.is_chat_retracted = true;
    jqueryMap.$chat
      .attr( 'title', configMap.chat_retracted_title )
      .click( onClickChat );
  };
  // End PUBLIC method /initModule/

  return { initModule : initModule };
  //------------------- END PUBLIC METHODS ---------------------
}());
```

根据需求 1："设置提示信息文字来提示用户操作……"，修改 toggleChat 来控制光标悬停文字以及 stateMap.is_chat_retracted 的值。

根据需求 2："添加点击事件处理程序来调用 toggleChat"，添加 onClickChat 事件处理程序。

设置 stateMap.is_chat_retracted 的值和光标悬停文字，初始化事件处理程序。然后根据需求 3："将点击事件处理程序绑定到 jQuery 事件上"，给点击事件绑定事件处理程序。

正在运行这个示例的读者，可以再次在命令行中输入 jslint spa/js/spa.shell.js 来检查代码。我们仍然不应该看到任何警告和错误。

有个至关重要的 jQuery 事件处理程序的问题要记住：jQuery 会解读返回值，以便确定是否继续处理这个事件。我们通常在 jQuery 事件处理程序中返回 false。下面是它要做的工作。

（1）告诉 jQuery 阻止正在操作的对象的默认行为，像点击链接或者选择文字。可以在事件处理程序中调用 event.preventDefault()来获得相同的效果。

（2）告诉 jQuery 停止该事件触发父 DOM 元素上的相同事件（这个行为通常叫做冒泡）。可以在事件处理程序中调用 event.stopPropagation()来获得相同的效果。

（3）结束事件处理程序的执行。如果在这事件之后，被点击的元素还绑定了其他的事件处理程序，则事件队列中的下一事件会被调用（如果不想执行后续的事件处理程序，可以调用 event.preventImmediatePropagation()）。

这三个动作经常是我们希望事件处理程序要做的。很快我们就会编写不想要这些动作的事件处理程序。那些事件处理程序将会返回 true 值。

Shell 没有必要处理点击事件。它可以给 Chat 模块提供一个操作滑块的回调函数，我们鼓励这么做。但是因为我们还没有编写 Chat 模块，所以现在就在 Shell 里面处理点击事件。

现在给 Shell 添加一些时髦的样式。代码清单 3-13 演示了所做的更改。

代码清单 3-13 给 Shell 添加一些时髦的样式——spa/css/spa.shell.css

```
...
.spa-shell-foot {
  ...
}
.spa-shell-chat {
  bottom        : 0;
  right         : 0;
  width         : 300px;
  height        : 15px;
  cursor        : pointer;
  background    : red;
  border-radius : 5px 0 0 0;
  z-index       : 1;
}
 .spa-shell-chat:hover {
   background : #a00;
}
.spa-shell-modal { ... }
...
```

使用圆角，使得滑块更好看些。（border-radius）

当光标悬停在滑块上时，鼠标指针更改为手形（pointer）。这会告诉用户，如果他们点击了就会有什么事情发生。（cursor）

当光标悬停在滑块上时，更改滑块的背景色。这能加深用户的印象，有点击操作。（.spa-shell-chat:hover）

当重新加载浏览文档（spa/spa.html）时，可以点击滑块，看到它会展开，如图 3-7 所示。

滑块展开的速度比收起时慢得多。可以更改 Shell（spa/js/spa.shell.js）中的配置，来改变滑块的速度，比如：

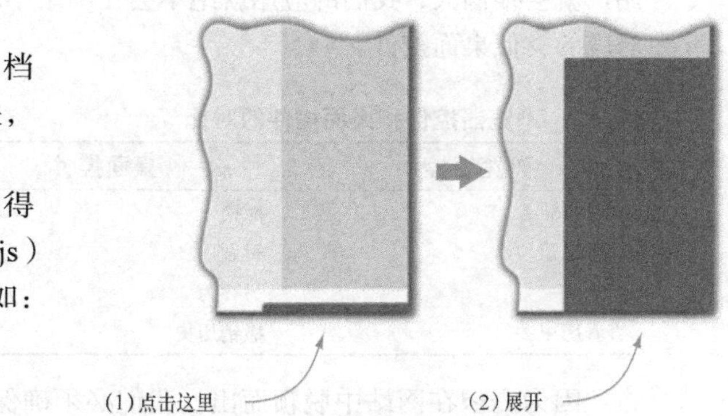

图 3-7 展开聊天滑块——spa/spa.html

```
...
  configMap = {
    main_html : String()
    ...
    chat_extend_time  : 250,
    chat_retract_time : 300,
    ...
  },
...
```

在下一节，我们将对应用进行修改，以便更好地管理它的状态。当完成这项工作的时候，对于聊天滑块，所有的浏览器功能，像书签、前进和后退按钮，如用户预期的一样，都可以正常使用了。

3.6 管理应用状态

在计算机科学中，状态（state）指的是应用程序中的一个独特的信息结构（information configuration）。桌面应用和 Web 应用，通常会尝试在会话（session）之间保持着某种状态。比如，当我们保存了一个字处理文档，然后在将来的某天再次打开它时，文档被恢复了。应用也可以恢复窗口尺寸、偏好设置以及鼠标和页面的位置。我们的应用也需要管理状态，因为使用浏览器的人们已经开始期望某些行为了。

3.6.1 理解浏览器用户所期望的行为

在要维护哪方面的信息上，桌面应用和 Web 应用的差别很大。如果桌面应用不提供“回退”的功能，它就可以省去“上一步”的按钮。但是在 Web 应用中，浏览器的回退按钮（最常使用的浏览器控件之一，当面盯着用户，乞求被用户点击），我们无法移除它。

前进按钮、标签按钮和查看历史也一样。用户期望这些历史控件能够工作。如果不能，用户就会很恼火，我们的应用就绝不会在网站中脱颖而出。表 3-1 展示了和这些历史控件对应的类似桌面控件。

表 3-1　浏览器控件和桌面控件的对比

浏览器控件	桌面控件	注释
回退按钮	撤销	恢复到前一个状态
前进按钮	重做	从最近的“撤销”或者“回退”动作中恢复
标签	另存为	保存应用状态，以备将来使用或者参考
查看历史	撤销历史	查看“撤销/重做”序列中的步骤

因为渴望在网站中脱颖而出，我们必须确保这些历史控件按照用户所期望的那样工作。接下来我们将会讨论提供这些用户所期望行为的策略。

3.6.2 选取一个策略来管理历史控件

支持历史控件的最优策略应该满足以下需求。

（1）按照表 3-1，历史控件应该如用户所期望的一样工作。

（2）支持历史控件的开发工作，应该合理低廉。对比没有历史控件时的开发工作，它不需要更多的时间和复杂度。

（3）应用应当表现良好。因此，应用对用户操作的响应不应更长，用户界面不应更复杂。

我们使用下面的用户交互作为示例，考虑一下使用聊天滑块的一些策略。

（1）Susan 访问了我们的单页应用，点击聊天滑块来打开它。

（2）她将单页应用添加为书签，然后浏览了其他网站。

（3）之后，她决定回到我们的应用，于是点击了她的书签。

我们考虑三种策略，使得 Susan 的书签按预期工作。请不要为记住它们而担心，我们只是想展示它们的相对优点[①]：

策略 1——点击时，事件处理程序直接调用 `toggleChat` 程序，忽略 URI。当 Susan 回来点击她的书签时，滑块会在它默认的位置显示，即是关闭的。Susan 不高兴了，因为书签没有按预期工作。开发人员 James 也不高兴，因为他的产品经理发现应用的可用性是无法接受的，正在纠缠着他。

策略 2——点击时，事件处理程序直接调用 `toggleChat` 程序，然后修改 URI 来记录这个状态。当 Susan 回来点击她的书签时，应用必须识别 URI 里面的参数并按它行事。Susan 高兴了。开发人员 James 不高兴了，因为现在他必须支持两种打开滑块的情形：一种是运行时的点击事件，一种是加载时的 URI 参数。James 的产品经理也不开心，因为开发这种双路径（dual-path）的方法比较慢，容易产生 bug 和不一致性。

策略 3——点击时，事件处理程序更改 URI，然后立即返回。Shell 的 `hashchange` 事件处理程序捕捉到了这个变化，并发送给 `toggleChat` 程序。当 Susan 回来点击她的书签时，URI 由同段程序解析，打开的滑块被恢复。Susan 高兴了，因为书签按预期工作了。开发人员 James 也高兴，因为他可以使用一条代码路径（code path）来实现所有可用书签标记的状态。James 的产品经理也高兴，因为开发很快并且相对来说不会有 bug。

我们喜欢的解决方案是策略 3，因为它支持所有的历史控件（需求 1）。它满足并将开发事宜最小化（需求 2）。当使用历史控件的时候，它只调整页面上需要更改的部分，保证了应用的性能（需求 3）。这种使用 URI 来驱动页面状态的解决方案，我们叫做**锚接口模式**（anchor interface pattern），如图 3-8 所示。

---

① 还有其他的策略，像是使用持久化的 cookie 或者 iframe，但坦白地讲，这些策略限制过多且令人费解，不值得考虑。

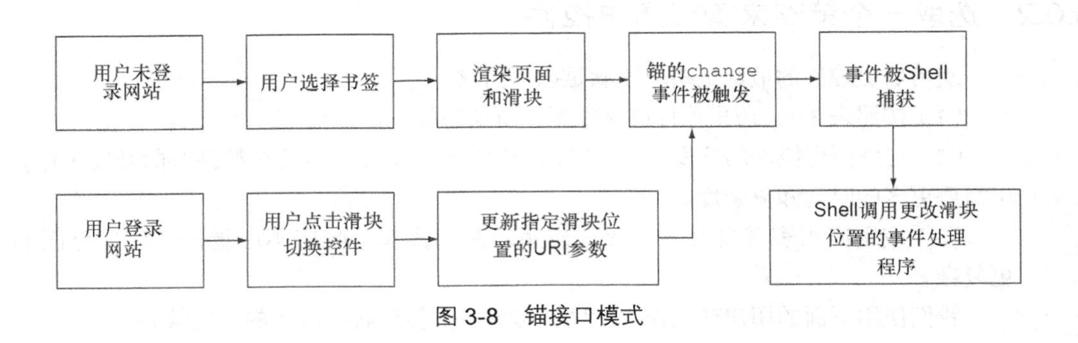

图 3-8 锚接口模式

我们在第 4 章会再来回顾这个模式。现在已经选择了策略，我们来实现它吧。

3.6.3 当发生历史事件时，更改锚

URI 的锚组件指示浏览器显示页面的哪个部分。锚的其他常见名字是书签组件（bookmark component）或者哈希片段（hash fragment）。锚总是以“#”符号开头，如下面代码的粗体部分所示：

```
http://localhost/spa.html#!chat=open
```

锚组件的传统用法是，开发人员使得用户能很容易地在一个很长的文档的章节之间“跳转”。比如，在网页的顶部有一个目录，所有的章节标题链向它们在文档中对应的章节。每个章节的最后可能有一个“回到顶部”的链接。博客和论坛仍然很广泛地使用这种机制。

锚组件的一个独特功能是，在它改变的时候，浏览器不会重新加载页面。锚组件是只给客户端使用的控件，它是保存应用状态的理想地方。很多单页应用都使用这个技巧。

我们把想保存在浏览器历史当中的应用状态变化称之为*历史事件*（history event）。因为我们认为开始或者结束聊天是历史事件（你错过了会议），可以让点击事件处理程序更改锚来表示聊天滑块的状态。可以使用 `uriAnchor` 这个 jQuery 插件来挑这大梁。我们来修改一下 Shell，用户点击后会更改 URI，如代码清单 3-14 所示。所有更改以粗体显示。

代码清单 3-14 uriAnchor jQuery 插件的用法——spa/js/spa.shell.js

```
...
  //------------------- BEGIN EVENT HANDLERS -------------------
  onClickChat = function ( event ) {
    if ( toggleChat( stateMap.is_chat_retracted ) ) {
      $.uriAnchor.setAnchor({
```

```
        chat : ( stateMap.is_chat_retracted ? 'open' : 'closed' )
      });
    }
    return false;
  };
  //-------------------- END EVENT HANDLERS --------------------
  ...
```

现在，当点击滑块时，我们会看到 URI 会改变（但只在 toggleChat 成功返回 true 时）。比如，当点击聊天滑块，它会打开然后再关闭，看到的地址如下：

```
http://localhost/spa.html#!chat=closed
```

关于感叹号

示例中的 URI，跟在哈希符号后的感叹号（#!），用于告诉 Google 和其他搜索引擎，这个 URI 可被搜索索引。我们将会在第 9 章讲解更多关于搜索引擎的优化。

我们需要确保，当锚变化的时候，只改变应用需要改变的部分。这使得应用会快很多，当部分页面内容没必要清除和重新渲染时，避免了发生烦人的“闪烁”现象。比如，假设当 Susan 打开聊天滑块时，她正在查看上千名用户资料的列表清单。如果她点击了回退按钮，应用应该只关闭滑块，用户资料不应该重新渲染。

为了确定事件引起的变化是否值得支持历史功能，我们要问自己以下三个问题。

- 用户想把发生的变化添加为书签的愿望有多强烈？
- 用户想恢复到发生变化之前的页面状态的愿望有多强烈？
- 支持这一功能有多昂贵？

尽管使用锚接口模式来维护状态的增量成本通常较小，但也有些情形是很昂贵或者是不可能的。比如，在线购物，当用户点击回退按钮，回滚是非常困难的。在这种情形下，需要完全避免历史入口。幸运的是，uriAnchor 插件支持这一功能。

3.6.4 使用锚来驱动应用状态

我们希望始终让锚组件来驱动可书签化的应用状态。这能确保历史功能一直按预期工作。下面的伪代码概括了我们是如何来处理历史事件的。

- 当发生历史事件时，更改 URI 的锚组件，以便体现更改的状态。
  - —接收事件的处理程序调用 Shell 的工具方法来改变锚。
  - —然后事件处理程序退出。
- Shell 的 hashchange 事件处理程序注意到了 URI 变化并按它行事。
  - —将当前状态和新的锚表示的状态做比较。
  - —根据比较确定的结果，尝试更改需要修改的应用部分。
  - —如果不能处理请求的变化，则保持当前的状态，并恢复锚，以便和状态匹配。

现在已经草拟了伪代码，我们来把它转换为真实代码。

1. 更改 Shell 来使用锚组件

我们来修改一下 Shell，使用锚组件来驱动应用的状态，如代码清单 3-15 所示。这里有许多新代码，但不要气馁，所有的代码都会在适当的时候加以解释。

代码清单 3-15 使用锚来驱动应用的状态——spa/js/spa.shell.js

```
...
spa.shell = (function () {
  //---------------- BEGIN MODULE SCOPE VARIABLES --------------
  var
    configMap = {
      anchor_schema_map : {
        chat : { open : true, closed : true }
      },
      main_html : String()
      ...
    },
    stateMap  = {
      $container        : null,
      anchor_map        : {},
      is_chat_retracted : true
    },
    jqueryMap = {},

    copyAnchorMap, setJqueryMap, toggleChat,
    changeAnchorPart, onHashchange,
    onClickChat,      initModule;
  //----------------- END MODULE SCOPE VARIABLES ---------------

  //------------------- BEGIN UTILITY METHODS ------------------
  // Returns copy of stored anchor map; minimizes overhead
  copyAnchorMap = function () {
    return $.extend( true, {}, stateMap.anchor_map );
  };
  //-------------------- END UTILITY METHODS -------------------

  //--------------------- BEGIN DOM METHODS --------------------
  ...
  // Begin DOM method /changeAnchorPart/
  // Purpose : Changes part of the URI anchor component
  // Arguments:
  //   * arg_map - The map describing what part of the URI anchor
  //     we want changed.
  // Returns : boolean
  //   * true - the Anchor portion of the URI was update
  //   * false - the Anchor portion of the URI could not be updated
  // Action :
  //   The current anchor rep stored in stateMap.anchor_map.
  //   See uriAnchor for a discussion of encoding.
  //   This method
  //     * Creates a copy of this map using copyAnchorMap().
  //     * Modifies the key-values using arg_map.
  //     * Manages the distinction between independent
  //       and dependent values in the encoding.
```

定义给 uriAnchor 使用的映射，用于验证。

将当前锚的值保存在表示模块状态的映射中：stateMap.anchor_map。

声明三个额外的方法：copyAnchorMap 、changeAnchorPart 和 onHashchange。

使用 jQuery 的 extend() 工具方法来复制对象。这是必须的，因为所有的 JavaScript 对象都是按引用传递的，正确地复制一个对象不是件容易的事儿。

添加 changeAnchorPart 工具方法对锚进行原子更新（atomically update）。它接收一个映射，是想更改的内容，比如{chat: 'open'}，只会更新锚组件中的这个指定键所对应的值。

```
//     * Attempts to change the URI using uriAnchor.
//     * Returns true on success, and false on failure.
//
changeAnchorPart = function ( arg_map ) {
  var
    anchor_map_revise = copyAnchorMap(),
    bool_return = true,
    key_name, key_name_dep;

  // Begin merge changes into anchor map
  KEYVAL:
  for ( key_name in arg_map ) {
    if ( arg_map.hasOwnProperty( key_name ) ) {

      // skip dependent keys during iteration
      if ( key_name.indexOf( '_' ) === 0 ) { continue KEYVAL; }

      // update independent key value
      anchor_map_revise[key_name] = arg_map[key_name];

      // update matching dependent key
      key_name_dep = '_' + key_name;
      if ( arg_map[key_name_dep] ) {
        anchor_map_revise[key_name_dep] = arg_map[key_name_dep];
      }
      else {
        delete anchor_map_revise[key_name_dep];
        delete anchor_map_revise['_s' + key_name_dep];
      }
    }
  }
  // End merge changes into anchor map

  // Begin attempt to update URI; revert if not successful
  try {
    $.uriAnchor.setAnchor( anchor_map_revise );
  }
  catch ( error ) {
    // replace URI with existing state
    $.uriAnchor.setAnchor( stateMap.anchor_map,null,true );
    bool_return = false;
  }
  // End attempt to update URI...

  return bool_return;
};
// End DOM method /changeAnchorPart/
//--------------------- END DOM METHODS ----------------------

//------------------- BEGIN EVENT HANDLERS -------------------
// Begin Event handler /onHashchange/
// Purpose : Handles the hashchange event
// Arguments:
//   * event - jQuery event object.
// Settings : none
// Returns  : false
// Action   :
//   * Parses the URI anchor component
```

如果不能通过模式（schema）验证就不设置锚（uriAnchor 会抛出异常）。当发生这样的情况时，把锚组件回滚到它之前的状态。

添加 onHashchange 事件处理程序来处理 URI 锚变化。使用 uriAnchor 插件来将锚转换为映射，与之前的状态比较，以便确定要采取的动作。如果提议的锚变化是无效的，则将锚重置为之前的值。

```
//   * Compares proposed application state with current
//   * Adjust the application only where proposed state
//     differs from existing
//
onHashchange = function ( event ) {
  var
    anchor_map_previous = copyAnchorMap(),
    anchor_map_proposed,
    _s_chat_previous, _s_chat_proposed,
    s_chat_proposed;

  // attempt to parse anchor
  try { anchor_map_proposed = $.uriAnchor.makeAnchorMap(); }
  catch ( error ) {
    $.uriAnchor.setAnchor( anchor_map_previous, null, true );
    return false;
  }
  stateMap.anchor_map = anchor_map_proposed;

  // convenience vars
  _s_chat_previous = anchor_map_previous._s_chat;
  _s_chat_proposed = anchor_map_proposed._s_chat;

  // Begin adjust chat component if changed
  if ( ! anchor_map_previous
    || _s_chat_previous !== _s_chat_proposed
  ) {
    s_chat_proposed = anchor_map_proposed.chat;
    switch ( s_chat_proposed ) {
      case 'open' :
        toggleChat( true );
      break;
      case 'closed' :
        toggleChat( false );
      break;
      default :
        toggleChat( false );
        delete anchor_map_proposed.chat;
        $.uriAnchor.setAnchor( anchor_map_proposed, null, true );
    }
  }
  // End adjust chat component if changed

  return false;
};
// End Event handler /onHashchange/

// Begin Event handler /onClickChat/
onClickChat = function ( event ) {
  changeAnchorPart({
    chat: ( stateMap.is_chat_retracted ? 'open' : 'closed' )
  });
  return false;
};
// End Event handler /onClickChat/
//-------------------- END EVENT HANDLERS --------------------
```

修改 onClickChat 事件处理程序，只修改锚的 chat 参数。

```
//------------------- BEGIN PUBLIC METHODS -------------------
// Begin Public method /initModule/
initModule = function ( $container ) {
  ... // configure uriAnchor to use our schema
  $.uriAnchor.configModule({
    schema_map : configMap.anchor_schema_map
  });

  // Handle URI anchor change events.
  // This is done /after/ all feature modules are configured
  // and initialized, otherwise they will not be ready to handle
  // the trigger event, which is used to ensure the anchor
  // is considered on-load
  //
  $(window)
    .bind( 'hashchange', onHashchange )
    .trigger( 'hashchange' );

  };
  // End PUBLIC method /initModule/

  return { initModule : initModule };
  //------------------- END PUBLIC METHODS ---------------------
}());
```

配置uriAnchor插件，用于检测模式（schema）。

绑定 hashchange 事件处理程序并立即触发它，这样模块在初始加载时就会处理书签。

现在已经修改了代码，我们应该看到所有的历史控件（前进按钮、回退按钮、书签和浏览器历史）都会按预期工作。如果手动更改锚组件，参数或者值是不支持的，则它应该能“自我修复”。比如，请使用#!chat=barney来替换浏览器地址栏中的锚，然后按下回车。

现在历史控件已经可以工作，我们来讨论一下如何使用锚来驱动应用状态。我们先演示如何使用 uriAnchor 对锚进行编码和解码。

2. 理解 uriAnchor 如何对锚进行编码和解码

我们使用 jQuery 的 hashchange 事件来识别锚组件的变化。应用状态是使用独立的（independent）和关联的（dependent）键值对的概念来编码的。以下面粗体部分显示的锚为例：

```
http://localhost/spa.html#!profile=on:uid,suzie|status,green
```

示例中独立的键是 profile，它的值为 on。再深层次地定义 profile 状态的键叫做关联的键，它们之间使用冒号（:）分隔符。这里包括了值为 suzie 的 uid 键和值为 green 的 status 键。

uriAnchor 插件，js/jq/jquery.uriAnchor-1.1.3.js，替我们编码和解码独立的和关联的值。可以使用$.uriAnchor.setAnchor()方法更改浏览器的 URI，以便满足早先的示例：

```
var anchorMap = {
  profile  : 'on',
  _profile : {
    uid    : 'suzie',
```

```
    status : 'green'
  }
};
$.uriAnchor.setAnchor( anchorMap );
```

可以使用 makeAnchorMap 方法读取锚并解析为一个映射：

```
var anchorMap = $.uriAnchor.makeAnchorMap();
console.log( anchorMap );

// If the URI anchor component in the browser is
// http://localhost/spa.html#!chat=profile:on:uid,suzie|status,green
//
// Then console.log( anchorMap ) should show the
// following:
//
// { profile  : 'on',
//   _profile : {
//     uid    : 'suzie',
//     status : 'green'
//   }
// };
//
```

希望你现在能很好地理解如何使用 uriAnchor 来编码和解码 URI 锚组件所表示的应用状态。现在我们来仔细看一下如何使用 URI 锚组件来驱动应用状态。

3. 理解锚的变化如何来驱动应用的状态

我们的历史控件策略是：改变可书签化状态的任何事件都要做以下两件事情。

（1）改变锚。

（2）立即返回。

我们在 Shell 里面添加了 changeAnchorPart 方法，当确保独立的和关联的键值被正确地处理时，它允许我们更新锚的部分内容。它集中并统一了管理锚的逻辑，*它是应用中修改锚的唯一方法*。

当我们说“立即返回”时，意思是在改变锚之后，事件处理程序的工作就完成了。它不会更改页面元素。它不会更新变量或者标志（flag）。不用再做其他事件。简单地直接返回给调用它的事件。这在 onClickChat 事件处理程序中已经作了说明：

```
onClickChat = function ( event ) {
  changeAnchorPart({
    chat: ( stateMap.is_chat_retracted ? 'open' : 'closed' )
  });
  return false;
};
```

事件处理程序使用 changeAnchorPart 来更改锚的 chat 参数，然后立即返回。因为锚组件改变了，浏览器会发出 hashchange 事件。Shell 监听着 hashchange 事件，并会根据锚的内容执行操作。比如，如果 Shell 注意到 chat 值由 opened 更改为 closed，它就会关闭聊天滑块。

你可能会认为（被 changeAnchorPart 方法修改的）锚是可书签化状态的 API。这个方法的巧妙之处是它不关心为什么锚会改变，可以是应用修改的，或者是用户点击了书签，或者是点击了前进或后退按钮，或者是直接在浏览器地址栏里面输入的。随便哪种情况，它总是能正确地工作，并只使用单独的执行路径。

3.7 小结

我们已经实现了 Shell 的两个主要职能。我们创建了功能容器并为之设计了样式，创建了一个使用 URI 锚来驱动应用状态的框架。更新了聊天滑块程序来帮助说明这些概念。

Shell 的工作还没完成，因为还没处理它的第三个主要职能：协调功能模块。下一章演示了如何来构建功能模块，如何在 Shell 中配置和初始化它们，以及如何调用它们。将功能隔离在它们自己的模块里面，大大地改进了可靠性、可维护性、可扩展性和工作流程。这也会鼓励使用和开发第三方模块。所以请坚持住，接下来是颇具挑战的关键时刻。

第 4 章　添加功能模块

本章涵盖的内容

- 定义功能模块以及它们是如何融入架构的
- 比较功能模块和第三方模块
- 解释分形 MVC 设计模式和它在架构中的角色
- 为功能模块创建文件和目录
- 定义和实现功能模块的 API
- 实现功能模块通常需要的功能

在开始前，你应该已经看完了本书的第 1 章至第 3 章。你也应该拥有第 3 章的项目文件，我们会在它们的基础之上继续构建。建议你把在第 3 章中创建的所有文件和整个目录结构复制一份，放到新的“chapter_4”目录中，这样就可以在新目录中更新这些文件了。

*功能模块*向单页应用提供了精心定义和有作用域限制的功能。在本章，我们把在第 3 章中介绍的聊天滑块的功能移到一个功能模块，并会改进它的功能。除了聊天滑块之外，还有其他功能模块的例子，包括图片查看器、账户管理面板或者是用户集中放置图形对象的工作台。

我们设计的和应用交互的功能模块，和第三方模块的做法很像：精心定义的 API 和强隔离性。这可以更快地发布，质量也更高，因为我们可以关注创建能增值的核心模块，次要的模块可以交给第三方。这种策略也提供了一种清晰的优化方案，因为只要时间和资源允许，我们就可以有选择性地用更好的模块来替换第三方模块。我们也可以在多个项目之间很容易地重用模块，这是一个额外的好处。

4.1 功能模块策略

在第 3 章中讨论的 Shell，承担着应用范围的任务，像是管理 URI 锚或者 cookie，把特定功能的任务调度给精心隔离的功能模块。这些模块有它们自己的视图、控制器和 Shell 在它们之间共享的部分模型。架构的概览如图 4-1 所示[①]。

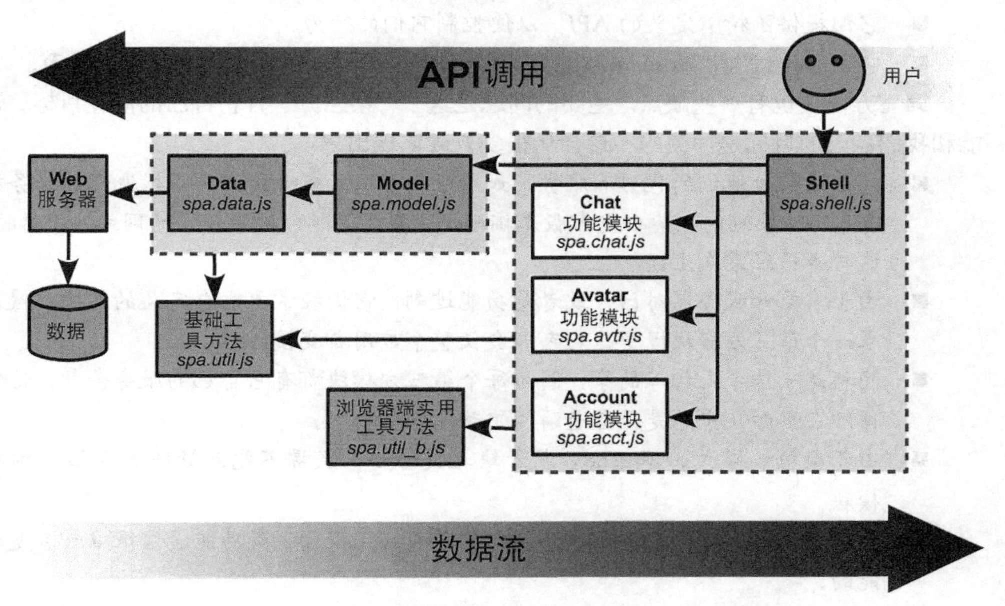

图 4-1　单页应用架构中的功能模块（白色方框所示）

功能模块的例子包括在工作台上处理草图的 spa.wb.js、管理账户功能的 spa.acct.js（像登入或者登出）和用于聊天界面的 spa.chat.js。由于 Chat 模块快要完成了，因此本章我们将重点讨论这个模块。

4.1.1 与第三方模块的比较

功能模块很像第三方模块，为现代网站提供了各种各样的功能[②]。第三方模块的例子，包括博客评论型的（DisQus 或者 LiveFyre）、广告型的（DoubleClick 或者 ValueClick）、分析型的（Google 或者 Overture）、分享型的（AddThis 或者 ShareThis）和社交服务型的（Facebook 的"Like"按钮或者 Google 的"+1"按钮）。它们都非常流行，因为网站管理

① 作者把这张图表贴在了办公桌旁边的墙上。

② 想了解更多关于第三方模块的信息以及如何创建它们，请看由 Ben Vinegar 和 Anton Kovalyov 编写的《Third-Party JavaScript》（Manning, 2012）。

员可以把这些高质量的功能添加到他们的网站里面，和自己来开发这些功能相比，这只需很少的成本、精力和维护[1]。通常，通过在静态网页中引入脚本标签或者在单页应用里面添加一个函数调用来向网站添加第三方模块。若不是有第三方模块，很多网站上的许多功能都将不复存在，因为成本不允许。

精心编写的第三方模块具有以下共同特征。

- 它们在自己的容器内渲染，容器要么由别人提供，要么由它们自己添加到文档上。
- 它们提供了精心定义的 API，以便控制它们的行为。
- 它们通过将自己的 JavaScript、数据和 CSS 精心地隔离，避免污染主页面。

第三方模块也有一些缺点。主要的问题是这个“第三方”有它自己的商业目标，这可能和我们自己的目标是冲突的。这会从很多方面体现出来。

- 我们依赖于他们的代码和服务。如果他们失败了或者是破产了，他们的服务就没有了。如果他们把某个发布版本搞砸了，甚至可能会拖垮我们的网站。可悲的是，这种事情经常发生。
- 由于需要和服务器对话，或者是功能过剩，它们经常要比自定义的模块要慢。如果一个第三方模块慢了，它可能会使整个应用都变慢。
- 隐私是一件令人担心的事，因为每个第三方模块都有它自己的服务条款，他们的律师在里面几乎总是保留着瞬间更改通知的权利。
- 由于数据、样式的不匹配，或者缺乏灵活性，经常不能无缝地集成第三方功能模块。
- 如果不把第三方的数据集成到我们的单页应用里面，跨功能通信很难或者是不可能的。
- 定制的模块很难或者是不可能的。

我们的功能模块具有第三方模块的优点，但是由于我们没有使用第三方模块，所以也就避开了它们的缺点。这意味着对于一个给定的功能，Shell 会提供由功能模块填充和控制的容器，如图 4-2 所示。功能模块向 Shell 提供一致的配置、初始化和调用的 API。通过使用唯一的和协调的 JavaScript 和 CSS 名字空间，功能之间相互隔离，除了共享的工具方法外，不允许任何外部调用。

把功能模块当作第三方模块一样来开发，能使我们从“第三方风格”的 JavaScript 中获益：

- 团队更加高效，因为开发人员可以根据模块来划分职责。让我们面对现实：如果你在一个团队里面工作，对于你来说，唯一的模块（非第三方模块），就是你负责的模块。不对模块负责的团队成员，要想使用它只需知道它的 API 即可。

---

① 要准确地估计第三方模块有多流行是很难的，但也难找到有哪个商业网站一个都不使用的。比如，在编写本书时，我们数了下，在 TechCrunch.com 上至少使用了 16 个主要的第三方模块，其中至少有 5 个是单独的分析服务，脚本标签达到惊人的 53 个之多。

- 应用常常表现良好，因为模块只管理它们所负责的应用部分，我们充分利用了它们，没有未使用的过剩功能，或者是不想要的功能。
- 代码维护和重用变得更加容易，因为模块被很好地隔离了。很多很复杂的 jQuery 插件（像日历），都是高效的第三方应用。请思考一下，和自己编写一个日历相比，使用第三方的日历是多么容易。

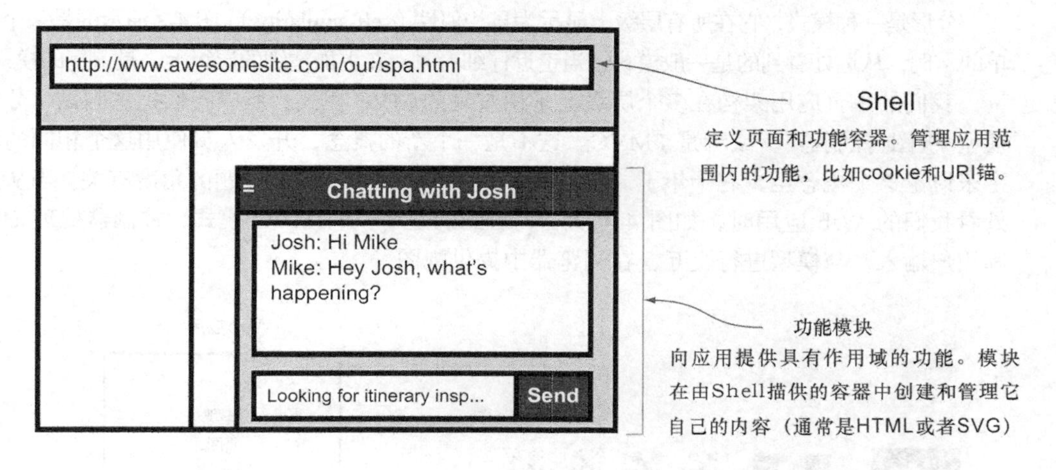

图 4-2 Shell 和功能模块的职责

当然，像第三方模块一样来开发自己的模块，还有一个巨大的优势：我们处于一种有利的情况，Web 应用的非核心功能使用第三方模块，然后在时间和资源允许时，有选择性地使用自己的功能模块来替换它们，这样就能更好地集成、运行更快、侵入性更小，或者是以上全部的好处。

4.1.2 功能模块和分形[①]MVC 模式

很多 Web 开发人员都熟悉“模型-视图-控制器（MVC）”的设计模式，因为很多框架都使用了这种模式，比如 Ruby on Rails、Django（Python）、Catalyst（Perl）、Spring MVC（Java）或者 MicroMVC（PHP）。由于有如此多的读者熟悉这种模式，我们将会讲解我们的单页应用架构是如何同它关联起来的，尤其是功能模块。

我们来回忆一下，MVC 是用来开发应用的一种模式。它的部件包括以下三个。

- 模型（Model），应用的数据和业务规则。
- 视图（View），模型数据的感官（通常是视觉的，但也常常是声音的）表现。

① 分形（fractal），通常被定义为“一个粗糙或零碎的几何形状，可以分成数个部分，且每一部分都（至少近似地）是整体缩小后的形状”，即具有自相似的性质。更多信息请参考：http://zh.wikipedia.org/wiki/分形。——译者注

- 控制器（Controller），将用户的请求转换为命令，更新应用的模型和（或者）视图。

熟悉 Web MVC 框架的开发人员应该对本章的大部分内容感到很轻松。传统 Web 开发人员对 MVC 框架的观点和我们的单页应用架构的最大区别如下。

- 我们的单页应用，尽可能多地把应用的功能移至浏览器端。
- 我们认为的 MVC 模式是重复的，就像是在分形中的一样。

分形是一种模式，它在所有层级上显示为自相似性（self-similarity）。图 4-3 演示的是一个简单的示例，从远处看到的是一般模式，当走近仔细看时，在更加精细的层级上，是重复的模式。

我们的单页应用架构在多个层级上采用重复的 MVC 模式，所以我们把它叫做“分形模型-视图-控制器”，或者是 FMVC。这不是一个新的概念，开发人员使用这个相同的名字来讨论这个概念至少有十年了。我们理解的分形有多深，和看问题的角度有关。当从远处看我们的 Web 应用时，如图 4-4 所示，看到的是单一的 MVC 模式，控制器处理 URI 和用户输入，与模型进行交互，在浏览器中提供视图。

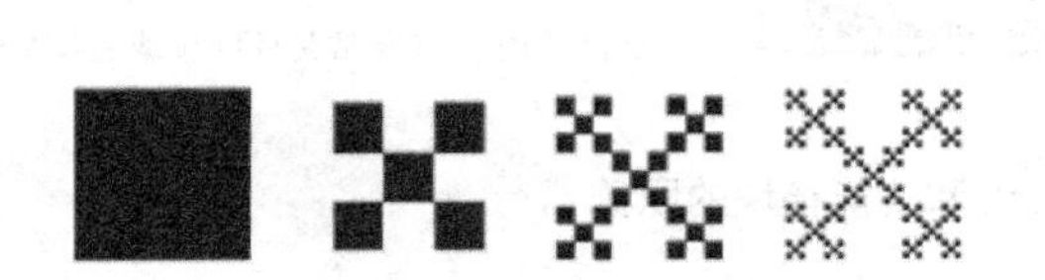

图 4-3 盒子分形

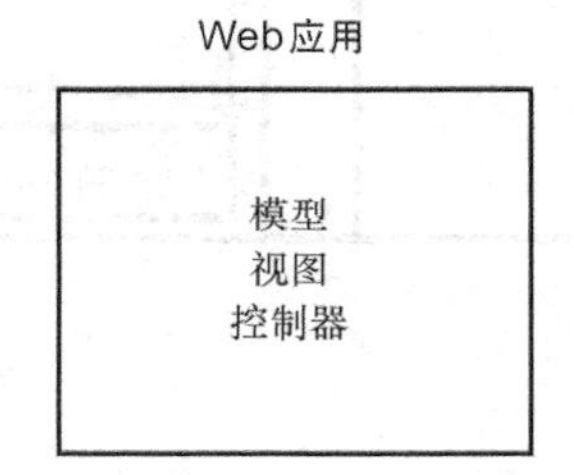

图 4-4 从远处看我们的 Web 应用

当放大一点时，如图 4-5 所示，应用被分割为两部分：服务端采用 MVC 模式向客户端提供数据；采用 MVC 的单页应用允许用户查看浏览器端的模型，并与之交互。服务端的模型是从数据库获取的数据，而视图是要发送给浏览器的数据表现，控制器是协调数据管理和同浏览器通信的代码。在客户端，模型包括从服务器接收到的数据，视图是用户界面，控制器是协调客户端数据和界面的逻辑。

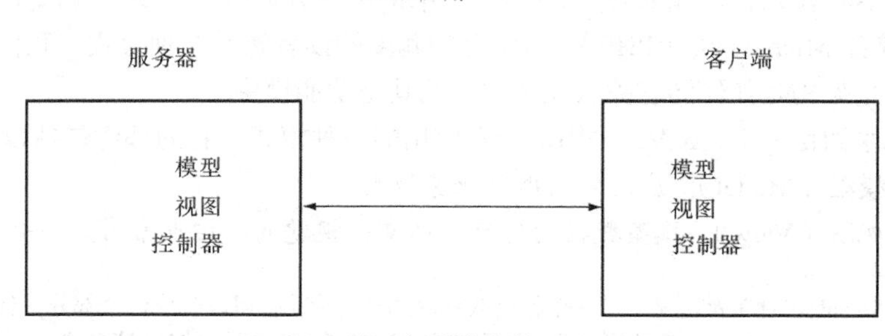

图 4-5 稍近点看我们的 Web 应用

当再放大得近一点，如图 4-6 所示，我们看到了更多的 MVC 模式。比如，服务端应用采用 MVC 模式来提供 HTTP 数据 API。服务端应用使用的数据库采用它自己的 MVC 模式。在客户端，客户端应用使用 MVC 模式，Shell 调用的子功能模块本身也使用 MVC 模式。

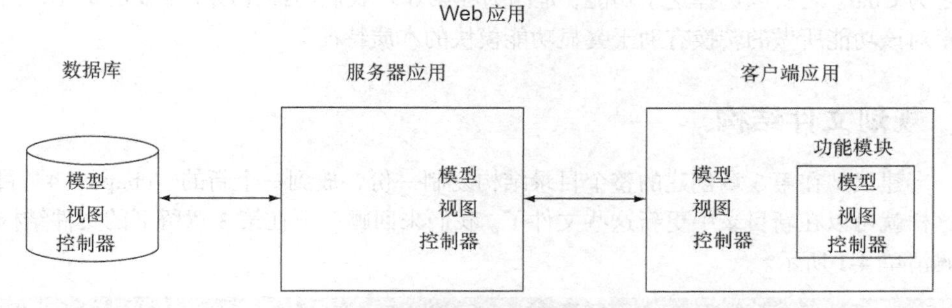

图 4-6 近距离看我们的 Web 应用

几乎所有的现代网站都适用这种模式，即便开发人员没有意识到这一点。比如，一旦开发人员把 DisQus 或者 LiveFyre 的评论模块添加到他们的博客中（或者几乎是任何其他的第三方模块），他们就添加了另外一个 MVC 模式。

我们的单页应用架构信奉这种分形 MVC 模式。换句话说，我们的单页应用，不论是集成第三方功能，还是我们自己编写的功能模块，工作方式都是一样的。图 4-7 演示了 Chat 模块是如何采用它自己的 MVC 模式的。

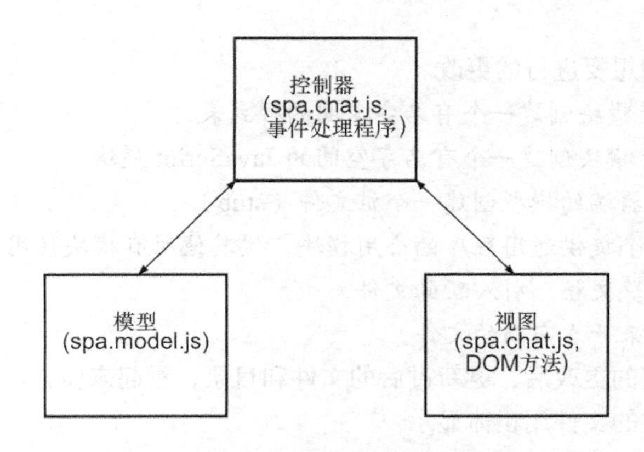

图 4-7 Chat 功能模块中的 MVC 模式

我们已经讲解了功能模块是如何融入我们的架构的，它们和第三方模块的相似性，以及它们是如何采用分形 MVC 的。在下一节，我们会把这些思想运用在使用和创建第一个功能模块上。

4.2 创建功能模块文件

我们将创建单页应用的第一个功能模块：聊天功能模块，在本章的剩余部分，我们称之为 Chat。之所以选择这个功能，是因为在第 3 章我们已经完成了重要的工作，也因为本章对该功能所做的转换有助于突显功能模块的本质特征。

4.2.1 规划文件结构

建议把在第 3 章创建的整个目录结构复制一份，放到一个新的“chapter_4”目录中，这样就可以在新目录中更新这些文件了。我们来回顾一下在第 3 章留下的文件结构，如代码清单 4-1 所示。

代码清单 4-1 第 3 章的文件结构

```
spa
+-- css
|   +-- spa.css
|   `-- spa.shell.css
+-- js
|   +-- jq
|   |   +-- jquery-1.9.1.js
|   |   `-- jquery.uriAnchor-1.1.3.js
|   +-- spa.js
|   `-- spa.shell.js
+-- layout.html
`-- spa.html
```

下面是我们想要进行的更改。

- 为 Chat 模块创建一个有名字空间的样式表。
- 为 Chat 模块创建一个有名字空间的 JavaScript 模块。
- 为浏览器端的模型创建一个桩文件（stub）。
- 创建一个提供通用程序的公用模块，供其他所有模块使用。
- 修改浏览文档，引入新的文件。
- 删除用来开发布局的文件。

当完成上面的更改后，更新过后的文件和目录，看起来应该和代码清单 4-2 一样。所有创建或者修改的文件用粗体显示。

代码清单 4-2 修改后的 Chat 模块的文件结构

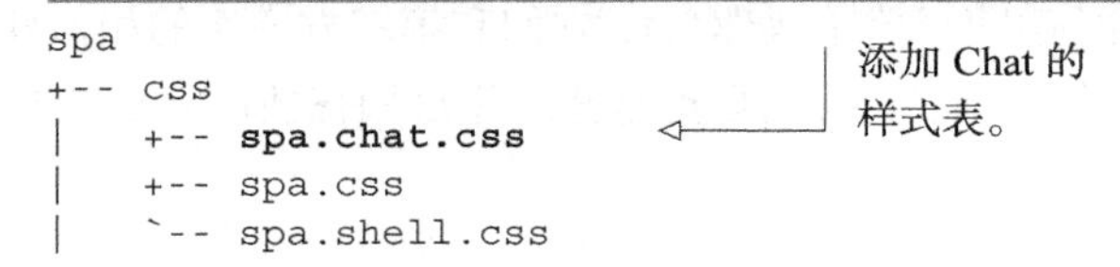

```
spa
+-- css
|   +-- spa.chat.css
|   +-- spa.css
|   `-- spa.shell.css
|
```

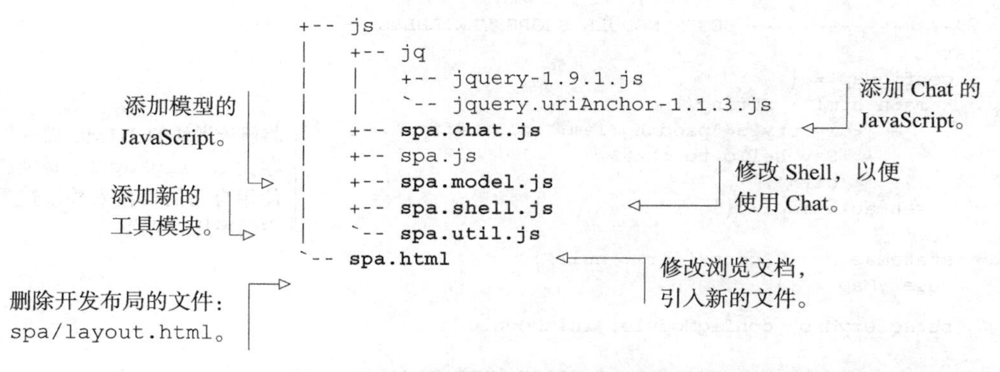
+-- js
| +-- jq
| | +-- jquery-1.9.1.js
| | `-- jquery.uriAnchor-1.1.3.js
| +-- spa.chat.js
| +-- spa.js
| +-- spa.model.js
| +-- spa.shell.js
| `-- spa.util.js
`-- spa.html
添加模型的JavaScript。
添加新的工具模块。
删除开发布局的文件：spa/layout.html。
添加Chat的JavaScript。
修改Shell，以便使用Chat。
修改浏览文档，引入新的文件。

现在已经确定了想要添加或者修改的文件，让我们打开值得信赖的文本编辑器来把工作做完。我们会完全按照上面展示的顺序来考虑每一个文件。

4.2.2 填写文件

第一个要考虑的文件是Chat的样式表spa/css/spa.chat.css。我们将创建一个文件，填写如代码清单4-3所示的内容。最初，它是一个桩文件①。

代码清单4-3 样式表（桩文件）——spa/css/spa.chat.css

```
/*
 * spa.chat.css
 * Chat feature styles
*/
```

接下来使用附录A中的模块模板来创建Chat功能模块（spa/js/spa.chat.js），如代码清单4-4所示。这只是第一轮，我们会用一些HTML片段来填充聊天滑块容器。

代码清单4-4 功能有限的Chat模块——spa/js/spa.chat.js

```
/*
 * spa.chat.js
 * Chat feature module for SPA
*/

/*jslint         browser : true, continue : true,
  devel  : true, indent  : 2,    maxerr   : 50,
  newcap : true, nomen   : true, plusplus : true,
  regexp : true, sloppy  : true, vars     : false,
  white  : true
*/

/*global $, spa */

spa.chat = (function () {
```

创建该模块的名字空间，spa.chat。

① 桩（stub）是一个故意没完成的或者是占位用的资源。比如，在第5章，我们将创建一个桩数据模块，它会伪造与服务器通信的数据。

```
//---------------- BEGIN MODULE SCOPE VARIABLES --------------
var
  configMap = {
    main_html : String()
      + '<div style="padding:1em; color:#fff;">'
        + 'Say hello to chat'
      + '</div>',
    settable_map : {}
  },
  stateMap  = { $container : null },
  jqueryMap = {},

  setJqueryMap, configModule, initModule
  ;
//----------------- END MODULE SCOPE VARIABLES ---------------

//------------------- BEGIN UTILITY METHODS ------------------
//-------------------- END UTILITY METHODS -------------------

//--------------------- BEGIN DOM METHODS --------------------
// Begin DOM method /setJqueryMap/
setJqueryMap = function () {
  var $container = stateMap.$container;
  jqueryMap = { $container : $container };
};
// End DOM method /setJqueryMap/
//---------------------- END DOM METHODS ---------------------

//------------------- BEGIN EVENT HANDLERS -------------------
//-------------------- END EVENT HANDLERS --------------------

//------------------- BEGIN PUBLIC METHODS -------------------
// Begin public method /configModule/
// Purpose    : Adjust configuration of allowed keys
// Arguments  : A map of settable keys and values
//   * color_name - color to use
// Settings   :
//   * configMap.settable_map declares allowed keys
// Returns    : true
// Throws     : none
//
configModule = function ( input_map ) {
  spa.util.setConfigMap({
    input_map    : input_map,
    settable_map : configMap.settable_map,
    config_map   : configMap
  });
  return true;
};
// End public method /configModule/

// Begin public method /initModule/
// Purpose    : Initializes module
// Arguments  :
//  * $container the jquery element used by this feature
// Returns    : true
// Throws     : none
```

将聊天滑块的 HTML 模板保存在 configMap 中。请随意使用自己的模板来替换这条空洞平凡的消息。

创建 configModule 方法。每当功能模块接收设置（settings）时，我们总是使用相同的方法名和同一个 spa.util.setConfigMap 工具方法。

添加 initModule 方法。几乎所有的模块都有这个方法。由它开始执行模块。

```
  //
  initModule = function ( $container ) {
    $container.html( configMap.main_html );
    stateMap.$container = $container;
    setJqueryMap();
    return true;
  };
  // End public method /initModule/

  // return public methods
  return {
    configModule : configModule,
    initModule   : initModule
  };
  //------------------- END PUBLIC METHODS ---------------------
}());
```

使用 HTML 模板填充聊天滑块容器。

导出模块方法 configModule 和 initModule。这两个方法几乎是所有功能模块的标配方法。

现在来创建 Model[①]模块，如代码清单 4-5 所示。它也是一个桩文件。和所有的模块一样，文件名（spa.model.js）表明了它提供的名字空间（spa.model）。

代码清单 4-5 Model（桩文件）——spa/js/spa.model.js

```
/*
 * spa.model.js
 * Model module
*/

/*jslint         browser : true, continue : true,
  devel  : true, indent  : 2,    maxerr   : 50,
  newcap : true, nomen   : true, plusplus : true,
  regexp : true, sloppy  : true, vars     : false,
  white  : true
*/

/*global $, spa */

spa.model = (function (){ return {}; }());
```

我们来创建通用的工具模块，这样就可以在所有模块之间共享通用程序了，如代码清单 4-6 所示。makeError 方法可用来很容易地创建错误对象（error object）。setConfigMap 方法提供了一个容易的和一致的方式来更改模块的配置。因为这些是公开方法，我们详细描述了它们的用法，以方便其他开发人员。

① 模型（Model）在本书讲解的单页应用中有对应的模块文件（spa.model.js），和 Shell、Chat 模块以及之后会介绍的 Data、Fake 模块是一样的。而 Model 模块与其他模块有一点不同的是，它又刚好对应 MVC 架构中的 M。为了叙述的流畅性和一致性，约定从现在开始，和其他模块一样不翻译成中文，而直接使用 Model 一词。顺便也约定，如果很明确地说了是 MVC 中的 Model，则根据习惯翻译成“模型”。——译者注

代码清单 4-6 通用工具方法——spa/js/spa.util.js

```
/*
 * spa.util.js
 * General JavaScript utilities
 *
 * Michael S. Mikowski - mmikowski at gmail dot com
 * These are routines I have created, compiled, and updated
 * since 1998, with inspiration from around the web.
 *
 * MIT License
 *
*/

/*jslint          browser : true,  continue : true,
  devel  : true,  indent  : 2,     maxerr   : 50,
  newcap : true,  nomen   : true,  plusplus : true,
  regexp : true,  sloppy  : true,  vars     : false,
  white  : true
 */
/*global $, spa */

spa.util = (function () {
  var makeError, setConfigMap;

  // Begin Public constructor /makeError/
  // Purpose: a convenience wrapper to create an error object
  // Arguments:
  //   * name_text - the error name
  //   * msg_text  - long error message
  //   * data      - optional data attached to error object
  // Returns  : newly constructed error object
  // Throws   : none
  //
  makeError = function ( name_text, msg_text, data ) {
    var error     = new Error();
    error.name    = name_text;
    error.message = msg_text;

    if ( data ){ error.data = data; }

    return error;
  };
  // End Public constructor /makeError/

  // Begin Public method /setConfigMap/
  // Purpose: Common code to set configs in feature modules
  // Arguments:
  //   * input_map    - map of key-values to set in config
  //   * settable_map - map of allowable keys to set
  //   * config_map   - map to apply settings to
  // Returns: true
  // Throws : Exception if input key not allowed
  //
  setConfigMap = function ( arg_map ){
    var
```

```
      input_map    = arg_map.input_map,
      settable_map = arg_map.settable_map,
      config_map   = arg_map.config_map,
      key_name, error;

    for ( key_name in input_map ){
      if ( input_map.hasOwnProperty( key_name ) ){
        if ( settable_map.hasOwnProperty( key_name ) ){
          config_map[key_name] = input_map[key_name];
        }
        else {
          error = makeError( 'Bad Input',
            'Setting config key |' + key_name + '| is not supported'
          );
          throw error;
        }
      }
    }
  };
  // End Public method /setConfigMap/

  return {
    makeError    : makeError,
    setConfigMap : setConfigMap
  };
}());
```

最后，可以把所有这些更改放在一起，通过修改浏览文档来加载新的 JavaScript 和 CSS 文件。首先加载样式表，然后加载 JavaScript。JavaScript 库的引入顺序很重要：首先要加载第三方库，因为它们经常是前提条件，并且这种做法也有助于避免偶然发生的和第三方库的名字空间冲突的低级错误（请看补充说明“为什么自己的库要放在最后加载”）。然后是加载我们的库，并且必须是按名字空间层级的顺序加载，比如，名字空间为 spa、spa.model 和 spa.model.user 的模块，必须也按这个顺序加载。除此之外，其他的顺序只是约定，并无要求。我们喜欢这样的约定：根->核心工具方法->Model->浏览器端工具方法->Shell->功能模块。

为什么自己的库要放在最后加载

我们希望自己的库的名字空间是最终声明，所以在最后来加载它们。如果有一些“劣质”的第三方库声明了名字空间 spa.model，当我们的库加载后，就能“把它夺回来”。如果发生了这样的情况，我们的单页应用能继续运行的可能性还是很大的，尽管第三方库的功能很可能无法工作。如果库的加载顺序是反过来的，我们的单页应用几乎确定是会被完全打垮。再说了，我们宁可去修复第三方的评论功能，而不是向 CEO 解释，为什么我们的网站在午夜的时候，会完全地停止工作。

我们来更新一下浏览文档，如代码清单 4-7 所示。以第 3 章的版本为基准，更改部分以粗体显示。

代码清单 4-7 更改浏览文档——spa/spa.html

```
<!doctype html>
<!--
  spa.html
  spa browser document
-->

<html>
<head>
  <!-- ie9+ rendering support for latest standards -->
<meta http-equiv="Content-Type" content="text/html; charset=ISO-8859-1">
<meta http-equiv="X-UA-Compatible" content="IE=edge" />
<title>SPA Chapter 4</title>

<!-- third-party stylesheets -->

<!-- our stylesheets -->
<link rel="stylesheet" href="css/spa.css"       type="text/css"/>
<link rel="stylesheet" href="css/spa.chat.css" type="text/css"/>
<link rel="stylesheet" href="css/spa.shell.css" type="text/css"/>

<!-- third-party javascript -->
<script src="js/jq/jquery-1.9.1.js"></script>
<script src="js/jq/jquery.uriAnchor-1.1.3.js"></script>

<!-- our javascript -->
<script src="js/spa.js"       ></script>
<script src="js/spa.util.js" ></script>
<script src="js/spa.model.js"></script>
<script src="js/spa.shell.js"></script>
<script src="js/spa.chat.js" ></script>
<script>
  $(function () { spa.initModule( $('#spa') ); });
</script>

</head>
<body>
<div id="spa"></div>
</body>
</html>
```

添加允许 IE9 以上的模式来显示内容[1]的头部。

添加第三方样式表区块。

更改标题，表明这是新的章节。我们已经不在第 3 章了。

引入样式表。依照 JavaScript 库的引入顺序，方便维护。

首先引入第三方的 JavaScript。请看上面的补充说明为什么这是好的做法。

按照名字空间的顺序，引入自己的库。至少，spa 名字空间是必须首先加载的。

引入自己的工具方法库，它是所有模块之间共享的程序。

引入浏览器端的 Model，目前它是一个桩文件。

在 Shell 之后加载功能模块。

现在使用 Shell 来配置和初始化 Chat，如代码清单 4-8 所示。所有的更改部分以粗体显示。

代码清单 4-8 修改 Shell——spa/js/spa.shell.js

```
...
  // configure uriAnchor to use our schema
  $.uriAnchor.configModule({
```

① edge 模式，告诉 IE 使用最高可用的模式来显示内容。——译者注

```
    schema_map : configMap.anchor_schema_map
  });

  // configure and initialize feature modules
  spa.chat.configModule( {} );
  spa.chat.initModule( jqueryMap.$chat );

  // Handle URI anchor change events
...
```

现在已经完成了第一轮工作。虽然工作量很大，但是对于以后的功能模块，这些步骤有很多就不再需要了。现在来看一下我们创建了什么。

4.2.3　我们创建了什么

当加载浏览文档（spa/spa.html）时，聊天滑块看上去应该和图 4-8 所示一样。

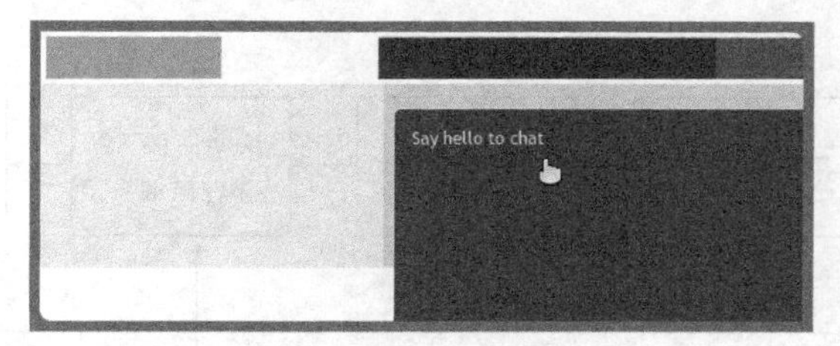

图 4-8　更新后的浏览文档——spa/spa.html

文字“Say hello to chat”说明 Chat 的配置和初始化都是正确的，它是聊天滑块的内容。但这样的展示还远远不能给人留下深刻的印象。在下一小节，我们将大大地改进聊天界面。

4.3　设计方法 API

根据我们的架构，Shell 可以调用单页应用中的任何子模块。功能模块只调用共享的公用模块。功能模块之间的相互调用是不允许的。功能模块的唯一数据源或者功能只能来自 Shell，在配置和初始化期间以参数的形式传给模块的公开方法。图 4-9 演示了这种分层关系。

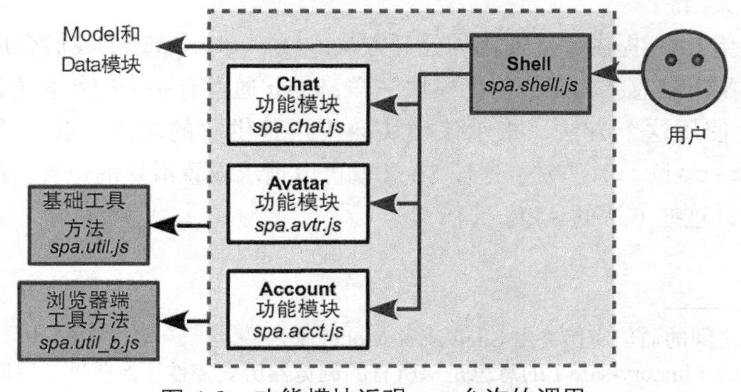

图 4-9　功能模块近观——允许的调用

这样的隔离是精心安排的，因为这有助于阻止特定功能的缺陷传播给应用层或者是其他功能模块[1]。

4.3.1 锚接口模式

回忆一下第 3 章，我们希望一直由 URI 锚来驱动页面状态，而不是倒过来。有时候执行路径似乎很难理清楚，因为 Shell 负责管理 URI 锚，而 Chat 负责展示滑块。我们依赖锚接口模式来支持 URI 锚和用户事件驱动的状态，两者都使用了同一个 jQuery `hashchange` 事件。这种更改应用状态的单路径（single path），确保了历史可靠的 URL[2]、一致的行为以及有助于加快开发，因为只有一种状态更改机制。该模式如图 4-10 所示。

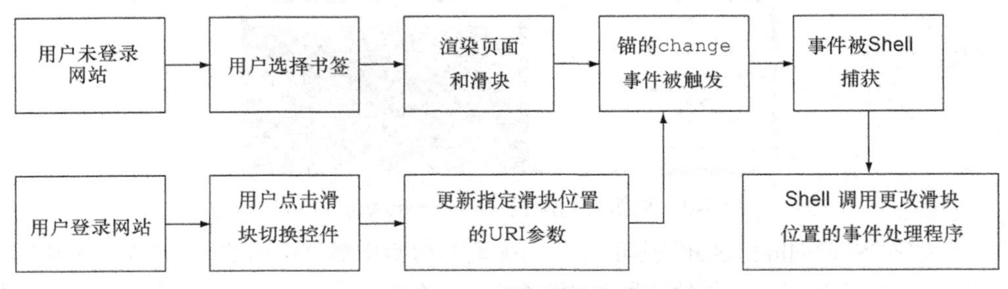

图 4-10　Chat 模块的锚接口模式

在上一章，我们已经实现了 Chat 的许多功能。现在我们把剩余的聊天功能代码移至它自己的模块。我们还会详细说明 Chat 和 Shell 都会用到的通信 API。这能使我们立即从中获益，并且也能使得重用代码变得更加容易。API 规范需要详细说明哪些资源是必需的，以及会提供什么功能。应该把它们当作"活文档（living document）"，每当更改 API 时，都要更新该文档。

我们希望 Chat 提供一个通用的公开方法 `configModule`，我们会用这个方法在初始化之前更改配置信息。和每个功能模块一样，Chat 通常有一个初始化方法 `initModule`，然后我们会使用这个方法，指示该模块向用户提供它的功能。我们也希望 Chat 提供 `setSliderPosition` 方法，这样 Shell 就可以请求设置滑块的位置。我们会在接下来的几小节中设计这些方法的 API。

---

① 功能模块之间的通信应始终由 Shell 或者 Model 来协调。

② 历史可靠的（history-safe）的意思是，所有的浏览器历史控件（像前进、后退、书签和浏览器历史）都按预期工作。

4.3.2 Chat 的配置 API

在配置模块时，我们调整好的设置，不希望在用户会话期间发生变化。就 Chat 而言，下面的设置是符合这个标准的。

- 一个提供“修改 URI 锚中的 chat 参数”的功能的函数。
- 一个提供“发送和接收消息（来自 Model）”的方法的对象。
- 一个提供“与一系列用户（来自 Model）交互”的方法的对象。
- 许多行为设置，比如滑块打开时的高度，滑块的打开时间以及滑块的关闭时间。

JavaScript 参数的内幕

请记住，只有简单值（字符串、数字和布尔值）是直接传递给函数的。JavaScript 中的所有复杂数据类型（像对象、数组和函数）传递的是引用。这意味着，它们永远不会被复制（有些语言可以）。相反地，传递的是内存地址的值。这通常比复制要快很多，但负面影响是，它很容易意外地更改通过引用传递的对象或者数组。

当函数接收的参数是指向函数的引用，该引用通常叫做回调函数。回调函数很强大，但是它们也变得难以管理。我们会在第 5 章和第 6 章演示如何通过使用 jQuery 的全局自定义事件，减少回调函数的使用。

根据上面的这些期望，我们可以设计 Chat 的 `configModule` API 规范，如代码清单 4-9 所示。该文档不是给 JavaScript 使用的。

代码清单 4-9 Chat 的 configModule API 规范——spa/js/spa.chat.js

```
// Begin public method /configModule/
// Example   : spa.chat.configModule({ slider_open_em : 18 });
// Purpose   : Configure the module prior to initialization
// Arguments :
//   * set_chat_anchor - a callback to modify the URI anchor to
//     indicate opened or closed state. This callback must return
//     false if the requested state cannot be met
//   * chat_model - the chat model object provides methods
//       to interact with our instant messaging
//   * people_model - the people model object which provides
//       methods to manage the list of people the model maintains
//   * slider_* settings. All these are optional scalars.
//       See mapConfig.settable_map for a full list
//       Example: slider_open_em is the open height in em's
// Action    :
//   The internal configuration data structure (configMap) is
//   updated with provided arguments. No other actions are taken.
// Returns   : true
// Throws    : JavaScript error object and stack trace on
//             unacceptable or missing arguments
//
```

现在有了 Chat 的配置 API，我们来设计 Shell 的 setChatAnchor 回调函数的规范。代码清单 4-10 是一个不错的起点。该文档不是给 JavaScript 使用的。

代码清单 4-10 Shell 的 setChatAnchor 回调函数的 API 规范——spa/js/spa.shell.js

```
// Begin callback method /setChatAnchor/
// Example  : setChatAnchor( 'closed' );
// Purpose  : Change the chat component of the anchor
// Arguments:
//   * position_type - may be 'closed' or 'opened'
// Action   :
//   Changes the URI anchor parameter 'chat' to the requested
//   value if possible.
// Returns  :
//   * true  - requested anchor part was updated
//   * false - requested anchor part was not updated
// Throws   : none
//
```

现在已经完成了 Chat 的配置 API 和 Shell 的回调函数 API 的设计，我们继续来设计 Chat 的初始化 API。

4.3.3 Chat 的初始化 API

当*初始化*一个功能模块时，我们要求它渲染 HTML，并且开始向用户提供功能。和配置不一样，我们期望在一个用户会话期间，可以多次初始化功能模块。至于 Chat，我们希望传递单个 jQuery 集合作为参数。jQuery 集合包含一个元素，即想在其上添加聊天滑块的那个元素。我们来概述一下 API，如代码清单 4-11 所示。该文档不是给 JavaScript 使用的。

代码清单 4-11 Chat 模块的 initModule API 规范——spa/js/spa.chat.js

```
// Begin public method /initModule/
// Example    : spa.chat.initModule( $('#div_id') );
// Purpose    :
//   Directs Chat to offer its capability to the user
// Arguments  :
//   * $append_target (example: $('#div_id')).
//     A jQuery collection that should represent
//     a single DOM container
// Action     :
//   Appends the chat slider to the provided container and fills
//   it with HTML content.  It then initializes elements,
//   events, and handlers to provide the user with a chat-room
//   interface
// Returns    : true on success, false on failure
// Throws     : none
//
```

本章要详细说明的最后一个 API 是 Chat 的 setSliderPosition 方法。该方法用于打开和关闭聊天滑块。在下一小节，我们将继续设计这个 API。

4.3.4 Chat 的 setSliderPosition API

我们已经决定让 Chat 提供一个公开方法 setSliderPosition，这将使得 Shell 能够请求设置滑块的位置。将滑块的位置信息放在 URI 锚中的决定，引出了一些有意思的、需要处理的问题。

- Chat 不总能将滑块调整到请求的位置。比如，它可以决定不打开滑块，因为用户没登录。我们会让 setSliderPosition 返回 true 或者 false，这样的话 Shell 就能知道请求是否成功。
- 如果 Shell 调用 setSliderPosition 回调函数，并且回调函数不能执行请求（换句话说，它返回了 false），则 Shell 需要把 URI 锚中的 chat 参数恢复到请求之前的值。

我们来详细地说明一下 API，如代码清单 4-12 所示，这满足了上面的需求。该文档不是给 JavaScript 使用的。

代码清单 4-12 Chat 的 setSliderPosition API 规范——spa/js/spa.chat.js

```
// Begin public method /setSliderPosition/
//
// Example   : spa.chat.setSliderPosition( 'closed' );
// Purpose   : Ensure chat slider is in the requested state
// Arguments:
//   * position_type - enum('closed', 'opened', or 'hidden')
//   * callback - optional callback at end of animation.
//     (callback receives slider DOM element as argument)
// Action    :
//   Leaves slider in current state if it matches requested,
//   otherwise animate to requested state.
// Returns   :
//   * true  - requested state achieved
//   * false - requested state not achieved
// Throws    : none
//
```

定义了这个 API 后，我们几乎已经为编写代码做好了准备。但是在编写代码之前，我们来看一下配置和初始化在应用中是如何级联（cascade）的。

4.3.5 配置和初始化的级联

我们的配置和初始化，遵循常见的模式。首先，浏览文档中的一个脚本标签会配置和初始化根名字空间模块：spa.js。然后，根模块配置和初始化 Shell 模块：spa.shell.js。然后 Shell 模块配置和初始化功能模块：spa.chat.js。这种级联的配置和初始化，如图 4-11 所示。

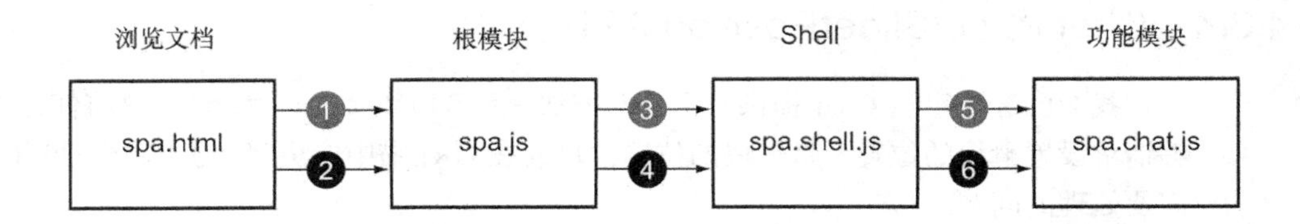

1 配置根模块
2 初始化根模块

3 配置Shell
4 初始化Shell

5 配置功能模块
6 初始化功能模块

图 4-11 配置和初始化的级联

所有的模块都有公开的 initModule 方法。只在需要支持设置时，才会提供 configModule 方法。在现阶段的开发中，只有 Chat 是可以被配置的。

当加载浏览文档（spa/spa.html）时，它加载了所有的 CSS 和 JavaScript 文件。接着页面中的一个脚本会做初始的内务工作，并初始化根名字空间模块（spa/js/spa.js），提供一个页面元素（spa div）供其使用：

```
$(function (){
  // housekeeping here ...

  // if we needed to configure the root module,
  // we would invoke spa.configModule first

  spa.initModule( $('#spa' ) );
}());
```

在初始化时，根名字空间模块（spa/js/spa.js）做了所有根级别的内务工作，然后再配置和初始化 Shell（spa/js/spa.shell.js），提供一个页面元素（$container）供其使用：

```
var initModule = function ( $container ){
  // housekeeping here ...

  // if we needed to configure the Shell,
  // we would invoke spa.shell.configModule first

  spa.shell.initModule( $container );
};
```

然后 Shell（spa/js/spa.shell.js）会做所有 Shell 级别的内务工作，配置和初始化所有的功能模块，如 Chat（spa/js/spa.chat.js），提供一个页面元素（`jqueryMap.$chat`）供其使用：

```
initModule = function ( $container ) {
  // housekeeping here ...
  // configure and initialize feature modules
  spa.chat.configModule( {} );
  spa.chat.initModule( jqueryMap.$chat );

  // ...
};
```

对这种级联的方式感到愉悦是很重要的，因为所有的功能模块都采用了相同的方式。比如，我们可能希望把 Chat（spa/js/spa.chat.js）的一些函数分离出来，放至一个处理在线用户列表的子模块中去（我们称之为 Roster），并创建文件 spa/js/spa.chat.roster.js。然后，让 Chat 使用 `spa.chat.roster.configModule` 方法来配置模块，使用 `spa.chat.roster.initModule` 方法来初始化模块。Chat 也会向 Roster 提供一个 jQuery 容器，用于显示用户列表。

现在已经明白配置和初始化的级联方式，我们就可以准备更新应用，实现已经设计好的 API。我们将会做一些更改，期间会破坏些东西，所以如果你正在运行示例的话，请不要惊慌，我们马上就会解决问题。

4.4 实现功能 API

这一节，我们的主要目标是实现已经定义好的 API。又因为代码已经完成得差不多了，我们再考虑一些其他目标。

- 把 Chat 的配置和实现完全移至它自己的模块中。对于 Chat，Shell 唯一要关心的是 URI 锚的管理。
- 更新聊天功能，使之看上去更加，呃，“健谈”吧。

我们要更新的文件以及它们需要如何更改的简易说明，如代码清单 4-13 所示。

代码清单 4-13 在实现 API 期间会更改的文件

```
spa
+-- css
|   +-- spa.chat.css   # Move chat styles from spa.shell.css, enhance
|   `-- spa.shell.css  # Remove chat styles
`-- js
    +-- spa.chat.js    # Move capabilities from the Shell, implement APIs
    `-- spa.shell.js   # Removed Chat capabilities
                       # and add setSliderPosition callback per API
```

我们会完全按照上面显示的顺序来修改这些文件。

4.4.1 样式表

我们想把 Chat 的所有样式移至它自己的样式表文件（spa/css/spa.chat.css）中，并且顺便改进一下布局。我们的本地 CSS 布局专家已经提供了一个好方法，如图 4-12 所示。

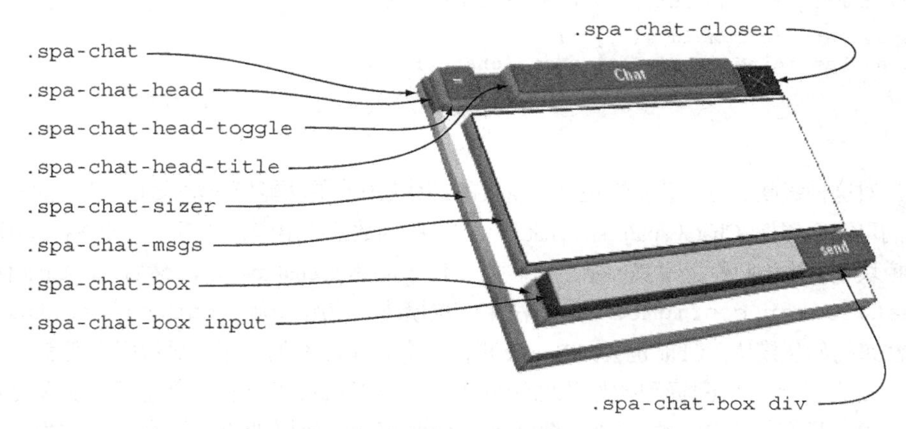

图 4-12　元素的 3D 视图和选择器——spa/css/spa.chat.css

请注意我们是如何给 CSS 添加名字空间的，和 JavaScript 的做法一样。这有许多的好处。

- 我们不用担心和其他模块的冲突，因为对于所有的类名，保证有一个唯一的前缀：spa-chat。
- 与第三方包的冲突也几乎避免了。即便如果有某些意外的情况没有避免，修复（更改前缀）也是微不足道的。
- 极大地有助于调试，因为在查看由 Chat 控制的元素时，它的类名向我们表明源功能模块是 spa.chat。
- 名字暗示了什么包含了（因此控制着）什么。比如，我们注意到，spa-chat-head 包含 spa-chat-head-toggle，而 spa-chat 又包含 spa-chat-head。

大多数的样式都是样板代码[1]（对不起，CSS 布局专家）。但有几个点使得我们的工作很特别。首先，spa-chat-sizer 元素需要一个固定的高度。这会为聊天区域和消息区域预留空间，即使是在滑块收起的时候。如果没有这个元素，在滑块收起的时候，滑块内容会“挤成一堆”，这最会困扰用户。其次，布局人员希望移除所有和绝对像素有关的东西，支持使用相对量度，比如 em 和百分比。这使得我们的单页应用在低分辨率和高分辨率的显示器上面能有相同的呈现。

---

① boilerplate stuff，样板代码，指在多处使用了一样或者很少改动的代码，更多信息请参考 http://en.wikipedia.org/wiki/Boilerplate_code。——译者注

像素和相对单位的对比

HTML 专家（guru）在开发 CSS 的时候，经常会经受使用相对量度的严重曲解：完全避免使用 px 单位，这样他们的创作成果就能在任何尺寸的显示器上面工作得很好。我们已经观察到一个现象，使我们重新考虑这种努力的价值：浏览器对像素大小很随意。

考虑一下最近的笔记本电脑、平板电脑和智能手机的超高分辨率显示屏。这些设备上的浏览器中的 px 值，和可用的物理屏幕像素没有直接的关系。相反，它们会对 px 单位进行标准化，这样的话，视觉体验接近传统桌面显示器，像素密度为每英寸上的像素数在 96～120。

结果是，一个 10 px 的正方形，经智能手机上的浏览器渲染后，每一边实际上可能是 15 或者 20 个物理像素。这意味着 px 也变成了一种相对单位，和所有的其他单位（%、in、cm、mm、em、ex、pt、pc）相比，它通常更加可靠。其他的设备，我们有一个 10.1 英寸的和 7 英寸的平板电脑，有相同的 1280 乘 800 分辨率，和相同的操作系统。一个 400px 的正方形，能适应 10.1 英寸的平板电脑屏幕，但不能适应 7 英寸的平板电脑。为什么？因为每个 px 使用的物理像素数量，在较小的平板电脑上更高。缩放比例似乎是，在较大的平板电脑，每个 px 为 1.5 个像素，在较小的平板电脑上，每个 px 是 2 个像素。

我们不知道将来会怎样，但最近感到使用 px 单位的内疚大大降低了。

在心中有了所有的计划后，现在可以在 spa.chat.css 中添加满足规范的 CSS，如代码清单 4-14 所示。

代码清单 4-14　给 Chat 模块添加增强的样式——spa/css/spa.chat.css

```
/*
 * spa.chat.css
 * Chat feature styles
*/

.spa-chat {
  position      : absolute;
  bottom        : 0;
  right         : 0;
  width         : 25em;
  height        : 2em;
  background    : #fff;
  border-radius : 0.5em 0 0 0;
  border-style  : solid;
  border-width  : thin 0 0 thin;
  border-color  : #888;
  box-shadow    : 0 0 0.75em 0 #888;
  z-index       : 1;
}

.spa-chat-head, .spa-chat-closer {
  position      : absolute;
  top           : 0;
  height        : 2em;
  line-height   : 1.8em;
  border-bottom : thin solid #888;
```

给聊天滑块定义 spa-chat 类。我们使用了一点阴影效果。和 Chat 所有其他的选择器一样，转而使用相对单位。

给 spa-chat-head 和 spa-chat-closer 类添加通用规则。这么做可以帮助我们采用 DRY（Don't Repeat Yourself）准则。但如果说过一次，就表明已经说过上千次：我们痛恨这个首字母缩略词。

```
  cursor          : pointer;
  background      : #888;
  color           : white;
  font-family     : arial, helvetica, sans-serif;
  font-weight     : 800;
  text-align      : center;
}
.spa-chat-head {
  left            : 0;
  right           : 2em;
  border-radius   : 0.3em 0 0 0;
}
.spa-chat-closer {
  right : 0;
  width : 2em;
}
  .spa-chat-closer:hover {
    background : #800;
  }
.spa-chat-head-toggle {
  position        : absolute;
  top             : 0;
  left            : 0;
  width           : 2em;
  bottom          : 0;
  border-radius   : 0.3em 0 0 0;
}
.spa-chat-head-title {
  position      : absolute;
  left          : 50%;
  width         : 16em;
  margin-left   : -8em;
}
.spa-chat-sizer {
  position : absolute;
  top      : 2em;
  left     : 0;
  right    : 0;
}
.spa-chat-msgs {
  position : absolute;
  top      : 1em;
  left     : 1em;
  right    : 1em;
  bottom   : 4em;
  padding  : 0.5em;
  border   : thin solid #888;
  overflow-x : hidden;
  overflow-y : scroll;
}
.spa-chat-box {
```

给 spa-chat-head 类添加特殊规则。我们希望拥有这个类的元素会包含 spa-chat-head-toggle 和 spa-chat-head-title 类的元素。

定义 spa-chat-closer 类，在右上角显示一个小小的[x]。请注意，它没有包含在头部里面，因为我们希望头部是打开和关闭滑块的热区（hotspot），关闭按钮有不同的功能。我们还添加了一个派生的 :hover 伪类，当鼠标经过元素时，会高亮该元素。

给切换按钮创建 spa-chat-head-toggle 类。顾名思义，我们打算把拥有该样式的元素包含在 spa-chat-head 类的元素中。

创建 spa-chat-head-title 类。顾名思义，我们希望拥有该样式的元素包含在 spa-chat-head 类的元素中。我们使用标准的“负外边距”技巧，把元素定位在中央（请用 Google 搜索该技巧的详细信息）。

定义 spa-chat-sizer 类，这样就可以提供固定尺寸的元素来包含滑块内容。

添加 spa-chat-msgs 类，用于显示消息的元素。我们隐藏了 *x* 轴的溢出部分，并始终提供垂直的滚动条（可以使用 overflow-y:auto，但当滚动条出现的时候，这会导致文本流被挤压的问题）。

创建 spa-chat-box 类，用于包含文本框和发送按钮的元素。

```
  position : absolute;
  height   : 2em;
  left     : 1em;
  right    : 1em;
  bottom   : 1em;
  border   : thin solid #888;
  background : #888;
}

.spa-chat-box input[type=text] {
  float      : left;
  width      : 75%;
  height     : 100%;
  padding    : 0.5em;
  border     : 0;
  background : #ddd;
  color      : #404040;
}
  .spa-chat-box input[type=text]:focus {
    background : #fff;
  }

.spa-chat-box div {
  float       : left;
  width       : 25%;
  height      : 2em;
  line-height : 1.9em;
  text-align  : center;
  color       : #fff;
  font-weight : 800;
  cursor      : pointer;
}
  .spa-chat-box div:hover {
    background-color: #444;
    color       : #ff0;
  }


.spa-chat-head:hover .spa-chat-head-toggle {
  background : #aaa;
}
```

定义规则，给“在含有 spa-chat-box 类的任何元素中的任何文本框”添加样式。这里是聊天输入框。

创建一个派生的:focus 伪类，这样当用户选中了输入框，会增强对比度。

定义规则，给“在 spa-chat-box 类中的任何 div 元素”添加样式。这里是发送按钮。

创建一个派生的:hover 伪类，当用户的鼠标经过该发送按钮时，会高亮该发送按钮。

定义选择器，每当鼠标悬停在含有 spa-chat-head 类的元素上时，该选择器会高亮有 spa-chat-head-toggle 类的元素。

现在有了 Chat 的样式，我们可以移除之前在 Shell 样式表（spa/css/spa.shell.css）中定义的样式。首先，删除绝对定位选择器列表中的 `.spa-shell-chat`。更改如下（可以删除注释）：

```
.spa-shell-head, .spa-shell-head-logo, .spa-shell-head-acct,
.spa-shell-head-search, .spa-shell-main, .spa-shell-main-nav,
.spa-shell-main-content, .spa-shell-foot, /* .spa-shell-chat */
 .spa-shell-modal {
  position : absolute;
}
```

也可以把 spa/css/spa.shell.css 中所有的 `.spa-shell-chat` 类删除。有两处要删除的地方，如下所示：

```
/* delete these from spa/css/spa.shell.css
 .spa-shell-chat {
  bottom  : 0;
  right   : 0;
  width   : 300px;
  height  : 15px;
  cursor  : pointer;
  background : red;
  border-radius : 5px 0 0 0;
  z-index : 1;
}
  .spa-shell-chat:hover {
    background : #a00;
  } */
```

最后，隐藏模态（modal）容器，这样它就不会妨碍聊天滑块了：

```
...
.spa-shell-modal {
...
  display: none;
}
...
```

此时可以打开浏览文档（spa/spa.html）了，在 Chrome 开发者工具的 JavaScript 控制台中不会看到任何错误。但聊天滑块也不再可见。请保持冷静并坚持到底，在下一节完成 Chat 的修改后，就会修复这个问题。

4.4.2 修改 Chat

现在我们将修改 Chat，实现前面已经设计好的 API。下面是计划要更改的。

- 为更精细的聊天滑块添加 HTML。
- 扩展配置，引入像滑块高度和收起时间一样的设置信息。
- 创建 `getEmSize` 工具方法，将 em 单位转换为 px（像素）。
- 更新 `setJqueryMap`，把更新后的聊天滑块的许多新元素缓存起来。
- 添加 `setPxSizes` 方法，使用像素单位来设置滑块尺寸。
- 实现 `setSliderPosition` 公开方法，和 API 规范相匹配。
- 创建 `onClickToggle` 事件处理程序，更改 URI 锚并立即返回。
- 更新 `configModule` 公开方法的文档，和 API 规范相匹配。
- 更新 `initModule` 公开方法，和 API 规范相匹配。

我们来更新 Chat，实现这些更改，如代码清单 4-15 所示。我们把前面已经设计好的 API 规范复制到了这个文件里面，在实现期间作为指南使用。在将来维护的时候，这能加快开发速度并保证文档是正确的。所有的更改部分以粗体显示。

代码清单 4-15 修改 Chat，使之符合 API 规范——spa/js/spa.chat.js

```
/*
 * spa.chat.js
 * Chat feature module for SPA
*/

/*jslint         browser : true, continue : true,
  devel  : true, indent  : 2,    maxerr   : 50,
  newcap : true, nomen   : true, plusplus : true,
  regexp : true, sloppy  : true, vars     : false,
  white  : true
*/

/*global $, spa, getComputedStyle */

spa.chat = (function () {
  //---------------- BEGIN MODULE SCOPE VARIABLES --------------
  var
    configMap = {
      main_html : String()
        + '<div class="spa-chat">'
          + '<div class="spa-chat-head">'
            + '<div class="spa-chat-head-toggle">+</div>'
            + '<div class="spa-chat-head-title">'
              + 'Chat'
            + '</div>'
          + '</div>'
          + '<div class="spa-chat-closer">x</div>'
          + '<div class="spa-chat-sizer">'
            + '<div class="spa-chat-msgs"></div>'
            + '<div class="spa-chat-box">'
              + '<input type="text"/>'
              + '<div>send</div>'
            + '</div>'
          + '</div>'
        + '</div>',

      settable_map : {
        slider_open_time     : true,
        slider_close_time    : true,
        slider_opened_em     : true,
        slider_closed_em     : true,
        slider_opened_title  : true,
        slider_closed_title  : true,

        chat_model      : true,
        people_model    : true,
        set_chat_anchor : true
      },

      slider_open_time    : 250,
      slider_close_time   : 250,
      slider_opened_em    : 16,
```

使用附录A中的功能模块模板。

用HTML模板来填充聊天滑块容器。

把chat的所有设置放到这个模块里。

```
    slider_closed_em     : 2,
    slider_opened_title : 'Click to close',
    slider_closed_title : 'Click to open',

    chat_model        : null,
    people_model      : null,
    set_chat_anchor : null
  },
  stateMap  = {
    $append_target    : null,
    position_type     : 'closed',
    px_per_em         : 0,
    slider_hidden_px : 0,
    slider_closed_px : 0,
    slider_opened_px : 0
  },
  jqueryMap = {},

  setJqueryMap, getEmSize, setPxSizes, setSliderPosition,
  onClickToggle, configModule, initModule
  ;
//---------------- END MODULE SCOPE VARIABLES ---------------

//------------------- BEGIN UTILITY METHODS ------------------
getEmSize = function ( elem ) {
  return Number(
    getComputedStyle( elem, '' ).fontSize.match(/\d*\.?\d*/)[0]
  );
};
//-------------------- END UTILITY METHODS -------------------
```

添加 getEmSize 方法，把 em 显示单位转换为像素，这样就可以使用 jQuery 的度量方式了。

更新 setJqueryMap，缓存大量的 jQuery 集合。我们喜欢使用类而不是 ID，因为这允许在页面上添加多个聊天滑块，而不用重构代码。

```
//--------------------- BEGIN DOM METHODS --------------------
// Begin DOM method /setJqueryMap/
setJqueryMap = function () {
var
  $append_target = stateMap.$append_target,
  $slider = $append_target.find( '.spa-chat' );

jqueryMap = {
  $slider : $slider,
  $head   : $slider.find( '.spa-chat-head' ),
  $toggle : $slider.find( '.spa-chat-head-toggle' ),
  $title  : $slider.find( '.spa-chat-head-title' ),
  $sizer  : $slider.find( '.spa-chat-sizer' ),
  $msgs   : $slider.find( '.spa-chat-msgs' ),
  $box    : $slider.find( '.spa-chat-box' ),
  $input  : $slider.find( '.spa-chat-input input[type=text]') };
};
// End DOM method /setJqueryMap/

// Begin DOM method /setPxSizes/
setPxSizes = function () {
  var px_per_em, opened_height_em;
```

添加 setPxSize 方法，计算由该模块管理的元素的像素尺寸。

```
  px_per_em = getEmSize( jqueryMap.$slider.get(0) );

  opened_height_em = configMap.slider_opened_em;

  stateMap.px_per_em = px_per_em;
  stateMap.slider_closed_px = configMap.slider_closed_em * px_per_em;
  stateMap.slider_opened_px = opened_height_em * px_per_em;
  jqueryMap.$sizer.css({
    height : ( opened_height_em - 2 ) * px_per_em
  });
};
// End DOM method /setPxSizes/

// Begin public method /setSliderPosition/
// Example : spa.chat.setSliderPosition( 'closed' );
// Purpose : Move the chat slider to the requested position
// Arguments : // * position_type - enum('closed', 'opened', or 'hidden')
// * callback - optional callback to be run end at the end
// of slider animation. The callback receives a jQuery
// collection representing the slider div as its single
// argument
// Action :
// This method moves the slider into the requested position.
// If the requested position is the current position, it
// returns true without taking further action
// Returns :
// * true - The requested position was achieved
// * false - The requested position was not achieved
// Throws : none
//
setSliderPosition = function ( position_type, callback ) {
  var
    height_px, animate_time, slider_title, toggle_text;

// return true if slider already in requested position
if ( stateMap.position_type === position_type ){
  return true;
}

// prepare animate parameters
switch ( position_type ){
  case 'opened' :
    height_px = stateMap.slider_opened_px;
    animate_time = configMap.slider_open_time;
    slider_title = configMap.slider_opened_title;
    toggle_text = '=';
  break;

  case 'hidden' :
    height_px = 0;
    animate_time = configMap.slider_open_time;
    slider_title = '';
    toggle_text = '+';
  break;

  case 'closed' :
    height_px = stateMap.slider_closed_px;
    animate_time = configMap.slider_close_time;
```

添加 setSliderPosition 方法，依照本章先前的详细说明。

```
      slider_title = configMap.slider_closed_title;
      toggle_text = '+';
    break;
    // bail for unknown position_type
    default : return false;
  }

  // animate slider position change
  stateMap.position_type = '';
  jqueryMap.$slider.animate(
    { height : height_px },
    animate_time,
    function () {
      jqueryMap.$toggle.prop( 'title', slider_title );
      jqueryMap.$toggle.text( toggle_text );
      stateMap.position_type = position_type;
      if ( callback ) { callback( jqueryMap.$slider ); }
    }
  );
  return true;
};
// End public DOM method /setSliderPosition/
//---------------------- END DOM METHODS ----------------------

//------------------- BEGIN EVENT HANDLERS -------------------
onClickToggle = function ( event ){
  var set_chat_anchor = configMap.set_chat_anchor;
  if ( stateMap.position_type === 'opened' ) {
    set_chat_anchor( 'closed' );
  }
  else if ( stateMap.position_type === 'closed' ){
    set_chat_anchor( 'opened' );
  } return false;
};
//-------------------- END EVENT HANDLERS --------------------
```

更新onClickToggle事件处理程序，调用方法更改URI锚然后立即退出，让Shell中的hashchange事件处理程序来捕获URI锚的变化。

更新configModule方法，以便符合API规范。使用spa.util.setConfigMap工具方法，处理所有可以进行配置的功能模块。

```
//------------------- BEGIN PUBLIC METHODS -------------------
// Begin public method /configModule/
// Example   : spa.chat.configModule({ slider_open_em : 18 });
// Purpose   : Configure the module prior to initialization
// Arguments :
//   * set_chat_anchor - a callback to modify the URI anchor to
//     indicate opened or closed state. This callback must return
//     false if the requested state cannot be met
//   * chat_model - the chat model object provides methods
//       to interact with our instant messaging
//   * people_model - the people model object which provides
//       methods to manage the list of people the model maintains
//   * slider_* settings. All these are optional scalars.
//       See mapConfig.settable_map for a full list
//       Example: slider_open_em is the open height in em's
// Action    :
```

```
  //   The internal configuration data structure (configMap) is
  //   updated with provided arguments. No other actions are taken.
  // Returns    : true
  // Throws     : JavaScript error object and stack trace on
  //              unacceptable or missing arguments
  //
  configModule = function ( input_map ) {
    spa.util.setConfigMap({
      input_map    : input_map,
      settable_map : configMap.settable_map,
      config_map   : configMap
    });
    return true;
  };
  // End public method /configModule/

  // Begin public method /initModule/
  // Example    : spa.chat.initModule( $('#div_id') );
  // Purpose    : Directs Chat to offer its capability to the user
  // Arguments  :
  //   * $append_target (example: $('#div_id')).
  //     A jQuery collection that should represent
  //     a single DOM container
  // Action     :
  //   Appends the chat slider to the provided container and fills
  //   it with HTML content. It then initializes elements,
  //   events, and handlers to provide the user with a chat-room
  //   interface
  // Returns    : true on success, false on failure
  // Throws     : none
  //
  initModule = function ( $append_target ) {
    $append_target.append( configMap.main_html );
    stateMap.$append_target = $append_target;
    setJqueryMap();
    setPxSizes();

    // initialize chat slider to default title and state
    jqueryMap.$toggle.prop( 'title', configMap.slider_closed_title );
    jqueryMap.$head.click( onClickToggle );
    stateMap.position_type = 'closed';

    return true;
  };
  // End public method /initModule/

  // return public methods
  return {
    setSliderPosition : setSliderPosition,
    configModule      : configModule,
    initModule        : initModule
  };
  //------------------- END PUBLIC METHODS ---------------------
}());
```

更新 initModule 方法，以便符合 API 规范。正如 Shell 一样，该程序通常分成三个部分：（1）使用 HTML 填充功能容器，（2）缓存 jQuery 集合，（3）初始化事件处理程序。

导出 public 方法：configModule、initModule 和 setSliderPosition。

此时，可以加载浏览文档（spa/spa.html），在 Chrome 开发者工具的 JavaScript 控制台不会看到任何错误。我们看到聊天滑块的上面部分。但如果点击它的话，就会在控制台看到一个错误信息："set_chat_anchor is not a function"。在下一小节清理了 Shell 后，就会修复这个问题。

4.4.3 清理 Shell

现在我们将完成对 Shell 的更改。下面是我们想要做的事情。

- 移除聊天滑块的设置和功能，因为这些代码已经移至 Chat。
- 修改 onHashchange 事件处理程序，如果不能设置请求的滑块位置，则退回到有效的位置。
- 添加 setChatAnchor 方法，以便符合先前设计的 API。
- 完善 initModule 文档。
- 更新 initModule，使用先前设计的 API 来配置 Chat。

我们来修改 Shell，如代码清单 4-16 所示。请注意，我们把早先开发的所有新的 API 规范直接放到了该文件里面，在实现期间作为指南使用。所有的更改部分以粗体显示。

代码清单 4-16 清理 Shell——spa/js/spa.shell.js

```
/*
 * spa.shell.js
 * Shell module for SPA
*/

/*jslint         browser : true, continue : true,
  devel  : true, indent  : 2,    maxerr   : 50,
  newcap : true, nomen   : true, plusplus : true,
  regexp : true, sloppy  : true, vars     : false,
  white  : true
*/
/*global $, spa */

spa.shell = (function () {
  //---------------- BEGIN MODULE SCOPE VARIABLES --------------
  var
    configMap = {
      anchor_schema_map : {
        chat  : { opened : true, closed : true }
      },
      main_html : String()
        + '<div class="spa-shell-head">'
          + '<div class="spa-shell-head-logo"></div>'
          + '<div class="spa-shell-head-acct"></div>'
          + '<div class="spa-shell-head-search"></div>'
        + '</div>'
        + '<div class="spa-shell-main">'
          + '<div class="spa-shell-main-nav"></div>'
          + '<div class="spa-shell-main-content"></div>'
        + '</div>'
        + '<div class="spa-shell-foot"></div>'
        + '<div class="spa-shell-modal"></div>'
```

把锚的状态更改为 opened 和 closed，在 Chat 和 Shell 中保持一致。

移除聊天滑块的 HTML 和设置。

```
  },

  stateMap  = { anchor_map : {} },
  jqueryMap = {},

  copyAnchorMap,    setJqueryMap,
  changeAnchorPart, onHashchange,
  setChatAnchor,    initModule;
//----------------- END MODULE SCOPE VARIABLES ---------------

//------------------- BEGIN UTILITY METHODS ------------------
// Returns copy of stored anchor map; minimizes overhead
copyAnchorMap = function () {
  return $.extend( true, {}, stateMap.anchor_map );
};
//-------------------- END UTILITY METHODS -------------------

//--------------------- BEGIN DOM METHODS --------------------
// Begin DOM method /setJqueryMap/
setJqueryMap = function () {
  var $container = stateMap.$container;
  jqueryMap = { $container : $container };
};
// End DOM method /setJqueryMap/

// Begin DOM method /changeAnchorPart/
// Purpose    : Changes part of the URI anchor component
// Arguments  :
//   * arg_map - The map describing what part of the URI anchor
//     we want changed.
// Returns    :
//   * true  - the Anchor portion of the URI was updated
//   * false - the Anchor portion of the URI could not be updated
// Actions    :
//   The current anchor rep stored in stateMap.anchor_map.
//   See uriAnchor for a discussion of encoding.
//   This method
//     * Creates a copy of this map using copyAnchorMap().
//     * Modifies the key-values using arg_map.
//     * Manages the distinction between independent
//       and dependent values in the encoding.
//     * Attempts to change the URI using uriAnchor.
//     * Returns true on success, and false on failure.
//
changeAnchorPart = function ( arg_map ) {
  var
    anchor_map_revise = copyAnchorMap(),
    bool_return       = true,
    key_name, key_name_dep;

  // Begin merge changes into anchor map
  KEYVAL:
  for ( key_name in arg_map ) {
    if ( arg_map.hasOwnProperty( key_name ) ) {

      // skip dependent keys during iteration
      if ( key_name.indexOf( '_' ) === 0 ) { continue KEYVAL; }

      // update independent key value
```

从模块作用域变量列表中移除 toggleChat。

移除 toggleChat 方法。从 jqueryMap 中移除 Chat 元素。

```
        anchor_map_revise[key_name] = arg_map[key_name];

        // update matching dependent key
        key_name_dep = '_' + key_name;
        if ( arg_map[key_name_dep] ) {
          anchor_map_revise[key_name_dep] = arg_map[key_name_dep];
        }
        else {
          delete anchor_map_revise[key_name_dep];
          delete anchor_map_revise['_s' + key_name_dep];
        }
      }
    }
    // End merge changes into anchor map

    // Begin attempt to update URI; revert if not successful
    try {
      $.uriAnchor.setAnchor( anchor_map_revise );
    }
    catch ( error ) {
      // replace URI with existing state
      $.uriAnchor.setAnchor( stateMap.anchor_map,null,true );
      bool_return = false;
    }
    // End attempt to update URI...

    return bool_return;
  };
  // End DOM method /changeAnchorPart/
  //--------------------- END DOM METHODS ----------------------

  //------------------- BEGIN EVENT HANDLERS -------------------
  // Begin Event handler /onHashchange/
  // Purpose    : Handles the hashchange event
  // Arguments  :
  //   * event - jQuery event object.
  // Settings   : none
  // Returns    : false
  // Actions    :
  //   * Parses the URI anchor component
  //   * Compares proposed application state with current
  //   * Adjust the application only where proposed state
  //     differs from existing and is allowed by anchor schema
  //
  onHashchange = function ( event ) {
    var
      _s_chat_previous, _s_chat_proposed, s_chat_proposed,
      anchor_map_proposed,
      is_ok = true,
      anchor_map_previous = copyAnchorMap();

    // attempt to parse anchor
    try { anchor_map_proposed = $.uriAnchor.makeAnchorMap(); }
    catch ( error ) {
      $.uriAnchor.setAnchor( anchor_map_previous, null, true );
      return false;
    }
```

```
stateMap.anchor_map = anchor_map_proposed;

// convenience vars
_s_chat_previous = anchor_map_previous._s_chat;
_s_chat_proposed = anchor_map_proposed._s_chat;

// Begin adjust chat component if changed
if ( ! anchor_map_previous
 || _s_chat_previous !== _s_chat_proposed
) {
  s_chat_proposed = anchor_map_proposed.chat;
  switch ( s_chat_proposed ) {
    case 'opened' :
      is_ok = spa.chat.setSliderPosition( 'opened' );
    break;
    case 'closed' :
      is_ok = spa.chat.setSliderPosition( 'closed' );
    break;
    default :
      spa.chat.setSliderPosition( 'closed' );
      delete anchor_map_proposed.chat;
      $.uriAnchor.setAnchor( anchor_map_proposed, null, true );
  }
}
// End adjust chat component if changed

// Begin revert anchor if slider change denied
if ( ! is_ok ){
  if ( anchor_map_previous ){
    $.uriAnchor.setAnchor( anchor_map_previous, null, true );
    stateMap.anchor_map = anchor_map_previous;
  } else {
    delete anchor_map_proposed.chat;
    $.uriAnchor.setAnchor( anchor_map_proposed, null, true );
  }
}
// End revert anchor if slider change denied

return false;
};
// End Event handler /onHashchange/
//-------------------- END EVENT HANDLERS --------------------

//--------------------- BEGIN CALLBACKS --------------------
// Begin callback method /setChatAnchor/
// Example  : setChatAnchor( 'closed' );
// Purpose  : Change the chat component of the anchor
// Arguments:
//   * position_type - may be 'closed' or 'opened'
// Action   :
//   Changes the URI anchor parameter 'chat' to the requested
//   value if possible.
// Returns  :
//   * true  - requested anchor part was updated
//   * false - requested anchor part was not updated
// Throws   : none
//
```

如果请求的位置是 uriAnchor 设置所不允许的，则清除 URI 锚的 chat 参数，并恢复到默认位置。可以输入锚 #!chat=fred 来测试一下。

使用 Chat 的公开方法 setSliderPosition。

当 setSliderPosition 返回 false 值时（意味着更改位置的请求被拒绝），做出恰当的反应。要么回退到之前位置的锚值，或者如果之前的不存在，则使用默认的。

创建回调函数 setChatAnchor。给 Chat 提供请求更改 URI 的安全方法。

```
  setChatAnchor = function ( position_type ){
    return changeAnchorPart({ chat : position_type });
  };
  // End callback method /setChatAnchor/
  //----------------------- END CALLBACKS ---------------------

  //------------------- BEGIN PUBLIC METHODS -------------------
  // Begin Public method /initModule/
  // Example   : spa.shell.initModule( $('#app_div_id') );
  // Purpose   :
  // Directs the Shell to offer its capability to the user
  // Arguments :
  //   * $container (example: $('#app_div_id')).
  //     A jQuery collection that should represent
  //     a single DOM container
  // Action    :
  //   Populates $container with the shell of the UI
  //   and then configures and initializes feature modules.
  //   The Shell is also responsible for browser-wide issues
  //   such as URI anchor and cookie management.
  // Returns   : none
  // Throws    : none
  //
  initModule = function ( $container ) {
    // load HTML and map jQuery collections
    stateMap.$container = $container;
    $container.html( configMap.main_html );
    setJqueryMap();

    // configure uriAnchor to use our schema
    $.uriAnchor.configModule({
      schema_map : configMap.anchor_schema_map
    });

    // configure and initialize feature modules
    spa.chat.configModule({
      set_chat_anchor : setChatAnchor,
      chat_model      : spa.model.chat,
      people_model    : spa.model.people
    });
    spa.chat.initModule( jqueryMap.$container );

    // Handle URI anchor change events.
    // This is done /after/ all feature modules are configured
    // and initialized, otherwise they will not be ready to handle
    // the trigger event, which is used to ensure the anchor
    // is considered on-load
    //
    $(window)
      .bind( 'hashchange', onHashchange )
      .trigger( 'hashchange' );

  };
  // End PUBLIC method /initModule/

  return { initModule : initModule };
  //------------------- END PUBLIC METHODS ---------------------
}());
```

给initModule程序添加文档。

替换聊天滑块的点击事件绑定程序，取而代之的是Chat的配置和初始化。

当打开浏览文档（spa/spa.html）时，应当看到和图 4-13 类似的界面。我们认为这次对聊天滑块的修改是很炫的。它还没有显示消息，我们会在第 6 章来实现这个功能。

图 4-13 更加炫丽的聊天滑块

现在代码能很好地工作了，我们来详细地解释一下应用的执行过程，分析一些关键的修改点。

4.4.4 详细解释执行的过程

本节关注的是我们在上一节中对应用的修改点。我们先看看应用是如何被配置和初始化的，然后探索当用户点击聊天滑块的时候，发生了什么事情。

当加载浏览文档（spa/spa.html）的时候，一段脚本会初始化根名字空间（spa/js/spa.js），提供一个页面元素（`#spa div`），供其使用：

```
$(function (){ spa.initModule( $('#spa') ); });
```

然后，根名字空间模块（spa/js/spa.js）会初始化 Shell（spa/js/spa.shell.js），提供一个页面元素（`$container`），供其使用：

```
var initModule = function ( $container ){
  spa.shell.initModule( $container );
};
```

然后，Shell（spa/js/spa.shell.js）会配置和初始化 Chat（spa/js/spa.chat.js）。但是这次的两步操作有点不同。现在的配置满足先前定义的 API。`set_chat_anchor` 配置是回调函数，遵循先前创建的规范：

```
...
// configure and initialize feature modules
spa.chat.configModule({
  set_chat_anchor : setChatAnchor,
  chat_model      : spa.model.chat,
  people_model    : spa.model.people
});
spa.chat.initModule(jqueryMap.$container);
...
```

Chat 的初始化有点细微不同：Shell 提供的容器不是给 Chat 使用的，而是让 Chat 把聊天滑块添加到这个容器里面。如果你信任模块作者，这是一个很不错的方式。我们就是这么做的。

```
...
  //   * set_chat_anchor - a method modify to modify the URI anchor to
  //     indicate opened or closed state.  Return false if requested
  //     state cannot be met.
...
```

当用户点击滑块上的切换按钮时，Chat 使用 `set_chat_anchor` 回调函数来请求把 URI 锚中的 `chat` 参数更改为 *opened* 或者 *closed*，然后返回。仍然由 Shell 来处理 `hashchange` 事件，如同在 spa/js/spa.shell.js 中看到的：

```
initModule = function ( $container ){
  ...
  $(window)
    .bind( 'hashchange', onHashchange )
  ...
```

这样当用户点击滑块的时候，`hashchange` 事件会被 Shell 捕获到，发送给 `onHashchange` 事件处理程序。如果 URI 锚中的 `chat` 参数改变了，事件处理程序就会调用 `spa.chat.setSliderPosition`，请求设置成新的位置：

```
// Begin adjust chat component if changed
   if ( ! anchor_map_previous
    || _s_chat_previous !== _s_chat_proposed
   ) {
     s_chat_proposed = anchor_map_proposed.chat;
     switch ( s_chat_proposed ) {
       case 'opened' :
         is_ok = spa.chat.setSliderPosition( 'opened' );
       break;
       case 'closed' :
         is_ok = spa.chat.setSliderPosition( 'closed' );
       break;
       ...
     }
   }
   // End adjust chat component if changed
```

如果位置是有效的，滑块就会移动到被请求的位置，并改变 URI 锚中的 `chat` 参数。

我们所做的更改，最终的实现符合设定的目标。URI 控制聊天滑块状态，我们也把 Chat 的所有 UI 逻辑和代码，移到了新的功能模块。滑块也更加美观，工作得也更好。现在我们来添加一些其他的公开方法，它们在许多功能模块中会经常用到。

4.5 添加经常使用的方法

一些公开方法在功能模块中会经常用到，就凭它们的重要程度，是值得讨论一番的。首先是重置方法（removeSlider）；其次是窗口尺寸变化的方法（handleResize）。这俩方法我们都会实现。首先，我们在 Chat 的模块作用域变量区块的底部声明这些方法名，并在模块的最后，把它们作为公开方法向外导出，如代码清单 4-17 所示。更改部分以粗体显示。

代码清单 4-17 声明方法的函数名——spa/js/spa.chat.js

```
...
    jqueryMap = {},

    setJqueryMap, getEmSize, setPxSizes, setSliderPosition,
    onClickToggle, configModule, initModule,
    removeSlider, handleResize
    ;
  //----------------- END MODULE SCOPE VARIABLES -----------
  ...

  // return public methods
  return {
    setSliderPosition : setSliderPosition,
    configModule      : configModule,
    initModule        : initModule,
    removeSlider      : removeSlider,
    handleResize      : handleResize
  };
  //------------------- END PUBLIC METHODS -----------------
}());
```

现在已经声明了方法名，在下个小节我们会实现它们，从移除方法开始。

4.5.1 removeSlider 方法

我们发现许多功能模块都需要一个移除方法。比如，如果实现了认证，我们希望在用户登出的时候，彻底移除聊天滑块。通常，执行这种操作，要么是用来改进性能，要么是为了提高安全性（假设移除方法能很好地删除不再使用的数据）。

这个方法需要删除 Chat 添加的 DOM 容器，依次释放初始化和配置信息。代码清单 4-18 包含了 removeSlider 方法的代码。更改部分以粗体显示。

代码清单 4-18 removeSlider 方法——spa/js/spa.chat.js

```
...
  // End public method /initModule/

  // Begin public method /removeSlider/
```

```
// Purpose :
//   * Removes chatSlider DOM element
//   * Reverts to initial state
//   * Removes pointers to callbacks and other data
// Arguments : none
// Returns   : true
// Throws    : none
//
removeSlider = function () {
  // unwind initialization and state
  // remove DOM container; this removes event bindings too
  if ( jqueryMap.$slider ) {
    jqueryMap.$slider.remove();
    jqueryMap = {};
  }
  stateMap.$append_target = null;
  stateMap.position_type  = 'closed';

  // unwind key configurations
  configMap.chat_model      = null;
  configMap.people_model    = null;
  configMap.set_chat_anchor = null;

  return true;
};
// End public method /removeSlider/

// return public methods
...
```

我们不会尝试让任何 remove 方法过于聪明。它的主要工作就是销毁所有先前的配置和初始化信息，这就是它要做的工作。我们十分谨慎地确保删除了数据指针（data pointer)。这是很重要的，以便数据结构的引用计数降为 0，从而让垃圾回收器做它该做的事情。这也是为什么我们总是在模块顶部的 configMap 和 stateMap 中列出所有可能会用到的键的原因，这样就明白需要清理什么了。

可以打开 Chrome 开发者工具的 JavaScript 控制台，测试一下 removeSlider 方法，输入下面的代码（别忘了按下回车键）：

```
spa.chat.removeSlider();
```

当再看浏览器窗口时，我们看到聊天滑块已经被删除了。下面的代码会复原聊天滑块：

```
spa.chat.configModule({ set_chat_anchor: function (){ return true; } });
spa.chat.initModule( $( '#spa') );
```

使用 JavaScript 控制台还原的聊天滑块，功能不完整，因为我们给 set_chat_anchor 回调函数提供了一个没有意义的函数。在实际使用中，我们总是可以由 Shell 来恢复 Chat 模块，在 Shell 中可以访问必需的回调函数。

这个方法可以用来做很多的事情，像是让滑块优雅地消失，但这留给读者作为练习。

现在我们来实现另外一个在功能模块中经常会用到的方法 handleResize。

4.5.2 handleResize 方法

第二个在很多功能模块中常见的方法是 handleResize。CSS 运用得好的话，单页应用中的大多数内容，在一个合理尺寸的窗口中，都能很好地工作。但也有些情况下它们不能工作，需要一些计算。首先我们来实现 handleResize 方法，如代码清单 4-19 所示，然后再来讨论它的用法。更改部分以粗体显示。

代码清单 4-19 添加 handleResize 方法——spa/js/spa.chat.js

```
...
    configMap = {
      ...
      slider_opened_em      : 18,
      ...
      slider_opened_min_em : 10,
      window_height_min_em : 20,
      ...
    },
  ...
  // Begin DOM method /setPxSizes/
  setPxSizes = function () {
    var px_per_em, window_height_em, opened_height_em;

    px_per_em = getEmSize( jqueryMap.$slider.get(0) );
    window_height_em = Math.floor(
      ( $(window).height() / px_per_em ) + 0.5
    );

    opened_height_em
      = window_height_em > configMap.window_height_min_em
      ? configMap.slider_opened_em
      : configMap.slider_opened_min_em;

    stateMap.px_per_em          = px_per_em;
    stateMap.slider_closed_px = configMap.slider_closed_em * px_per_em;
    stateMap.slider_opened_px = opened_height_em * px_per_em;
    jqueryMap.$sizer.css({
      height : ( opened_height_em - 2 ) * px_per_em
    });
  };
  // End DOM method /setPxSizes/

  ...

  // Begin public method /handleResize/
  // Purpose    :
  //   Given a window resize event, adjust the presentation
  //   provided by this module if needed
  // Actions    :
```

增加一点滑块打开时的高度。

添加打开滑块最小高度的配置。

添加窗口高度阈值的配置。如果窗口高度小于这个阈值，我们希望把滑块设置为最小高度，如果窗口高度大于或者等于这个阈值，我们希望把滑块设置为正常高度。

计算窗口的高度，单位为 em。

这是“秘密武器”，将当前窗口的高度与阈值作比较，以此来确定滑块的打开高度。

添加 handleResize 方法和它的文档。

```
//   If the window height or width falls below
//   a given threshold, resize the chat slider for the
//   reduced window size.
// Returns     : Boolean
//   * false - resize not considered
//   * true  - resize considered
// Throws      : none
//
handleResize = function () {
  // don't do anything if we don't have a slider container
  if ( ! jqueryMap.$slider ) { return false; }

  setPxSizes();
  if ( stateMap.position_type === 'opened' ){
    jqueryMap.$slider.css({ height : stateMap.slider_opened_px });
  }
  return true;
};
// End public method /handleResize/

// return public methods
...
```

每次调用 handleResize 方法时，重新计算像素尺寸。

如果滑块是展开的，在窗口尺寸调整期间，确保把滑块高度设置为 setPxSizes 计算得到的值。

handleResize 事件不会调用它自己。现在我们可能会倾向于给每一个功能模块实现 window.resize 事件处理程序，但这是一个很糟糕的想法。麻烦的是，浏览器触发 window.resize 事件的频率很不相同。比如说，我们有五个功能模块，它们都有 window.resize 事件处理程序，用户决定调整窗口的尺寸。如果 window.resize 事件每隔 10 毫秒触发一次，这会导致图形变化十分复杂，很容易使单页应用（还可能是运行单页应用的整个浏览器和操作系统）瘫痪。

一个较好的方法是，让 Shell 的事件处理程序捕获尺寸调整事件，然后再调用所有子模块的 handleResize 方法。这允许我们压制（throttle）尺寸调整的处理并由一个事件处理程序来调度。我们在 Shell 中来实现这个策略，如代码清单 4-20 所示。更改部分以粗体显示。

代码清单 4-20　添加 onResize 事件处理程序——spa/js/spa.shell.js

```
...
  //---------------- BEGIN MODULE SCOPE VARIABLES --------------
  var
    configMap = {
      ...
      resize_interval : 200,
       ...
    },
    stateMap = {
      $container  : undefined,
      anchor_map  : {},
      resize_idto : undefined
    },
    jqueryMap = {},
```

考虑到有尺寸调整事件，在设置中创建一个 200 毫秒的间隔字段。

创建一个状态变量，保存尺寸调整的超时函数的 ID（更多信息请见本小节之后的内容）。

```
    copyAnchorMap,     setJqueryMap,
    changeAnchorPart, onHashchange, onResize,
    setChatAnchor,     initModule;
  //----------------- END MODULE SCOPE VARIABLES ---------------
    ...
  //------------------- BEGIN EVENT HANDLERS -------------------
    ...
  // Begin Event handler /onResize/
  onResize = function (){
   if ( stateMap.resize_idto ){ return true; }
   spa.chat.handleResize();
   stateMap.resize_idto = setTimeout(
    function (){ stateMap.resize_idto = undefined; },
    configMap.resize_interval
  );

  return true;
  };
  // End Event handler /onResize/
   //------------------- END EVENT HANDLERS -------------------

   ...

   initModule = function (){
   ...
    $(window)
      .bind( 'resize', onResize )
       .bind( 'hashchange', onHashchange )
      .trigger( 'hashchange' );
   };
   // End PUBLIC method /initModule/
   ...
```

只要当前没有尺寸调整计时器在运作，就运行onResize的逻辑。

超时函数清除它自己的超时ID，这样在尺寸调整期间，每隔200毫秒，stateMap.Resize_idto会变成undefined，然后就会运行完整的onResize逻辑。

返回true给window.resize事件处理程序，这样jQuery就不会调用preventDefault()或者stopPropagation()方法。

绑定window.resize事件。

我们想修改一下样式表，这样就能更好地看到我们的劳动果实。在代码清单4-21中，我们对spa.css进行了修改，减少窗口的最小尺寸，改用相对单位，移除内容周边不需要的边框。更改部分以粗体显示。

代码清单4-21 更改样式以增强onResize的效果——spa/css/spa.css

```
...
/** Begin reset */
  * {
    margin  : 0;
    padding : 0;
    -webkit-box-sizing : border-box;
    -moz-box-sizing    : border-box;
    box-sizing         : border-box;
  }
  h1,h2,h3,h4,h5,h6,p { margin-bottom : 6pt; }
```

外边距改为绝对单位（点[1]）。

① 点（point），计量单位，等于1/72英寸。——译者注

```
  ol,ul,dl { list-style-position : inside;}
/** End reset */

/** Begin standard selectors */
  body {
    font : 10pt 'Trebuchet MS', Verdana, Helvetica, Arial, sans-serif;
  ...
/** End standard selectors */

/** Begin spa namespace selectors */
  #spa {
    position   : absolute;
    top        : 0;
    left       : 0;
    bottom     : 0;
    right      : 0;
    background : #fff;
    min-height : 15em;
    min-width  : 35em;
    overflow   : hidden;
  }
/** End spa namespace selectors */

/** Begin utility selectors */
...
```

字体大小改为绝对单位（点）。

移除#spa div 的 8 像素偏移。这使它和窗口的每一边都一样高。

明显地减小#spa div 的最小宽度和最小高度。将计量方式转换为相对单位（em）。

移除边框，因为不再需要它了。

现在可以打开浏览文档（spa/spa.html），观察尺寸调整的事件，增加或者减少浏览器窗口的高度。图 4-14 对比了在达到阈值之前和之后所显示的滑块。

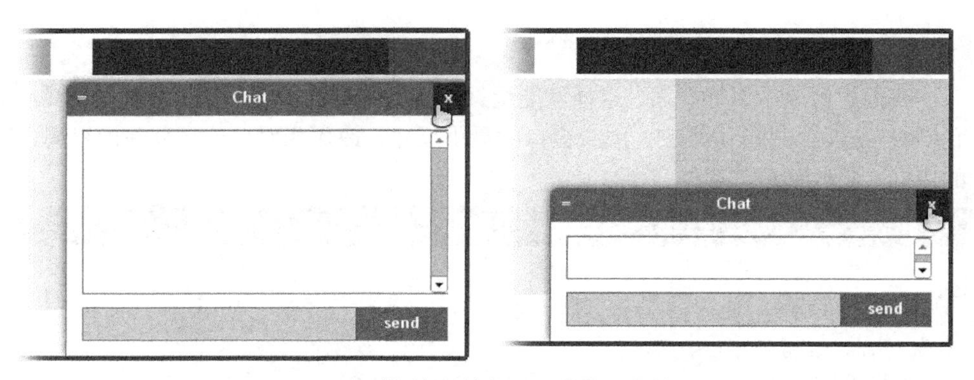

图 4-14 达到阈值之前和之后的聊天滑块的对比

当然，优化的空间始终都是有的。一种优化方案是让滑块到顶部的边框保持一个最小距离。比如，如果窗口尺寸大于阈值 0.5em，滑块就可以比正常高度短 0.5em。这样可以在调整尺寸期间提供更好的用户体验，有最佳的聊天窗口大小和更平滑的调整效果。实现不难，留给读者作为练习。

4.6 小结

本章演示了如何使用功能模块，利用第三方模块的优点，摒弃它们的缺点。我们定义了什么是功能模块，将它同第三方模块作了比较，然后讨论它们是如何融入我们的架构的。我们发现我们的应用（以及大多数网站）是重复使用 MVC 模式的分形，以及这在功能模块中是如何表现出来的。然后从第 3 章开发的代码入手，我们创建了一个功能模块。在第一轮，添加了所有需要的文件和基本的功能。然后设计了 API，并在第二轮的修改中实现了它们。最后，添加了一些经常用到的功能模块方法，并详细解释了它们的用法。

现在是时候把业务逻辑集中到 Model 模块中了。在接下来的几章，我们将会开发 Model 模块，演示如何具体实现用户、人和聊天的业务逻辑。我们使用 jQuery 事件来触发 DOM 变化，而不是依靠脆弱的回调函数，并会模拟“现场”聊天会话。请跟着我们的步伐，我们会把单页应用从花哨的演示作品（demo）变成一个接近完成的客户端应用。

第5章 构建Model

本章涵盖的内容

- 定义 Model 以及它是如何融入我们的架构的
- Model、Data 和 Fake 模块之间的关系
- 给 Model 创建文件
- 启用触摸设备
- 设计 `people` 对象
- 构建 `people` 对象，测试它的 API
- 更新 Shell，以便用户能登入和登出

本章以本书第 3 章和第 4 章编写的代码为基础。在开始前，你应该有了第 4 章的项目文件，我们将在其中添加文件。建议你把在第 4 章中创建的整个目录结构复制一份，放到新的“chapter_5”目录中，这样就可以在新目录中更新这些文件了。

在本章，我们将设计和构建 Model 的 `people` 对象。Model 向 Shell 和功能模块提供业务逻辑和数据。Model 不依赖用户界面（UI），它被分离出来负责逻辑和数据管理。Model 自身通过使用 Data 模块，从 Web 服务器分离出来。

我们希望单页应用使用 `people` 对象来管理人员列表，这包括用户以及和我们聊天的人。在修改并测试了 Model 之后，我们会更新 Shell，以便用户能登入和登出。在实现的过程中，添加了触摸控件，这样就可以在智能手机或者平板电脑上面使用单页应用了。我们先更好地理解 Model 是做什么的，以及它是如何融入我们的架构的。

5.1 理解 Model

我们在第 3 章介绍了 Shell 模块，它负责应用级的任务，像 URI 锚管理和应用布局。Shell 把特定功能的任务发送给精心隔离的功能模块，我们在第 4 章已经作了介绍。这些模块有它们自己的视图、控制器和 Shell 共享给它们的部分模型。架构的概览如图 5-1 所示[①]。

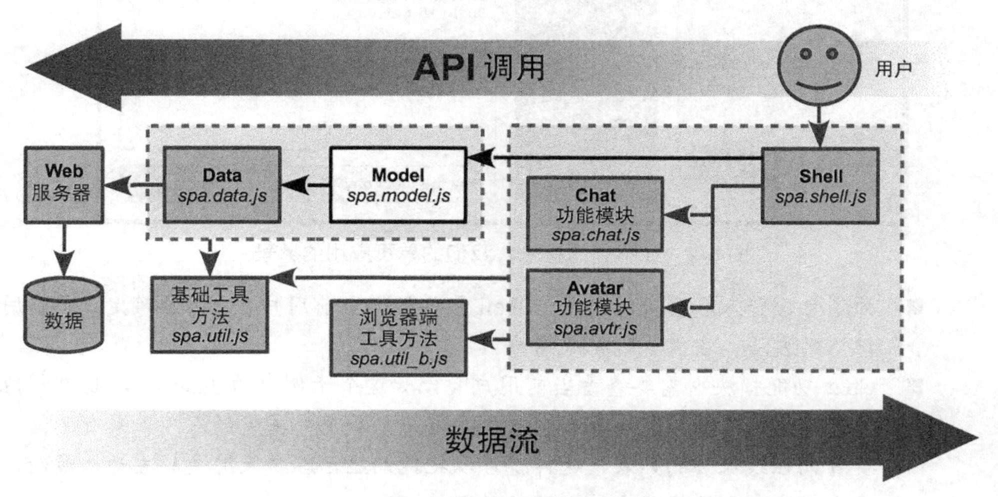

图 5-1 我们的单页应用架构中的 Model

Model 把所有的业务逻辑和数据整合到一个名字空间里面。Shell 或者功能模块从来都不会直接和 Web 服务器通信，而是和 Model 交互。Model 自身通过使用 Data 模块，从 Web 服务器分离出来。这种分离对开发人员和质量保证都有好处，正如我们将会看到的。

本章开始讲解 Model 的开发和使用。在第 6 章，我们会完成这一工作。我们看一下在这两章过后，将会完成什么工作以及 Model 需要具备的相应功能。

5.1.1 我们将要构建什么

在讨论 Model 之前，参考一个示例应用是很有用的。图 5-2 演示了在第 6 章结束的时候，我们打算在单页应用中添加的功能。Shell 会管理登入过程，在图 5-2 的右上角能看到登入的用户。Chat 功能模块将管理聊天窗口，它显示在右下角。Avatar 功能模块将管理代表人员的彩色盒子，它们显示在左边。我们来考虑一下每个模块都需要的业务逻辑和数据。

① 虚线框里面的模块组，使用了共享的工具方法。比如，Chat、Avatar 和 Shell 模块都使用了“浏览器端工具方法”和“基础工具方法”，而 Data 和 Model 模块只使用了“基础工具方法”。

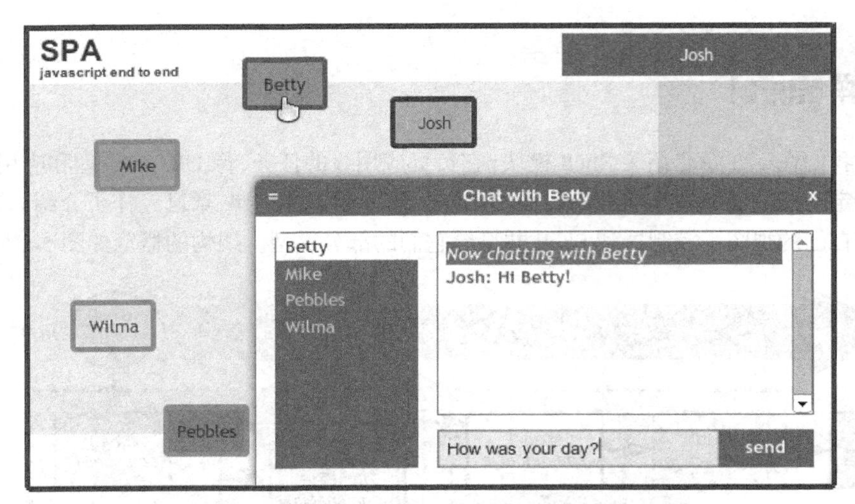

图 5-2　在不久的将来，我们的单页应用的愿景

- 为了管理登入和登出的过程，Shell 需要知道当前用户。它需要确定“当前用户是谁”的方法，在需要时更改用户。
- Chat 功能模块也需要查看当前用户（比如这个示例中的 Josh），以此判断他是否已授权发送或者接收消息。它需要确定正在和用户聊天的人，如果有的话。它需要查询在线人员的列表，这样就可以把他们显示在聊天滑块的左边。最后，它需要发送消息和选择用户进行聊天的方法。
- Avatar 功能模块也需要查看当前用户（Josh），以此判断他是否已授权查看头像并与之交互。它也需要当前用户的身份证明，这样它就能把当前用户的头像显示为蓝色。它也需要确定正在和用户聊天的人（Betty），这样它就能把这个人的头像显示为绿色。最后，它需要设置和检索当前所有在线人员头像的详细信息（比如颜色和位置）的方法。

模块很多必需的业务逻辑和数据都是重叠的。比如，我们知道 Shell 需要知道当前用户对象，Chat 和 Avatar 模块同样也需要。我们也知道需要为 Chat 和 Avatar 提供在线用户名册。我们想到了一些策略，如何设法管理这种重叠。

- 在每个功能模块中构建必需的逻辑和数据。
- 在不同的功能模块中构建部分逻辑和数据。比如，把 Chat 当作 `people` 对象的拥有者，Avatar 是 `chat` 对象的拥有者。然后在模块之间互相调用，以便共享信息。
- 构建中央 Model，合并逻辑和数据。

第一个选择很有趣，在不同的模块中维护并行的数据和方法，这容易产生错误，是劳动密集型的做法。如果这么做，我们宁愿去找一份激动人心的卖汉堡包的工作。是的，我喜欢那里的炸薯条。

第二个选择的效果好一点，不过是暂时的。一旦逻辑和数据达到了适度水平的复杂度，跨模块依赖的数量，会产生可怕的“混乱不堪”的代码。

第三个选择是使用 Model，根据我们的经验，这是目前为止最好的选择，也有不会马上体现出来的好处。我们来看一下精心编写的 Model 应该做什么工作。

5.1.2 Model 做什么

Model 是 Shell 和所有功能模块访问单页应用的数据和业务逻辑的地方。如果需要登入，我们就调用 Model 提供的方法。如果想获取人员列表，就从 Model 获取。如果想获取头像信息……，好了，你懂的。任何希望在功能模块之间共享的或者对应用极为重要的数据和业务，都应该放在 Model 里面。如果你对 MVC 架构很了解，那么你应该很了解 Model。

虽然所有的业务逻辑和数据都是通过 Model 访问的，但并不意味着必须只能使用一个（可能非常大）JavaScript 文件来存放 Model。可以使用名字空间，把 Model 分成多个容易管理的小文件。比如，如果有一个 Model，它有 `people` 对象和 `chat` 对象，则可以把 `people` 的逻辑放到 spa.model.people.js 里面，把 `chat` 的逻辑放到 spa.model.chat.js 里面，然后把它们合并到主 Model 文件 spa.model.js 中。使用这个技巧，不管 Model 使用了多少个文件，暴露给 Shell 的接口都不会改变。

5.1.3 Model 不做什么

Model 不需要浏览器。这意味着 Model 不可以假定存在 `document` 对象，或者存在像 `document.location` 这种浏览器特有的方法。让 Shell 和（尤其是）功能模块来表示 Model 的数据，是“干净的”MVC。这样的分离使得自动化单元测试和回归测试变得更为简单。我们发现，当需要和浏览器开始交互时，自动化测试的价值就会大大降低，因为实现成本上升了。但通过避免 DOM，我们可以测试除了 UI 之外的所有东西，无需运行浏览器。

单元测试和回归测试

开发团队必须决定何时投入自动化测试。对 Model 的 API 进行自动化测试几乎总是一项很好的投资，因为对于每个 API 调用，这些独立的测试可以使用相同的数据。由于有很多不易控制或者不易预测的变量，对 UI 的自动化测试要昂贵的多。比如，模拟“用户点击一个按钮然后又点击另外一个”的速度有多快，或者是预测当有用户进入时数据是如何在系统里面传播的，或者是想知道网络会有多快，都是很困难又昂贵的。为此，网页测试经常是手工进行的，有些辅助工具，像 HTML 验证器和链接检查器（link checker）。

一个精心设计的单页应用有独立的 Data、Model 和功能模块（视图+控制器）层。我们确保 Data 和 Model 有定义明确的 API，并和功能模块隔离，结果是不需要浏览器就可以测试这些层。相反，可以使用 JavaScript 的执行环境，像 Node.js 或者使用 Java 编写的 Rhino，来进行开销不大的自动化单元测试和回归测试。依据我们的经验，视图和控制器层，仍然最好由真人进行手工测试。

Model 不提供通用的工具方法。相反，我们使用不需要 DOM 的通用工具方法库（spa/js/spa.util.js）。我们给这些工具方法单独打包，因为需要在多个单页应用中使用它们。另一方面，Model 通常是为特定的单页应用量身定做的。

Model 不直接和服务器通信。这有一个单独的模块，叫做 Data。Data 模块负责从服务器获取 Model 需要的所有数据。

现在对 Model 在架构中的角色已经有了更好的理解，我们来创建本章需要的文件。

5.2 创建 Model 和其他文件

为了构建 Model，需要添加和修改许多文件。我们现在也想添加 Avatar 功能模块的文件，因为很快就会需要它们。

5.2.1 规划文件结构

建议你把第 4 章的整个目录结构复制到一个新的"chapter_5"目录里面，这样就可以在新目录里面更新文件了。我们来回顾一下第 4 章留下的文件结构，如代码清单 5-1 所示。

代码清单 5-1 第 4 章的文件结构

```
spa
+-- css
|   +-- spa.chat.css
|   +-- spa.css
|   `-- spa.shell.css
+-- js
|   +-- jq
|   |   +-- jquery-1.9.1.js
|   |   `-- jquery.uriAnchor-1.1.3.js
|   +-- spa.js
|   +-- spa.chat.js
|   +-- spa.model.js
|   +-- spa.shell.js
|   `-- spa.util.js
`-- spa.html
```

下面是我们计划要做的修改。

- 创建 Avatar 的 CSS 样式表。
- 修改 Shell 的 CSS 样式表，支持用户登入。
- 引入统一的触摸和鼠标输入的 jQuery 插件。
- 引入全局自定义事件的 jQuery 插件。
- 引入浏览器端数据库的 JavaScript 库。

- 创建 Avatar 模块。这是给第 6 章用的占位符。
- 创建 Data 模块。它会提供从服务器获取“真实”数据的接口。
- 创建 Fake 模块。它会提供用于测试的“伪造”数据的接口。
- 创建浏览器端工具方法模块，这样就可以共享需要浏览器环境的通用程序。
- 修改 Shell 模块，以便支持用户登入。
- 修改浏览文档，引入新的 CSS 和 JavaScript 文件。

更新后的文件和目录看起来应该和代码清单 5-2 一样。所有要创建或者修改的文件以粗体显示。

代码清单 5-2 更新后的文件结构

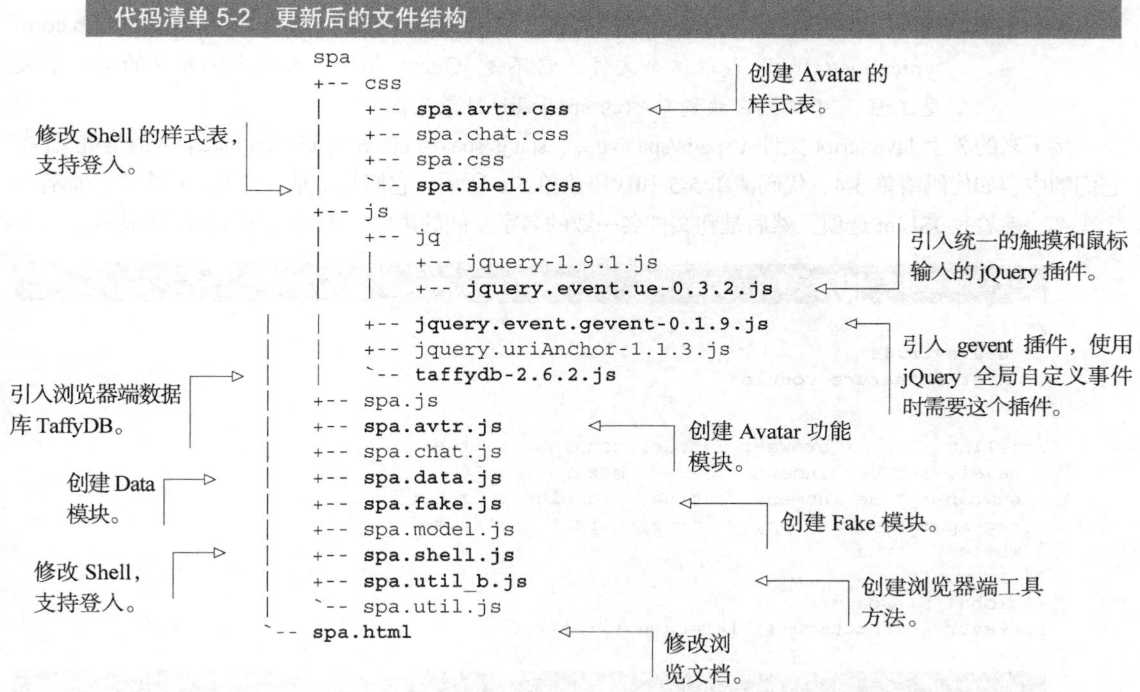

现在已经确定了想要添加或者修改的文件，打开可信赖的文本编辑器，我们来完成这些工作。事实证明，按上面的展示顺序来考虑每个文件是最好的。如果你正在运行示例，可以在实现的过程中创建这些文件。

5.2.2 填充文件

我们要考虑的第一个文件是 spa/css/spa.avtr.css。我们将创建这个文件，并填写如代码清单 5-3 所示的内容。最初它是一个桩文件（stub）。

代码清单 5-3 Avatar 样式表（桩文件）——spa/css/spa.avtr.css

```
/*
 * spa.avtr.css
 * Avatar feature styles
*/
```

下面是 3 个库文件。我们把它们下载到 spa/js/jq 目录里面。

- 可以在 https://github.com/mmikowski/jquery.event.ue 获取文件 spa/js/jq/jquery.event.ue-0.3.2.js。它提供了统一的触摸和鼠标输入。
- 可以在 https://github.com/mmikowski/jquery.event.gevent 获取文件 spa/js/jq/jquery.event.gevent-0.1.9.js，使用全局自定义事件时需要这个文件。
- 文件 spa/js/jq/taffydb-2.6.2.js 提供了客户端数据库。可以在 https://github.com/typicaljoe/taffydb 获取这个文件。它不是 jQuery 插件，如果我们开发的是一个大型工程，可以把它放到单独的 spa/js/lib 目录里面。

接下来的 3 个 JavaScript 文件（spa/js/spa.avtr.js、spa/js/spa.data.js 和 spa/js/spa.fake.js）都是桩文件。它们的内容如代码清单 5-4、代码清单 5-5 和代码清单 5-6 所示。它们几乎是一样的，每个文件都有一个头部，接着是 JSLint 选项，然后是和文件名一致的名字空间的声明。不同的部分以粗体显示。

代码清单 5-4 创建 Avatar 功能模块——spa/js/spa.avtr.js

```
/*
 * spa.avtr.js
 * Avatar feature module
*/

/*jslint         browser : true, continue : true,
  devel  : true, indent  : 2,    maxerr   : 50,
  newcap : true, nomen   : true, plusplus : true,
  regexp : true, sloppy  : true, vars     : false,
  white  : true
*/
/*global $, spa */
spa.avtr = (function () { return {}; }());
```

代码清单 5-5 创建 Data 模块——spa/js/spa.data.js

```
/*
 * spa.data.js
 * Data module
*/

/*jslint         browser : true, continue : true,
  devel  : true, indent  : 2,    maxerr   : 50,
  newcap : true, nomen   : true, plusplus : true,
  regexp : true, sloppy  : true, vars     : false,
  white  : true
*/
/*global $, spa */
spa.data = (function () { return {}; }());
```

代码清单 5-6　创建 Fake 数据模块——spa/js/spa.fake.js

```
/*
 * spa.fake.js
 * Fake module
*/

/*jslint         browser : true, continue : true,
  devel  : true, indent  : 2,    maxerr   : 50,
  newcap : true, nomen   : true, plusplus : true,
  regexp : true, sloppy  : true, vars     : false,
  white  : true
*/
/*global $, spa */
spa.fake = (function () { return {}; }());
```

请回忆一下/*jslint…*/和/*global…*/区块的内容，在运行 JSLint 来检查代码是否包含常见错误时会用到。/*jslint…*/区块设置验证偏好。比如，browser:true 告诉 JSLint 验证程序，假定这段 JavaScript 代码是在浏览器中运行的，因此会有 document 对象（除了别的对象之外）。/*global…*/区块告诉 JSLint 验证程序，变量$和 spa 已经在模块外定义。没有这些信息的话，验证程序会报告这些变量在使用之前没有定义。请查看附录 A 关于 JSLint 设置的完整讨论。

接下来，可以添加浏览器端工具方法文件 spa/js/spa.util_b.js。这个模块提供的是通用程序，只在浏览器环境中可以工作。也就是说，浏览器端工具方法在 Node.js 中不能正常工作，而标准的工具方法（spa/js/spa.util.js）是可以的。图 5-3 演示了架构中的这个模块。

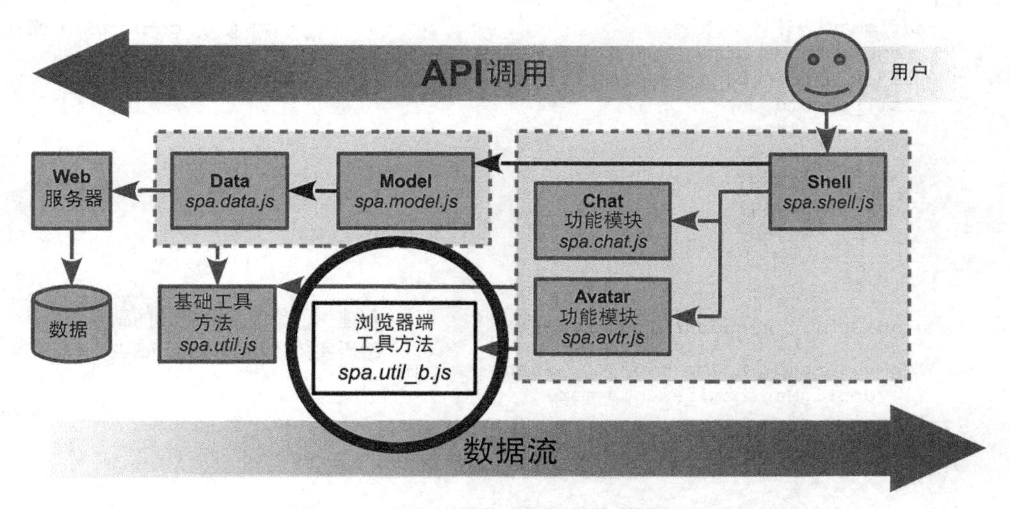

图 5-3　浏览器端工具方法模块，提供的工具方法需要浏览器才能运行

浏览器端工具方法模块会提供 encodeHtml 和 decodeHtml 工具方法，如你所料，

它们可以用来编码和解码 HTML 中的特殊字符，比如&和<[①]。它也提供了 getEmSize 工具方法，可以计算浏览器中以 em 为单位的像素数值。共享这些工具方法，可以确保它们的实现是一致的，也使得需要编写的代码量是最小的。打开文本编辑器，创建代码清单 5-7 所示的文件。方法以粗体显示。

代码清单 5-7 创建浏览器端工具方法模块——spa/js/spa.util_b.js

```
/**
 * spa.util_b.js
 * JavaScript browser utilities
 *
 * Compiled by Michael S. Mikowski
 * These are routines I have created and updated
 * since 1998, with inspiration from around the web.
 * MIT License
*/

/*jslint         browser : true, continue : true,
  devel  : true, indent  : 2,    maxerr   : 50,
  newcap : true, nomen   : true, plusplus : true,
  regexp : true, sloppy  : true, vars     : false,
  white  : true
*/
/*global $, spa, getComputedStyle */

spa.util_b = (function () {
  'use strict';
  //---------------- BEGIN MODULE SCOPE VARIABLES --------------
  var
    configMap = {
      regex_encode_html  : /[&"'><]/g,
      regex_encode_noamp : /["'><]/g,
      html_encode_map    : {
        '&' : '&#38;',
        '"' : '&#34;',
        "'" : '&#39;',
        '>' : '&#62;',
        '<' : '&#60;'
      }
    },

    decodeHtml,  encodeHtml, getEmSize;

  configMap.encode_noamp_map = $.extend(
    {}, configMap.html_encode_map
  );
  delete configMap.encode_noamp_map['&'];
  //----------------- END MODULE SCOPE VARIABLES ---------------

  //------------------- BEGIN UTILITY METHODS ------------------
```

使用严格模式的指令（pragma）（很快我们就会讨论这个指令）。

使用 configMap 来保存模块的配置。

创建一份修改后的配置的副本，用于编码实体（encode entities）……

……但要移除&符号。

① 当显示用户输入的数据时，它们是很重要的阻止跨站脚本攻击（cross-site-scripting attacks）的方法。

```
  // Begin decodeHtml
  // Decodes HTML entities in a browser-friendly way
  // See http://stackoverflow.com/questions/1912501/\
  //   unescape-html-entities-in-javascript
  //
  decodeHtml = function ( str ) {
    return $('<div/>').html(str || '').text();
  };
  // End decodeHtml


  // Begin encodeHtml
  // This is single pass encoder for html entities and handles
  // an arbitrary number of characters
  //
  encodeHtml = function ( input_arg_str, exclude_amp ) {
    var
      input_str = String( input_arg_str ),
      regex, lookup_map
      ;

    if ( exclude_amp ) {
      lookup_map = configMap.encode_noamp_map;
      regex      = configMap.regex_encode_noamp;
    }
    else {
      lookup_map = configMap.html_encode_map;
      regex      = configMap.regex_encode_html;
    }
    return input_str.replace(regex,
      function ( match, name ) {
        return lookup_map[ match ] || '';
      }
    );
  };
  // End encodeHtml

  // Begin getEmSize
  // returns size of ems in pixels
  //
  getEmSize = function ( elem ) {
    return Number(
      getComputedStyle( elem, '' ).fontSize.match(/\d*\.?\d*/)[0]
    );
  };
  // End getEmSize

  // export methods
  return {
    decodeHtml : decodeHtml,
    encodeHtml : encodeHtml,
    getEmSize  : getEmSize
  };
  //------------------- END PUBLIC METHODS ---------------------
}());
```

创建 decodeHtml 方法，把浏览器实体（如&）转换成显示字符（如&）。

创建 encodeHtml 方法，把特殊字符（如&）转换成 HTML 编码值（如&）。

创建 getEmSize 方法，计算以 em 为单位的像素大小。

导出所有的公开方法。

最后要考虑的文件是浏览文档。我们将更新这个文件，使用新的 CSS 和 JavaScript 文件，如代码清单 5-8 所示。以第 4 章的文档为基准，更改部分以粗体显示。

代码清单 5-8　更新浏览文档——spa/spa.html

```
<!doctype html>
<!--
  spa.html
  spa browser document
-->

<html>
<head>
  <!-- ie9+ rendering support for latest standards -->
  <meta http-equiv="Content-Type" content="text/html;
    charset=ISO-8859-1">
  <meta http-equiv="X-UA-Compatible" content="IE=edge"/>
  <title>SPA Chapters 5-6</title>

  <!-- third-party stylesheets -->

  <!-- our stylesheets -->
  <link rel="stylesheet" href="css/spa.css"       type="text/css"/>
  <link rel="stylesheet" href="css/spa.shell.css" type="text/css"/>
  <link rel="stylesheet" href="css/spa.chat.css"  type="text/css"/>
  <link rel="stylesheet" href="css/spa.avtr.css"  type="text/css"/>

  <!-- third-party javascript -->
  <script src="js/jq/taffydb-2.6.2.js" ></script>
  <script src="js/jq/jquery-1.9.1.js"              ></script>
  <script src="js/jq/jquery.uriAnchor-1.1.3.js"    ></script>
  <script src="js/jq/jquery.event.gevent-0.1.9.js"></script>
  <script src="js/jq/jquery.event.ue-0.3.2.js" ></script>

  <!-- our javascript -->
  <script src="js/spa.js"        ></script>
  <script src="js/spa.util.js"   ></script>
  <script src="js/spa.data.js"   ></script>
  <script src="js/spa.fake.js"   ></script>
  <script src="js/spa.model.js"  ></script>
  <script src="js/spa.util_b.js"></script>
  <script src="js/spa.shell.js"  ></script>
  <script src="js/spa.chat.js"   ></script>
  <script src="js/spa.avtr.js"   ></script>
  <script>
    $(function () { spa.initModule( $('#spa') ); });
  </script>

</head>
<body>
<div id="spa"></div>
</body>
</html>
```

更改标题。我们已经不在第 4 章了。

引入 Avatar 的样式表。

引入客户端数据库的 JavaScript 库文件。

引入 gevent 事件库。在使用全局自定义事件时会需要这个库。

引入统一的输入事件插件。

引入 Data 模块。

引入 Fake 模块。

引入浏览器端工具方法。

引入 Avatar 功能模块。

现在一切已经准备就绪，我们来讨论一下在单页应用中添加触摸控件的问题。

5.2.3 使用统一的触摸-鼠标库

目前在世界各地，智能手机和平板电脑比传统的笔记本电脑和台式机要畅销得多。我们希望移动设备的销售额继续超过传统的计算设备，并在能运行单页应用的活跃设备之中占有一席之地。要不了多久，想使用我们网站的大多数潜在客户，也许会使用触摸设备。

我们意识到了这种趋势，并在本章引入了统一的触摸-鼠标界面库（jquery.event.ue-0.3.2.js）。尽管这个库并不完美，但也做了很多不可思议的工作，能使单页应用无缝地跨触摸和触碰界面而工作，它处理了多点触摸、双指缩放、拖放和长按以及其他一些更加常见的事件。在本章和将来的章节中，在更新 UI 的同时，我们会详细说明它的用法。

现在已经准备好了要更改的文件。当加载浏览文档（spa/spa.html）时，我们看到的页面应该和第 4 章留下的一样，没有什么错误。下面开始构建 Model。

5.3 设计 people 对象

本章我们将构建 Model 中的 people 对象，如图 5-4 所示。

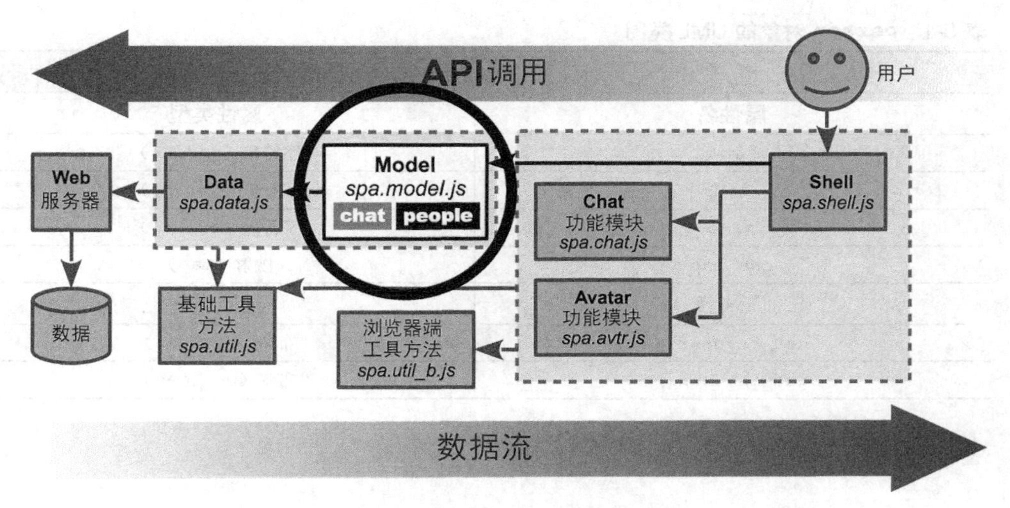

图 5-4 在本小节，我们开始设计 Model 中的 people 对象

我们期望 Model 分成两部分：一个 chat 对象和一个 people 对象。下面是在第 4 章中简述的规范：

```
...
//    * chat_model - the chat model object provides methods
//        to interact with our instant messaging
//    * people_model - the people model object which provides methods
//        to interact with the list of people the model maintains
...
```

people 对象的描述信息（“an object that provides methods to interact with the list of people the Model maintains”[①]）是个不错的切入点，但对实现没有足够详细的说明。我们先从设计 people 对象中用来表示人员列表中的人的对象入手。

5.3.1 设计 person 对象

我们已经决定，people 对象应该管理一批 person[②]。经验表明，person 能很好地用对象来表示。因此，一个 people 对象将管理很多 person 对象。我们认为每个 person 对象最少需要以下属性。

- id——服务端 ID。所有发送自后端的对象都会定义这个属性。
- cid——客户端 ID。应该总是定义这个属性，通常和 id 相同，但如果在客户端创建了一个新的 person 对象并且还没有更新后端，则服务端 ID 是未定义的。
- name——person 的名字。
- css_map——显示属性的映射。头像功能需要这个属性。

person 对象的 UML 类图如表 5-1 所示。

表 5-1　**person** 对象的 UML 类图

person	
属性名	**属性类型**
id	字符串（string）
cid	字符串（string）
name	字符串（string）
css_map	映射（map）
方法名	**返回类型**
get_is_user()	布尔（boolean）
get_is_anon()	布尔（boolean）

① “提供和 Model 维护的人员列表进行交互的方法的对象”。——译者注

② people 和 person 翻译成中文都是“人”。按照作者的设定，people 是管理一批 person 的对象，本小节为了叙述的准确性，直接使用 people 和 person 而不进行翻译。——译者注

没有客户端 ID 属性

如今，很少使用单独的客户端 ID 属性。我们使用单个 ID 属性和唯一的前缀来表示由客户端生成的 ID。比如，客户端的 ID 可能是 x23，而源自后端的 ID 可能是 50a04142c692d1fd18000003（特别是在用 MongoDB 的时候）。由于后端生成的 ID 永远不会是以 x 开头，这就很容易地能判断 ID 是在哪边生成的。绝大多数的应用逻辑不需要担心 ID 源自哪边。只有在把数据同步到后端时，才会变得重要。

在考虑 `person` 对象应该有什么方法之前，先考虑一下 `people` 对象需要管理的 person 的类型。图 5-5 演示了想让用户看到的实体模型（mockup），有些关于 people 的说明。

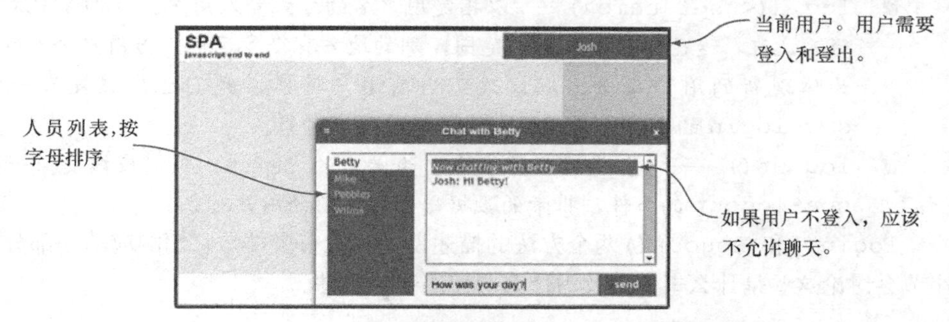

图 5-5 单页应用的实体模型，people 的说明

看来 `people` 对象需要识别 4 种类型的 person：

（1）当前用户 person；

（2）匿名的 person；

（3）正在和用户聊天的 person；

（4）其他在线的 person。

目前我们只关心"当前用户 person"和"匿名的 person"，"在线的 person"在下一章会讨论。我们需要能帮助识别这些类型用户的方法。

- `get_is_user()`——如果 `person` 对象是当前用户，则返回 `true`。
- `get_is_anon()`——如果 `person` 对象是匿名的，则返回 `true`。

现在已经详细说明了 `person` 对象，我们来考虑一下 `people` 对象是如何来管理它们的。

5.3.2 设计 `people` 对象的 API

`people` 对象的 API，由方法和 jQuery 全局自定义事件组成。我们先考虑方法调用。

1. 设计 people 的方法调用

我们希望 Model 总是有可用的当前用户对象。如果某个人没有登入，用户对象应该是匿名的 `person` 对象。当然，这意味着应该向 person 提供登入和登出的方法。聊天滑块的左侧人员列表，表明我们想要维护一份在线人员的列表，可以和他们聊天，后端按字母顺序返回。考虑到这些需求，下面的方法清单看来是对的：

- get_user() —— 返回当前用户 person 对象。如果当前用户没有登入，则返回匿名 person 对象。
- get_db() —— 获取所有 person 对象的集合，包括当前用户。我们想要的人员列表始终是按字母顺序排列的。
- get_by_cid(<client_id>) —— 获取有唯一客户端 ID 的 person 对象。尽管可以通过“获取集合然后根据客户端 ID 查找这个 person 对象”来完成相同的功能，但我们希望这种频繁使用的功能有专用方法，有助于避免错误和提供优化的机会。
- login(<user_name>) —— 以指定用户名的方式登入用户。我们会避免复杂的登入认证，这已超出了本书的范围，别的地方有很多示例。当用户登入的时候，为体现新的用户身份，应该改变当前用户对象。我们也应该发布一个叫做 spa-login 的事件，携带的数据是当前用户对象。
- logout() —— 将当前用户对象恢复为匿名的 person。我们应该发布一个叫做 spa-logout 的事件，携带的数据是登出之前的用户对象。

login()和 logout()两个方法的描述说明，发布事件是它们响应的一部分。下一小节会讨论这些是什么事件以及为什么要使用这些事件。

2. 设计 people 的事件

我们使用事件来异步发送数据。比如，如果人员列表变化了，Model 可能会想发布一个 spa-listchange 事件，分享更新后的人员列表数据[①]。功能模块或者 Shell 中的对这一事件感兴趣的方法，为能接收到这事件，需要注册 Model 的事件，这通常叫做订阅事件。当发生 spa-listchange 事件时，订阅方法会被通知到，并接收由 Model 发出来的数据。比如，在 Avatar 中有一个添加新头像的方法，在 Chat 中有一个在聊天滑块中添加人员列表的方法。图 5-6 演示了事件是如何广播给订阅的功能模块和 Shell 的。

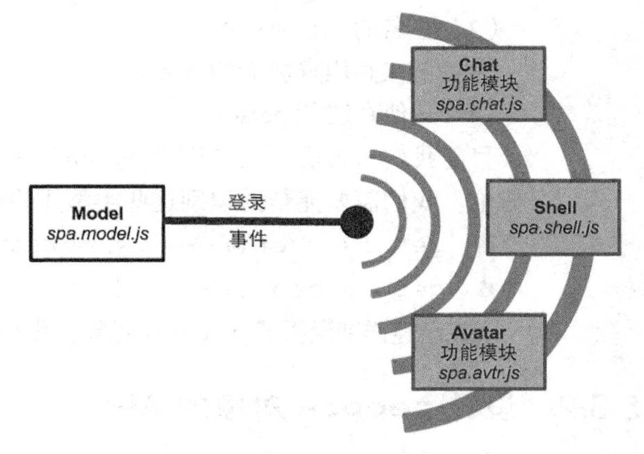

图 5-6　Model 广播的事件，可被功能模块或者 Shell 中已订阅的方法接收到

我们想让 Model 至少发布两种类型的事件，作为 people 对象 API 的一部分[②]。

---

① 这种事件机制的其他名字有推送通信（push communication），或者 *pub-sub*(publish-subscribe（发布-订阅）的简称)。

② 所有发布的事件名都有名字空间前缀（spa-）。这有助于避免和第三方 JavaScript 以及库的潜在冲突。

- spa-login：在完成登入时发布这个事件。这不会立刻发生，因为登入过程经常需要到后端走个来回。事件携带的数据是更新后的当前用户对象。
- spa-logout：在完成登出时发布这个事件。事件携带的数据是登出之前的用户对象。

事件通常是一种更可取的异步分发数据的方式。经典的 JavaScript 实现使用回调函数，这导致代码变得一团乱麻，调试和保持模块化都很困难。事件允许模块代码保持独立，却仍然使用相同的数据。为此，当从 Model 异步分发数据时，我们坚定地喜欢事件的方式。

因为已经使用了 jQuery，所以使用 jQuery 的全局自定义事件作为分发机制是明智的选择。我们已经创建了全局自定义事件插件来提供这个功能[①]。jQuery 全局自定义事件，表现优异，和其他 jQuery 事件有相同的、熟悉的接口。任意 jQuery 集合都可以订阅特定的全局自定义事件，并在事件发生时调用某个函数。事件通常携带着数据。比如，spa-login 事件，可能传递了新近更新的用户对象。当把某个元素从文档中移除时，该元素所有订阅的函数会自动移除。代码清单 5-9 演示了这些概念。我们可以打开浏览文档（spa/spa.html），打开 JavaScript 控制台测试一下。

代码清单 5-9 jQuery 全局自定义事件的用法

```
$( 'body' ).append( '<div id="spa-chat-list-box"/>' );
var $listbox = $( '#spa-chat-list-box' );
$listbox.css({
  position: 'absolute', 'z-index' : 3,
  top : 50, left : 50, width : 50, height :50,
  border : '2px solid black', background : '#fff'
});
var onListChange = function ( event, update_map ) {
  $( this ).html( update_map.list_text );
  alert( 'onListChange ran' );
};

$.gevent.subscribe(
  $listbox,
  'spa-listchange',
  onListChange
);
$.gevent.publish(
  'spa-listchange',
  [ { list_text : 'the list is here' } ]
);

$listbox.remove();
$.gevent.publish( 'spa-listchange', [ {} ] );
```

- 在页面的 body 中添加一个 <div>。
- 创建 jQuery 集合 $listbox。给它加些样式，这样就能看到它了。
- 定义打算用于 jQuery 全局自定义事件 spa-listchange 的事件处理程序。这个方法的参数是事件对象和更新的用户列表详情的映射。让这个处理程序弹出警告对话框，这样就能确定它被调用了。
- 让 jQuery 集合$listbox 订阅自定义全局事件 spa-listchange，订阅函数是 onListChange。当发生 spa-listchange 事件时，onListChange 会被调用，第一个参数是事件对象，接着的任何其他参数都是由事件发布的。onListChange 中的 this 的值是$listbox 集合中的 DOM 元素。
- jQuery 集合$listbox 订阅的 onListChange 函数，由这个事件来调用。应该会显示警告对话框。我们可以关掉这个警告对话框。
- 当把$listbox 集合元素从 DOM 中移除时，订阅就不再有效，这会移除订阅的 onListChange。
- 绑定在$listbox 上的 onListChange 函数不会被调用，不会看到警告对话框。

① 在 1.9.0 之前的版本，原生的 jQuery 就支持这个功能。前不久，他们在我们即将出版本书的时候，移除了这一方法，呃，当然，这只会使我们的生活变得更有意思。

如果你对 jQuery 全局自定义事件处理已经得心应手了，那这可能是老生常谈，但这也是好事。如果不是，也不要太担心。就认为它的行为和其他所有的 jQuery 事件是一致的。它也很强大，经过非常细致的测试，利用了 jQuery 内部方法所使用的相同代码。当可以只使用一种事件机制的时候，为什么还要学习两种呢？上面讲述的就是“使用 jQuery 全局自定义事件”强有力的理由，也是“反对使用会引入冗余的和有细微差异的事件机制的框架库”强有力的理由。

5.3.3 给 people 对象的 API 编写文档

现在我们把上面所有的思想整合在一起，形成相对简洁的格式，放到 Model 模块里面以供参考。代码清单 5-10 是一个好的开头。

代码清单 5-10 people 对象的 API

```
// The people object API
// ---------------------
// The people object is available at spa.model.people.
// The people object provides methods and events to manage
// a collection of person objects. Its public methods include:
//   * get_user() - return the current user person object.
//     If the current user is not signed-in, an anonymous person
//     object is returned.
//   * get_db() - return the TaffyDB database of all the person
//     objects - including the current user - pre-sorted.
//   * get_by_cid( <client_id> ) - return a person object with
//     provided unique id.
//   * login( <user_name> ) - login as the user with the provided
//     user name. The current user object is changed to reflect
//     the new identity.
//   * logout()- revert the current user object to anonymous.
//
// jQuery global custom events published by the object include:
//   * 'spa-login' is published when a user login process
//     completes. The updated user object is provided as data.
//   * 'spa-logout' is published when a logout completes.
//     The former user object is provided as data.
//
// Each person is represented by a person object.
// Person objects provide the following methods:
//   * get_is_user() - return true if object is the current user
//   * get_is_anon() - return true if object is anonymous
//
// The attributes for a person object include:
//   * cid - string client id. This is always defined, and
//     is only different from the id attribute
//     if the client data is not synced with the backend.
//   * id - the unique id. This may be undefined if the
//     object is not synced with the backend.
```

```
//     * name - the string name of the user.
//     * css_map - a map of attributes used for avatar
//       presentation.
//
```

现在已经完成了 people 对象的规范，我们来构建它并对 API 进行测试。之后，我们会修改 Shell 以便使用这些 API，这样用户就可以登入和登出了。

5.4 构建 people 对象

现在已经设计了 people 对象，我们可以来构建它。我们将使用 Fake 模块来向 Model 提供伪造数据。这允许在没有服务器或者功能模块的情况下，也能继续前行。Fake 是快速开发的关键所在，在完成目标之前，就一直使用伪造数据。

再来回顾一下我们的架构，看一下 Fake 是如何帮助改进开发的。架构的完整实现如图 5-7 所示。

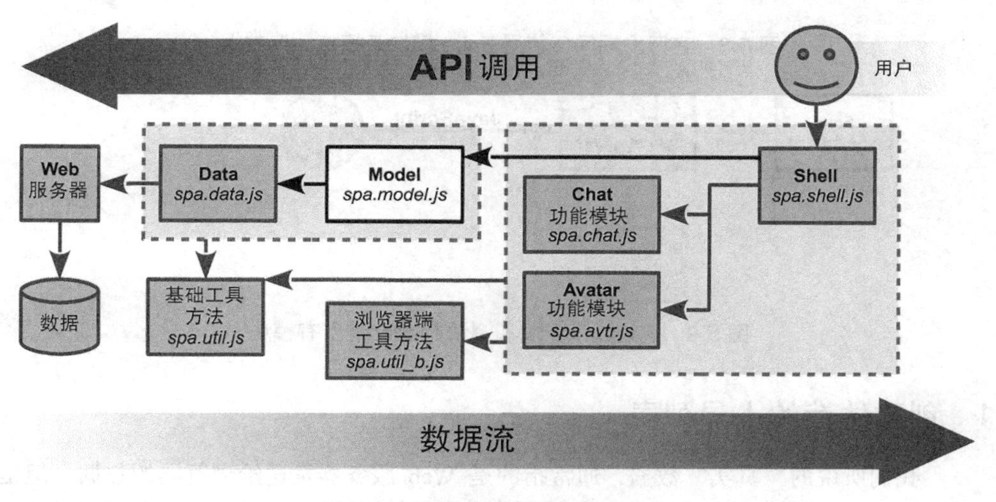

图 5-7 单页应用架构中的 Model

嗯，这很不错，但无法经过一轮处理就能取得成功。我们宁愿在不需要 Web 服务器或者 UI 的情况下进行开发。在这个阶段，我们想专注于 Model，不想被其他模块搞得心烦意乱。可以使用 Fake 模块来模拟 Data 和服务器连接，可以使用 JavaScript 控制台直接调用 API，而不是使用浏览器窗口。图 5-8 演示了当采用这种方式来进行开发的时候，我们需要的模块是什么。

清除所有没用到的代码，如图 5-9 所示，看看剩下的模块是什么。

通过使用 Fake 和 JavaScript 控制台，可以只专注 Model 的开发和测试。这对于和 Model 一样重要的模块来说，尤其有利。随着讲解的不断深入，要记住，这一章中的“后端”是由 Fake 模块模拟的。现在已经概述了开发策略，我们来实现 Fake 模块。

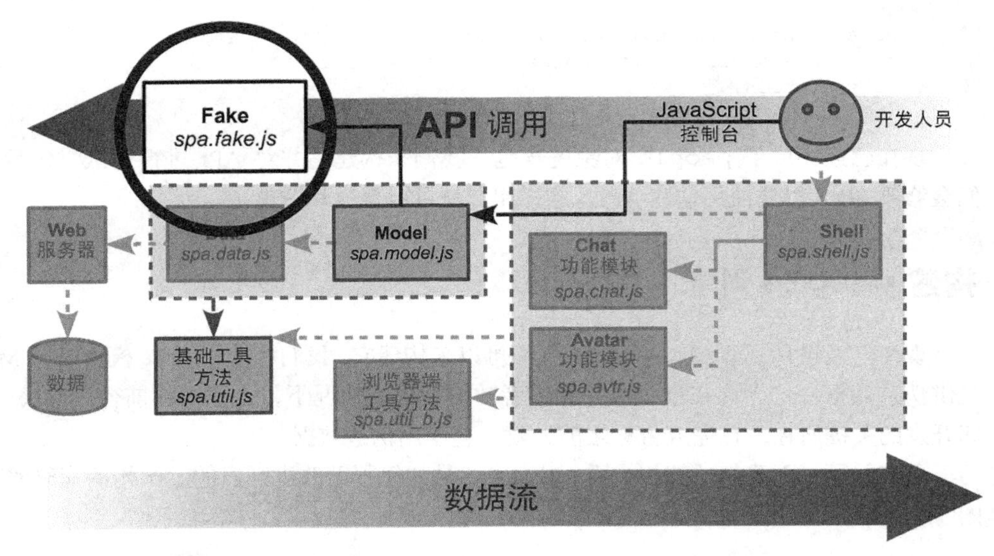

图 5-8 在开发期间，使用 Fake 模块来模拟伪造数据

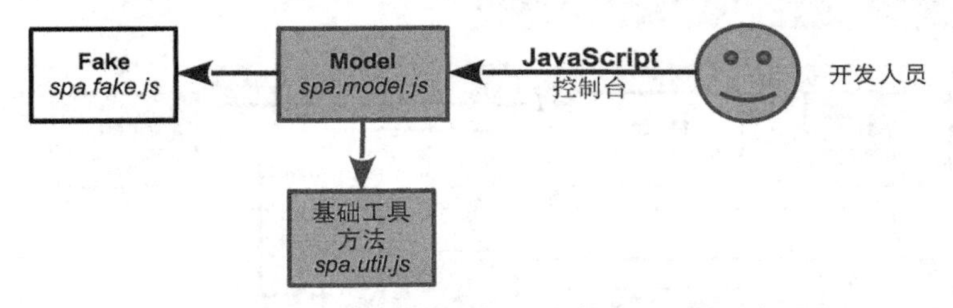

图 5-9 这是用来开发和测试 Model 的所有模块

5.4.1 创建伪造的人员列表

我们所说的“真实”数据，通常指的是 Web 服务器发送给浏览器的数据。但是如果我们已经很疲倦了并且已经工作了一整天，不想在“真实”数据上花费更多的精力，怎么办？没关系，有时候可以伪造数据。在本小节，我们会坦率并真诚地讨论如何伪造数据。希望我们能回答所有你曾经想知道却不敢问的关于伪造数据的问题。

在开发期间，我们使用一个叫做 Fake 的模块，向应用提供模拟的数据和方法。我们会在 Model 中设置 `isFakeData` 标志，指示应用使用 Fake 模块的数据和方法，而不是使用“真实”的 Web 服务器数据和 Data 模块的方法。这就能脱离服务器而快速专注地进行开发。由于已经在概述“`person` 对象的行为”方面做了很充分的工作，伪造数据就相当容易了。首先，我们会创建一个方法，返回一批伪造人员的数据。打开文本编辑器，创建 `spa.fake.getPeopleList` 方法，如代码清单 5-11 所示。

代码清单 5-11 向 Fake 添加模拟的用户列表——spa/js/spa.fake.js

```
/*
 * spa.fake.js
 * Fake module
*/
/*jslint         browser : true, continue : true,
  devel  : true, indent  : 2,    maxerr   : 50,
  newcap : true, nomen   : true, plusplus : true,
  regexp : true, sloppy  : true, vars     : false,
  white  : true
*/
/*global $, spa */

spa.fake = (function () {
  'use strict';
  var getPeopleList;

  getPeopleList = function () {
    return [
      { name : 'Betty', _id : 'id_01',
        css_map : { top: 20, left: 20,
          'background-color' : 'rgb( 128, 128, 128)'
        }
      },
      { name : 'Mike', _id : 'id_02',
        css_map : { top: 60, left: 20,
          'background-color' : 'rgb( 128, 255, 128)'
        }
      },
      { name : 'Pebbles', _id : 'id_03',
        css_map : { top: 100, left: 20,
          'background-color' : 'rgb( 128, 192, 192)'
        }
      },
      { name : 'Wilma', _id : 'id_04',
        css_map : { top: 140, left: 20,
          'background-color' : 'rgb( 192, 128, 128)'
        }
      }
    ];
  };

  return { getPeopleList : getPeopleList };
}());
```

在该模块中，引入了粗体显示的'use strict'指令（pragma）。如果你认真对待大规模 JavaScript 项目（我们知道你是的），我们鼓励你考虑在函数作用域的名字空间内使用严格指令。当使用严格模式的时候，在 JavaScript 执行不安全的操作时，就很可能会抛出异常，比如使用了未定义的全局变量。这也会禁用令人困惑的和未经充分考虑的特性。尽管很诱人，但不要在全局作用域中使用严格指令，因为它会破坏其他的 JavaScript，有少数第三方开发者不会像你一样与时俱进。下面在 Model 中使用这个伪造的人员列表。

5.4.2 开始构建 people 对象

现在开始构建 Model 中的 people 对象。当它被初始化的时候（使用 spa.model.initModule()方法），我们首先使用 makePerson 构造函数（创建其他 person 对象，用的也是这个构造函数）来创建匿名的 person 对象。这就确保了该对象和其他 person 对象有相同的方法和属性，而不用管将来对该构造函数的更改。

接着，使用由 spa.fake.getPeopleList()提供的伪造人员列表，来创建 person 对象的 TaffyDB 集合。TaffyDB 是一种为在浏览器中使用而设计的 JavaScript 数据存储。它提供了很多数据库风格的功能，像通过匹配属性来选择一组对象。比如，如果有一个 person 对象的 TaffyDB 集合，名字为 people_db，可以像下面这样选择名字为“Pebbles”的一组人员：

```
found_list = people_db({ name : 'Pebbles' }).get();
```

为什么我们喜欢 TaffyDB？

我们喜欢 TaffyDB，是因为它专注于提供在浏览器中管理富数据（rich data）的功能，并且它不会做其他事情（像引入细微差异的事件模型，这对于 jQuery 来说是多余的）。我们喜欢使用像 TaffyDB 这种优秀并专注的工具。由于某种原因，如果需要不同的管理数据的功能，可以使用其他工具来替换（或者自己编写一个），而不用重构整个应用。请到 http://www.taffydb.com/查看这个简便工具的完整文档。

最后，导出 people 对象，这样就可以测试 API 了。这次将提供和 person 对象交互的两个方法：spa.model.people.get_db()返回 TaffyDB 的人员集合，spa.model.people.get_cid_map()返回键为客户端 ID 的映射。打开值得信赖的文本编辑器，开始构建 Model，如代码清单 5-12 所示。这只是第一轮，所以不要觉得必须懂得所有的东西。

代码清单 5-12 开始构建 Model——spa/js/spa.model.js

```
/*
 * spa.model.js
 * Model module
*/

/*jslint         browser : true, continue : true,
  devel  : true, indent  : 2,    maxerr   : 50,
  newcap : true, nomen   : true, plusplus : true,
  regexp : true, sloppy  : true, vars     : false,
  white  : true
*/
/*global TAFFY, $, spa */

spa.model = (function () {
  'use strict';
  var
    configMap = { anon_id : 'a0' },
```

给“匿名”人员保留一个特殊的 ID。

```
  stateMap  = {
    anon_user       : null,
    people_cid_map  : {},
    people_db       : TAFFY()
  },

  isFakeData = true,

  personProto, makePerson, people, initModule;

personProto = {
  get_is_user : function () {
    return this.cid === stateMap.user.cid;
  },
  get_is_anon : function () {
    return this.cid === stateMap.anon_user.cid;
  }
};

makePerson = function ( person_map ) {
  var person,
    cid     = person_map.cid,
    css_map = person_map.css_map,
    id      = person_map.id,
    name    = person_map.name;

  if ( cid === undefined || ! name ) {
    throw 'client id and name required';
  }

  person         = Object.create( personProto );
  person.cid     = cid;
  person.name    = name;
  person.css_map = css_map;

  if ( id ) { person.id = id; }

  stateMap.people_cid_map[ cid ] = person;

  stateMap.people_db.insert( person );
  return person;
};

people = {
  get_db      : function () { return stateMap.people_db; },
  get_cid_map : function () { return stateMap.people_cid_map; }
};

initModule = function () {
  var i, people_list, person_map;

  // initialize anonymous person
  stateMap.anon_user = makePerson({
    cid   : configMap.anon_id,
    id    : configMap.anon_id,
    name  : 'anonymous'
  });
  stateMap.user = stateMap.anon_user;

  if ( isFakeData ) {
```

在状态映射中保留anon_user键，用来保存匿名person对象。

在状态映射中保留people_cid_map键，用来保存person对象映射，键为客户端ID。

在状态映射中保留people_db键，用来保存person对象的TaffyDB集合。初始化为空集合。

设置isFakeData为true。这个标志告诉Model使用Fake模块的示例数据、对象和方法，而不是Data模块的真实数据。

创建person对象的原型。使用原型通常能减少对内存的需求，从而改进对象的性能。

添加创建person对象的makePerson方法，并将新创建的对象保存到TaffyDB集合里面。也要确保更新people_cid_map里面的索引。

使用Object.create(<prototype>)方法，根据原型创建对象，然后添加实例的特殊属性。

添加get_db方法，返回person对象的TaffyDB集合。

定义people对象。

添加get_cid_map方法，返回person对象的映射，键是客户端ID。

在initModule里面创建匿名person对象，确保它有和其他person对象一样的方法和属性，不用考虑将来的更改。这是一个“面向质量设计（design for quality）”的例子。

获取Fake模块的在线人员列表，把它们添加到TaffyDB集合people_db里面。

```
      people_list = spa.fake.getPeopleList();
      for ( i = 0; i < people_list.length; i++ ) {
        person_map = people_list[ i ];
        makePerson({
          cid     : person_map._id,
          css_map : person_map.css_map,
          id      : person_map._id,
          name    : person_map.name
        });
      }
    }
  };

  return {
    initModule : initModule,
    people     : people
  };
}());
```

当然，还没有什么会调用 spa.model.initModule()。我们来修改一下代码，更新根名字空间模块 spa/js/spa.js，如代码清单 5-13 所示。

代码清单 5-13 在根名字空间模块中添加 Model 的初始化代码——spa/js/spa.js

```
...
var spa = (function () {
  'use strict';
  var initModule = function ( $container ) {
    spa.model.initModule();
    spa.shell.initModule( $container );
  };

  return { initModule: initModule };
}());
```

添加use strict指令。

在初始化 Shell 之前，初始化 Model。

现在加载浏览文档（spa/spa.html），确保页面和之前一样（如果不一样或者在控制台之中有错误，那是有什么搞错了，应该追溯一下原因）。尽管看起来一样，但是底层代码的工作方式不同了。打开 Chrome 开发者工具的 JavaScript 控制台，测试一下 people 的 API。我们可以获取人员集合，并探索一些 TaffyDB 的好处，如代码清单 5-14 所示。输入以粗体显示，输出以斜体显示。

代码清单 5-14 测试伪造人员对象，并喜欢上这种方式

```
// get the people collection
var peopleDb = spa.model.people.get_db();

// get list of all people
var peopleList = peopleDb().get();

// show our list of people
peopleList;
>> [ >Object, >Object, >Object, >Object, >Object ]
```

获取person 对象的 TaffyDB 集合。

使用 TaffyDB 的 get()方法，从集合中取出一组元素。

查看用户列表。>Object 表示是可以展开的。可以点击>符号查看它的属性。

```
// show the names of all people in our list
peopleDb().each(function(person, idx){console.log(person.name);});
>> anonymous
>> Betty
>> Mike
>> Pebbles
>> Wilma

// get the person with the id of 'id_03':
var person = peopleDb({ cid : 'id_03' }).first();

// inspect the name attribute
person.name;
>> "Pebbles"

// inspect the css_map attribute
JSON.stringify( person.css_map );
>> "{"top":100,"left":20,"background-color":"rgb( 128, 192, 192)"}""

// try an inherited method
person.get_is_anon();
>> false

// the anonymous person should have an id of 'a0'
person = peopleDb({ id : 'a0' }).first();

// use the same method
person.get_is_anon();
>> true

person.name;
>> "anonymous"

// check our person_cid_map too...
var personCidMap = spa.model.people.get_cid_map();

personCidMap[ 'a0' ].name;
>> "anonymous"
```

迭代所有的人员对象并打印对象的名字。我们使用 TaffyDB 集合的 each 方法。这个方法的参数是一个函数，它接收的参数是 person 对象和索引数字。

使用 peopleDb(<match_map>)方法过滤 TaffyDB 集合,然后使用 first() 方法取出返回数组的第一个对象。

确保 person 对象有正如我们预期的 name 属性。

显示另外一个预期的属性，即 css_map。

确保 person 对象有 get_is_anon 方法并返回正确的结果——Pebbles 不是匿名人员。

根据 ID 获取匿名的 person 对象。

确保这个 person 对象有 get_is_anon 方法并按预期工作。

检查匿名的 person 对象的名字。

测试使用客户端 ID 来获取 person 对象。

上面的测试表明已经成功地构建了 people 对象的部分内容。在下一小节，我们将完成这项工作。

5.4.3 完成 people 对象的构建

为了确保 people 对象的 API 符合之前制定的规范，需要更新 Model 和 Fake 模块。先来更新 Model。

1. 更新 Model

我们希望 people 对象能完全支持 user 的概念。考虑一下需要添加的新方法。

- login(<user_name>)，会启动登入的过程。需要创建一个新的 person 对象，并把它添加到人员列表里面。当登入过程完成时，发出一个 spa-login 事件，发布的数据是当前用户对象。

- logout()，会启动登出过程。当用户登出时，我们会从人员列表中删除该用户 person 对象。当登出过程完成时，发出一个 spa-logout 事件，发布的数据是登出之前的用户对象。
- get_user()，返回当前用户 person 对象。如果某人没有登入，该用户对象是匿名 person 对象。我们将使用一个模块状态变量（stateMap.user）来保存当前用户 person 对象。

为了支持上面这些方法，需要添加很多其他的功能。

- 由于将使用 Socket.IO 连接，向 Fake 模块发送消息并接收来自 Fake 模块的消息，我们会在 login(<user_name>) 方法中使用模拟的 sio 对象。
- 由于将使用 login(<username>) 创建新的 person 对象，我们会使用 makeCid() 方法为已经登入的用户创建一个客户端 ID。我们会使用一个模块状态变量（stateMap.cid_serial）来保存用来创建这个 ID 的序号。
- 由于将从人员列表中移除用户 person 对象，我们需要移除用户的方法。我们将使用 removePerson(<client_id>) 方法来完成这个功能。
- 由于登入过程是异步的（只有当 Fake 模块返回 userupdate 消息的时候才算是完成登入），我们将使用 completeLogin 方法来完成这个过程。

我们来更新 Model，更改如代码清单 5-15 所示。所有的更改部分以粗体显示。

代码清单 5-15 完成构建 Model 的 people 对象——spa/js/spa.model.js

```
/*
 * spa.model.js
 * Model module
*/

/*jslint         browser : true, continue : true,
  devel  : true, indent  : 2,    maxerr   : 50,
  newcap : true, nomen   : true, plusplus : true,
  regexp : true, sloppy  : true, vars     : false,
  white  : true
*/
/*global TAFFY, $, spa */

spa.model = (function () {
  'use strict';
  var
    configMap = { anon_id : 'a0' },
    stateMap  = {
      anon_user      : null,
      cid_serial     : 0,
      people_cid_map : {},
      people_db      : TAFFY(),
```

```
    user           : null
  },

  isFakeData = true,

  personProto, makeCid, clearPeopleDb, completeLogin,
  makePerson, removePerson, people, initModule;
```

引入我们之前编写的 API 文档。

```
// The people object API
// ---------------------
// The people object is available at spa.model.people.
// The people object provides methods and events to manage
// a collection of person objects. Its public methods include:
//   * get_user() - return the current user person object.
//     If the current user is not signed-in, an anonymous person
//     object is returned.
//   * get_db() - return the TaffyDB database of all the person
//     objects - including the current user - presorted.
//   * get_by_cid( <client_id> ) - return a person object with
//     provided unique id.
//   * login( <user_name> ) - login as the user with the provided
//     user name. The current user object is changed to reflect
//     the new identity. Successful completion of login
//     publishes a 'spa-login' global custom event.
//   * logout()- revert the current user object to anonymous.
//     This method publishes a 'spa-logout' global custom event.
//
// jQuery global custom events published by the object include:
//   * spa-login - This is published when a user login process
//     completes. The updated user object is provided as data.
//   * spa-logout - This is published when a logout completes.
//     The former user object is provided as data.
//
// Each person is represented by a person object.
// Person objects provide the following methods:
//   * get_is_user() - return true if object is the current user
//   * get_is_anon() - return true if object is anonymous
//
// The attributes for a person object include:
//   * cid - string client id. This is always defined, and
//     is only different from the id attribute
//     if the client data is not synced with the backend.
//   * id - the unique id. This may be undefined if the
//     object is not synced with the backend.
//   * name - the string name of the user.
//   * css_map - a map of attributes used for avatar
//     presentation.
//
personProto = {
  get_is_user : function () {
    return this.cid === stateMap.user.cid;
  },
  get_is_anon : function () {
    return this.cid === stateMap.anon_user.cid;
  }
};
```

添加客户端 ID 生成器。通常 person 对象的客户端 ID 和服务端 ID 是一样的。但那些在客户端创建而还没有保存到后端的对象没有服务端 ID。

添加一个方法，移除所有除匿名人员之外的 person 对象，如果已有用户登入，则也要将当前用户对象除外。

添加一个方法，当后端发送回用户的确认信息和数据时，完成用户的登入。这段程序会更新当前用户的信息，然后发布登入成功的 spa-login 事件。

创建从人员列表中移除 person 对象的方法。我们添加了一些检查，避免逻辑的不一致，比如，不会移除当前用户和匿名的 person 对象。

```
makeCid = function () {
  return 'c' + String( stateMap.cid_serial++ );
};

clearPeopleDb = function () {
  var user = stateMap.user;
  stateMap.people_db      = TAFFY();
  stateMap.people_cid_map = {};
  if ( user ) {
    stateMap.people_db.insert( user );
    stateMap.people_cid_map[ user.cid ] = user;
  }
};

completeLogin = function ( user_list ) {
  var user_map = user_list[ 0 ];
  delete stateMap.people_cid_map[ user_map.cid ];
  stateMap.user.cid     = user_map._id;
  stateMap.user.id      = user_map._id;
  stateMap.user.css_map = user_map.css_map;
  stateMap.people_cid_map[ user_map._id ] = stateMap.user;

  // When we add chat, we should join here
  $.gevent.publish( 'spa-login', [ stateMap.user ] );
};

makePerson = function ( person_map ) {
  var person,
    cid     = person_map.cid,
    css_map = person_map.css_map,
    id      = person_map.id,
    name    = person_map.name;

  if ( cid === undefined || ! name ) {
    throw 'client id and name required';
  }

  person         = Object.create( personProto );
  person.cid     = cid;
  person.name    = name;
  person.css_map = css_map;

  if ( id ) { person.id = id; }

  stateMap.people_cid_map[ cid ] = person;

  stateMap.people_db.insert( person );
  return person;
};

removePerson = function ( person ) {
  if ( ! person ) { return false; }
  // can't remove anonymous person
  if ( person.id === configMap.anon_id ) {
    return false;
  }

  stateMap.people_db({ cid : person.cid }).remove();
  if ( person.cid ) {
```

```
    delete stateMap.people_cid_map[ person.cid ];
  }
  return true;
};

people = (function () {
  var get_by_cid, get_db, get_user, login, logout;

  get_by_cid = function ( cid ) {
    return stateMap.people_cid_map[ cid ];
  };

  get_db = function () { return stateMap.people_db; };

  get_user = function () { return stateMap.user; };

  login = function ( name ) {
    var sio = isFakeData ? spa.fake.mockSio : spa.data.getSio();

    stateMap.user = makePerson({
      cid     : makeCid(),
      css_map : {top : 25, left : 25, 'background-color':'#8f8'},
      name    : name
    });

    sio.on( 'userupdate', completeLogin );

    sio.emit( 'adduser', {
      cid     : stateMap.user.cid,
      css_map : stateMap.user.css_map,
      name    : stateMap.user.name
    });
  };

  logout = function () {
    var is_removed, user = stateMap.user;
    // when we add chat, we should leave the chatroom here

    is_removed    = removePerson( user );
    stateMap.user = stateMap.anon_user;

    $.gevent.publish( 'spa-logout', [ user ] );
    return is_removed;
  };

  return {
    get_by_cid : get_by_cid,
    get_db     : get_db,
    get_user   : get_user,
    login      : login,
    logout     : logout
  };
}());

initModule = function () {
  var i, people_list, person_map;

  // initialize anonymous person
  stateMap.anon_user = makePerson({
    cid   : configMap.anon_id,
    id    : configMap.anon_id,
```

定义 people 闭包。这允许我们只共享希望共享的方法。

在people闭包里面定义get_by_cid方法。这是一个便捷方法，很容易实现。

在people闭包里面定义get_db方法。它返回person对象的TaffyDB集合。

在 people 闭包里面定义 get_user 方法。它返回当前用户 person 对象。

在 people 闭包里面定义 login 方法。这里我们不做任何想象的认证检查。

注册当后端发布了 userupdate 消息时完成登入过程的回调函数。

向后端发送 adduser 消息，携带用户的详细信息。这里，添加用户和登入是一回事。

在 people 闭包里面定义 logout 方法。它会发布 spa-logout 事件。

导出 people 对象的所有公开方法。

```
      name   : 'anonymous'
    });
    stateMap.user = stateMap.anon_user;

    if ( isFakeData ) {
      people_list = spa.fake.getPeopleList();
      for ( i = 0; i < people_list.length; i++ ) {
        person_map = people_list[ i ];
        makePerson({
          cid     : person_map._id,
          css_map : person_map.css_map,
          id      : person_map._id,
          name    : person_map.name
        });
      }
    }
  };

  return {
    initModule : initModule,
    people     : people
  };
}());
```

现在已经更新了 Model，我们可以来更新 Fake 模块了。

2. 更新 Fake 模块

为了提供模拟的 Socket.IO 连接对象 `sio`，需要更新 Fake 对象。我们希望它能模拟登入和登出所需的功能。

- 模拟的 `sio` 对象必须提供为消息注册回调函数的功能。为了测试登入和登出，我们只需要支持一条消息（`userupdate`）的回调函数。在 Model 里面，我们给该消息注册了 `completeLogin` 方法。
- 当用户登入的时候，模拟的 `sio` 对象会接收到一条来自 Model 的 `adduser` 消息，参数是用户数据的映射。通过“等待 3 秒钟”，来模拟服务器响应，然后执行 `userupdate` 的回调函数。我们故意延迟响应，这样可以发现在登入过程中的任何竞争条件（race condition）。
- 现在还不需要担心模拟的 `sio` 对象的登出功能，因为目前 Model 会处理这一情况。

我们来更新 Fake 模块，更改如代码清单 5-16 所示。所有的更改部分以粗体显示。

代码清单 5-16　在 Fake 中添加模拟的有延迟的 socket 对象——spa/js/spa.fake.js

```
...

spa.fake = (function () {
  'use strict';
  var getPeopleList, fakeIdSerial, makeFakeId, mockSio;    // 添加新的模块作用域变量。
```

```
fakeIdSerial = 5;

makeFakeId = function () {
  return 'id_' + String( fakeIdSerial++ );
};

getPeopleList = function () {
  return [
    { name : 'Betty', _id : 'id_01',
      css_map : { top: 20, left: 20,
        'background-color' : 'rgb( 128, 128, 128)'
      }
    },
    { name : 'Mike', _id : 'id_02',
      css_map : { top: 60, left: 20,
        'background-color' : 'rgb( 128, 255, 128)'
      }
    },
    { name : 'Pebbles', _id : 'id_03',
      css_map : { top: 100, left: 20,
        'background-color' : 'rgb( 128, 192, 192)'
      }
    },
    { name : 'Wilma', _id : 'id_04',
      css_map : { top: 140, left: 20,
        'background-color' : 'rgb( 192, 128, 128)'
      }
    }
  ];
};

mockSio = (function () {
  var on_sio, emit_sio, callback_map = {};

  on_sio = function ( msg_type, callback ) {
    callback_map[ msg_type ] = callback;
  };

  emit_sio = function ( msg_type, data ) {

    // respond to 'adduser' event with 'userupdate'
    // callback after a 3s delay
    //
    if ( msg_type === 'adduser' && callback_map.userupdate ) {
      setTimeout( function () {
        callback_map.userupdate(
          [{ _id     : makeFakeId(),
             name    : data.name,
             css_map : data.css_map
          }]
        );
      }, 3000 );
    }
  };

  return { emit : emit_sio, on : on_sio };
}());
```

添加模拟的服务端ID序号计数器。

创建生成模拟的服务端ID字符串的方法。

定义mockSio对象闭包。它有两个公开方法：on和emit。

在 mockSio 闭包里面创建 on_sio 方法。这个方法给某个消息类型注册回调函数。比如，on_sio('updateuser', onUpdateuser);会给updateuser 的消息类型注册回调函数onUpdateuser。回调函数的参数是消息数据。

在 mockSio 闭包里面创建 emit_sio 方法。这个方法模拟向服务器发送消息。在第一轮，我们只处理 adduser 的消息类型。当接收后，为模拟网络延时，等待 3 秒钟，然后再调用回调函数 updateuser。

导出模拟的 mockSio 对象的公开方法。将 on_sio 导出为 on，emit_sio 导出为 emit，这样就能模拟真正的 SocketIO 对象。

```
  return {
    getPeopleList : getPeopleList,
    mockSio : mockSio
  };
}());
```

把 mockSio 对象添加到 Fake 的公开 API 里面。

现在已经完成了对 Model 和 Fake 的更新，我们可以测试登入和登出了。

5.4.4 测试 people 对象的 API

和计划的一样，隔离 Model 允许我们测试登入和登出的过程，不用为设置服务器或者准备 UI 而花费时间和开销。除了节省的开销之外，这也确保了更高的质量，因为测试结果不会受到接口或者数据 bug 的影响，我们测试的是已知数据集。这种方式，不需要其他研发组完成他们的组件，我们就可以进行工作。

我们来加载浏览文档（spa/spa.html），确保应用和之前一样。然后打开 JavaScript 控制台，测试 login、logout 和其他方法，如代码清单 5-17 所示。粗体显示的是输入，斜体显示的是输出。

代码清单 5-17 使用 JavaScript 控制台测试登入和登出

```
// create a jQuery collection
$t = $('<div/>');

// Have $t subscribe to global custom events with test functions
$.gevent.subscribe( $t, 'spa-login', function () {
  console.log( 'Hello!', arguments ); });

$.gevent.subscribe( $t, 'spa-logout', function () {
  console.log('!Goodbye', arguments ); });

// get the current user object
var currentUser = spa.model.people.get_user();

// confirm it is anonymous
currentUser.get_is_anon();
>> true

// get the people collection
var peopleDb = spa.model.people.get_db();

// show the names of all people in our list
peopleDb().each(function(person, idx){console.log(person.name);});
>> anonymous
>> Betty
>> Mike
>> Pebbles
>> Wilma

// sign-in as 'Alfred'; get current user within 3s!
```

创建 jQuery 集合（$t），它没有添加到浏览文档上。使用它来测试事件。

让 jQuery 集合 $t 订阅 spa-login 事件，事件函数会在控制台中打印“Hello!”以及参数列表。

让 jQuery 集合 $t 订阅 spa-logout 事件，事件函数会在控制台中打印“!Goodbye”以及参数列表。

确认用户对象是匿名的 person 对象。

确认用户列表和预期的一样。

```
spa.model.people.login( 'Alfred' );
currentUser = spa.model.people.get_user();

// confirm the current user is no longer anonymous
currentUser.get_is_anon();
>> false

// inspect the current user id and cid
currentUser.id;
>> undefined

currentUser.cid;
>> "c0"

// wait 3s ...
>> Hello! > [jQuery.Event, Object]

// revisit the people collection
peopleDb().each(function(person, idx){console.log(person.name);});
>> anonymous
>> Betty
>> Mike
>> Pebbles
>> Wilma
>> Alfred

// sign-out and watch for the event
spa.model.people.logout();
>> !Goodbye [jQuery.Event, Object]

// look at the people collection and current user
peopleDb().each(function(person, idx){console.log(person.name);});
>> anonymous
>> Betty
>> Mike
>> Pebbles
>> Wilma

currentUser = spa.model.people.get_user();
currentUser.get_is_anon();
>> true
```

登入 Alfred。

确认用户对象已不再是匿名 person 对象。即使后端还没有响应，也会设置该用户，所以 get_is_anon()返回 false。

查看用户对象的 id。我们发现 Alfred 已经被添加到客户端，但是 id 是未定义的。这意味着 Model 还没有响应登入请求。

等待 3 秒钟将会发布 spa-login 事件。这会调用 jQuery 集合$t订阅在 spa-login 事件上的函数，所以我们就能在控制台中看到“Hello!”消息和参数列表。

列出人员集合中的每个人员，确保能看到“Alfred”。

调用 logout()方法。它做了一点清理工作，随即发布了 spa-logout 事件。这会调用 jQuery 集合$t 订阅在 spa-logout 事件上的函数，所以我们就能在控制台中看到“!Goodbye”消息和参数列表。

确认人员列表不再包含 Alfred。

确认当前用户对象是匿名 person 对象。

上面的测试让人放心。表明 people 对象在完成目标时表现得很不错。我们可以登入和登出，Model 的行为和定义的一致。由于 Model 不需要 UI 和服务器，很容易创建测试集（test suite）来确保所有的方法符合它们的设计规范。使用有 jQuery 的 Node.js 就能够运行这个测试集，无需使用浏览器。请查看附录 B 的综述，如何来完成这一项工作。

此时是休息的好时机。在下一节，我们将更新接口，这样用户就可以登入和登出了。

5.5 在 Shell 中开启登入和登出的功能

到目前为止，我们对 Model 的开发和 UI 进行了隔离，如图 5-10 所示。

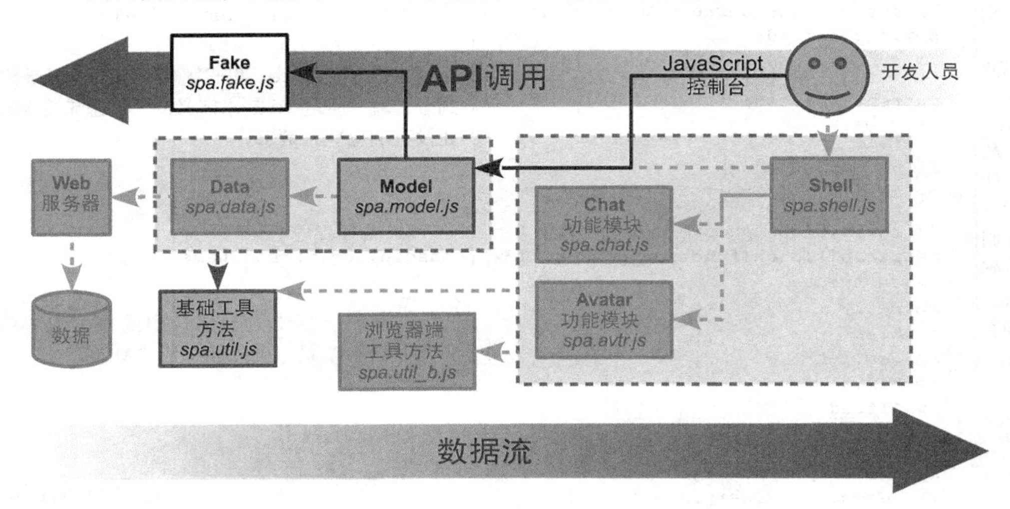

图 5-10　使用 JavaScript 控制台来测试 Model

现在对 Model 已经进行了充分的测试，我们希望用户能通过 UI 而不是 JavaScript 控制台进行登入和登出。现在我们将利用 Shell 来完成这个功能，如图 5-11 所示。

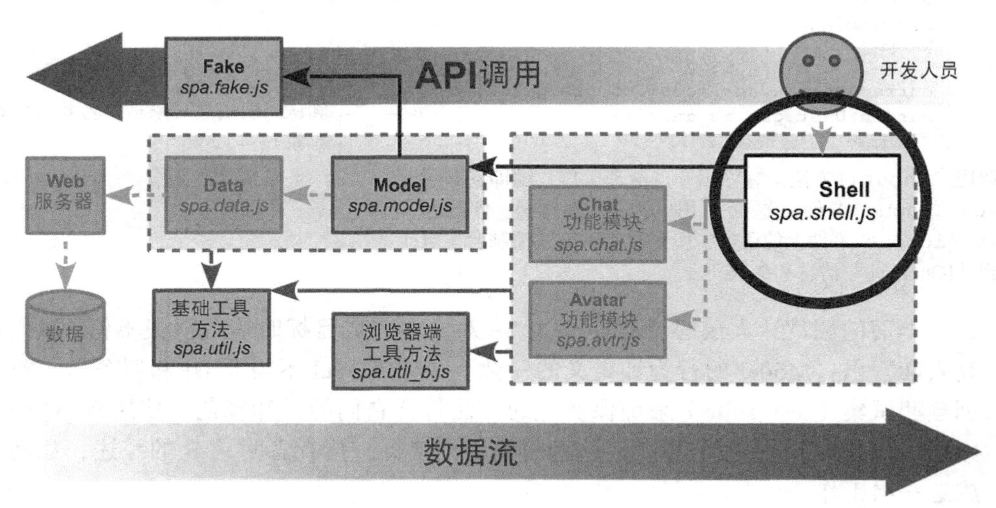

图 5-11　在本节，我们向 Shell 添加图形界面的登入功能

当然，在构建 UI 之前，必须在它应该如何工作方面达成一致。接下来就来做这件事。

5.5.1 设计用户登入的体验

我们喜欢简单和熟悉的用户体验，倾向于用户点击页面右上角来启动登入的过程，这是流行的约定。预想的步骤如图 5-12 所示。

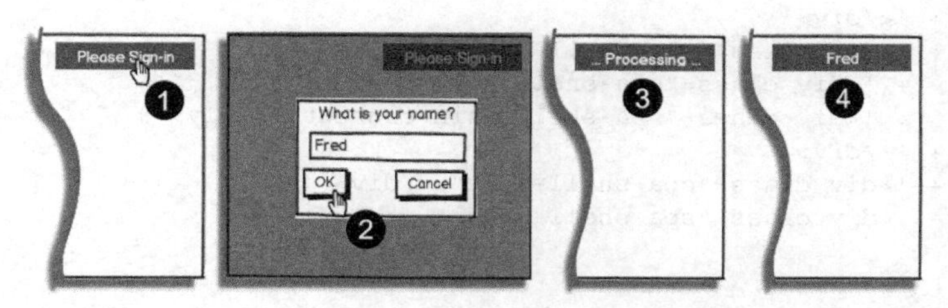

图 5-12 用户看到的登入过程

（1）如果用户未登入，右上角区域（用户区）的提示信息为 Please Sign-in。当用户点击这一文字，将会显示登入对话框。

（2）当用户填完对话框表单并点击 OK 按钮时，就启动了登入过程。

（3）移除登入对话框，当处理登入的时候（这个步骤 Fake 模块总是要花费 3 秒钟），用户区显示... processing ...。

（4）一旦登入过程完成，用户区就显示已登入用户的名字。

用户可以点击用户区的文字进行登出。这会把文字恢复为 Please Sign-in。

现在已经设计好了用户体验事宜，我们可以更新 Shell，让它运转起来。

5.5.2 更新 Shell 的 JavaScript

由于把数据处理和逻辑放到了 Model 里面，我们可以让 Shell 只处理视图和控制器的任务。正如他们说的，当从底层的角度来看，增加对触摸设备（比如平板电脑和移动电话）的支持也是很容易的。我们来修改 Shell，如代码清单 5-18 所示。更改部分以粗体显示。

代码清单 5-18 更新 Shell，添加登入功能——spa/js/spa.shell.js

```
...
spa.shell = (function () {
  'use strict';                                     使用严格指令。
  //---------------- BEGIN MODULE SCOPE VARIABLES ---------------
  var
    configMap = {
      anchor_schema_map : {
        chat  : { opened : true, closed : true }
      },
      resize_interval : 200,
      main_html : String()
```

```
      + '<div class="spa-shell-head">'
        + '<div class="spa-shell-head-logo">'
          + '<h1>SPA</h1>'
          + '<p>javascript end to end</p>'
        + '</div>'
        + '<div class="spa-shell-head-acct"></div>'
      + '</div>'
      + '<div class="spa-shell-main">'
        + '<div class="spa-shell-main-nav"></div>'
        + '<div class="spa-shell-main-content"></div>'
      + '</div>'
      + '<div class="spa-shell-foot"></div>'
      + '<div class="spa-shell-modal"></div>'
  },
...
  copyAnchorMap,    setJqueryMap,    changeAnchorPart,
  onResize,         onHashchange,
    onTapAcct,        onLogin,         onLogout,
    setChatAnchor,    initModule;
  ...
  // Begin DOM method /setJqueryMap/
  setJqueryMap = function () {
    var $container = stateMap.$container;

    jqueryMap = {
      $container : $container,
      $acct      : $container.find('.spa-shell-head-acct'),
      $nav       : $container.find('.spa-shell-main-nav')
    };
  };
  // End DOM method /setJqueryMap/

  ...
  onTapAcct = function ( event ) {
    var acct_text, user_name, user = spa.model.people.get_user();
    if ( user.get_is_anon() ) {
      user_name = prompt( 'Please sign-in' );
      spa.model.people.login( user_name );
      jqueryMap.$acct.text( '... processing ...' );
    }
    else {
      spa.model.people.logout();
    }
    return false;
  };

  onLogin = function ( event, login_user ) {
    jqueryMap.$acct.text( login_user.name );
  };

  onLogout = function ( event, logout_user ) {
    jqueryMap.$acct.text( 'Please sign-in' );
  };

  //------------------- END EVENT HANDLERS -------------------

  ...
```

美化一下头部，增加用来显示账户名称的元素。

声明 onTapAcct、onLogin 和 onLogout 事件处理程序。

添加到 jQuery 缓存映射。

添加 onTapAcct 方法。当点击了账户元素时，如果用户是匿名的（换句话说，未登入），则提示输入用户名，然后调用 spa.model.people.login(<user_name>) 方法。如果用户已经登入，则调用 spa.model.people.logout()方法。

创建 onLogin 事件处理程序。这会更新用户区（在右上角），把文字“Please sign-in”替换为用户名。用户名由 login_user 对象提供，该对象由 spa-login 事件发布。

创建 onLogout 事件处理程序。这会把用户区的文字恢复为“Please sign-in”。

```
initModule = function ( $container ) {
  ...
  $.gevent.subscribe( $container, 'spa-login', onLogin );
  $.gevent.subscribe( $container, 'spa-logout', onLogout );

  jqueryMap.$acct
    .text( 'Please sign-in')
    .bind( 'utap', onTapAcct );
  };
  // End PUBLIC method /initModule/

  return { initModule : initModule };
  //------------------- END PUBLIC METHODS --------------------
}());
```

让jQuery 集合$container分别订阅 spa-login 和 spa-logout 事件对应的 onLogin 和 onLogout 事件处理程序。

初始化用户区的文字。在用户区上，绑定触摸或者鼠标点击的事件处理程序 onTapAcct。

一旦熟悉了 jQuery 全局自定义事件的发布-订阅特性后，我们所做的更改就很好理解了。现在来微调一下 CSS，以便正确地显示用户区。

5.5.3 更新 Shell 的样式表

我们不会对样式表做任何花哨的更改。我们添加或者修改了一些选择器，使用户区看上去美观一点，并顺便清理了一些没用的东西。代码清单 5-19 以粗体显示了所需要的更改：

代码清单 5-19 在 Shell 的样式表中添加用户区的样式——spa/css/spa.shell.css

```
...
.spa-shell-head-logo {
  top    : 4px;
  left   : 8px;
  height : 32px;
  width  : 128px;
}
  .spa-shell-head-logo h1 {
    font : 800 22px/22px Arial, Helvetica, sans-serif;
    margin : 0;
  }
  .spa-shell-head-logo p {
    font : 800 10px/10px Arial, Helvetica, sans-serif;
    margin : 0;
  }

.spa-shell-head-acct {
  top          : 4px;
  right        : 0;
  width        : 210px;
  height       : 32px;
  line-height  : 32px;
  background   : #888;
  color        : #fff;
  text-align   : center;
  cursor       : pointer;
  overflow     : hidden;
```

更新 spa-shell-head-logo 类，把 logo 区域从页边稍微移开一点。

创建并缩进派生选择器 .spa-shell-head-logo h1。这会修改 logo div 中一级标题（h1）的样式。

创建并缩进派生选择器.spa-shell-head-logo p。这会修改 logo div 中段落（p）的样式。

删除.spa-shell-head-search 选择器。

修改 .spa-shell-hend-acct 选择器，这样用户区的文字就更加清晰了。

```
  text-overflow : ellipsis;
}
...
.spa-shell-main-nav {
  width       : 400px;
  background : #eee;
  z-index    : 1;
}
...
.spa-shell-main-content {
  left        : 400px;
  right       : 0;
  background : #ddd;
}
...
```

修改.spa-shell-main-nav 选择器，加大宽度，确保它的空间位置（z-index）在所有类为 spa-shell-main-content 的容器的“上面”。

修改.spa-shell-main-content 选择器，以适应所有相邻的类为 spa-shell-main-nav 的容器所增加的宽度。

现在已经有了 CSS，我们来测试一下更改的效果。

5.5.4 使用 UI 测试登入和登出

当加载浏览文档（spa/spa.html）时，我们看到页面右上角的用户区，显示的是“Please sign in”。当点击这段文字的时候，会显示如图 5-13 所示的对话框。

图 5-13　登入对话框的屏幕截图

当输入用户名并点击 OK 的时候，对话框会关闭，在用户区会显示“... processing ...”[①]，持续 3 秒钟时间，之后会发布 spa-login 事件。然后，Shell 中订阅了这一事件的处理程序，会更新窗口右上角的用户名，如图 5-14 所示。

在登入过程中，让用户知道在发生什么事情，从而确保了很好的体验。这是优秀设计的

① 在公开发布站点之前，我们很可能会使用一个好看的“正在处理中”的图形动画，而不是使用文字。有很多网站免费提供可自定义的高质量图形动画。

品质证明，始终提供即时反馈，甚至可以使相对较慢的应用，看上去也是又快又具响应性。

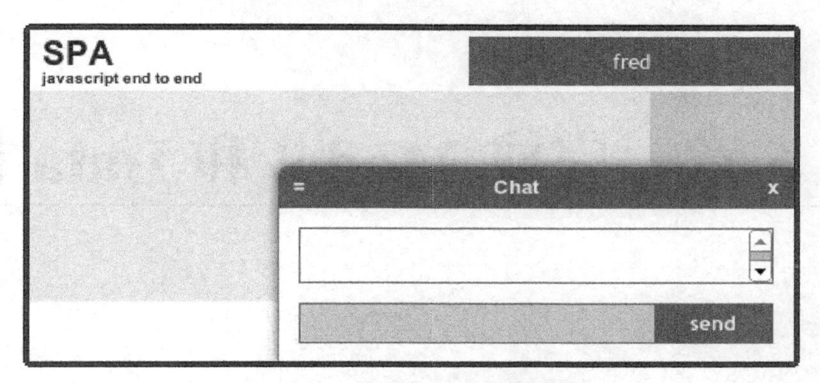

图 5-14 完成登入之后的屏幕截图

5.6 小结

本章介绍了 Model，讨论了它是如何融入我们的架构的。我们概述了 Model 应该做什么和不应该做什么。然后创建了构建 Model 所需要的文件，并对 Model 进行了测试。

我们设计、详细说明、开发并测试了 Model 的部分内容，即 people 对象。使用 Fake 模块向 Model 提供控制数据集，并使用 JavaScript 控制台来测试 people 对象的 API。隔离 Model 的方式，结果是带来更快速的开发和更可控的测试。我们也修改了单页应用，使用了鼠标-触摸插件，这样移动端用户就可以使用它了。

在本章的最后部分，对 Shell 进行了修改，向用户展示登入和登出的功能。我们也让单页应用在用户输入之后提供即时反馈，从而确保了值得肯定的用户体验。

在下一章，我们将向 Model 添加 chat 对象。我们将完成 Chat 功能模块并创建 Avatar 功能模块。然后，准备把客户端和真正的 Web 服务器连接起来。

第 6 章　完成 Model 和 Data 模块

本章涵盖的内容

- 设计 Model 的 chat 对象
- 实现 chat 对象并测试它的 API
- 完成 Chat 功能模块
- 创建新的 Avatar 功能模块
- 使用 jQuery 的数据绑定
- 使用 Data 模块和服务器进行通信

本章会结束从第 5 章开始讲解的 Model 和功能模块的工作。在开始之前，你应该有了第 5 章的项目文件，我们将在其中添加文件。建议你把在第 5 章中创建的整个目录结构复制一份，放到新的“chapter_6”目录中，这样就可以在新目录中更新这些文件了。

在本章中，我们将设计和构建 Model 的 chat 对象，然后会完成聊天滑块的 UI 工作，让它使用并响应 chat 对象的 API。我们还添加了 Avatar 功能模块，它也会使用 chat 对象的 API 在屏幕上显示在线人员列表。我们将讨论如何使用 jQuery 来完成数据绑定。最后，加上 Data 模块，我们就完成了单页应用的客户端部分。

我们先来设计 chat 对象。

6.1　设计 chat 对象

本章我们将构建 Model 的 chat 对象，如图 6-1 所示。

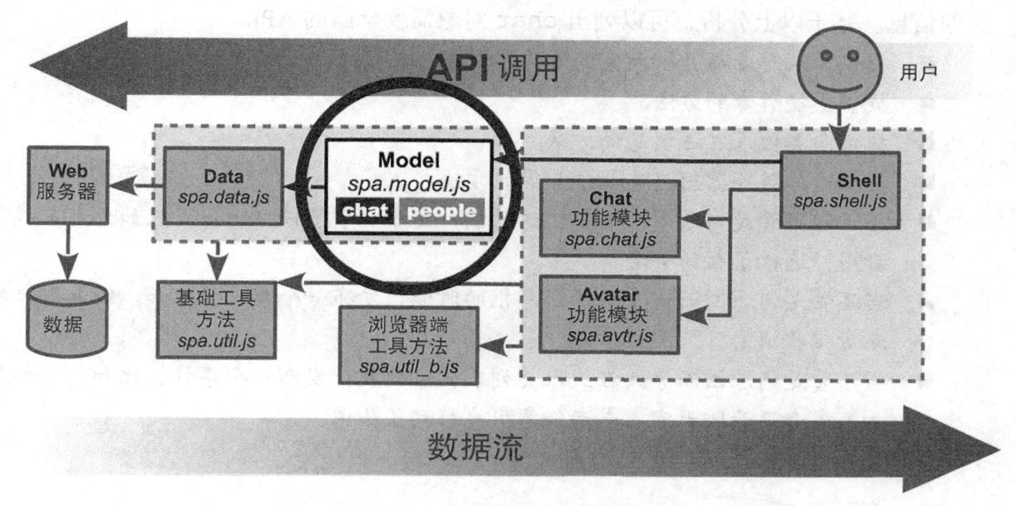

图 6-1　在本章，我们将构建 Model 的 chat 对象

在上一章，我们设计、构建并测试了 Model 的 people 对象。在这一章，我们将设计、构建并测试 chat 对象。我们再看一下在第 4 章中首次提出的 API 规范。

```
...
  //   * chat_model - the chat model object provides methods
  //       to interact with our instant messaging
  //   * people_model - the people model object which provides methods
  //       to interact with the list of people the model maintains
...
```

chat 对象的描述信息（“an object that provides methods to interact with our instant messaging”[1]）是很好的切入点，但对实现来说太宽泛了。我们来设计 chat 对像，首先分析一下想让它完成什么功能。

6.1.1　设计方法和事件

我们知道希望 chat 对象提供即时通信的功能，但需要具体地确定这些功能是什么。考虑一下图 6-2 演示的单页应用实体模型（mockup），有一些关于 chat 的接口说明。

依据经验，我们知道需要初始化聊天室。我们也预料用户可能会更换听者[2]，并可能会向这个人发送消息。从对头像的讨论，我们知道用户可能会更新头像信息。用户不会是唯一驱动 UI 的源，因为我们预期其他人会加入和离开聊天室、发送和接收消息以及更改

① “提供和即时通信进行交互的方法的对象”。——译者注

② 听者（chatee），这里指的是用户与之聊天的那个人。——译者注

头像信息。基于以上分析，可以列出 chat 对象需要暴露的 API。

- 提供加入或者离开聊天室的方法。
- 提供更换听者的方法。
- 提供向其他人发送消息的方法。
- 提供通知服务器用户更新了头像的方法。
- 当听者不管是何原因而有变化的时候，发布一个事件。比如，假如听者下线了或者用户选择了新的听者。
- 当不管是何原因而需要更改消息框的时候，发布一个事件。比如，假如用户发送或者接收消息。
- 当不管是何原因而导致在线人员列表发生变化，发布一个事件。比如，假如某人加入或者离开聊天室，或者任意用户移动了头像。

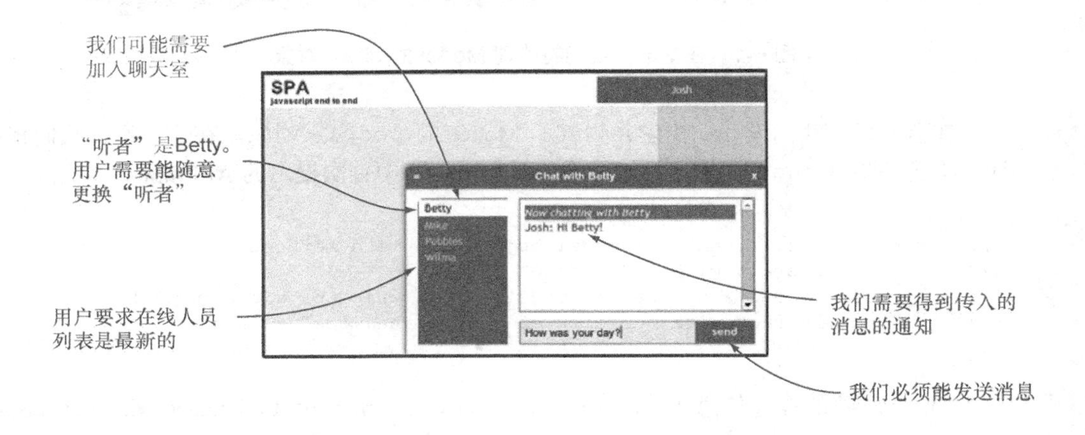

图 6-2 单页应用实体模型（聊天功能聚焦）

chat 对象的 API 使用两种通信渠道。一种渠道是经典的“方法返回值”机制。这种渠道是同步的：数据以已知的序列传输。chat 对象可能会调用外部方法，并将接收的信息作为返回值。其他代码可能会调用 chat 对象的公开方法，并从返回值中接收信息。

chat 对象使用的另一种通信渠道是事件机制。这种渠道是异步的：事件可能会在任意时间发生，不管是不是 chat 对象的动作。chat 对象会接收事件（像来自服务器的消息）和发布事件，供 UI 使用。

我们来设计 chat 对象，首先考虑的是同步方法。

1. 设计 chat 的方法

正如在第 5 章讨论的，方法是公开暴露的函数，像 spa.model.chat.get_chatee，可以用它来执行操作并同步返回数据。考虑到我们的需求，下面的方法列表似乎是正确的。

- join()——加入聊天室。如果用户是匿名的，该方法应该终止并返回 false。
- get_chatee()——返回正在与之聊天的 person 对象。如果没有听者，则返回 null。
- set_chatee(<person_id>)——根据唯一的 person_id，把 person 对象设置为听者。该方法应该发布 spa-setchatee 事件，携带的数据是听者信息。如果在线人员集合中找不到需要匹配的 person 对象，则把听者设置为 null。如果请求的人员已经是听者了，则返回 false。
- send_message(<msg_text>)——向听者发送消息。应该发布 spa-updatechat 事件，携带的数据是消息信息。如果用户是匿名的或者听者为 null，该方法应该不做操作并返回 false。
- update_avatar(<update_avatar_map>)——更新 person 对象的头像信息。参数（update_avatar_map）应该包含 person_id 和 css_map 属性。

这些方法似乎能满足我们的需求。现在我们来更详细地思考一下 chat 应该发布的事件。

2．设计 chat 的事件

之前已经讨论过，事件是用来异步发布数据的。比如，如果接收到一条消息，chat 对象将需要通知订阅的 jQuery 集合做出相应的变化，并提供更新显示所必需的数据。

我们预计在线人员集合和听者会经常变化。这些变化并不总是缘于用户的操作，比如，听者可能在任何时候发送消息。下面是要将这些变化传达给功能模块的事件。

- spa-listchange 当在线人员列表发生变化的时候，应该发布这个事件。携带的数据是更新的人员集合。
- spa-setchatee 当听者发生变化的时候，应该发布这个事件。携带的数据是包含旧听者和新听者的映射对象。
- spa-updatechat 当发送或者接收到新消息的时候，应该发布这个事件。携带的数据是消息信息的映射对象。

和在第 5 章里面的做法一样，我们将使用 jQuery 全局事件作为发布机制。现在已经仔细考虑了所需的方法和事件，我们继续来添加文档并实现它们。

6.1.2 给 chat 对象的 API 添加文档

现在我们把所有的计划合并为一个 API 规范，可以把该规范放在 Model 的代码中以供参考，见代码清单 6-1。

代码清单 6-1　chat 对象的 API——spa/js/spa.model.js

```
// The chat object API
// -------------------
// The chat object is available at spa.model.chat.
// The chat object provides methods and events to manage
// chat messaging. Its public methods include:
//  * join() - joins the chat room. This routine sets up
//    the chat protocol with the backend including publishers
//    for 'spa-listchange' and 'spa-updatechat' global
//    custom events. If the current user is anonymous,
//    join() aborts and returns false.
//  * get_chatee() - return the person object with whom the user
//    is chatting. If there is no chatee, null is returned.
//  * set_chatee( <person_id> ) - set the chatee to the person
//    identified by person_id. If the person_id does not exist
//    in the people list, the chatee is set to null. If the
//    person requested is already the chatee, it returns false.
//    It publishes a 'spa-setchatee' global custom event.
//  * send_msg( <msg_text> ) - send a message to the chatee.
//    It publishes a 'spa-updatechat' global custom event.
//    If the user is anonymous or the chatee is null, it
//    aborts and returns false.
//  * update_avatar( <update_avtr_map> ) - send the
//    update_avtr_map to the backend. This results in an
//    'spa-listchange' event which publishes the updated
//    people list and avatar information (the css_map in the
//    person objects). The update_avtr_map must have the form
//    { person_id : person_id, css_map : css_map }.
//
// jQuery global custom events published by the object include:
//  * spa-setchatee - This is published when a new chatee is
//    set. A map of the form:
//      { old_chatee : <old_chatee_person_object>,
//        new_chatee : <new_chatee_person_object>
//      }
//    is provided as data.
//  * spa-listchange - This is published when the list of
//    online people changes in length (i.e. when a person
//    joins or leaves a chat) or when their contents change
//    (i.e. when a person's avatar details change).
//    A subscriber to this event should get the people_db
//    from the people model for the updated data.
//  * spa-updatechat - This is published when a new message
//    is received or sent. A map of the form:
//      { dest_id   : <chatee_id>,
//        dest_name : <chatee_name>,
//        sender_id : <sender_id>,
//        msg_text  : <message_content>
//      }
//    is provided as data.
//
```

现在已经完成了 chat 对象的规范，我们来实现它并测试它的 API。之后，我们将修改 Shell 和功能模块，以便使用 chat 对象的 API 来提供新的功能。

6.2 构建 chat 对象

现在已经设计好了 chat 对象的 API，我们就可以来构建它了。和在第 5 章一样，我们将使用 Fake 模块和 JavaScript 控制台，而避免使用 Web 服务器或者 UI。随着讲解的不断深入，要记住，本章的“后端”是由 Fake 模块模拟的。

6.2.1 先创建 chat 对象的 join 方法

在这一小节，我们将创建 Model 中的 chat 对象，以便可以：

- 使用 spa.model.people.login(<username>)方法进行登入；
- 使用 spa.model.chat.join()方法加入聊天室；
- 注册一个回调函数，每当 Model 从后端接收到 listchange 消息时，就发布 spa-listchange 事件。这表示用户列表发生了变化。

chat 对象将依赖 people 对象，以便登入和维护在线人员列表。它不允许匿名用户加入聊天室。我们来开始构建 Model 中的 chat 对象，如代码清单 6-2 所示。更改部分以粗体显示。

代码清单 6-2 开始构建 chat 对象——spa/js/spa.model.js

```
spa.model = (function () {
  ...
    stateMap  = {
      ...
      is_connected : false,
      ...
    },
  ...
    personProto, makeCid, clearPeopleDb, completeLogin,
    makePerson, removePerson, people, chat, initModule;
  ...
  // The chat object API
  // -------------------
  // The chat object is available at spa.model.chat.
  // The chat object provides methods and events to manage
  // chat messaging. Its public methods include:
  // * join() - joins the chat room. This routine sets up
  //   the chat protocol with the backend including publishers
  //   for 'spa-listchange' and 'spa-updatechat' global
```

创建 stateMap.is_connected 标志，表示用户目前是否在聊天室中。

```
//   custom events. If the current user is anonymous,
//   join() aborts and returns false.
//...
//
// jQuery global custom events published by the object include:
// ...
// * spa-listchange - This is published when the list of
//   online people changes in length (i.e. when a person
//   joins or leaves a chat) or when their contents change
//   (i.e. when a person's avatar details change).
//   A subscriber to this event should get the people_db
//   from the people model for the updated data.
// ...
//
chat = (function () {
  var
    _publish_listchange,
    _update_list, _leave_chat, join_chat;

  // Begin internal methods
  _update_list = function( arg_list ) {
    var i, person_map, make_person_map,
      people_list = arg_list[ 0 ];

    clearPeopleDb();

    PERSON:
    for ( i = 0; i < people_list.length; i++ ) {
      person_map = people_list[ i ];

      if ( ! person_map.name ) { continue PERSON; }

      // if user defined, update css_map and skip remainder
      if ( stateMap.user && stateMap.user.id === person_map._id ) {
        stateMap.user.css_map = person_map.css_map;
        continue PERSON;
      }

      make_person_map = {
        cid     : person_map._id,
        css_map : person_map.css_map,
        id      : person_map._id,
        name    : person_map.name
      };

      makePerson( make_person_map );
    }

    stateMap.people_db.sort( 'name' );
  };

  _publish_listchange = function ( arg_list ) {
    _update_list( arg_list );
    $.gevent.publish( 'spa-listchange', [ arg_list ] );
  };
  // End internal methods

  _leave_chat = function () {
    var sio = isFakeData ? spa.fake.mockSio : spa.data.getSio();
```

创建 chat 名字空间。

创建_update_list 方法，当接收到新的人员列表时，用来刷新 people 对象。

创建_publish_listchange 方法，用来发布 spa-listchange 全局 jQuery 事件，携带的数据是更新的人员列表。每当接收到来自后端的 listchange 消息时，我们会使用这个方法。

创建_leave_chat 方法，它向后端发送 leavechat 消息，并清理状态变量。

```
    stateMap.is_connected = false;
    if ( sio ) { sio.emit( 'leavechat' ); }
  };

  join_chat = function () {
    var sio;

    if ( stateMap.is_connected ) { return false; }

    if ( stateMap.user.get_is_anon() ) {
      console.warn( 'User must be defined before joining chat');
      return false;
    }

    sio = isFakeData ? spa.fake.mockSio : spa.data.getSio();
    sio.on( 'listchange', _publish_listchange );
    stateMap.is_connected = true;
    return true;
  };

  return {
    _leave : _leave_chat,
    join : join_chat
  };
}());

initModule = function () {
  // initialize anonymous person
  stateMap.anon_user = makePerson({
    cid   : configMap.anon_id,
    id    : configMap.anon_id,
    name  : 'anonymous'
  });
  stateMap.user = stateMap.anon_user;
};

return {
  initModule : initModule,
  chat       : chat,
  people     : people
};
}());
```

创建join_chat方法，这样就可以加入聊天室了。该方法会检查用户是否已经加入了聊天室（stateMap.is_connected），这样就不会多次注册listchange回调函数。

导出chat的所有公开方法。

移除把模拟人员列表插入到people对象的代码，因为现在当用户加入聊天的时候，会执行这步操作。

在公开对象中加入chat。

这是chat对象的第一轮实现。我们没有添加更多的方法，而是希望对到目前为止所创建的方法进行测试。在下一小节，我们会更新Fake模块，模拟测试所需的和服务器的交互。

6.2.2 更新Fake以响应chat.join

现在我们需要更新Fake模块，这样就可以模拟测试join方法所需的服务器响应。所需更改包括以下几项。

- 把已登入的用户列入模拟人员列表中。
- 模拟接收来自服务器的listchange消息。

第一步很简单：创建一个人员映射，把它添加到 Fake 维护的人员列表里面。第二步需要点技巧，所以请继续听我说完：仅在用户登入并加入了聊天室之后，chat 对象才会给来自后端的 listchange 消息注册处理程序。因此，可以添加一个私有的 send_listchange 函数，仅当注册了这个处理程序的时候才发送模拟的人员列表。我们来进行这些更改，如代码清单 6-3 所示。更改部分以粗体显示。

代码清单 6-3　更新 Fake，模拟加入聊天室的服务器消息——spa/js/spa.fake.js

```
...
spa.fake = (function () {
  'use strict';
  var peopleList, fakeIdSerial, makeFakeId, mockSio;

  fakeIdSerial = 5;

  makeFakeId = function () {
    return 'id_' + String( fakeIdSerial++ );
  };

  peopleList = [
    { name : 'Betty', _id : 'id_01',
      css_map : { top: 20, left: 20,
        'background-color' : 'rgb( 128, 128, 128)'
      }
    },
    { name : 'Mike', _id : 'id_02',
      css_map : { top: 60, left: 20,
        'background-color' : 'rgb( 128, 255, 128)'
      }
    },
    { name : 'Pebbles', _id : 'id_03',
      css_map : { top: 100, left: 20,
        'background-color' : 'rgb( 128, 192, 192)'
      }
    },
    { name : 'Wilma', _id : 'id_04',
      css_map : { top: 140, left: 20,
        'background-color' : 'rgb( 192, 128, 128)'
      }
    }
  ];

  mockSio = (function () {
    var
      on_sio, emit_sio,
      send_listchange, listchange_idto,
      callback_map = {};

    on_sio = function ( msg_type, callback ) {
      callback_map[ msg_type ] = callback;
    };

    emit_sio = function ( msg_type, data ) {
      var person_map;
```

创建 peopleList，用来保存模拟的人员列表，为映射数组。

修改响应以便添加 adduser 消息（发生在用户登入时），把用户定义添加到模拟的人员列表里面。

```
    // Respond to 'adduser' event with 'userupdate'
    // callback after a 3s delay.
    if ( msg_type === 'adduser' && callback_map.userupdate ) {
      setTimeout( function () {
        person_map = {
          _id     : makeFakeId(),
          name    : data.name,
          css_map : data.css_map
        };
        peopleList.push( person_map );
        callback_map.userupdate([ person_map ]);
      }, 3000 );
    }
  };

  // Try once per second to use listchange callback.
  // Stop trying after first success.
  send_listchange = function () {
    listchange_idto = setTimeout( function () {
      if ( callback_map.listchange ) {
        callback_map.listchange([ peopleList ]);
        listchange_idto = undefined;
      }
      else { send_listchange(); }
    }, 1000 );
  };

  // We have to start the process ...
  send_listchange();

  return { emit : emit_sio, on : on_sio };
 }());

 return { mockSio : mockSio };
}());
```

添加 send_listchange 函数，模拟接收来自后端的 listchange 消息。每隔一秒，该方法会查找 listchange 回调函数（仅在用户登入并加入了聊天室之后，chat 对象才会注册这个回调函数）。如果找到了回调函数，则会执行这个回调函数，参数是模拟的 peopleList，send_listchange 函数会停止轮询。

添加开始执行 send_listchange 函数的代码。

移除 getPeopleList 方法，因为现在想要的数据已经由 listchange 处理程序提供。

现在已经完成了 chat 对象，我们来对它进行测试，和在第 5 章测试 people 对象的方式一样。

6.2.3　测试 chat.join 方法

在继续构建 chat 对象之前，要确保到目前为止，实现的功能和预期的一样。首先，加载浏览文档（spa/spa.html），打开 JavaScript 控制台，并确保单页应用没有显示 JavaScript 错误。然后，使用控制台来测试方法，如代码清单 6-4 所示。粗体显示的是输入，斜体显示的是输出：

代码清单 6-4　测试 spa.model.chat.join()，不用 UI 和服务器

创建 jQuery 集合（$t），不添加到浏览文档里面。我们用它来测试事件。

```
// create a jQuery collection
var $t = $('<div/>');

// Have $t subscribe to global custom events with test functions
```

让 jQuery 集合$t 订阅 spa-login 事件，事件函数会在控制台中打印 “Hello!” 以及参数列表。

```
$.gevent.subscribe( $t, 'spa-login', function () {
  console.log( 'Hello!', arguments ); });

$.gevent.subscribe( $t, 'spa-listchange', function () {
  console.log( '*Listchange', arguments ); });

// get the current user object
var currentUser = spa.model.people.get_user();

// confirm this is not yet signed-in
currentUser.get_is_anon();
>> true

// try to join chat without being signed-in
spa.model.chat.join();
>> User must be defined before joining chat

// sign-in, wait 3s. The UI updates too!
spa.model.people.login( 'Fred' );
>> Hello! > [jQuery.Event, Object]

// get the people collection
var peopleDb = spa.model.people.get_db();

// show the names of all people in the collection.
peopleDb().each(function(person, idx){console.log(person.name);});
>> anonymous
>> Fred

// join the chat
spa.model.chat.join();
>> true
// the spa-listchange event should fire almost immediately.
>> *Listchange > [jQuery.Event, Array[1]]

// inspect the user list again. We see the people list has
// been updated to show all online people.
var peopleDb = spa.model.people.get_db();
peopleDb().each(function(person, idx){console.log(person.name);});
>> Betty
>> Fred
>> Mike
>> Pebbles
>> Wilma
```

让jQuery集合$t 订阅spa-listchange 事件，事件函数会在控制台中打印“*Listchange”以及参数列表。

从people对象中获取当前用户对象。

使用get_is_anon()方法确认用户还没有登入。

没登入的情况下尝试加入聊天室。按照我们的API规范，会被拒绝。

登入 Fred。如果你看着浏览器右上角的用户区域，则文字会从“Please sign-in”变成“…processing…”再变成“Fred”。在登入完成时，会发布spa-login 事件。这会调用 jQuery 集合$t 订阅在 spa-login 事件上的函数，所以我们会在控制台中看到“Hello!”消息以及参数列表。

从people对象中获取TaffyDB人员集合。

确认人员集合中只有Fred和匿名用户。这很好理解，因为我们还没有加入聊天室。

加入聊天室。

确认我们看到返回了Socket.IO风格的参数数组。参数数组的第一项是更新的用户列表。

在调用join()后不到一秒钟，会发布spalistchange事件。这会调用jQuery集合$t订阅在spalistchange事件上的函数，所以我们会在控制台中看到“*Listchange”消息以及参数列表。

获取更新后的人员列表。

确认现在的人员列表包含了模拟的群聊人员，包括Fred。

我们已经完成并测试了chat对象的第一部分功能，可以登入、加入聊天室以及查看人员列表。现在我们希望chat对象可以发送和接收消息。

6.2.4　给 chat 对象添加消息传输功能

发送和接收消息不像它们看上去那么简单。因为FedEx会告诉你，我们必须处理后勤工作：管理消息的传递和接收。我们需要：

- 维护听者的记录；

- 发送消息的时候带上元数据（metadata）信息，比如发送者的ID、发送者的名字以及接收者的ID;
- 优雅地处理用户给离线人员发送消息的潜在情况;
- 当从后端接收到消息时，发布jQuery全局事件，这样jQuery集合就可以订阅这些事件，并按照这些事件调用相应的函数。

首先我们来更新Model，如代码清单6-5所示。更改部分以粗体显示。

代码清单6-5 给Model添加消息传输功能——spa/js/spa.model.js

```
...
completeLogin = function ( user_list ) {
  ...
  stateMap.people_cid_map[ user_map._id ] = stateMap.user;
  chat.join();
  $.gevent.publish( 'spa-login', [ stateMap.user ] );
};
...

people = (function () {
  ...
  logout = function () {
    var is_removed, user = stateMap.user;

    chat._leave();
    is_removed    = removePerson( user );
    stateMap.user = stateMap.anon_user;

    $.gevent.publish( 'spa-logout', [ user ] );
    return is_removed;
  };
  ...
}());

// The chat object API
// -------------------
// The chat object is available at spa.model.chat.
// The chat object provides methods and events to manage
// chat messaging. Its public methods include:
//  * join() - joins the chat room. This routine sets up
//    the chat protocol with the backend including publishers
//    for 'spa-listchange' and 'spa-updatechat' global
//    custom events. If the current user is anonymous,
//    join() aborts and returns false.
//  * get_chatee() - return the person object with whom the user
//    is chatting with. If there is no chatee, null is returned.
//  * set_chatee( <person_id> ) - set the chatee to the person
//    identified by person_id. If the person_id does not exist
//    in the people list, the chatee is set to null. If the
//    person requested is already the chatee, it returns false.
```

让completeLogin方法调用chat.join()，这样一旦用户完成登入就会自动加入聊天室。

让people._logout方法调用chat._leave()，这样一旦用户完成登出就会自动退出聊天室。

给get_chatee()、set_chatee()和send_msg()添加API文档。

给 spa-setchatee 和 spa-updatechat 事件添加 API 文档。

```
//     It publishes a 'spa-setchatee' global custom event.
//   * send_msg( <msg_text> ) - send a message to the chatee.
//     It publishes a 'spa-updatechat' global custom event.
//     If the user is anonymous or the chatee is null, it
//     aborts and returns false.
// ...
//
// jQuery global custom events published by the object include:
// * spa-setchatee - This is published when a new chatee is
//   set. A map of the form:
//     { old_chatee : <old_chatee_person_object>,
//       new_chatee : <new_chatee_person_object>
//     }
//   is provided as data.
//   * spa-listchange - This is published when the list of
//     online people changes in length (i.e. when a person
//     joins or leaves a chat) or when their contents change
//     (i.e. when a person's avatar details change).
//     A subscriber to this event should get the people_db
//     from the people model for the updated data.
// * spa-updatechat - This is published when a new message
//   is received or sent. A map of the form:
//     { dest_id : <chatee_id>,
//       dest_name : <chatee_name>,
//       sender_id : <sender_id>,
//       msg_text : <message_content>
//     }
//   is provided as data.
//
chat = (function () {
  var
    _publish_listchange, _publish_updatechat,
    _update_list, _leave_chat,

    get_chatee, join_chat, send_msg, set_chatee,

    chatee = null;

  // Begin internal methods
  _update_list = function( arg_list ) {
    var i, person_map, make_person_map,
      people_list      = arg_list[ 0 ],
      is_chatee_online = false;

    clearPeopleDb();

    PERSON:
    for ( i = 0; i < people_list.length; i++ ) {
      person_map = people_list[ i ];

      if ( ! person_map.name ) { continue PERSON; }

      // if user defined, update css_map and skip remainder
      if ( stateMap.user && stateMap.user.id === person_map._id ) {
        stateMap.user.css_map = person_map.css_map;
        continue PERSON;
      }
```

添加 is_chatee_online 标志。

```
      make_person_map = {
        cid     : person_map._id,
        css_map : person_map.css_map,
        id      : person_map._id,
        name    : person_map.name
      };

      if ( chatee && chatee.id === make_person_map.id ) {
        is_chatee_online = true;
      }
      makePerson( make_person_map );
    }

    stateMap.people_db.sort( 'name' );
    // If chatee is no longer online, we unset the chatee
    // which triggers the 'spa-setchatee' global event
    if ( chatee && ! is_chatee_online ) { set_chatee(''); }
  };

  _publish_listchange = function ( arg_list ) {
    _update_list( arg_list );
    $.gevent.publish( 'spa-listchange', [ arg_list ] );
  };

  _publish_updatechat = function ( arg_list ) {
    var msg_map = arg_list[ 0 ];

    if ( ! chatee ) { set_chatee( msg_map.sender_id ); }
    else if ( msg_map.sender_id !== stateMap.user.id
      && msg_map.sender_id !== chatee.id
    ) { set_chatee( msg_map.sender_id ); }

    $.gevent.publish( 'spa-updatechat', [ msg_map ] );
  };
  // End internal methods

  _leave_chat = function () {
    var sio = isFakeData ? spa.fake.mockSio : spa.data.getSio();
    chatee = null;
    stateMap.is_connected = false;
    if ( sio ) { sio.emit( 'leavechat' ); }
  };

  get_chatee = function () { return chatee; };

  join_chat  = function () {
    var sio;

    if ( stateMap.is_connected ) { return false; }

    if ( stateMap.user.get_is_anon() ) {
      console.warn( 'User must be defined before joining chat');
      return false;
    }

    sio = isFakeData ? spa.fake.mockSio : spa.data.getSio();
    sio.on( 'listchange', _publish_listchange );
    sio.on( 'updatechat', _publish_updatechat );
    stateMap.is_connected = true;
```

添加代码，如果chatee人员对象在更新后的用户列表中，则设置is_chatee_online标志为true。

如果chatee人员对象不在更新的用户列表中，则把它设置为空。

创建_publish_updatechat便捷方法。它会发布spa-updatechat事件，携带的数据是消息的详细信息的映射。

创建get_chatee方法，返回chatee人员对象。

绑定_publish_updatechat函数，处理从后端接收到的updatechat消息。结果，每当接收到消息的时候，会发布spa-updatechat事件。

```
    return true;
  };
  send_msg = function ( msg_text ) {
    var msg_map,
      sio = isFakeData ? spa.fake.mockSio : spa.data.getSio();
    if ( ! sio ) { return false; }
    if ( ! ( stateMap.user && chatee ) ) { return false; }
    msg_map = {
      dest_id   : chatee.id,
      dest_name : chatee.name,
      sender_id : stateMap.user.id,
      msg_text  : msg_text
    };
    // we published updatechat so we can show our outgoing messages
    _publish_updatechat( [ msg_map ] );
    sio.emit( 'updatechat', msg_map );
    return true;
  };

  set_chatee = function ( person_id ) {
    var new_chatee;
    new_chatee = stateMap.people_cid_map[ person_id ];
    if ( new_chatee ) {
      if ( chatee && chatee.id === new_chatee.id ) {
        return false;
      }
    }
    else {
      new_chatee = null;
    }
    $.gevent.publish( 'spa-setchatee',
      { old_chatee : chatee, new_chatee : new_chatee }
    );
    chatee = new_chatee;
    return true;
  };

  return {
    _leave       : _leave_chat,
    get_chatee   : get_chatee,
    join         : join_chat,
    send_msg     : send_msg,
    set_chatee   : set_chatee
  };
}());

initModule = function () {  ...
};

return {
  initModule : initModule,
  chat       : chat,
  people     : people
};
}());
```

创建 send_msg 方法，发送文本消息和相关的详细信息。

添加代码，如果没有连接，则取消消息发送。如果用户或者听者有一个没有设置，也会取消发送。

添加代码，把消息和相关的详细信息构造为映射。

添加代码，发布 spa-updatechat 事件，这样用户可以在聊天窗口中看到他们的消息。

创建 set_chatee 方法，把 chatee 对象更改为传入的对象。如果传入的 chatee 对象和当前的一样，代码什么也不做，返回 false。

添加代码，发布 spa-setchatee 事件，携带的数据是 old_chatee 和 new_chatee。

导出新增的公开方法：get_chatee、send_msg 和 set_chatee。

我们已经完成了对 chat 对象的第二轮实现，添加了消息传输的功能。和以前一样，在添加更多的功能之前，我们希望检查一下工作。在下一小节，我们将更新 Fake 模块，模拟和服务器的交互。

6.2.5 更新 Fake，模拟消息传输功能

现在我们需要更新 Fake 模块，这样它就可以模拟所需的服务器响应，以便测试消息传输方法。要做的更改包括以下几项。

- 模拟发出的 updatechat 消息的响应，响应内容是来自当前听者的 updatechat 消息。
- 模拟来自 Wilma 的未经请求的 updatechat 消息。
- 模拟发出的 leavechat 消息的响应。当用户登出的时候，会发送这个消息。可以在这个时候解除聊天消息回调函数的绑定。

我们来更新 Fake 模块，更改如代码清单 6-6 所示。更改部分以粗体显示。

代码清单 6-6 向 Fake 模块添加模拟的消息——spa/js/spa.fake.js

```
...
  mockSio = (function () {
    var
      on_sio, emit_sio, emit_mock_msg,
      send_listchange, listchange_idto,
      callback_map = {};

    on_sio = function ( msg_type, callback ) {
      callback_map[ msg_type ] = callback;
    };

    emit_sio = function ( msg_type, data ) {
      var person_map;

      // Respond to 'adduser' event with 'userupdate'
      // callback after a 3s delay.
      if ( msg_type === 'adduser' && callback_map.userupdate ) {
        setTimeout( function () {
          person_map = {
            _id     : makeFakeId(),
            name    : data.name,
            css_map : data.css_map
          };
          peopleList.push( person_map );
          callback_map.userupdate([ person_map ]);
        }, 3000 );
      }

      // Respond to 'updatechat' event with an 'updatechat'
      // callback after a 2s delay. Echo back user info.
      if ( msg_type === 'updatechat' && callback_map.updatechat ) {
        setTimeout( function () {
```

添加模拟消息函数 edit_mock_msg 的声明。

添加代码，延迟 2 秒钟后使用模拟的响应对发送的消息进行响应。

```
          var user = spa.model.people.get_user();
          callback_map.updatechat([{
            dest_id : user.id,
            dest_name : user.name,
            sender_id : data.dest_id,
            msg_text : 'Thanks for the note, ' + user.name
          }]);
        }, 2000);
      }

      if ( msg_type === 'leavechat' ) {
        // reset login status
        delete callback_map.listchange;
        delete callback_map.updatechat;

        if ( listchange_idto ) {
          clearTimeout( listchange_idto );
          listchange_idto = undefined;
        }
        send_listchange();
      }
    };

    emit_mock_msg = function () {
      setTimeout( function () {
        var user = spa.model.people.get_user();
        if ( callback_map.updatechat ) {
          callback_map.updatechat([{
            dest_id : user.id,
            dest_name : user.name,
            sender_id : 'id_04',
            msg_text : 'Hi there ' + user.name + '! Wilma here.'
          }]);
        }
        else { emit_mock_msg(); }
      }, 8000 );
    };

    // Try once per second to use listchange callback.
    // Stop trying after first success.
    send_listchange = function () {
      listchange_idto = setTimeout( function () {
        if ( callback_map.listchange ) {
          callback_map.listchange([ peopleList ]);
          emit_mock_msg();
          listchange_idto = undefined;
        }
        else { send_listchange(); }
      }, 1000 );
    };

    // We have to start the process ...
    send_listchange();

    return { emit : emit_sio, on : on_sio };
  }());

  return { mockSio : mockSio };
}());
```

添加代码，如果接收到 leavechat 消息，则清除 chat 使用的回调函数。这意味着用户已经登出。

添加代码，每隔 8 秒钟，给已登入的用户发送模拟的消息。当设置了 updatechat 回调函数时，仅当有用户登入才会成功。成功时，程序就不再调用自身，因此不会再尝试发送模拟消息。

添加代码，在用户登入后，开始发送模拟消息。

现在已经有了 chat 对象，也更新了 Fake 模块，我们可以测试消息传输功能了。

6.2.6 测试 chat 的消息传输功能

现在可以测试设置听者、发送消息和接收消息。加载浏览文档（spa/spa.html），打开 JavaScript 控制台，确保没有错误。然后可以进行测试，如代码清单 6-7 所示。粗体显示的是输入，斜体显示的是输出。

代码清单 6-7 测试消息交换

```
// create a jQuery collection
var $t = $('<div/>');

// bind functions to test global events
$.gevent.subscribe( $t, 'spa-login', function( event, user ) {
  console.log('Hello!', user.name); });

$.gevent.subscribe( $t, 'spa-updatechat', function( event, chat_map ) {
  console.log( 'Chat message:', chat_map);
});

$.gevent.subscribe( $t, 'spa-setchatee',
  function( event, chatee_map ) {
  console.log( 'Chatee change:', chatee_map);
});

$.gevent.subscribe( $t, 'spa-listchange',
  function( event, changed_list ) {
  console.log( '*Listchange:', changed_list );
});

// sign-in, wait 3s
spa.model.people.login( 'Fanny' );
>> Hello! Fanny
>> *Listchange: [Array[5]]

// try to send a message without setting chatee
spa.model.chat.send_msg( 'Hi Pebbles!' );
>> false

// wait about 8 seconds for a test message to come in
>> Chatee change: Object {old_chatee: null, new_chatee: Object}
>> Chat message: Object {dest_id: "id_5", dest_name: "Fanny",
>> sender_id: "id_04", msg_text: "Hi there Fanny! Wilma here."}
```

- 创建 jQuery 集合（$t），不添加到浏览文档里面。我们用它来测试事件。
- 让 jQuery 集合$t 订阅 spa-login 事件，事件函数会在控制台中打印“Hello!”以及用户名。
- 让 jQuery 集合$t 订阅 spa-updatechat 事件，事件函数会在控制台中打印“Chat message:”以及chat_map。
- 让jQuery 集合$t 订阅 spa-setchatee 事件，事件函数会在控制台中打印“Chatee change:”以及 chatee_map。
- 让 jQuery 集合$t 订阅 spa-listchange 事件，事件函数会在控制台中打印“*Listchange:”以及 changed_list。
- 登入 Fanny。
- 确认 3 秒钟之后，发布了 spa-login 事件，这会调用$t 为该事件订阅的函数。
- 也会发布 spa-listchange 事件，这会调用$t 为该事件订阅的函数。
- 方法返回 false，因为我们还没有设置接收者。
- 尝试不设置 chatee 就发送消息。在接收到来自 Wilma 的消息之前的 8 秒钟内运行这条语句。
- 发布了 spa-updatechat 事件，这会调用$t 为该事件订阅的函数。
- 几秒钟后，发布了 spa-setchatee 事件，这会调用$t 为该事件订阅的函数。

```
// receipt of a message sets the chatee
spa.model.chat.send_msg( 'What is up, tricks?' );
>> Chat message: Object {dest_id: "id_04", dest_name: "Wilma",
>>   sender_id: "id_5", msg_text: "What is up tricks?"}
>> true

>> Chat message: Object {dest_id: "id_5", dest_name: "Fanny",
>> sender_id: "id_04", msg_text: "Thanks for the note, Fanny"}

// Set the chatee to Pebbles
spa.model.chat.set_chatee( 'id_03' );
>> Chatee change: Object {old_chatee: Object, new_chatee: Object}
 >> true
// Send a message
spa.model.chat.send_msg( 'Hi Pebbles!' )
>> Chat message: Object {dest_id: "id_03", dest_name: "Pebbles",
>>   sender_id: "id_5", msg_text: "Hi Pebbles!"}
>> true
>> Chat message: Object {dest_id: "id_5", dest_nam: "Fanny",
>>   sender_id: "id_03", msg_text: "Thanks for the note, Fanny"}
```

向听者发送消息“What is up, tricks?”。听者是上一次发送消息给用户的人。

成功时，该方法返回 true。

我们看到对发送消息的响应，并发布了 spa-updatechat 事件，这会调用$t 为该事件订阅的函数。

把听者设置为ID是 id_03 的人。

确认在成功时，set_chatee 方法返回了 true。

发布了 spa-setchatee 事件。

确认发布了 spa-updatechat 消息，这会调用 $t 为该事件订阅的函数。

向当前听者 Pebbles 发送消息“Hi Pebbles!”。

接收到了另外一个自动响应。

成功时，该方法返回 true。

chat 对象快要构建完成了。现在需要做的是增加 Avatar 功能。一旦完成了这个功能，我们将会更新用户界面。

6.3 给 Model 添加 Avatar 功能

添加 Avatar 功能比较容易，因为可以在 chat 对象的消息传输基础上进行构建。提出这个功能的主要原因是，显示近实时消息传输的其他用途。事实上它在会议上的良好表现[①]是锦上添花的功能。首先我们将更新 Model。

6.3.1 给 chat 对象添加 Avatar 功能

为给 chat 对象添加头像功能所要做的更改，相对来说不算太多。我们只需要添加 update_avatar 方法，它会向后端发送一个 updateavatar 消息，携带的数据是一个映射：描述了哪个头像更改了以及是如何更改的。我们期望在更新头像的时候，后端会发送一个 listchange 消息，处理这个消息的代码已经编写好了，并已测试通过。

我们来更新 Model，如代码清单 6-8 所示。更改部分以粗体显示。

① 作者在前文中提到过，本书开发的聊天应用示例是一个假想的会议系统。——译者注

代码清单 6-8 更新 Model，添加头像功能——spa/js/spa.model.js

```
...
  //      If the user is anonymous or the chatee is null, it
  //      aborts and returns false.
  //    * update_avatar( <update_avtr_map> ) - send the
  //      update_avtr_map to the backend. This results in an
  //      an 'spa-listchange' event which publishes the updated
  //      people list and avatar information (the css_map in the
  //      person objects). The update_avtr_map must
  //      have the form { person_id : person_id, css_map : css_map }
  //
  // jQuery global custom events published by the object include:
...
  chat = (function () {
    var
      _publish_listchange, _publish_updatechat,
      _update_list, _leave_chat,

      get_chatee, join_chat, send_msg,
      set_chatee, update_avatar,

      chatee = null;
...
    // avatar_update_map should have the form:
    // { person_id : <string>, css_map : {
    //   top : <int>, left : <int>,
    //   'background-color' : <string>
    // }};
    //
    update_avatar = function ( avatar_update_map ) {
      var sio = isFakeData ? spa.fake.mockSio : spa.data.getSio();
      if ( sio ) {
        sio.emit( 'updateavatar', avatar_update_map );
      }
    };

    return {
      _leave        : _leave_chat,
      get_chatee    : get_chatee,
      join          : join_chat,
      send_msg      : send_msg,
      set_chatee    : set_chatee,
      update_avatar : update_avatar
    };
  }());
...
```

添加来自 API 规范的文档。

声明 update_avatar 方法变量。

创建 update_avatar 方法。向后端发送 updateavatar 消息，携带的数据是一个映射。

在导出的公开方法列表中添加 update_avatar 方法。

我们已经完成了 chat 对象的设计，添加了它的所有方法和事件。在下一小节，我们将更新 Fake 模块，模拟和服务器的交互，以便支持头像的功能。

6.3.2 修改 Fake 来模拟头像功能

我们下一步要做的是修改 Fake 模块，以便每当用户把头像放到新的位置或者点击头像更换颜色的时候，向服务器发送 updateavatar 消息。当 Fake 接收到这个消息时，它应该：

- 模拟向服务器发送 updateavatar 消息；
- 模拟从服务器接收 listchange 消息，携带的数据是更新后的人员列表；
- 执行注册了 listchange 消息的回调函数，传入的参数是更新后的人员列表。

可以按照代码清单 6-9 所演示的来完成上面这三步操作。更改部分以粗体显示。

代码清单 6-9 修改 Fake，以便支持头像功能——spa/js/spa.fake.js

```
...
  emit_sio = function ( msg_type, data ) {
    var person_map, i;
...
    if ( msg_type === 'leavechat' ) {
      // reset login status
      delete callback_map.listchange;
      delete callback_map.updatechat;

      if ( listchange_idto ) {
        clearTimeout( listchange_idto );
        listchange_idto = undefined;
      }
      send_listchange();
    }

    // simulate send of 'updateavatar' message and data to server
    if ( msg_type === 'updateavatar' && callback_map.listchange ) {
      // simulate receipt of 'listchange' message
      for ( i = 0; i < peopleList.length; i++ ) {
        if ( peopleList[ i ]._id === data.person_id ) {
          peopleList[ i ].css_map = data.css_map;
          break;
        }
      }
      // execute callback for the 'listchange' message
      callback_map.listchange([ peopleList ]);
    }
  };
...
```

添加循环变量 i。

创建接收 updateavatar 消息的处理程序。

依据 updateavatar 消息携带的数据所指定的信息，查找 person 对象，更改它的 css_map 属性。

执行注册了 listchange 消息的回调函数。

现在已经更新了 chat 对象和 Fake，我们可以测试头像功能了。

6.3.3 测试头像功能

这是对 Model 的最后一些测试。再次加载浏览文档（spa/spa.html），确保单页应用仍然可以运行。打开 JavaScript 控制台，测试 update_avatar 方法，如代码清单 6-10 所示。粗体显示的是输入，斜体显示的是输出。

代码清单 6-10 测试 update_avatar 方法

```
// create a jQuery collection
var $t = $('<div/>');

// bind functions to test global events
$.gevent.subscribe( $t, 'spa-login', function( event, user ) {
  console.log('Hello!', user.name); });

$.gevent.subscribe( $t, 'spa-listchange',
  function( event, changed_list ) {
  console.log( '*Listchange:', changed_list );
});

// sign-in, wait 3s
spa.model.people.login( 'Jessy' );
>> Hello! Jessy
>> *Listchange: [Array[5]]

// get the Pebbles person
var person = spa.model.people.get_by_cid( 'id_03' );

// inspect avatar information
JSON.stringify( person.css_map );
>> "{"top":100,"left":20,
>> "background-color":"rgb( 128, 192, 192)"}"

// update the avatar information
spa.model.chat.update_avatar({
  person_id : 'id_03', css_map : {} });
>> *Listchange: [Array[5]]

// get Pebbles again
person = spa.model.people.get_by_cid( 'id_03' );

// and now inspect
JSON.stringify( person.css_map );
>> {}
```

创建 jQuery 集合（$t），不添加到浏览文档里面。我们用它来测试事件。

让 jQuery 集合 $t 订阅 spa-login 事件，事件函数会在控制台中打印“Hello!”以及用户名。

让 jQuery 集合 $t 订阅 spa-listchange 事件，事件函数会在控制台中打印“*Listchange:”以及 changed_list。

登入 Jessy。

3 秒钟之后，发布了 spa-login 事件，这会调用 $t 为该事件订阅的函数。

也会发布 spa-listchange 事件，这会调用 $t 为该事件订阅的函数。

获取 ID 为 id_03 的人，即 Pebbles。

查看 Pebbles 的头像信息。

使用 update_avatar 方法来更改 Pebbles person 对象的 css_map 属性。

确认 update_avatar 方法发布了 spa-listchange 事件，这会调用 $t 为该事件订阅的函数。

Pebbles person 对象更新后的 css_map 属性。

我们已经完成了 chat 对象。和第 5 章的 people 对象一样，测试结果是令人放心的，可以把这些测试加到不用服务器和浏览器的测试集（test suite）里面。

6.3.4 测试驱动开发

所有那些热衷测试驱动开发（TDD）的狂热爱好者，看着所有这些手工测试，会想“天啊，为什么不把这放到一个可以自动运行的测试集里面？”我们自己也可以成为有理想的狂热爱好者，我们做到了。请查看附录 B，看看如何使用 Node.js 将这一过程自动化。

事实上正是由于编写了测试集，我们发现了一些问题。大多数都是针对测试的，所以会把它们放到附录中去讨论。但有两个真正的 bug 需要修复：我们的登出机制并不正确，因为它没有正确地清除用户列表；在调用 `spa.model.chat.update_avatar` 方法之后，没有正确地更新听者对象。我们来修复这两个问题，如代码清单 6-11 所示。更改部分以粗体显示。

代码清单 6-11 修复登出和听者对象没有更新的问题——spa/js/spa.model.js

```
...
  people = (function () {
    ...
    logout = function () {
      var user = stateMap.user;            // 移除 is_removed 变量。

      chat._leave();
      stateMap.user = stateMap.anon_user;
      clearPeopleDb();                     // 在登出时清除 Taffy 人员集合。

      $.gevent.publish( 'spa-logout', [ user ] );
    };
    ...
  }());

  chat = (function () {
    ...
    // Begin internal methods
    _update_list = function( arg_list ) {
      var i, person_map, make_person_map, person,   // 声明 person 对象。
        people_list      = arg_list[ 0 ],
        is_chatee_online = false;

      clearPeopleDb();

      PERSON:
      for ( i = 0; i < people_list.length; i++ ) {
        person_map = people_list[ i ];

        if ( ! person_map.name ) { continue PERSON; }

        // if user defined, update css_map and skip remainder
        if ( stateMap.user && stateMap.user.id === person_map._id ) {
          stateMap.user.css_map = person_map.css_map;
          continue PERSON;
        }

        make_person_map = {
          cid     : person_map._id,
          css_map : person_map.css_map,
          id      : person_map._id,
          name    : person_map.name
        };
        person = makePerson( make_person_map );   // 将 makePerson 的结果赋给 person 对象。
```

```
      if ( chatee && chatee.id === make_person_map.id ) {
        is_chatee_online = true;
        chatee = person;
      }
    }

    stateMap.people_db.sort( 'name' );

    // If chatee is no longer online, we unset the chatee
    // which triggers the 'spa-setchatee' global event
    if ( chatee && ! is_chatee_online ) { set_chatee(''); }
  };
  ...
}());
...
```

如果找到了听者，就把它更新为新的 person 对象。

这是休息一下的好时机。本章的剩余部分，我们将回到 UI，利用 Model 的 chat 和 people 对象的 API 来完成 Chat 功能模块。我们也将创建 Avatar 功能模块。

6.4 完成 Chat 功能模块

在这一节，我们将更新 Chat 功能模块，如图 6-3 所示。现在可以利用 Model 的 chat 和 people 对象，来模拟聊天的体验。我们来回顾一下之前模拟的 Chat UI，决定如何对它进行修改，以便能和 chat 对象一起工作。图 6-4 演示了我们想要完成的功能。可以把这个模型概括为想在 Chat 功能模块中添加的一系列功能。这些功能包括以下几项。

- 更改聊天滑块的设计，引入人员列表。
- 当用户登入的时候，执行以下操作：加入聊天室、打开聊天滑块、更改聊天滑块的标题以及显示在线人员列表。
- 每当在线人员列表有变化时，就更新列表。
- 高亮在线人员列表中的听者，当列表有变化时，更新显示。
- 授权用户发送消息，从在线人员列表中选择一位听者。
- 显示来自消息记录中用户、其他人员和系统的消息。所有这些消息的颜色都是不同的，消息记录从下往上平滑滚动。
- 修改接口，支持触摸控件。
- 当用户登出的时候，执行以下操作：更改聊天滑块的标题、清除消息记录以及收起滑块。

我们先来更新 JavaScript。

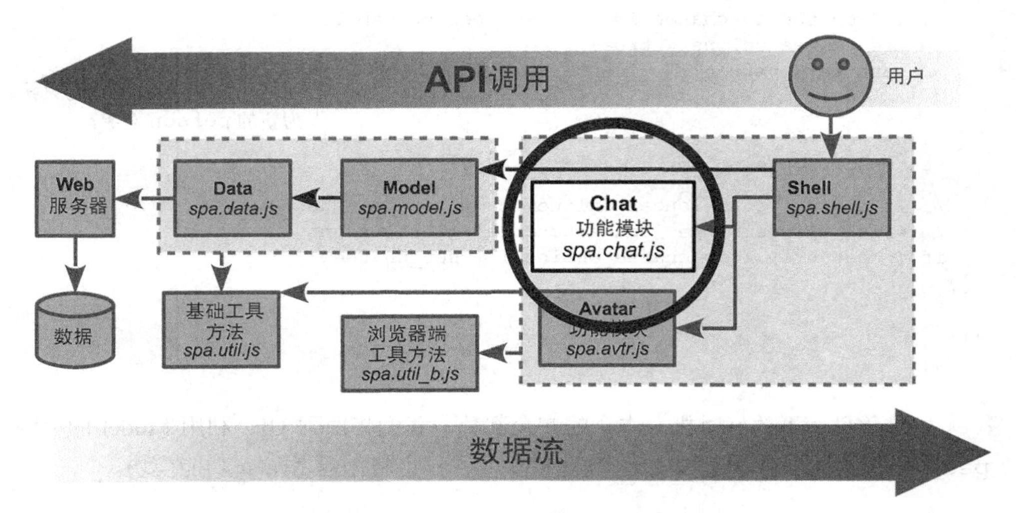

图 6-3　单页应用架构中的 Chat 功能模块

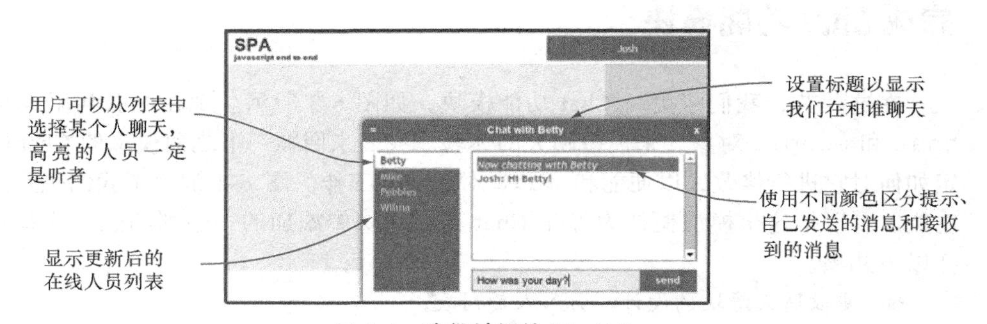

图 6-4　我们希望的 Chat UI

6.4.1　更新 Chat 的 JavaScript

为了添加刚才讨论的功能，我们需要更新 Chat 的 JavaScript 代码。主要更改包括以下几项。

- 修改 HTML 模板，引入人员列表。
- 创建 scrollChat、writeChat、writeAlert 和 clearChat 方法，用来管理消息记录。
- 创建用户输入事件处理程序，onTapList 和 onSubmitMsg，允许用户从人员列表中选择听者以及允许用户发送消息。要确保支持触摸事件。
- 创建 onSetchatee 方法，处理由 Model 发布的 spa-setchatee 事件。这会更改听者的展示，更改聊天滑块的标题以及在消息窗口中弹出一个系统警告框。
- 创建 onListchange 方法，处理由 Model 发布的 spa-listchange 事件。这

会渲染人员列表，高亮听者。

- 创建 onUpdatechat 方法，处理由 Model 发布的 spa-updatechat 事件。这会显示用户、服务器或者其他人员发送的新消息。
- 创建 onLogin 和 onLogout 方法，处理由 Model 发布的 spa-login 和 spa-logout 事件。onLogin 处理程序在用户登入的时候会打开聊天滑块。onLogout 处理程序会清除消息记录、重置标题以及关闭聊天滑块。
- 订阅 Model 发布的所有事件，然后绑定所有的用户输入事件。

关于事件处理程序的命名

我们知道有些人会想“为什么方法名是 onSetchatee 而不是 onSetChatee，这有没有理由？”嗯，这是有理由的。

我们对事件处理程序的命名规范是：on<Event>[<Modifier>]，Modifier 是可选项。这种命名方式通常没什么问题，因为绝大多数事件都是单音节的。比如 onTap 或者 onTapAvatar。这样的规范很方便，这样对于正在处理的事件就一目了然了。

和所有的规范一样，总有会引起混乱的边界情况。比如，对于 onListchange，按照我们的规范：事件名是 listchange，而不是 listChange。因此 onListchange 是正确的，而 onListChange 是不正确的。对 onSetchatee 和 onUpdatechat 也同样适用。

我们来更新 JavaScript 文件，如代码清单 6-12 所示。更改部分以粗体显示。

代码清单 6-12　更新 Chat JavaScript 文件——spa/js/spa.chat.js

```
...
/*global $, spa */
spa.chat = (function () {
  'use strict';
  //---------------- BEGIN MODULE SCOPE VARIABLES --------------
  var
    configMap = {
      main_html : String()
        + '<div class="spa-chat">'
          + '<div class="spa-chat-head">'
            + '<div class="spa-chat-head-toggle">+</div>'
            + '<div class="spa-chat-head-title">'
              + 'Chat'
            + '</div>'
          + '</div>'
          + '<div class="spa-chat-closer">x</div>'
          + '<div class="spa-chat-sizer">'
            + '<div class="spa-chat-list">'
              + '<div class="spa-chat-list-box"></div>'
            + '</div>'
            + '<div class="spa-chat-msg">'
              + '<div class="spa-chat-msg-log"></div>'
              + '<div class="spa-chat-msg-in">'
                + '<form class="spa-chat-msg-form">'
```

添加 use strict 指令。

从全局符号列表中移除 getComputedStyle。这是给 getEmSize 方法使用的，getEmSize 方法已经移到了浏览器端工具方法模块。

更新滑块模板，引入人员列表以及其他的改进。

```
                    + '<input type="text"/>'
                    + '<input type="submit" style="display:none"/>'
                    + '<div class="spa-chat-msg-send">'
                      + 'send'
                    + '</div>'
                  + '</form>'
                + '</div>'
              + '</div>'
            + '</div>'
          + '</div>',
      ...
      slider_closed_em      : 2,
      slider_opened_title   : 'Tap to close',
      slider_closed_title   : 'Tap to open',
      slider_opened_min_em  : 10,
      ...
    },
    ...
    setJqueryMap,   setPxSizes,    scrollChat,
    writeChat,      writeAlert,    clearChat,
    setSliderPosition,
    onTapToggle,    onSubmitMsg,   onTapList,
    onSetchatee,    onUpdatechat,  onListchange,
    onLogin,        onLogout,
    configModule,   initModule,
    removeSlider,   handleResize;
  //----------------- END MODULE SCOPE VARIABLES ---------------

  //------------------- BEGIN UTILITY METHODS ------------------
  //-------------------- END UTILITY METHODS -------------------

  //--------------------- BEGIN DOM METHODS --------------------
  // Begin DOM method /setJqueryMap/
  setJqueryMap = function () {
    var
      $append_target = stateMap.$append_target,
      $slider        = $append_target.find( '.spa-chat' );

    jqueryMap = {
      $slider   : $slider,
      $head     : $slider.find( '.spa-chat-head' ),
      $toggle   : $slider.find( '.spa-chat-head-toggle' ),
      $title    : $slider.find( '.spa-chat-head-title' ),
      $sizer    : $slider.find( '.spa-chat-sizer' ),
      $list_box : $slider.find( '.spa-chat-list-box' ),
      $msg_log  : $slider.find( '.spa-chat-msg-log' ),
      $msg_in   : $slider.find( '.spa-chat-msg-in' ),
      $input    : $slider.find( '.spa-chat-msg-in input[type=text]'),
      $send     : $slider.find( '.spa-chat-msg-send' ),
      $form     : $slider.find( '.spa-chat-msg-form' ),
      $window   : $(window)
    };
  };
  // End DOM method /setJqueryMap/

  // Begin DOM method /setPxSizes/
  setPxSizes = function () {
```

把click改为tap，这样使用触摸设备的人就能明白了。

声明处理用户和Model事件的新方法。

移除getEmSize方法，因为现在浏览器端工具方法集(spa.util_b.js)里面已经有这个方法了。

更新jQuery集合缓存，因为聊天滑块有修改。

```
  var px_per_em, window_height_em, opened_height_em;

  px_per_em = spa.util_b.getEmSize( jqueryMap.$slider.get(0) );
  window_height_em = Math.floor(
    ( jqueryMap.$window.height() / px_per_em ) + 0.5
  );
  ...
}
...
// Begin public method /setSliderPosition/
...
setSliderPosition = function ( position_type, callback ) {
  var
    height_px, animate_time, slider_title, toggle_text;

  // position type of 'opened' is not allowed for anon user;
  // therefore we simply return false; the shell will fix the
  // uri and try again.
  if ( position_type === 'opened'
    && configMap.people_model.get_user().get_is_anon()
  ){ return false; }

  // return true if slider already in requested position
  if ( stateMap.position_type === position_type ){
    if ( position_type === 'opened' ) {
      jqueryMap.$input.focus();
    }
    return true;
  }

  // prepare animate parameters
  switch ( position_type ){
    case 'opened' :
      ...
      jqueryMap.$input.focus();
    break;
    ...
  }
  ...
};
// End public DOM method /setSliderPosition/

// Begin private DOM methods to manage chat message
scrollChat = function() {
  var $msg_log = jqueryMap.$msg_log;
  $msg_log.animate(
    { scrollTop : $msg_log.prop( 'scrollHeight' )
      - $msg_log.height()
    },
    150
  );
};

writeChat = function ( person_name, text, is_user ) {
  var msg_class = is_user
    ? 'spa-chat-msg-log-me' : 'spa-chat-msg-log-msg';

  jqueryMap.$msg_log.append(
```

使用浏览器端工具方法集里面的getEmSize方法。

从jqueryMap缓存中获取jQuery集合window。

添加代码，如果用户是匿名的，则阻止打开滑块。Shell的回调函数会相应地修改URI。

添加代码，当打开滑块的时候，让输入框获取焦点。

用于操作消息记录的所有DOM方法区块的开始。

创建scrollChat方法，消息记录文字以平滑滚动的方式显现。

创建writeChat方法，用于添加消息记录。如果发送者是用户自己，则使用不同的样式。请务必在输出HTML的时候进行编码。

```
    '<div class="' + msg_class + '">'
    + spa.util_b.encodeHtml(person_name) + ': '
    + spa.util_b.encodeHtml(text) + '</div>'
  );

  scrollChat();

};

writeAlert = function ( alert_text ) {
  jqueryMap.$msg_log.append(
    '<div class="spa-chat-msg-log-alert">'
      + spa.util_b.encodeHtml(alert_text)
    + '</div>'
  );
  scrollChat();
};

clearChat = function () { jqueryMap.$msg_log.empty(); };
// End private DOM methods to manage chat message
//---------------------- END DOM METHODS ---------------------

//------------------- BEGIN EVENT HANDLERS -------------------
onTapToggle = function ( event ) {
  ...
};

onSubmitMsg = function ( event ) {
  var msg_text = jqueryMap.$input.val();
  if ( msg_text.trim() === '' ) { return false; }
  configMap.chat_model.send_msg( msg_text );
  jqueryMap.$input.focus();
  jqueryMap.$send.addClass( 'spa-x-select' );
  setTimeout(
    function () { jqueryMap.$send.removeClass( 'spa-x-select' ); },
    250
  );
  return false;
};

onTapList = function ( event ) {
  var $tapped = $( event.elem_target ), chatee_id;
  if ( ! $tapped.hasClass('spa-chat-list-name') ) { return false; }

  chatee_id = $tapped.attr( 'data-id' );
  if ( ! chatee_id ) { return false; }

  configMap.chat_model.set_chatee( chatee_id );
  return false;
};

onSetchatee = function ( event, arg_map ) {
  var
    new_chatee = arg_map.new_chatee,
    old_chatee = arg_map.old_chatee;

  jqueryMap.$input.focus();
  if ( ! new_chatee ) {
    if ( old_chatee ) {
```

创建writeAlert方法，用于在消息记录中添加系统警告。请务必在输出HTML的时候进行编码。

创建clearChat方法，用于清除消息记录。

用于操作消息记录的所有DOM方法区块的结束。

在该区块的顶部放置用户事件处理程序，在该区块的尾部放置Model事件处理程序。

把onClickToggle事件处理程序重命名为onTapToggle。

创建onSubmitMsg事件处理程序，当用户提交发送消息时，会产生这个事件。使用model.chat.send_msg方法来发送消息。

创建on TapList处理程序，当用户点击或者轻击（tap）用户名的时候，会产生这个事件。使用model.chat.set_chatee方法来设置听者。

为Model发布的spa-setchatee事件创建onSetchatee事件处理程序。该处理程序会选择新的听者并取消选择旧的听者。它也会更改聊天滑块的标题，并通知用户听者已经更改了。

```
      writeAlert( old_chatee.name + ' has left the chat' );
    }
    else {
      writeAlert( 'Your friend has left the chat' );
    }
    jqueryMap.$title.text( 'Chat' );
    return false;
  }

  jqueryMap.$list_box
    .find( '.spa-chat-list-name' )
    .removeClass( 'spa-x-select' )
    .end()
    .find( '[data-id=' + arg_map.new_chatee.id + ']' )
    .addClass( 'spa-x-select' );

  writeAlert( 'Now chatting with ' + arg_map.new_chatee.name );
  jqueryMap.$title.text( 'Chat with ' + arg_map.new_chatee.name );
  return true;
};

onListchange = function ( event ) {
  var
    vlist_html = String(),
    people_db = configMap.people_model.get_db(),
    chatee = configMap.chat_model.get_chatee();

  people_db().each( function ( person, idx ) {
    var select_class = '';

    if ( person.get_is_anon() || person.get_is_user()
    ) { return true;}

    if ( chatee && chatee.id === person.id ) {
      select_class=' spa-x-select';
    }
    list_html
      += '<div class="spa-chat-list-name'
      + select_class + '" data-id="' + person.id + '">'
      + spa.util_b.encodeHtml( person.name ) + '</div>';
  });

  if ( ! list_html ) {
    list_html = String()
      + '<div class="spa-chat-list-note">'
      + 'To chat alone is the fate of all great souls...<br><br>'
      + 'No one is online'
      + '</div>';
    clearChat();
  }
  // jqueryMap.$list_box.html( list_html );
  jqueryMap.$list_box.html( list_html );
};

onUpdatechat = function ( event, msg_map ) {
  var
    is_user,
    sender_id = msg_map.sender_id,
```

为 Model 发布的 spa-listchange 事件创建 onListchange 事件处理程序。该处理程序会获取当前人员集合，并渲染人员列表，如果有听者的话，则确保高亮听者。

为 Model 发布的 spa-updatechat 事件创建 onUpdatechat 事件处理程序。该处理程序会更新消息记录的显示。如果发送者是用户自己，则清除输入框并使之重新获取焦点。它也会把听者设置为消息的发送者。

```
      msg_text = msg_map.msg_text,
      chatee = configMap.chat_model.get_chatee() || {},
      sender = configMap.people_model.get_by_cid( sender_id );

    if ( ! sender ) {
      writeAlert( msg_text );
      return false;
    }

    is_user = sender.get_is_user();

    if ( ! ( is_user || sender_id === chatee.id ) )
      configMap.chat_model.set_chatee( sender_id );
    }

    writeChat( sender.name, msg_text, is_user );

    if ( is_user ) {
      jqueryMap.$input.val( '' );
      jqueryMap.$input.focus();
    }
  };

  onLogin = function ( event, login_user ) {
    configMap.set_chat_anchor( 'opened' );
  };

  onLogout = function ( event, logout_user ) {
    configMap.set_chat_anchor( 'closed' );
    jqueryMap.$title.text( 'Chat' );
    clearChat();
  };

  //------------------- END EVENT HANDLERS -------------------
...
  initModule = function ( $append_target ) {
    var $list_box;

    // load chat slider html and jquery cache
    stateMap.$append_target = $append_target;
    $append_target.append( configMap.main_html );
    setJqueryMap();
    setPxSizes();

    // initialize chat slider to default title and state
    jqueryMap.$toggle.prop( 'title', configMap.slider_closed_title );
    stateMap.position_type = 'closed';

    // Have $list_box subscribe to jQuery global events
    $list_box = jqueryMap.$list_box;
    $.gevent.subscribe( $list_box, 'spa-listchange', onListchange );
    $.gevent.subscribe( $list_box, 'spa-setchatee',   onSetchatee );
    $.gevent.subscribe( $list_box, 'spa-updatechat', onUpdatechat );
    $.gevent.subscribe( $list_box, 'spa-login',            onLogin );
    $.gevent.subscribe( $list_box, 'spa-logout',          onLogout );

    // bind user input events
    jqueryMap.$head.bind(     'utap', onTapToggle );
    jqueryMap.$list_box.bind( 'utap', onTapList   );
    jqueryMap.$send.bind(     'utap', onSubmitMsg );
```

为 Model 发布的 spa-login 事件创建 onLogin 事件处理程序。该处理程序会打开聊天滑块

为 Model 发布的 spa-logout 事件创建 onLogout 事件处理程序。该处理程序会清除聊天滑块的消息记录，重置聊天滑块的标题，并关闭聊天滑块。

修改 initModule，向由调用者指定的容器中添加更新的滑块模板。

首先订阅 Model 发布的所有事件。

接着绑定所有的用户输入事件。如果在订阅之前绑定，则会产生竞争条件（race condition）。

```
  jqueryMap.$form.bind(   'submit', onSubmitMsg );
};
// End public method /initModule/
...
```

模板系统

我们的单页应用使用简单的字符串拼接来生成 HTML，这对于我们的目标是完全可以接受的。但有时候生成 HTML 会很复杂。这时可以考虑使用模板系统。

模板系统把数据转换为显示元素。根据开发人员所使用的指示元素生成的语言，可以大致地划分一下模板系统。嵌入式的模板系统，允许直接在模板中嵌入宿主语言（对于我们来说就是 JavaScript）。工具式提供了特定领域的模板语言（DSL[①]），不依赖宿主语言。

我们不推荐使用任何嵌入式模板系统，因为它们很容易把业务逻辑和显示逻辑混杂在一起。最流行的 JavaScript 嵌入式模板系统可能是 underscore.js 的模板方法，但还有很多其他的模板系统。

随着时间的推移，我们注意到在其他语言中，工具式模板系统往往是首选的。这可能是因为这些模板系统常常会鼓励清晰地分离显示逻辑和业务逻辑。对于单页应用来说，有很多很好的工具式模板系统。在写作本书的时候，流行的又经过全面测试的工具式模板系统包括 Handlebars、Dust 和 Mustache。我们觉得它们都是值得考虑的模板系统。

现在已经有了 JavaScript，我们来修改样式表，以便满足最新的修改。

6.4.2 更新样式表

现在我们将更新样式表，以便满足改进后的界面。首先我们希望更新根样式表，阻止选择绝大多数元素上的文字。这会解决一个很恼人的用户体验问题，在触摸设备上尤其明显。更新如代码清单 6-13 所示。更改部分以粗体显示。

代码清单 6-13 更新根样式表——spa/css/spa.css

```
...
/** Begin reset */
  ...
  h1,h2,h3,h4,h5,h6,p { margin-bottom : 6pt; }
  ol,ul,dl { list-style-position : inside;}
  * {
    -webkit-user-select : none;
    -khtml-user-select  : none;
    -moz-user-select    : -moz-none;
    -o-user-select      : none;
    -ms-user-select     : none;
```

添加选择器，阻止选择所有元素。真心希望有一天我们可以去掉所有这些厂商前缀，像是-moz 或者-ms 或者-webkit。如果能去掉，大小就是原来的六分之一。

① DSL，即特定领域语言（domain-specific language）。与之相对的叫通用语言（general-purpose language）。——译者注

```
    user-select          : none;

    -webkit-user-drag : none;
    -moz-user-drag    : none;
    user-drag         : none;

    -webkit-tap-highlight-color : transparent;
    -webkit-touch-callout       : none;
  }

  input, textarea, .spa-x-user-select {
    -webkit-user-select : text;
    -khtml-user-select  : text;
    -moz-user-select    : text;
    -o-user-select      : text;
    -ms-user-select     : text;
    user-select         : text;
  }

/** End reset */
...
```

添加选择器，排除输入框、文本框以及任何有 spa-x-user-select 类的元素。

现在我们需要更新 Chat 样式表。主要更改包括以下几项。

- 给在线人员列表添加样式，使之显示在滑块的左边。
- 加大滑块的宽度，以适应人员列表。
- 给消息窗口添加样式。
- 移除所有的 spa-chat-box*和 spa-chat-msgs*的选择器。
- 给接收自用户、听者和系统的消息添加样式。

上述更新如代码清单 6-14 所示。更改部分以粗体显示。

代码清单 6-14 更新 Chat 的样式表——spa/css/spa.chat.css

```
...
.spa-chat {
  ...
  right          : 0;
  width          : 32em;
  height         : 2em;
  ...
}
...
.spa-chat-sizer {
  position : absolute;
  top      : 2em;
  left     : 0;
  right    : 0;
}
.spa-chat-list {
  position : absolute;
  top      : 0;
  left     : 0;
  bottom   : 0;
```

聊天滑块类加宽 10em，以适应人员列表。

创建类，为人员列表容器添加样式，容器在聊天滑块左边的三分之一处。

```
  width : 10em;
}

.spa-chat-msg {
  position : absolute;
  top      : 0;
  left     : 10em;
  bottom   : 0;
  right    : 0;
}

.spa-chat-msg-log,
.spa-chat-list-box {
  position   : absolute;
  top        : 1em;
  overflow-x : hidden;
}

.spa-chat-msg-log {
  left       : 0em;
  right      : 1em;
  bottom     : 4em;
  padding    : 0.5em;
  border     : thin solid #888;
  overflow-y : scroll;
}

.spa-chat-msg-log-msg {
  background-color : #eee;
}

.spa-chat-msg-log-me {
  font-weight : 800;
  color       : #484;
}

.spa-chat-msg-log-alert {
  font-style : italic;
  background : #a88;
  color      : #fff;
}

.spa-chat-list-box {
  left             : 1em;
  right            : 1em;
  bottom           : 1em;
  overflow-y       : auto;
  border-width     : thin 0 thin thin;
  border-style     : solid;
  border-color     : #888;
  background-color : #888;
  color            : #ddd;
  border-radius    : 0.5em 0 0 0;
}

.spa-chat-list-name, .spa-chat-list-note {
  width   : 100%;
  padding : 0.1em 0.5em;
```

创建类，为消息容器添加样式，容器在聊天滑块右边的三分之二处。

创建通用规则，为消息记录容器和人员列表容器添加样式。

添加规则，为消息记录容器添加样式。

创建类，为普通消息添加样式。

创建类，为用户发送的消息添加样式。

创建类，为系统警告消息添加样式。

添加规则，为人员列表容器添加样式。

创建通用规则，为用户名以及人员列表中的单个提示显示信息添加样式。

```
}

.spa-chat-list-name {
  cursor : pointer;
}

  .spa-chat-list-name:hover {
    background-color : #aaa;
    color            : #888;
  }

  .spa-chat-list-name.spa-x-select {
    background-color : #fff;
    color            : #444;
  }

.spa-chat-msg-in {
  position   : absolute;
  height     : 2em;
  left       : 0em;
  right      : 1em;
  bottom     : 1em;
  border     : thin solid #888;
  background : #888;
}

.spa-chat-msg-in input[type=text] {
  position    : absolute;
  width       : 75%;
  height      : 100%;
  line-height : 100%;
  padding     : 0 0.5em;
  border      : 0;
  background  : #ddd;
  color       : #666;
}

  .spa-chat-msg-in input[type=text]:focus {
    background : #ff8;
    color      : #222;
  }

.spa-chat-msg-send {
  position    : absolute;
  top         : 0;
  right       : 0;
  width       : 25%;
  height      : 100%;
  line-height : 1.9em;
  text-align  : center;
  color       : #fff;
  font-weight : 800;
  cursor      : pointer;
}

  .spa-chat-msg-send:hover,
  .spa-chat-msg-send.spa-x-select {
    background : #444;
```

添加规则，为人员列表中显示的人员名字添加样式。

创建类，为用户输入框添加样式。

创建选择器，为文本类型的输入框添加样式。

创建依赖选择器，当输入框获取焦点的时候，把背景色变为黄色。

创建类，为发送按钮添加样式。

```
    color       : #ff0;
  }
.spa-chat-head:hover .spa-chat-head-toggle {
  background : #aaa;
}
```

现在已经有了样式表，我们来看一下更新后的 Chat UI 是多么漂亮。

6.4.3　测试 Chat UI

当加载浏览文档(spa/spa.html)的时候，在页面右上角的用户区域可以看到“Please sign in”。当点击它时，可以和以前一样登入。用户区域会显示“... processing ...” 3 秒钟，然后会在用户区域显示用户名。到那时，会打开聊天滑块，界面看起来应如图 6-5 所示。

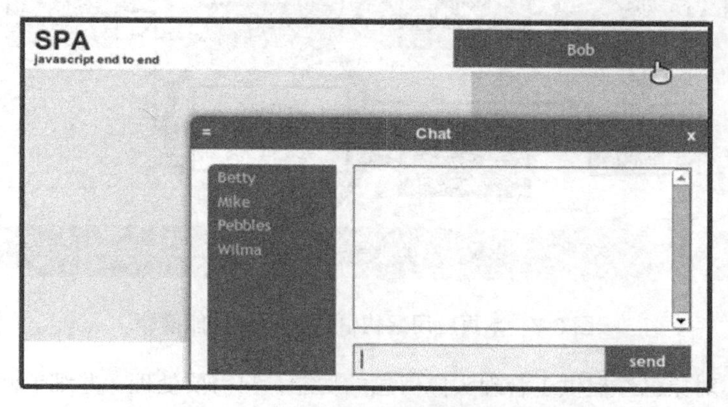

图 6-5　登入之后，更新后的界面

几秒钟之后，会收到来自 Wilma 的第一条消息。我们可以回复，然后选择 Pebbles 并向她发送消息。界面看起来应该和图 6-6 所示一样。

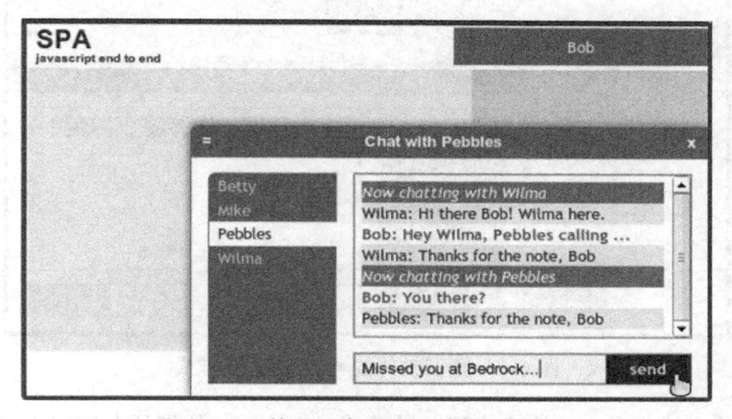

图 6-6　使用一会儿之后的聊天滑块

现在我们已经使用了 Model 的 `chat` 对象和 `people` 对象的 API，在 Chat 功能模块中提供了所有希望有的功能。现在我们来添加 Avatar 功能模块。

6.5 创建 Avatar 功能模块

在这一节中，我们将创建 Avatar 功能模块，如图 6-7 所示。

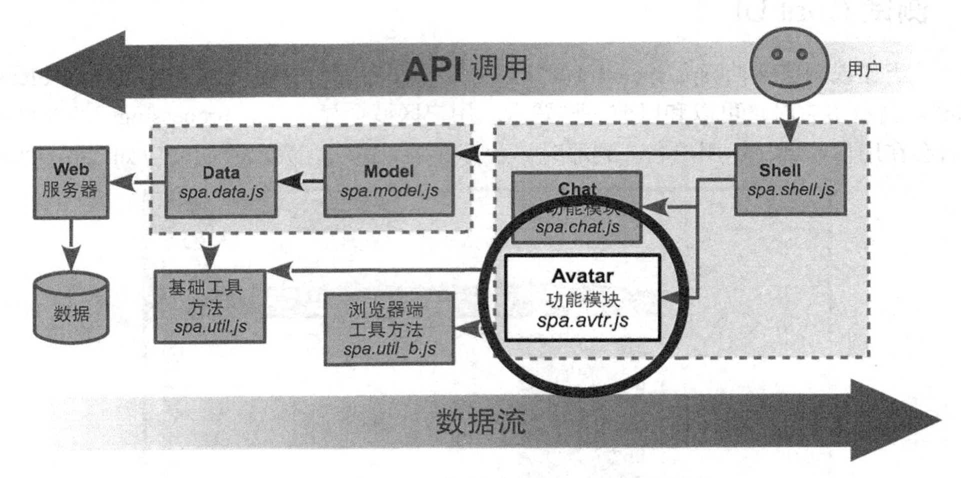

图 6-7 单页应用架构中的 Avatar 功能模块

`chat` 对象已经提供了管理头像信息的功能，只需要处理一些细节问题。我们来修改一下 Avatar 的 UI，如图 6-8 所示。

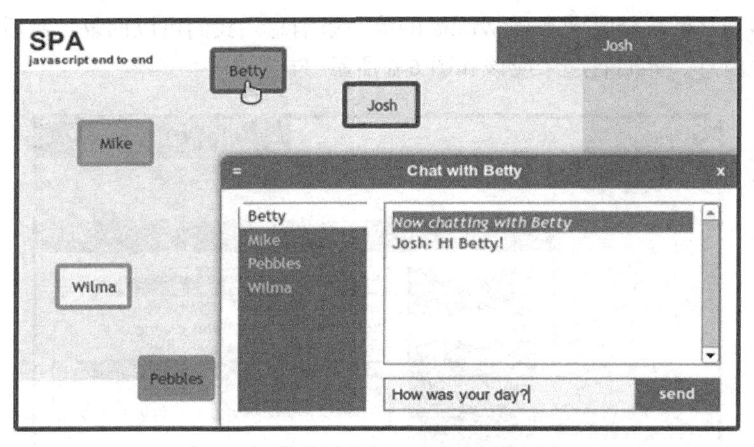

图 6-8 我们希望的 Avatar 展示样式

每一位在线人员有一个盒子形状的头像，粗边框，他们的名字居中显示。蓝色边框表示是用户的头像。绿色边框是听者的头像。点击或者轻击头像时，它会变颜色。长按或者触摸头像后，它的外观会有所变化，可以把它拖到新的位置。

我们会使用开发功能模块的典型流程来开发 Avatar 模块。

- 创建功能模块的 JavaScript 文件，使用隔离的名字空间。
- 创建功能模块的样式表文件，以名字空间作为类的前缀。
- 更新浏览文档，引入新的 JavaScript 文件和样式表文件。
- 调整 Shell，配置并初始化新模块。

在接下来的小节中，我们会按照上面的步骤来创建 Avatar 模块。

6.5.1 创建 Avatar 的 JavaScript

添加 Avatar 功能模块的第一步是创建 JavaScript 文件。由于该模块使用了很多和 Chat 模块一样的事件，我们可以复制一份 spa/js/spa.chat.js，命名为 spa/js/spa.avtr.js，然后再做相应的调整。代码清单 6-15 所示是最近刚完成的功能模块文件。因为该文件和 Chat 是如此的相像，我们就不做深入的讨论了。但有趣的部分已经添加了注释。

代码清单 6-15 创建 Avatar 的 JavaScript 文件——spa/js/spa.avtr.js

```
/*
 * spa.avtr.js
 * Avatar feature module
*/

/*jslint         browser : true, continue : true,
  devel  : true, indent  : 2,    maxerr   : 50,
  newcap : true, nomen   : true, plusplus : true,
  regexp : true, sloppy  : true, vars     : false,
  white  : true
*/
/*global $, spa */

spa.avtr = (function () {
  'use strict';                          // 使用use strict指令。
  //---------------- BEGIN MODULE SCOPE VARIABLES --------------
  var
    configMap = {
      chat_model   : null,             // 声明 people 对象和 chat 对象的
      people_model : null,             // 配置属性。

      settable_map : {
        chat_model   : true,
        people_model : true
      }
    },

    stateMap  = {                      // 声明状态属性，允许我们在事件处理
      drag_map     : null,             // 程序之间跟踪拖动的头像。
      $drag_target : null,
```

```
    drag_bg_color: undefined
  },

  jqueryMap = {},

  getRandRgb,
  setJqueryMap,
  updateAvatar,
  onTapNav,          onHeldstartNav,
  onHeldmoveNav,     onHeldendNav,
  onSetchatee,       onListchange,
  onLogout,
  configModule,      initModule;
//----------------- END MODULE SCOPE VARIABLES ---------------

//------------------- BEGIN UTILITY METHODS ------------------
getRandRgb = function (){
  var i, rgb_list = [];
  for ( i = 0; i < 3; i++ ){
    rgb_list.push( Math.floor( Math.random() * 128 ) + 128 );
  }
  return 'rgb(' + rgb_list.join(',') + ')';
};
//-------------------- END UTILITY METHODS -------------------

//--------------------- BEGIN DOM METHODS --------------------
setJqueryMap = function ( $container ) {
  jqueryMap = { $container : $container };
};

updateAvatar = function ( $target ){
  var css_map, person_id;

  css_map = {
    top  : parseInt( $target.css( 'top'  ), 10 ),
    left : parseInt( $target.css( 'left' ), 10 ),
    'background-color' : $target.css('background-color')
  };
  person_id = $target.attr( 'data-id' );

  configMap.chat_model.update_avatar({
    person_id : person_id, css_map : css_map
  });
};
//---------------------- END DOM METHODS ---------------------

//------------------- BEGIN EVENT HANDLERS -------------------
onTapNav = function ( event ){
  var css_map,
    $target = $( event.elem_target ).closest('.spa-avtr-box');

  if ( $target.length === 0 ){ return false; }
  $target.css({ 'background-color' : getRandRgb() });
  updateAvatar( $target );
};

onHeldstartNav = function ( event ){
  var offset_target_map, offset_nav_map,
    $target = $( event.elem_target ).closest('.spa-avtr-box');
```

创建工具方法，生成随机的 RGB 颜色字符串。

创建 updateAvatar 方法，读取头像$target 中的 css 值，然后调用 model.chat.update_avatar 方法。

创建 onTapNav 事件处理程序，当用户点击或者轻击导航区域时，会触发这个事件。该处理程序使用了事件委托（event delegate），如果轻击的元素在头像的下面，则做出相应的反应。否则忽略该事件。

创建 onHeldstartNav 事件处理程序。在用户开始在导航区域内拖动时，会触发这个事件。

```
  if ( $target.length === 0 ){ return false; }

  stateMap.$drag_target = $target;
  offset_target_map = $target.offset();
  offset_nav_map    = jqueryMap.$container.offset();

  offset_target_map.top  -= offset_nav_map.top;
  offset_target_map.left -= offset_nav_map.left;

  stateMap.drag_map      = offset_target_map;
  stateMap.drag_bg_color = $target.css('background-color');

  $target
    .addClass('spa-x-is-drag')
    .css('background-color','');
};

onHeldmoveNav = function ( event ){
  var drag_map = stateMap.drag_map;
  if ( ! drag_map ){ return false; }

  drag_map.top  += event.px_delta_y;
  drag_map.left += event.px_delta_x;

  stateMap.$drag_target.css({
    top : drag_map.top, left : drag_map.left
  });
};

onHeldendNav = function ( event ) {
  var $drag_target = stateMap.$drag_target;
  if ( ! $drag_target ){ return false; }

  $drag_target
    .removeClass('spa-x-is-drag')
    .css('background-color',stateMap.drag_bg_color);

  stateMap.drag_bg_color= undefined;
  stateMap.$drag_target = null;
  stateMap.drag_map     = null;
  updateAvatar( $drag_target );
};

onSetchatee = function ( event, arg_map ) {
  var
    $nav        = $(this),
    new_chatee = arg_map.new_chatee,
    old_chatee = arg_map.old_chatee;

  // Use this to highlight avatar of user in nav area
  // See new_chatee.name, old_chatee.name, etc.

  // remove highlight from old_chatee avatar here
  if ( old_chatee ){
    $nav
      .find( '.spa-avtr-box[data-id=' + old_chatee.cid + ']' )
      .removeClass( 'spa-x-is-chatee' );
  }

  // add highlight to new_chatee avatar here
  if ( new_chatee ){
```

创建 onHeldmoveNav 事件处理程序，在用户拖动头像的过程中，会触发这个事件。这个方法会频繁地执行，所以要把计算量保持在最小限度。

创建 onHeldendNav 事件处理程序。在用户拖动头像之后释放时，会触发这个事件。该处理程序会把拖动的头像恢复为它的初始颜色。然后调用 updateAvatar 方法，读取头像的详细信息并调用 model.chat.update_avatar (<update_map>) 方法。

创建 onSetchatee 事件处理程序。当 Model 发布 spa-setchatee 事件时，会调用这个方法。在这个模块中，我们把听者头像的轮廓设置为绿色。

```
      $nav
        .find( '.spa-avtr-box[data-id=' + new_chatee.cid + ']' )
        .addClass('spa-x-is-chatee');
    }
  };

  onListchange = function ( event ){
    var
      $nav      = $(this),
      people_db = configMap.people_model.get_db(),
      user      = configMap.people_model.get_user(),
      chatee    = configMap.chat_model.get_chatee() || {},
      $box;

    $nav.empty();
    // if the user is logged out, do not render
    if ( user.get_is_anon() ){ return false;}

    people_db().each( function ( person, idx ){
      var class_list;
      if ( person.get_is_anon() ){ return true; }
      class_list = [ 'spa-avtr-box' ];

      if ( person.id === chatee.id ){
        class_list.push( 'spa-x-is-chatee' );
      }
      if ( person.get_is_user() ){
        class_list.push( 'spa-x-is-user');
      }

      $box = $('<div/>')
        .addClass( class_list.join(' '))
        .css( person.css_map )
        .attr( 'data-id', String( person.id ) )
        .prop( 'title', spa.util_b.encodeHtml( person.name ))
        .text( person.name )
        .appendTo( $nav );
    });
  };

  onLogout = function (){
    jqueryMap.$container.empty();
  };
  //-------------------- END EVENT HANDLERS --------------------

  //------------------- BEGIN PUBLIC METHODS -------------------
  // Begin public method /configModule/
  // Example   : spa.avtr.configModule({...});
  // Purpose   : Configure the module prior to initialization,
  //   values we do not expect to change during a user session.
  // Action    :
  //   The internal configuration data structure (configMap)
  //   is updated  with provided arguments. No other actions
  //   are taken.
  // Returns   : none
  // Throws    : JavaScript error object and stack trace on
  //             unacceptable or missing arguments
  //
```

创建 onListchange 事件处理程序。在 Model 发布 spa-listchange 事件时，会调用这个方法。在这个模块中，我们对头像进行了重绘。

创建 onLogout 事件处理程序。在 Model 发布 spa-logout 事件时，会调用这个方法。在这个模块中，我们移除所有的头像。

```
  configModule = function ( input_map ) {
    spa.util.setConfigMap({
      input_map    : input_map,
      settable_map : configMap.settable_map,
      config_map   : configMap
    });
    return true;
  };
  // End public method /configModule/

  // Begin public method /initModule/
  // Example    : spa.avtr.initModule( $container );
  // Purpose    : Directs the module to begin offering its feature
  // Arguments  : $container - container to use
  // Action     : Provides avatar interface for chat users
  // Returns    : none
  // Throws     : none
  //
  initModule = function ( $container ) {
    setJqueryMap( $container );

    // bind model global events
    $.gevent.subscribe( $container, 'spa-setchatee',  onSetchatee  );
    $.gevent.subscribe( $container, 'spa-listchange', onListchange );
    $.gevent.subscribe( $container, 'spa-logout',     onLogout     );

    // bind actions
    $container
      .bind( 'utap',       onTapNav        )
      .bind( 'uheldstart', onHeldstartNav )
      .bind( 'uheldmove',  onHeldmoveNav  )
      .bind( 'uheldend',   onHeldendNav   );

    return true;
  };
  // End public method /initModule/

  // return public methods
  return {
    configModule : configModule,
    initModule   : initModule
  };
  //------------------- END PUBLIC METHODS ---------------------
}());
```

先创建代码，绑定 Model 发布的事件。

接着创建绑定浏览器事件的代码。在绑定 Model 发布的事件之前就绑定浏览器事件，会产生竞争条件。

现在已经完成了模块的 JavaScript 部分，我们可以创建相应的样式表了。

6.5.2 创建 Avatar 的样式表

Avatar 模块以盒子图形来表示用户。可以定义单个类（spa-avtr-box），给盒子添加样式。然后可以修改这个类，高亮用户（spa-x-is-user）、高亮听者（spa-x-is-chatee）或者高亮正在被拖动的盒子（spa-x-is-drag）。代码清单 6-16 显示了这些选择器。

代码清单 6-16 创建 Avatar 样式表——spa/css/spa.avtr.css

```
/*
 * spa.avtr.css
 * Avatar feature styles
*/

.spa-avtr-box {
  position      : absolute;
  width         : 62px;
  padding       : 0 4px;
  height        : 40px;
  line-height   : 32px;
  border        : 4px solid #aaa;
  cursor        : pointer;
  text-align    : left;
  overflow      : hidden;
  text-overflow : ellipsis;
  border-radius : 4px;
  text-align    : center;
}
  .spa-avtr-box.spa-x-is-user {
    border-color : #44f;
  }

  .spa-avtr-box.spa-x-is-chatee {
    border-color : #080;
  }
  .spa-avtr-box.spa-x-is-drag {
    cursor           : move;
    color            : #fff;
    background-color : #000;
    border-color     : #800;
  }
```

创建给头像添加样式的类。

添加 text-overflow:ellipsis 规则，优美地截断长文本。需要设置 overflow:hidden，否则该规则是无效的。

创建派生选择器，给表示用户的头像添加样式。

创建派生选择器，给表示听者的头像添加样式。

创建派生选择器，给用户正在移动的头像添加样式。

模块文件已经完成了，现在还需要修改另外两个文件：Shell 和浏览文档。

6.5.3 更新 Shell 和浏览文档

如果想使用最近创建的功能模块，我们需要更新 Shell，对它进行配置和初始化，如代码清单 6-17 所示。

代码清单 6-17 更新 Shell，对 Avatar 进行配置和初始化——spa/js/spa.shell.js

```
...
 initModule = function ( $container ) {
 ...
   // configure and initialize feature modules
   spa.chat.configModule({
     set_chat_anchor : setChatAnchor,
     chat_model      : spa.model.chat,
     people_model    : spa.model.people
```

```
    });
    spa.chat.initModule( jqueryMap.$container );

    spa.avtr.configModule({
      chat_model : spa.model.chat,
      people_model : spa.model.people
    });
    spa.avtr.initModule( jqueryMap.$nav );

    // Handle URI anchor change events.
   ...
  };
...
```

首先配置功能模块……

……然后对它进行初始化。

创建功能模块的最后一步是更新浏览文档，引入 JavaScript 和样式表文件。这一步在第 5 章已经完成了，但为了完整性起见，代码清单 6-18 再次显示了更改部分。

代码清单 6-18 更新浏览文档，使用头像模块——spa/spa.html

```
...
  <!-- our stylesheets -->
  <link rel="stylesheet" href="css/spa.css"        type="text/css"/>
  <link rel="stylesheet" href="css/spa.shell.css" type="text/css"/>
  <link rel="stylesheet" href="css/spa.chat.css"  type="text/css"/>
  <link rel="stylesheet" href="css/spa.avtr.css"  type="text/css"/>
...
  <!-- our javascript -->
...
  <script src="js/spa.shell.js" ></script>
  <script src="js/spa.chat.js"  ></script>
  <script src="js/spa.avtr.js"  ></script>
...
```

Avatar 功能模块的创建和集成已经完成了。现在我们来测试一下这个模块。

6.5.4 测试 Avatar 功能模块

当加载浏览文档（spa/spa.html）时，我们会在页面的右上角的用户区域看到"Please sign in"。当点击它时，可以和以前一样登入。当打开聊天滑块时，我们会看到如图 6-9 所示的界面。

现在我们可以试着拖动头像（开始时它们都在左上角），按住鼠标并拖动它们。轻击头像，颜色会有变化。轻击和拖动不一会儿之后，可能会看到类似图 6-10 所示的界面。蓝色边框的是用户头像，绿色边框的是听者头像，任何正在拖动的头像显示为"黑白红"色。

我们已经实现了在本章开始时讨论的所有功能。现在来考虑一下如何完成另一方面的工作，这是目前流行的话题，即数据绑定。

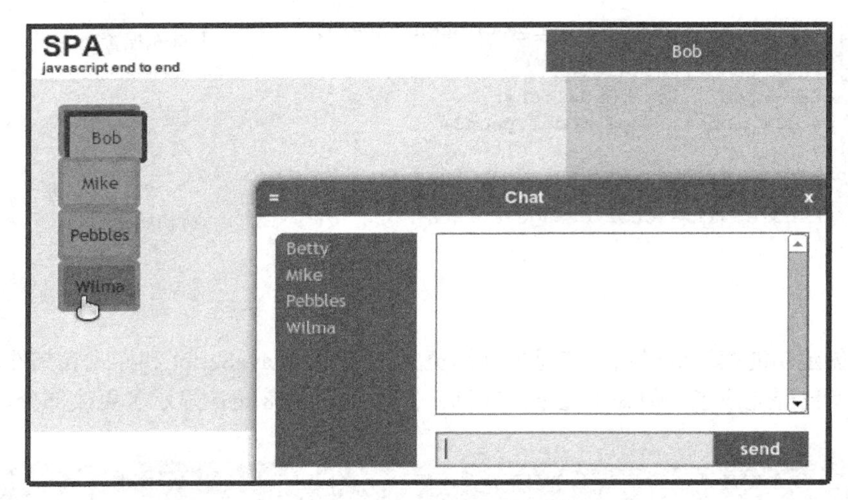

图 6-9　登入之后显示的头像

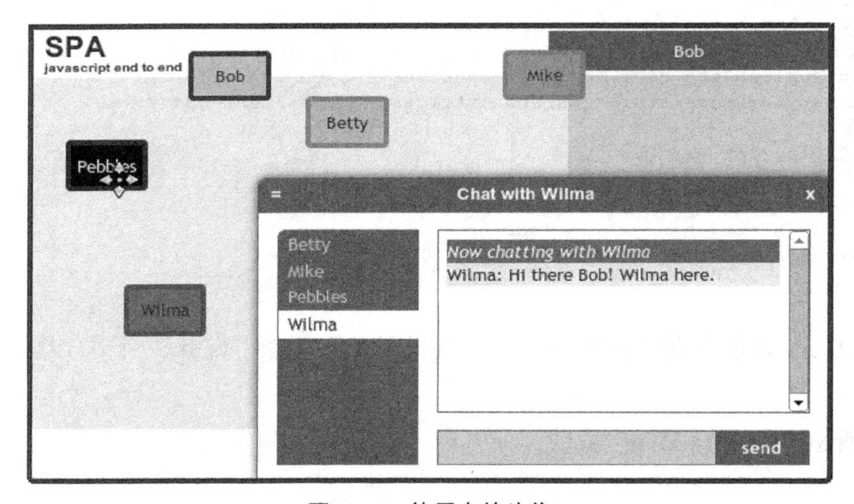

图 6-10　使用中的头像

6.6　数据绑定和 jQuery

数据绑定是一种机制，确保当 Model 数据发生变化时，界面会更改，以体现 Model 数据的变化。并且反之，当用户更改了界面时，Model 数据会相应地更新。如果你曾经实现了 UI 上的数据绑定，当然早就习以为常了。

在本章，我们使用 jQuery 的方法来实现数据绑定。当单页应用中的 Model 数据发生变化时，发布 jQuery 全局自定义事件。jQuery 集合订阅了特定的自定义全局事件，当事件发生时，会调用函数更新它们的展示。当用户在屏幕上修改数据时，会触发事件处理程序，调用更新 Model 的方法。这很简单，对如何以及何时更新数据和展示，提供了很大的灵活性。使用 jQuery 的数据绑定不难，它也不是什么神秘的魔法（再说魔法是一种好东西啊）。

警惕单页应用“框架”库随身携带的礼物

一些单页应用“框架”库承诺“自动的双向数据绑定”，这听起来很不错。但先不管那些令人印象深刻的千篇一律的演示（demo），我们已经学到了对于这种承诺的几个要警惕的点。

- 我们需要学习库语言——它的 API 和术语，以便做到西装革履的演讲者可以做到的事情。这是一项重大的投资。
- 库的作者经常有一个愿景，单页应用该如何如何组织。如果我们的单页应用不符合这个愿景，修改的代价是很昂贵的。
- 库很庞大，bug 满天飞，会增加另外一层复杂度，会把事情搞砸。
- 库的数据绑定功能可能经常不能满足我们的单页应用的需求。

我们把注意力放到最后一点上。可能我们想让用户能够在表格中对行进行编辑，当完成编辑的时候，要么接受整行的更改，要么取消更改（在这种情况下，要把行恢复到旧的值）。并且，当用户正在编辑行的时候，我们想让用户接受或者取消整个编辑过的表格。只有到这个时候，我们才会考虑把表格保存到后端。

对这种合理交互提供现成支持的框架库很少见。所以如果使用了库，我们需要创建自定义的重载方法，避开默认行为。如果我们使用了库提供的默认行为，不用多久，就很容易出现这样的局面：越来越多的代码、越来越多的层级、越来越多的文件，应用也变得越来越复杂，还不如一开始就自己编写这麻烦的东西。

在经过几次刻意的尝试之后，我们学会了对框架库要抱有警惕的态度。我们已经发现它们会增加单页应用的复杂度，而不是更好、更快地进行开发，或者是更容易让人理解。这并不意味着永远不要使用框架库，它们自有用武之地。但是对于我们的示例单页应用（以及很多产品），只使用 jQuery、一些插件和少数专门的工具（比如 TaffyDB）就能很好地完成工作了。通常情况下，越简单就越好。

现在我们来添加 Data 模块并进行一些微调，从而结束单页应用的客户端部分。

6.7 创建 Data 模块

在这一节中，我们会创建 Data 模块，如图 6-11 所示。

客户端会准备使用来自服务器的“真实”数据和服务，而不是 Fake 模块的数据和服务。在完成本小节的工作后，应用将不能运行，因为还没有需要的服务器功能。在第 7 章和第 8 章中会引入服务器功能。

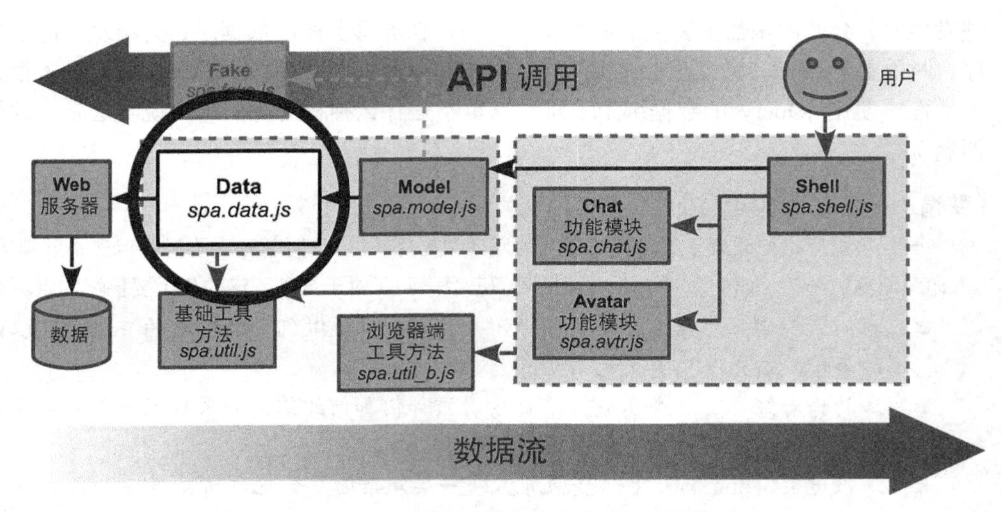

图 6-11　单页应用架构中的 Data 模块

我们需要在加载的库清单中添加 Socket.IO 库，因为这是消息传输机制。完成后的文件如代码清单 6-19 所示。更改部分以粗体显示：

代码清单 6-19　在浏览文档中引入 Socket.IO 库——spa/spa.html

```
...
  <!-- third-party javascript -->
  <script src="socket.io/socket.io.js"        ></script>
  <script src="js/jq/taffydb-2.6.2.js"        ></script>
...
```

我们希望确保在 Model 或者 Shell 模块之前初始化 Data 模块，如代码清单 6-20 所示。更改部分以粗体显示。

代码清单 6-20　在根名字空间模块中初始化 Data 模块——spa/js/spa.js

```
...
var spa = (function () {
  'use strict';
  var initModule = function ( $container ) {
    spa.data.initModule();
    spa.model.initModule();
    spa.shell.initModule( $container );
  };

  return { initModule: initModule };
}());
```

确保在 Model 和 Shell 之前初始化 Data。

接下来将更新 Data 模块，如清单 6-21 所示。这个模块管理架构中所有和服务器的连接，并且客户端和服务器之间通信的所有数据都会经过这个模块。这个模块所做的事情目前可能还不大清晰，但不要担心，下一章会更加详细地讲解 Socket.IO。更改部分以粗体显示：

代码清单 6-21 更新 Data 模块——spa/js/spa.data.js

```
...
/*global $, io, spa */

spa.data = (function () {
  'use strict';
  var
    stateMap = { sio : null },
    makeSio, getSio, initModule;

  makeSio = function (){
    var socket = io.connect( '/chat' );

    return {
      emit : function ( event_name, data ) {
        socket.emit( event_name, data );
      },
      on : function ( event_name, callback ) {
        socket.on( event_name, function (){
          callback( arguments );
        });
      }
    };
  };

  getSio = function (){
    if ( ! stateMap.sio ) { stateMap.sio = makeSio(); }
    return stateMap.sio;
  };

  initModule = function (){};

  return {
    getSio     : getSio,
    initModule : initModule
  };
}());
```

使用/chat 名字空间，创建 socket 连接。

编写返回 sio 对象的方法。

确保 emit 方法向服务器发送与给定事件名相关的数据。

确保 on 方法注册了给定事件名的回调函数。从服务器接收到的任何事件数据会传回给回调函数。

创建 getSio 方法，总是返回一个有效的 sio 对象。

创建 initModule 方法。该方法不做任何事情，但我们总是希望确保有这个方法，根名字空间模块（spa/js/spa.js）在初始化 Model 和 Shell 之前会调用这个方法。

导出所有公开方法。

最后一步使用服务器数据的准备工作是通知 Model 停止使用伪造的数据，如代码清单 6-22 所示。更改部分以粗体显示。

代码清单 6-22 更新 Model，使用“真实”数据——spa/js/spa.model.js

```
...
spa.model = (function () {
  'use strict';
  var
    configMap = { anon_id : 'a0' },
    stateMap  = {
      ...
    },
    isFakeData = false,
...
```

经过这最后的更改，当加载浏览文档（spa/spa.html）的时候，会发现我们的单页应用不能像之前一样工作了，在控制台中会看到错误信息。如果希望继承在没有服务器的情况下进行开发，可以很容易地“翻转一下开关”，把 `isFakeData` 赋为 `true`[①]。现在我们已经做好向单页应用添加服务器的准备。

6.8　小结

在本章，我们结束了 Model 的工作。我们系统地设计、详细说明、开发并测试了 `chat` 对象。和第 5 章一样，为加快开发效率，使用了 Fake 模块的模拟数据。然后更新了 Chat 功能模块，使用 Model 提供的 `chat` 和 `people` 对象的 API。我们还创建了 Avatar 功能模块，它也使用了相同的 API。然后，讨论了使用 jQuery 的数据绑定。最后，添加了 Data 模块，它使用 Socket.IO 和 Node.js 服务器进行通信。在第 8 章中，我们将设置服务器来和 Data 模块一起工作。在下一章，我们将学习 Node.js。

---

① 浏览器会提示找不到 Socket.IO 库，但这没什么大碍。

第三部分

单页应用服务器

当用户浏览传统网站的时候，为了生成和向浏览器发送一页又一页的内容，服务器浪费了很多处理器资源。单页应用的服务器则完全不同。大多数的业务逻辑（以及所有的HTML模板和展示逻辑）都移到了客户端。服务器仍旧很重要，但它的服务变得更精简和更专注了，比如持久化数据存储、数据验证、用户认证和数据同步。

纵观历史，Web开发人员得花费大量的时间，编写把一种格式的数据转换成另外一种格式的逻辑，很像是用铁铲把泥土从一堆巨大发霉的泥土堆铲到另外一堆中去（仅从效率的角度来讲）。Web开发人员也得掌握多种不同的语言和工具。传统网站可能需要SQL、Apache2、mod_rewrite、mod_perl2、Perl、DBI、HTML、CSS和JavaScript的详细知识。学习所有这些语言以及在它们之间进行切换的代价是昂贵的，也很烦人。更糟糕的是，如果需要把应用的某一部分逻辑移到另外一部分中去，则需要使用不同的语言来完全重写这部分逻辑。在第3部分，我们将学习：

- Node.js和MongoDB的基础知识
- 如何防止浪费服务器转换数据的周期，单页应用全部使用JSON数据格式
- 如何搭建HTTP服务器应用，只使用一种语言（JavaScript）来和数据库进行交互
- 单页应用开发的挑战以及如何来解决这些问题

在整个开发过程中，从前端到后端我们都使用JSON和JavaScript。这能消除数据转换的开销，并能显著减少需要掌握的语言和开发环境的数量。从而开发、交付和维护的成本将大大降低，产品的质量也变得更好。

第 7 章 Web 服务器

本章涵盖的内容

- Web 服务器在单页应用中的作用
- 使用 JavaScript（Node.js）作为 Web 服务器语言
- 使用 Connect 中间件
- 使用 Express 框架
- 配置 Express，以支持单页应用的架构
- 路由和 CRUD
- 使用 Socket.IO 来进行通信以及为什么使用 Socket.IO

本章讨论要支持单页应用所需的逻辑和代码。对 Node.js 也作了很好的介绍。如果在阅读完本章之后，你为之激动不已，并希望使用 Node.js 来搭建完整的产品级应用，推荐你阅读《Node.js in Action》（Manning 2013）一书。

7.1 服务器的作用

单页应用，把传统网站服务端的很多业务逻辑移到了浏览器端。但仍然需要一些（阴面的）服务器逻辑来匹配（阳面的）浏览器客户端。有些领域必须要服务器介入来完成期望的效果（比如，安全问题），或者是服务器比客户端更适合的任务。单页应用 Web 服务器最常见的职责是认证与授权、数据验证和数据的存储与同步。

7.1.1 认证和授权

认证（authentication）是确定某人是他所说的身份的过程。这需要服务器，因为我们永远不能只信任客户端提供的数据。如果认证只在客户端处理，恶意的黑客可以对认证机制进行逆向工程（reverse-engineer），创建所需的认证信息，冒充用户并窃取他们的账号。通常由用户输入用户名和密码来进行认证。

越来越多的开发人员开始转向第三方认证服务，比如由 Facebook 和 Yahoo 提供的服务。当和第三方进行认证时，需要用户提供认证信息（通常是用户名和密码）给第三方服务。例如，如果使用 Facebook 的认证，用户需要向 Facebook 的服务器提供他们的 Facebook 账号的用户名和密码。然后第三方服务器会和我们的服务器进行通信，以此来认证用户。对用户的好处是他们可以重复使用已经烂熟于心的用户名和密码。对开发人员的好处是可以把大部分单调乏味的实现细节“外包”出去，并能访问第三方的用户群体。

授权（authorization）是确保只有能访问数据的人和系统才能接收数据。可以给用户绑定权限来完成这个功能，这样当用户登入的时候，就会有一份什么是他们允许看到的记录。让服务端来处理授权是很重要的，这样没经授权的数据就不会发给客户端。否则，恶意的黑客又可以对应用进行逆向工程，访问他们不该看到的敏感信息。授权的附带好处是，因为它只发送授权用户看到的数据，这会使得发送给客户端的数据量减至最小，事务处理可能更加快速。

7.1.2 验证

验证是质量控制过程，确保只有正确和合理的数据才能被保存。验证有助于防止保存错误数据，防止错误数据传播给其他用户或者系统。比如，当用户挑选航班日期购买机票的时候，航空公司会进行验证，用户选择的是在未来有座位的日期。没有这一验证的话，航空公司的航班预订就会超额、预订了不存在的航班、或者是预订了已经起飞的航班。

客户端和服务端都进行验证是很重要的：客户端验证是为了快速响应，服务端验证是因为永远不能相信来自客户端的代码是有效的。各种各样的问题会导致服务器接收无效的数据。

- 编程错误会破坏或者遗漏单页应用的客户端验证。
- 个别客户端可能会缺少验证，有 Web 服务器的应用经常有多个客户端访问同台服务器。
- 曾经有效的选项在提交数据的时候可能会失效（比方说，用户刚刚点击提交按钮时，座位被其他人预订了）。
- 恶意的黑客又会露面并尝试劫持或者破坏网站，用脏数据填满数据存储。

不正确的服务端验证的经典案例是 SQL 注入攻击，这曾使很多著名的组织机构陷入窘境，实际上它们早该明白的。我们不想和它们一样，是吧？

7.1.3 数据的保存和同步

尽管单页应用可以把数据保存在客户端，但数据是临时的，可以很容易地修改或者删除，不受单页应用的控制。在大多数情况下，客户端应该只用于临时存储，服务器负责持久存储。

数据也需要在多个客户端之间进行同步，比如用户的在线状态需要在查看他们主页的每个人之间进行共享。完成这个功能的最简单方法是让客户端把状态发给服务器，让服务器保存这个状态，然后把这个状态广播给所有已认证的客户端。同步的数据也可以是临时的，比如，当我们使用聊天服务器把消息分发给已认证的客户端时：尽管服务器不会保存数据，但是它肩负着把消息发送给正确的已认证客户端的关键任务。

7.2 Node.js

Node.js 是一个平台，它使用的语言是 JavaScript。当把它作为 HTTP 服务器的时候，它的哲学思想和 Twisted、Tornado 或者 mod_perl 是类似的。相比之下，许多其他的流行 Web 服务器平台会分成两个组件：HTTP 服务器和应用处理容器。例子包括，Apache/PHP、Passenger/Ruby 或者是 Tomcat/Java。

HTTP 服务器和应用一起编写，能够很容易地完成一些在 HTTP 服务器和应用组件分离的平台上面难以完成的任务。比如，如果想把日志写入内存数据库，不需要担心 HTTP 服务器停止和应用服务器启动的情形，就可以直接写入。

7.2.1 为什么选择 Node.js

我们选择了 Node.js 作为服务器平台，因为它有能力表明它是主流单页应用的不错选择。

- 服务器就是应用。结果是无须担心搭建单独的应用服务器并与之交互。所有的东西都在一个地方由一个进程进行控制。
- 服务器应用的语言是 JavaScript，意味着可以消除使用一种语言编写服务器应用、使用另外一种语言编写单页应用的认知负荷。也意味着可以在客户端和服务端之间共享代码，这有很多好处。比如，可以在单页应用和服务端上使用相同的数据验证库。
- Node.js 是非阻塞和事件驱动的。简单地说，这意味着在一般硬件上的单个 Node.js 实例，可以开启数万或者数十万的并发连接，比如用于实时消息传输的连接，这经常是主流单页应用非常希望具备的功能。

- Node.js 很快，得到了很好的支持，功能模块和开发人员的数量都在迅速壮大。

Node.js 处理网络请求的方式不同于其他大多数服务器平台。大多数 HTTP 服务器需要维护进程池或者线程池，准备为到达的请求提供服务。相比之下，Node.js 只有一个事件队列，会处理每个到达的请求，甚至在主事件队列中，会把请求的部分处理切分成单独的事件。在实际应用中这意味着，Node.js 不用等长时间的事件完成之后才去处理其他事件。如果一个特别的数据库查询要花费很长的时间，Node.js 会直接去处理其他事件。当完成数据库查询的时候，会在队列中放入一个事件，这样控制程序就可以使用该结果了。

言归正传，我们开始学习 Node.js，看看如何用它来创建 Web 服务应用。

7.2.2 使用 Node.js 创建‘Hello World’应用

打开 Node.js 网站（http://nodejs.org/#download），下载并安装 Node.js。有很多种下载和安装 Node.js 的方法。如果你不熟悉命令行，最简单的方法是使用和你的操作系统对应的安装程序。

Node Package Manager，即 `npm`，会随着 Node.js 一起安装。它和 Perl 的 `CPAN`、Ruby 的 `gem` 或者 Python 的 `pip` 类似。它会按照我们的命令下载并安装包，同时会解析其中的依赖。这要比我们自己手工来做简单得多。现在已经安装好了 Node.js 和 `npm`，我们来创建第一个服务器。Node.js 网站（http://nodejs.org）有一个简单的 Node Web 服务器的示例，我们就使用这个示例。先创建一个叫做 webapp 的目录，作为我们的工作目录。然后在里面创建文件 app.js，代码如代码清单 7-1 所示。

代码清单 7-1 创建简单的 node 服务器应用——webapp/app.js

```
/*
 * app.js - Hello World
*/

/*jslint         node    : true, continue : true,
  devel  : true, indent  : 2,    maxerr   : 50,
  newcap : true, nomen   : true, plusplus : true,
  regexp : true, sloppy  : true, vars     : false,
  white  : true
*/
/*global */

var http, server;

http   = require( 'http' );
server = http.createServer( function ( request, response ) {
  response.writeHead( 200, { 'Content-Type': 'text/plain' } );
  response.end( 'Hello World' );
}).listen( 3000 );

console.log( 'Listening on port %d', server.address().port );
```

打开终端，进到保存 app.js 文件的目录，输入下面的命令来启动服务器：

```
node app.js
```

你会看到 Listening on port 3000。当我们打开 Web 浏览器（在同台电脑上）前往 http://localhost:3000 的时候，在浏览器中会显示 Hello World。哇，这很简单嘛！仅仅用了七行代码就创建了一个服务器。我不知道你现在感觉如何，但是在几分钟之内就编写好了一个 Web 服务应用并使之运行起来，我很高兴。现在我们来看一下代码的含义。

第一部分是 JSLint 设置的标准头部。它会验证服务端的 JavaScript，和客户端的写法一样：

```
/*
 * app.js - Hello World
*/

/*jslint         node    : true, continue : true,
  devel  : true, indent  : 2,    maxerr   : 50,
  newcap : true, nomen   : true, plusplus : true,
  regexp : true, sloppy  : true, vars     : false,
  white  : true
*/
/*global */
```

下一行是声明要用到的模块作用域内的变量：

```
var http, server;
```

下一行是告诉 Node.js 引入 http 模块给该服务器应用使用。这和使用 HTML 的 script 标签来引入 JavaScript 文件给浏览器使用是一样的。http 模块是 Node.js 的核心模块，用于创建 HTTP 服务器，我们把该模块保存到变量 http 中：

```
http   = require( 'http' );
```

接下来使用 http.createServer 方法创建 HTTP 服务器。传入的是一个匿名函数，每当 Node.js 服务器接收到请求事件的时候，会调用该函数。该函数接收一个 request 对象和一个 response 对象作为参数。request 对象是客户端发送的 HTTP 请求：

```
server = http.createServer( function ( request, response ) {
```

在匿名函数内部，开始定义 HTTP 请求的响应。下一行使用 response 参数创建 HTTP 首部。200 HTTP 响应码表示成功，并提供了属性为 Content-Type 值为 text/plain 的匿名对象。告诉浏览器返回信息内容的种类：

```
response.writeHead( 200, { 'Content-Type': 'text/plain' } );
```

下一行使用 response.end 方法，向客户端发送字符串'Hello World'，并让 Node.js 知道我们使用该响应来结束处理：

```
response.end( 'Hello World' );
```

然后闭合匿名函数，并调用 createServer 方法。然后在 http 对象上链式调用 listen 方法。listen 方法通知 http 对象监听 3000 端口：

```
}).listen( 3000 );
```

最后一行代码，在该服务器应用启动的时候，会把括号中的内容打印到控制台中。可以使用先前创建的 server 对象的属性，报告所使用的端口号：

```
console.log( 'Listening on port %d', server.address().port );
```

我们使用 Node.js 创建了一个非常基础的服务器。http.createServer 方法中的传给匿名函数的 request 和 response 参数，值得花些时间来研究。我们先在代码清单 7-2 中打印 request 参数。新增的行以粗体显示。

代码清单 7-2 在 node 服务器应用中添加简单的日志——webapp/app.js

```
/*
 * app.js - Basic logging
*/
...
var http, server;

http   = require( 'http' );
server = http.createServer( function ( request, response ) {
  console.log( request );
  response.writeHead( 200, { 'Content-Type': 'text/plain' } );
  response.end( 'Hello World' );
}).listen( 3000 );

console.log( 'Listening on port %d', server.address().port );
```

当重启 Web 应用后，在运行 Node.js 应用的终端，会看到打印出来的对象，如代码清单 7-3 所示。现在不用担心对象的结构，之后会来讨论需要知道的属性。

代码清单 7-3 request 对象

```
{ output: [],
  outputEncodings: [],
  writable: true,
  _last: false,
  chunkedEncoding: false,
  shouldKeepAlive: true,
  useChunkedEncodingByDefault: true,
  sendDate: true,
  _hasBody: true,
  _trailer: '',
  finished: false,
... // down another 100 or so lines of code
```

request 对象的一些值得注意的属性包括：

- ondata——当服务器开始接收客户端的数据时（比如，设置了 POST 变量），会调用这个方法。这和大多数框架的从客户端获取内容的方法有本质的区别。我们将对它进行抽象，这样可以在一个变量里面获取完整的参数列表。
- headers——请求的所有首部。
- url——请求的页面 url，不包括主机名。比如，http://singlepagewebapp.com/test 的 url 值为/test。
- method——发起请求所使用的方法：GET 或者 POST。

有了这些属性的知识，就可以开始编写代码清单 7-4 中基本的路由（router）。更改部分以粗体显示。

代码清单 7-4　在 node 服务器应用中添加简单的路由——webapp/app.js

```
/*
 * app.js - Basic routing
*/
...
var http, server;

http   = require( 'http' );
server = http.createServer( function ( request, response ) {
  var response_text = request.url === '/test'
    ? 'you have hit the test page'
    : 'Hello World';
  response.writeHead( 200, { 'Content-Type': 'text/plain' } );
  response.end( response_text );
}).listen( 3000 );

console.log( 'Listening on port %d', server.address().port );
```

检查 request 对象中的请求页面的 URL。

我们可以继续编写自己的路由，对于简单的应用，这是一个合理的选择。然而，我们的服务器应用有更大的志向，想使用 Node.js 社区开发并测试过的框架。第一个要考虑的框架是 Connect。

7.2.3 安装并使用 Connect

Connect 是一个可扩展的中间件框架，它向 Node.js Web 服务器添加基础功能，像是基本认证、会话管理、静态文件服务和表单处理。它不是唯一可用的框架，但它很简单，比较标准。Connect 允许在收到请求和最终响应之间，注入中间件函数。通常，中间件函数会处理进入的请求，在上面执行一些操作，然后把该请求传给下一个中间件函数，或者使用 response.end 方法结束响应。

熟悉 Connect 和中间件模式的最佳方法就是使用它。确保工作目录是 webapp，然后安装 Connect。在命令行输入以下命令：

```
npm install connect
```

这会创建 node_modules 文件夹，并会把 Connect 框架安装在这个文件夹里面。node_modules 目录是放置 Node.js 应用所有模块的文件夹。npm 会把模块安装在这个目录里面，当编写自己的模块时，也会把它们放在这个目录中。可以修改服务器应用，如代码清单 7-5 所示。更改部分以粗体显示。

代码清单 7-5 修改 node 服务器应用，使用 Connect——webapp/app.js

```
/*
 * app.js - Simple connect server
*/
...
var
  connectHello, server,
  http      = require( 'http'    ),
  connect   = require( 'connect' ),
  app       = connect(),
  bodyText = 'Hello Connect';

connectHello = function ( request, response, next ) {
  response.setHeader( 'content-length', bodyText.length );
  response.end( bodyText );
};

app.use( connectHello );
server = http.createServer( app );

server.listen( 3000 );
console.log( 'Listening on port %d', server.address().port );
```

Connect 服务器的行为和上一小节的第一个 node 服务器非常相似。我们定义了第一个中间件函数 connectHello，然后告诉 Connect 对象 app，使用该方法作为它的唯一中间件函数。由于 connectHello 函数调用了 response.end 方法，所以它会结束服务器响应。我们在此基础上来添加更多的中间件。

7.2.4 添加 Connect 中间件

假设我们想每次有人访问页面时就记录日志。可以使用 Connect 内置的中间件函数。代码清单 7-6 添加了 connect.logger() 中间件函数。更改部分以粗体显示：

代码清单 7-6 使用 Connect，在 node 服务器应用中添加日志功能——webapp/app.js

```
/*
 * app.js - Simple connect server with logging
*/
...
var
  connectHello, server,
  http      = require( 'http'    ),
  connect   = require( 'connect' ),
```

```
  app      = connect(),
  bodyText = 'Hello Connect';

connectHello = function ( request, response, next ) {
  response.setHeader( 'content-length', bodyText.length );
  response.end( bodyText );
};

app
  .use( connect.logger() )
  .use( connectHello      );
server = http.createServer( app );

server.listen( 3000 );
console.log( 'Listening on port %d', server.address().port );
```

只要在 connectHello 中间件之前添加 connect.logger()中间件即可。现在每次客户端向服务器应用发送 HTTP 请求的时候，第一个调用的中间件函数是 connect.logger()，它会把日志信息打印在控制台上。下一个调用的中间件函数是我们定义的 connectHello，和之前一样，向客户端发送 Hello Connect 并结束响应。当浏览器访问 http://localhost:3000 时，在 Node.js 的控制台应该会看到像下面一样的信息①：

```
Listening on port 3000
127.0.0.1 - - [Wed, 01 May 2013 19:27:12 GMT] "GET / HTTP/1.1" 200 \
13 "-" "Mozilla/5.0 (X11; Linux x86_64) AppleWebKit/537.31 \
(KHTML, like Gecko) Chrome/26.0.1410.63 Safari/537.31"
```

尽管 Connect 的抽象层次比 Node.js 更高，但是我们想要更多的功能。该升级到 Express 了。

7.2.5 安装并使用 Express

Express 是一个轻量级的 Web 框架，是在 Sinatra（轻量级的 Ruby Web 框架）之后设计出来的。在单页应用中，不需要充分利用 Express 提供的每个功能，但它提供了比 Connect 更加丰富的功能集，事实上，它是构建在 Connect 之上的。

确保工作目录是 webapp，然后安装 Express。我们不用和安装 Connect 一样的命令行方式，而使用一个叫做 package.json 的清单文件（manifest file），告诉 npm 我们的应用要正确地运行起来所需的模块以及模块的版本。当在远程服务器上面安装应用的时候，或者当有人下载应用并在他们的机器上进行安装的时候，这就会很方便。我们来创建安装 Express 的 package.json 文件，如代码清单 7-7 所示。

代码清单 7-7 创建 npm 安装用的清单文件——webapp/package.json

```
{
  "name"    : "SPA",
  "version" : "0.0.3",
  "private" : true,
```

① 还有一个浏览器默认会发起的获取/favicon.ico 的请求。——译者注

```
  "dependencies" : {
    "express"    : "3.2.x"
  }
}
```

name 属性是应用名称，可以是我们想要的任意名字。version 属性是应用的版本，应用使用主要版本、次要版本以及补丁版本的组合（<major>.<minor>.<patch>）。设置 private 属性为 true，告诉 npm 不要发布应用程序。最后，dependencies 属性描述了想让 npm 安装的模块和模块的版本。这里只有一个 express 模块。我们先删除已经存在的 webapp/node_modules 目录，然后使用 npm 安装 Express：

```
npm install
```

当使用上面的 npm 命令来添加新模块的时候，可以使用--save 选项来自动更新 package.json，以便包含新模块。这样在开发期间就会很方便。也请注意，我们指定希望的 Express 版本是“3.2.x”，意思是想要的 Express 版本是 3.2，使用最新的补丁版本。这是推荐的版本声明方式，因为补丁是修复 bug 或者是确保向后兼容的，很少会破坏 API。

现在，为了使用 Express，我们来编辑 app.js。此次实现较为严格，使用'use strict'指令（pragma），加了些代码区块的分隔符，如代码清单 7-8 所示。更改部分以粗体显示。

代码清单 7-8 使用 Express 创建 node 服务器应用——webapp/app.js

```
/*
 * app.js - Simple express server
*/
...
// ------------ BEGIN MODULE SCOPE VARIABLES --------------
'use strict';
var
  http    = require( 'http'    ),
  express = require( 'express' ),

  app     = express(),
  server  = http.createServer( app );
// ------------- END MODULE SCOPE VARIABLES ---------------
// ------------- BEGIN SERVER CONFIGURATION ---------------
app.get( '/', function ( request, response ) {
  response.send( 'Hello Express' );
});
// -------------- END SERVER CONFIGURATION ----------------
// ----------------- BEGIN START SERVER -------------------
server.listen( 3000 );
console.log(
  'Express server listening on port %d in %s mode',
   server.address().port, app.settings.env
);
// ------------------ END START SERVER --------------------
```

当看着上面的小示例的时候，可能不会立即表现出来为什么使用 Express 更加简单，所以我们挨行过一遍，看看是为什么。首先，加载 express 和 http 模块（粗体显示）：

```
// ------------ BEGIN MODULE SCOPE VARIABLES --------------
'use strict';
var
  http = require( 'http' ),
  express = require( 'express' ),

  app     = express(),
  server  = http.createServer( app );
// ------------- END MODULE SCOPE VARIABLES ---------------
```

然后使用 express 创建 app 对象。该对象有设置应用的路由和其他属性的方法。也创建了 HTTP server 对象，之后会用到该对象（粗体显示）：

```
// ------------ BEGIN MODULE SCOPE VARIABLES --------------
'use strict';
var
  http    = require( 'http'    ),
  express = require( 'express' ),
  app = express(),
  server = http.createServer( app );
// ------------- END MODULE SCOPE VARIABLES ---------------
```

接下来使用 app.get 方法定义了应用的路由：

```
// ------------- BEGIN SERVER CONFIGURATION ---------------
app.get( '/', function ( request, response ) {
  response.send( 'Hello Express' );
});
// -------------- END SERVER CONFIGURATION ----------------
```

由于有像 get 这样的丰富方法集，Express 使得 Node.js 中的路由变得简单了。app.get 的第一个参数是匹配请求 URL 的模式。比如，在开发过程中，如果浏览器请求了 http://localhost:3000 或者 http://localhost:3000/，GET 请求的字符串是“/”，它和模式匹配。第二个参数是回调函数，当匹配时就会执行。request 和 response 对象是传给回调函数的参数。查询字符串参数可在 request.params 中获取。

第三个（也是最后一个）区块的代码会启动服务器，并向控制台打印日志：

```
// ----------------- BEGIN START SERVER -------------------
server.listen( 3000 );
console.log(
  'Express server listening on port %d in %s mode',
  server.address().port, app.settings.env
);
```

现在已经有了能运行的 Express 应用，我们来添加一些中间件。

7.2.6 添加 Express 中间件

由于 Express 是构建在 Connect 之上的，所以也可以使用相同的语法，调用并传递中间件。我们在应用中添加日志中间件，如代码清单 7-9 所示。更改部分以粗体显示。

代码清单 7-9 向应用中添加 Express 的日志中间件——webapp/app.js

```
/*
 * app.js - Simple express server with logging
*/
...
// ------------- BEGIN SERVER CONFIGURATION ---------------
app.use( express.logger() );
app.get( '/', function ( request, response ) {
  response.send( 'Hello Express' );
});
// -------------- END SERVER CONFIGURATION ----------------
```

因为 Express 提供了 Connect 的所有中间件方法，所以不需要引入 Connect。运行上面的代码，结果会把请求日志打印到控制台中，和上一小节的 connect.logger 一样。

可以使用 Express 的 app.configure 方法来组织中间件，如代码清单 7-10 所示。更改部分以粗体显示。

代码清单 7-10 使用 configure 方法来组织 Express 中间件——webapp/app.js

```
/*
 * app.js - Express server with middleware
*/
...
// ------------- BEGIN SERVER CONFIGURATION ---------------
app.configure( function () {
  app.use( express.logger() );
  app.use( express.bodyParser() );
  app.use( express.methodOverride() );
});
app.get( '/', function ( request, response ) {
  response.send( 'Hello Express' );
});
// -------------- END SERVER CONFIGURATION ----------------
...
```

上面的配置添加了两个新的中间件方法：bodyParser 和 methodOverride。bodyParser 会对表单进行解码，之后会广泛使用。methodOverride 用来创建 RESTful 服务。configure 方法也可以根据运行应用的 Node.js 环境，对配置进行更改。

7.2.7 Express 的使用环境

Express 支持根据环境设置来切换配置的概念。环境设置有 development、testing、staging 和 production。Express 会读取 NODE_ENV 环境变量，确定正在使用的是哪个环境，然后会相应地设置它的配置。如果你使用的是 Windows，可以像下面这样启动服务器应用：

```
SET NODE_ENV=production node app.js
```

如果使用的是 Mac 或者 Linux，则可以像下面这样来设置：

```
NODE_ENV=production node app.js
```

如果使用的是其他操作系统，我们有百分百的把握你能搞定它。

在运行 Express 服务器应用的时候，环境名称可以使用任意字符串。如果没有设置 NODE_ENV 变量，则默认使用 development。

我们修改一下应用，使之根据环境来进行自我调整。我们想在每个环境中都使用 bodyParser 和 methodOverride 中间件。在 development 环境中，想让应用记录 HTTP 请求和详细的错误。在 production 环境，只想记录错误摘要，如代码清单 7-11 所示。更改部分以粗体显示。

代码清单 7-11 使用 Express 支持不同的环境——webapp/app.js

```
...
// ------------- BEGIN SERVER CONFIGURATION ---------------
app.configure( function () {
  app.use( express.bodyParser() );
  app.use( express.methodOverride() );
});

app.configure( 'development', function () {
  app.use( express.logger() );
  app.use( express.errorHandler({
    dumpExceptions : true,
    showStack      : true
  }) );
});

app.configure( 'production', function () {
  app.use( express.errorHandler() );
});

app.get( '/', function ( request, response ) {
  response.send( 'Hello Express' );
});
// -------------- END SERVER CONFIGURATION ----------------
...
```

在每个环境中添加 bodyParser 和 methodOverride 中间件。

对于 development 环境，添加 logger 方法，配置 errorHandler 方法以输出全部异常和显示栈踪迹（stack trace）。

对于 production 环境，添加使用默认选项的 errorHandler 中间件。

我们可以测试这些配置，以 development 模式（node app.js）运行应用程序，在浏览器中加载页面。你会在 Node.js 的控制台上看到输出日志。接下来，停止服务器，以 production 模式（NODE_ENV=production node app.js）运行应用程序。当在浏览器中加载页面的时候，则不会有输出日志。

现在已经对 Node.js、Connect 和 Express 的基础知识有了很好的理解，我们转向更高级的路由方法。

7.2.8 Express 的静态文件服务

正如你所料想的，Express 的静态文件服务需要添加一些中间件和重定向。我们把第 6 章 spa 目录中的内容复制到 public 目录里面，如代码清单 7-12 所示。

代码清单 7-12 添加存放静态文件的 public 目录

```
webapp
  +-- app.js
  +-- node_modules/...
  +-- package.json
  `-- public # contents of 'spa' copied here
      +-- css/...
      +-- js/...
      `-- spa.html
```

现在可以修改应用，提供静态文件的服务，如代码清单 7-13 所示。修改部分以粗体显示。

代码清单 7-13 Express 的静态文件服务——webapp/app.js

```
/*
 * app.js - Express server static files
*/
...
// ------------ BEGIN SERVER CONFIGURATION --------------
app.configure( function () {
  app.use( express.bodyParser() );
  app.use( express.methodOverride() );
  app.use( express.static( __dirname + '/public' ) );
  app.use( app.router );
});

app.configure( 'development', function () {
  app.use( express.logger() );
  app.use( express.errorHandler({
    dumpExceptions : true,
    showStack      : true
  }) );
});
```

定义静态文件的根目录为：<current_directory>/public

在静态文件之后添加路由中间件。

```
app.configure( 'production', function () {
  app.use( express.errorHandler() );
});

app.get( '/', function ( request, response ) {
  response.redirect( '/spa.html' );
});
// -------------- END SERVER CONFIGURATION ----------------
...
```

把请求重定向到浏览文档的根目录：/spa.html。

现在当我们运行应用（node app.js）并在浏览器中打开 http://localhost:3000 的时候，将会看到第 6 章的单页应用。然而还不能登入，因为后端还没准备好。

现在已经对 Express 中间件有了不错的感觉，我们来看一下高级路由，Web 数据服务会用到这个功能。

7.3 高级路由

到现在为止，我们的应用有了指向 Web 应用根目录的路由并向浏览器返回一些文本。在这一节，我们将：

- 使用 Express 框架，为管理用户对象提供 CRUD 路由；
- 为用于 CRUD 的所有路由设置响应属性，比如内容类型（content type）；
- 使代码通用化，这样对所有的 CRUD 路由都有效；
- 把路由逻辑放到单独的模块中。

7.3.1 用户对象的 CRUD 路由

CRUD 操作（Create、Read、Update、Delete），是持久存储数据经常需要的主要操作。如果你需要进阶教程或者是头一次听说 CRUD，Wikipedia 对它有非常深入的讨论。

一个在 Web 应用程序中用来实现 CRUD 的常见设计模式称为 REST（Representational State Transfer）。REST 使用严格和定义明确的语义来定义动词 GET、POST、PUT、PATCH 和 DELETE 做什么事情。如果你知道并喜欢 REST，就务必要实现它，它是在分布式系统之间交换数据的完美有效的方法，Node.js 甚至有很多模块想使用 REST 来解决问题。

我们已经实现了用户对象的基本 CRUD 路由，在下面的示例中决定不实现 REST，这有几个理由。挑战之一是因为很多浏览器还没有实现原生的 REST 动词，所以经常是使用 POST，通过表单或者首部传递额外的参数来实现 PUT、PATCH 和 DELETE。这意味着开发人员不大容易识别请求使用的是什么动词，而必须在发送数据的首部中进行查找。REST 也不能完美地映射成 CRUD，尽管 REST 动词看上去和 CRUD 操作相似。最后，在处理状态码的时候，Web 浏览器可以进行拦截。比如，浏览器可能会拦截 302 状态码，不把它传给单页应用客户端，它会尝试做“正确的事”并重定向到不同的资源。这可能不是我们一直想要的行为。

我们可以从列出所有的用户开始。

1. 添加获取用户列表的路由

可以添加一个提供用户列表的简单路由。请注意我们把响应对象的 contentType 设置为了 json。这会设置首部，让浏览器知道响应是 JSON 格式的，如代码清单 7-14 所示。更改部分以粗体显示。

代码清单 7-14　添加获取用户列表的路由——webapp/app.js

```
/*
 * app.js - Express server with advanced routing
*/
...
// ------------- BEGIN SERVER CONFIGURATION ---------------
...
// all configurations below are for routes
app.get( '/', function ( request, response ) {
  response.redirect( '/spa.html' );
});

app.get( '/user/list', function ( request, response ) {
  response.contentType( 'json' );
  response.send({ title: 'user list' });
});
// ------------- END SERVER CONFIGURATION ----------------
...
```

用户列表路由期望的是 HTTP GET 请求。如果是检索数据，这没什么问题。下一个路由，我们将使用 POST 请求，这样就可以向服务器发送大量的数据。

2. 添加创建用户对象的路由

在添加创建用户对象的路由时，我们需要处理从客户端 POST 过来的数据。Express 提供了简写方法 app.post，它会处理和提供的模式所匹配的 POST 请求。可以把下面的代码添加到服务器应用里面，如代码清单 7-15 所示。更改部分以粗体显示：

代码清单 7-15　添加创建用户对象的路由——webapp/app.js

```
/*
 * app.js - Express server with advanced routing
*/
...
// ------------- BEGIN SERVER CONFIGURATION ---------------
...
app.get( '/user/list', function ( request, response ) {
  response.contentType( 'json' );
```

```
  response.send({ title: 'user list' });
});

app.post( '/user/create', function ( request, response ) {
  response.contentType( 'json' );
  response.send({ title: 'user created' });
});
// -------------- END SERVER CONFIGURATION ----------------
...
```

我们对 POST 过来的数据还没有做任何处理，在下一章会有介绍。如果在浏览器里面输入 http://localhost:3000/user/create，会看到 404 错误，错误信息是：Cannot GET /user/create。这是因为浏览器发送的是 GET 请求，而路由只会处理 POST 请求。可以使用下面的命令行来创建用户：

```
curl http://localhost:3000/user/create -d {}
```

服务器会返回：

```
{"title":"User created"}
```

CURL 和 WGET

如果你使用的是 Mac 或者 Linux 系统，就可以绕开浏览器，使用 curl 来测试 API。我们可以测试一下刚才创建的 URL，向 user/create 发送 POST 请求：

```
curl http://localhost:3000/user/create -d {}
{"title":"User created"}
```

-d 用来发送数据，空对象字面量则不发送数据。不用打开浏览器对路由进行测试，使用 curl 可以显著地节省开发时间。在命令提示符中输入 curl-h，可以找到更多关于 curl 的功能。

使用 wget 也可以得到相同的结果：

```
wget http://localhost:3000/user/create --post-data='{}' -O -
```

在命令提示符中输入 wget-h，可以找到更多关于 wget 的功能。

现在已经有了创建用户对象的路由，我们可以创建读取用户对象的路由。

3. 添加读取用户对象的路由

读取用户对象的路由和创建用户对象的路由类似，只是使用 GET 方法，额外的参数通过 URL 传递：用户的 ID。通过使用冒号定义路由路径中的参数来创建这个路由，如代码清单 7-16 所示。更改部分以粗体显示。

代码清单 7-16 添加读取用户对象的路由——webapp/app.js

```
/*
 * app.js - Express server with advanced routing
*/
...
// ------------- BEGIN SERVER CONFIGURATION ---------------
...
```

```
app.post( '/user/create', function ( request, response ) {
  response.contentType( 'json' );
  response.send({ title: 'user created' });
});
app.get( '/user/read/:id', function ( request, response ) {
  response.contentType( 'json' );
  response.send({
    title: 'user with id ' + request.params.id + ' found'
  });
});
// -------------- END SERVER CONFIGURATION ----------------
...
```

路由最后的用户:id 参数，可以通过 request.params 对象访问到。路由/user/read/:id使得可以通过访问request.params['id']或者request.params.id得到用户 ID。如果请求 URL 是 http://localhost:3000/user/read/12，则 request.params.id 的值为 12。请试一试，也请注意不管 id 的值是什么，路由都会工作（只要 id 是有效的值，路由就会接受）。表 7-1 中有更多的示例。

表 7-1 路由以及结果

在浏览器中输入	Node.js 终端输出
/user/read/19	{"title":"User with id 19 found"}
/user/read/spa	{"title":"User with id spa found"}
/user/read/	Cannot GET /user/read/
/user/read/?	Cannot GET /user/read/?

路由捕获任何值是件好事，但是如果 ID 总是数字会怎样？我们不想路由解释 ID 不是数字的路径。Express 提供了这样的功能，在路由定义中添加正则表达式[(0-9)]+，只接受包含数字的路径，如代码清单 7-17 所示。更改部分以粗体显示：

代码清单 7-17 限制路由，ID 只为数字——webapp/app.js

```
/*
 * app.js - Express server with advanced routing
*/
...
// ------------ BEGIN SERVER CONFIGURATION --------------
...
app.get( '/user/read/:id([0-9]+)', function ( request, response ) {
  response.contentType( 'json' );
  response.send({
    title: 'user with id ' + request.params.id + ' found'
  });
});
// -------------- END SERVER CONFIGURATION ----------------
...
```

表 7-2 演示了只接受数字 ID 的路由。

表 7-2 路由以及结果

在浏览器中输入	Node.js 终端输出
/user/read/19	{"title":"User with id 19 found"}
/user/read/spa	Cannot GET /user/read/spa

4. 添加更新或者删除用户的路由

这里的更新和删除用户的路由和读取用户的路由几乎是一样的，然而下一章中它们对用户对象的操作会非常不同。在代码清单 7-18 中，添加了更新和删除用户的路由。更改部分以粗体显示。

代码清单 7-18 定义 CRUD 路由——webapp/app.js

```
/*
 * app.js - Express server with advanced routing
*/
...
// ------------- BEGIN SERVER CONFIGURATION ---------------
...

app.get( '/user/read/:id([0-9]+)', function ( request, response ) {
  response.contentType( 'json' );
  response.send({
    title: 'user with id ' + request.params.id + ' found'
  });
});

app.post( '/user/update/:id([0-9]+)',
  function ( request, response ) {
    response.contentType( 'json' );
    response.send({
      title: 'user with id ' + request.params.id + ' updated'
    });
  }
);

app.get( '/user/delete/:id([0-9]+)',
  function ( request, response ) {
    response.contentType( 'json' );
    response.send({
      title: 'user with id ' + request.params.id + ' deleted'
    });
  }
);
// -------------- END SERVER CONFIGURATION ----------------
...
```

创建上面这些基本路由很容易，但是你可能已经注意到我们给每个响应都设置了 contentType。这容易出错，也很低效，更好的方式是对用户 CRUD 操作的所有响应设置 contentType。理想的情况是创建一个路由，拦截所有到达的路由，把响应的

contentType 设置为 json。我们面临两个复杂的问题。

（1）有一些请求使用 GET 方法，其他请求使用 POST 方法。

（2）在设置完响应的 contentType 之后，我们希望路由能和之前一样工作。

幸好 Express 提供了这样的功能。除了 app.get 和 app.post 方法之外，还有一个 app.all 方法，它会拦截路由，不管它们的方法类型是什么。Express 通过指定和调用路由回调函数中的第三个参数，把控制流传回给路由，看看是否有其他路由匹配请求。按照惯例，第三个参数叫做 next，它会立即把控制流传递给下一个中间件或者路由。在代码清单 7-19 中添加了 app.all 方法。更改部分以粗体显示。

代码清单 7-19　使用 app.all()方法来设置通用属性——webapp/app.js

```
/*
 * app.js - Express server with advanced routing
*/
...
// ------------- BEGIN SERVER CONFIGURATION ---------------
...
// all configurations below are for routes
app.get( '/', function ( request, response ) {
  response.redirect( '/spa.html' );
});

app.all( '/user/*?', function ( request, response, next ) {
  response.contentType( 'json' );
  next();
});

app.get( '/user/list', function ( request, response ) {
  // REMOVE response.contentType( 'json' );
  response.send({ title: 'user list' });
});

app.post( '/user/create', function ( request, response ) {
  // REMOVE response.contentType( 'json' );
  response.send({ title: 'user created' });
});

app.get( '/user/read/:id([0-9]+)',
  function ( request, response ) {
    // REMOVE response.contentType( 'json' );
    response.send({
      title: 'user with id ' + request.params.id + ' found'
    });
  }
);

app.post( '/user/update/:id([0-9]+)',
  function ( request, response ) {
```

```
    // REMOVE response.contentType( 'json' );
    response.send({
      title: 'user with id ' + request.params.id + ' updated'
    });
  }
);

app.get( '/user/delete/:id([0-9]+)',
  function ( request, response ) {
    // REMOVE response.contentType( 'json' );
    response.send({
      title: 'user with id ' + request.params.id + ' deleted'
    });
  }
);
// -------------- END SERVER CONFIGURATION ----------------
...
```

路由模式/user/*?中的*会匹配任何值，?表示可选。/user/*?会匹配下面的任意路由：

- /user
- /user/
- /user/12
- /user/spa
- /user/create
- /user/delete/12

现在已经有了用户路由，很容易想像随着对象种类的增加，路由的数量会爆炸式地增长。我们真的需要为每个对象定义五个新路由吗？很幸运，不用这样做。可以将这些路由通用化，把它们放到它们自己的模块里面。

7.3.2 通用 CRUD 路由

我们已经知道可以使用路由参数，接收来自客户端的内容，但是也可以利用它们把路由通用化。只需要告诉 Express，使用部分的 URI 作为参数。下面这样就可以：

```
app.get( '/:obj_type/read/:id([0-9]+)',
  function ( request, response ) {
    response.send({
      title: request.params.obj_type + ' with id '
        + request.params.id + ' found'
    });
  }
);
```

现在当请求/horse/read/12 的时候，在请求参数 request.params.obj_type 中可以得到对象类型（horse），响应的 JSON 是{ title: "horse with id 12 found" }。把这一逻辑应用到其余的方法，代码清单 7-20 是完成后的代码。所有的更改部分以粗体显示。

代码清单 7-20 完成通用 CRUD 路由——webapp/app.js

```
/*
 * app.js - Express server with generic routing
*/
...
// ------------- BEGIN SERVER CONFIGURATION ---------------
...
// all configurations below are for routes
app.get( '/', function ( request, response ) {
  response.redirect( '/spa.html' );
});

app.all( '/:obj_type/*?', function ( request, response, next ) {
  response.contentType( 'json' );
  next();
});

app.get( '/:obj_type/list', function ( request, response ) {
  response.send({ title: request.params.obj_type + ' list' });
});

app.post( '/:obj_type/create', function ( request, response ) {
  response.send({ title: request.params.obj_type + ' created' });
});

app.get( '/:obj_type/read/:id([0-9]+)',
  function ( request, response ) {
    response.send({
      title: request.params.obj_type
        + ' with id ' + request.params.id + ' found'
    });
  }
);

app.post( '/:obj_type/update/:id([0-9]+)',
  function ( request, response ) {
    response.send({
      title: request.params.obj_type
        + ' with id ' + request.params.id + ' updated'
    });
  }
);

app.get( '/:obj_type/delete/:id([0-9]+)',
  function ( request, response ) {
    response.send({
      title: request.params.obj_type
        + ' with id ' + request.params.id + ' deleted'
    });
  }
);
// -------------- END SERVER CONFIGURATION ----------------
...
```

现在启动应用（`node app.js`），在浏览器中打开 http://localhost:3000，会看到我们

熟悉的单页应用，如图 7-1 所示。

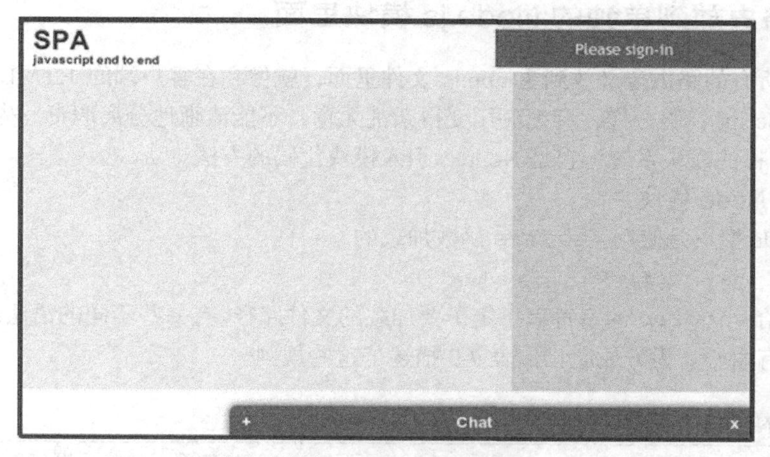

图 7-1　浏览器中的单页应用——http://localhost:3000

这说明了静态文件配置允许浏览器读取所有的 HTML、JavaScript 和 CSS 文件。但也仍然可以访问 CRUD API。如果在浏览器中输入 http://localhost:3000/user/read/12，将看到下面的结果：

```
{
  title: "user with id 12 found"
}
```

假使有个文件在<root_directory>/user/read/12（不要笑，你知道会发生这种事情）会怎么样？对于我们的情况，会返回文件，而不是 CRUD 响应。这是因为 express.static 中间件在添加路由之前就已添加，如下所示：

```
...
app.configure( function () {
  app.use( express.bodyParser() );
  app.use( express.methodOverride() );
  app.use( express.static( __dirname + '/public' ) );
  app.use( app.router );
});
...
```

然而，如果把顺序倒过来，先添加路由，则会返回 CRUD 响应，而不是静态文件。这种做法的好处是对 CRUD 请求会更快，坏处是访问更加复杂多样的文件时会较慢。聪明的做法是把所有的 CRUD 请求放到像/api/1.0.0/这样的根名字下，这样动态内容和静态内容就被很好地分开了。

现在我们已经掌握了干净且通用的路由的基本知识，它能管理任何类型的对象。很明显，它没有考虑授权问题，稍后会讲到这个逻辑。首先，我们把所有的路由逻辑移到单独的模块里面。

7.3.3 把路由放到单独的 Node.js 模块里面

把所有的路由定义放到主 app.js 文件里面，就像和在客户端的 HTML 页面中直接编写 JavaScript 代码一样，会把应用变得杂乱无章，不能清晰地分离职责。先更详细地看一下 Node.js 的模块系统，它是 Node.js 引入模块代码的方法。

1. Node 模块

Node 模块是使用 `require` 函数加载的。

```
var spa = require( './routes' );
```

传给 `require` 的字符串指定了要加载的文件路径。有一些不同的语法规则需要记住，所以要有耐心。为方便起见，表 7-3 描述了这些规则。

表 7-3 Node 中 require 的搜索路径逻辑

语法	搜索路径，按先后顺序
`require('./routes.js');`	`app/routes.js`

`require('./routes');`	`app/routes.js`
	`app/routes.json`
	`app/routes.node`

`require('../routes.js');`	`../routes.js`

`require('routes');`	`app/node_modules/routes.js`
	`app/node_modules/routes/index.js`
	`<system_install>/node_modules/routes.js`
	`<system_install>/node_modules/routes/index.js`
	该语法也用来指向核心的 node.js 模块，比如 http 模块

在 node 模块内部，不需要客户端使用的自执行匿名函数，`var` 变量的作用域被限制在模块内，而不是在全局作用域中。node 模块中有个 `module` 对象。赋给 `module.exports` 属性的值是 `require` 方法的返回值。我们来创建路由模块，如代码清单 7-21 所示。

代码清单 7-21 创建路由模块——webapp/routes.js

```
module.exports = function () {
  console.log( 'You have included the routes module.' );
};
```

`module.exports` 的值可以是任何数据类型，比如函数、对象、数组、字符串、数字或者布尔值。在上面的示例中，routes.js 把 `module.exports` 的值设置为一个匿名函数。我们在 app.js 中使用 `require` 方法来引入 routes.js，把返回值保存在 `routes` 变量中。然后可以调用返回的函数，如代码清单 7-22 所示。更改部分以粗体显示。

代码清单 7-22　引入模块并使用返回值——webapp/app.js

```
/*
 * app.js - Express server with sample module
*/
...
// ------------ BEGIN MODULE SCOPE VARIABLES --------------
'use strict';
var
  http    = require( 'http'     ),
  express = require( 'express'  ),
  routes  = require( './routes' ),
  app     = express(),
  server  = http.createServer( app );

routes();
// ------------- END MODULE SCOPE VARIABLES ---------------
...
```

当在命令提示符中输入 `node app.js` 的时候，会看到下面的信息：

```
You have included the routes module.
 Express server listening on port 3000 in development mode
```

现在已经添加了路由模块，我们把路由配置移到这个模块里面。

2．把路由移到模块里面

在创建大型应用时，我们喜欢在主应用文件夹中的单独文件中定义路由。在更大型的有很多路由的应用中，可以在路由文件夹中定义路由，想要多少文件都可以。

由于接下来开发的是大型应用，我们在单页应用的根目录中创建 routes.js 文件，把已有的路由复制到 `module.exports` 函数里面。它看起来应和代码清单 7-23 一样。

代码清单 7-23　把路由放到单独的模块中——webapp/routes.js

```
/*
 * routes.js - module to provide routing
*/
/*jslint         node    : true, continue : true,
  devel  : true, indent  : 2,    maxerr   : 50,
  newcap : true, nomen   : true, plusplus : true,
  regexp : true, sloppy  : true, vars     : false,
  white  : true
*/
/*global */

// ------------ BEGIN MODULE SCOPE VARIABLES --------------
'use strict';
var configRoutes;
// ------------- END MODULE SCOPE VARIABLES ---------------

// ---------------- BEGIN PUBLIC METHODS ------------------
configRoutes = function ( app, server ) {
  app.get( '/', function ( request, response ) {
```

app 和 server 变量不是全局的，所以必须把它们传给函数。Node.js 想尽办法不允许在模块中定义变量，不让主应用程序中的变量影响其他模块中的变量。

```
    response.redirect( '/spa.html' );
  });

  app.all( '/:obj_type/*?', function ( request, response, next ) {
    response.contentType( 'json' );
    next();
  });

  app.get( '/:obj_type/list', function ( request, response ) {
    response.send({ title: request.params.obj_type + ' list' });
  });

  app.post( '/:obj_type/create', function ( request, response ) {
    response.send({ title: request.params.obj_type + ' created' });
  });

  app.get( '/:obj_type/read/:id([0-9]+)',
    function ( request, response ) {
      response.send({
        title: request.params.obj_type
          + ' with id ' + request.params.id + ' found'
      });
    }
  );

  app.post( '/:obj_type/update/:id([0-9]+)',
    function ( request, response ) {
      response.send({
        title: request.params.obj_type
          + ' with id ' + request.params.id + ' updated'
      });
    }
  );

  app.get( '/:obj_type/delete/:id([0-9]+)',
    function ( request, response ) {
      response.send({
        title: request.params.obj_type
          + ' with id ' + request.params.id + ' deleted'
      });
    }
  );
};
module.exports = { configRoutes : configRoutes };
// ---------------- END PUBLIC METHODS ------------------
```

把内容类型设置为 json。

导出方法，这样 webapp/app.js 就可以调用这个方法了。

现在可以修改 webapp/app.js，使用路由模块，如代码清单 7-24 所示。更改部分以粗体显示。

代码清单 7-24 更新服务器应用，使用外部路由——webapp/app.js

```
/*
 * app.js - Express server with routes module
*/
```

```
...
// ------------ BEGIN MODULE SCOPE VARIABLES --------------
'use strict';
var
  http    = require( 'http'     ),
  express = require( 'express'  ),
  routes = require( './routes' ),      <-- 加载路由模块。

  app    = express(),
  server  = http.createServer( app );
// ------------- END MODULE SCOPE VARIABLES ---------------

// ------------- BEGIN SERVER CONFIGURATION ---------------
app.configure( function () {
  app.use( express.bodyParser() );
  app.use( express.methodOverride() );
  app.use( express.static( __dirname + '/public' ) );
  app.use( app.router );
});

app.configure( 'development', function () {
  app.use( express.logger() );
  app.use( express.errorHandler({
    dumpExceptions : true,
    showStack      : true
  }) );
});

app.configure( 'production', function () {
  app.use( express.errorHandler() );
});

routes.configRoutes( app, server );      <-- 使用configRoutes方法来设置路由。
// -------------- END SERVER CONFIGURATION -------------

// ----------------- BEGIN START SERVER ------------------
server.listen( 3000 );
console.log(
  'Express server listening on port %d in %s mode',
   server.address().port, app.settings.env
);
// ----------------- END START SERVER --------------------
```

最后得到的是很干净的 app.js：加载需要的库模块、创建 Express 应用程序、配置中间件、添加路由，然后启动服务。它没有把数据持久化到数据库，没有真正对请求动作执行操作。在下一章安装完 MongoDB 并和 Node.js 应用连接起来之后，再来介绍这个功能。在做这项工作之前，我们先来看一下其他需要的功能。

7.4 添加认证和授权

现在已经创建了在对象上执行 CRUD 操作的路由，我们还应该添加认证机制。可以选择自己努力编码来实现，或者是选择容易的方式：利用 Express 的另一个中间件。嗯，考虑考虑，选择哪一种呢？

基本认证

基本认证是 HTTP/1.0 和 1.1 标准中，定义当客户端发送请求的时候该如何提供用户名和密码，它通常被称为 basic auth（基本认证）。请记住，中间件是按照在应用程序中的添加顺序进行调用的，所以如果希望应用程序对路由进行授权访问，就需要在添加路由中间件之前添加其他中间件。这很容易做到，如代码清单 7-25 所示。更改部分以粗体显示。

代码清单 7-25 为服务器应用添加基本认证——webapp/app.js

```
/*
 * app.js - Express server with basic auth
*/
...
// ------------- BEGIN SERVER CONFIGURATION --------------
app.configure( function () {
  app.use( express.bodyParser() );
  app.use( express.methodOverride() );
  app.use( express.basicAuth( 'user', 'spa' ) );
  app.use( express.static( __dirname + '/public' ) );
  app.use( app.router );
});
...
```

在上面这个示例中，我们对应用程序进行了硬编码（hard-coded），期望的用户名是 `user`，密码是 `spa`。`basicAuth` 也有第三个参数，它是一个函数，可以用来提供更加高级的机制，像在数据库查找用户详情。如果用户是有效的，这个函数应该返回 `true`，当用户无效时返回 `false`。当重启服务器并重新加载浏览器的时候，它会打开如图 7-2 一样的警告对话框，在允许访问之前要求输入有效的用户名和密码。

如果输入了错误的密码，则会一直提示直到输入正确为止。按下 Cancel 按钮页面会显示 `Unauthorized`。

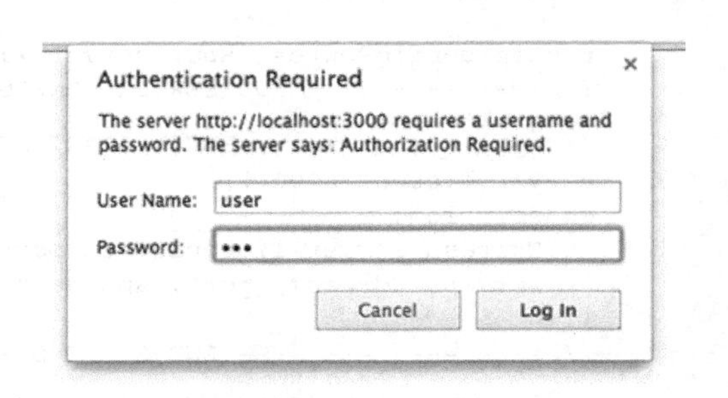

图 7-2 Chrome 的认证对话框

在产品级应用中，不推荐使用基本认证。每个请求它都会发送纯文本的认证信息，安全专家称之为广泛攻击（large attack vector）[①]。即使使用 SSL（HTTPS）对传输进行加密，在客户端和服务器之间也只有一层安全保证。

---

① 虽然对认证信息的 Base64 编码结果很难用肉眼识别解码，但它仍可以极为轻松地被计算机所解码，就像其容易编码一样。编码这一步骤的目的并不是为了安全与隐私，而是为了将认证信息中的不兼容字符转换为与 HTTP 协议兼容的字符集。由于每个请求都会发送认证信息，所以发送途中被他人窃取的概率就大大地增加了。更多信息请参考 http://zh.wikipedia.org/wiki/HTTP 基本认证。——译者注

现在使用自己的认证机制显得过时了。很多创业公司乃至更加知名的公司都在使用来自像 Fackbook 或者 Google 的第三方认证。有很多在线指南演示了如何集成这些服务，可以先从 Node.js 的 Passport 中间件入手。

7.5 Web socket 和 Socket.IO

Web socket 是一项令人激动的技术，得到了浏览器的普遍支持。Web socket 允许客户端和服务器保持持久、轻量和双向的通信信道，而不是单一的 TCP 连接。这让客户端或者服务器能够实时地推送消息，没有 HTTP“请求-响应”周期的开销和延时。在 Web socket 技术出现之前，开发人员采取替代的（但效率较低）技术来提供类似的功能。这些技术包括使用 Flash socket；长轮询（long-pulling），浏览器向服务器发送请求，然后当响应返回或者请求超时的时候，又重新发起请求；以及以很小的时间间隔（比如，每隔一秒）轮询服务器。

Web socket 的问题是规范还没有最终定下来，旧浏览器也永远不会支持这个功能。Socket.IO 是一个 Node.js 模块，它优雅地解决了对旧浏览器的顾虑，因为它提供了浏览器到服务器的消息传输功能，如果可以使用 Web socket 就使用，否则就会降级使用其他的技术。

7.5.1 简单的 Socket.IO 应用程序

我们来创建一个简单的 Socket.IO 应用，它会每隔一秒更新服务器的计数器，并把当前计数推送给已连接的客户端。可以通过更新 package.json 来安装 Socket.IO，如代码清单 7-26 所示。更改部分以粗体显示。

代码清单 7-26　安装 Socket.IO——webapp/package.json

```
{
  "name"     : "SPA",
  "version" : "0.0.3",
  "private" : true,
  "dependencies" : {
    "express"    : "3.2.x",
    "socket.io" : "0.9.x"
  }
}
```

现在可以运行 `npm install` 命令，确保安装了 Express 和 Socket.IO。

添加两个文件：名为 webapp/socket.js 的服务器应用和浏览文档 webapp/socket.html。构建服务器应用，它可以提供静态文件的服务，并且有一个每秒钟数量加一的计时器。由于知道会使用 Socket.IO，我们还会引入这个库。代码清单 7-27 演示了新的 socket.js 服务器应用。

代码清单 7-27 先编写服务器应用——webapp/socket.js

```
/*
 * socket.js - simple socket.io example
*/

/*jslint         node    : true, continue : true,
  devel  : true, indent  : 2,    maxerr   : 50,
  newcap : true, nomen   : true, plusplus : true,
  regexp : true, sloppy  : true, vars     : false,
  white  : true
*/
/*global */

// ------------ BEGIN MODULE SCOPE VARIABLES --------------
'use strict';
var
  countUp,

  http     = require( 'http'      ),
  express  = require( 'express'   ),
  socketIo = require( 'socket.io' ),

  app      = express(),
  server   = http.createServer( app ),
  countIdx = 0                          <-- 创建模块作用域的计数变量。
  ;
// ------------- END MODULE SCOPE VARIABLES ---------------

// --------------- BEGIN UTILITY METHODS ------------------
countUp = function () {                 <-- 创建增加计数并把它输出到控制台的工具方法。
  countIdx++;
  console.log( countIdx );
};
// ---------------- END UTILITY METHODS -------------------

// ------------- BEGIN SERVER CONFIGURATION ---------------
app.configure( function () {
  app.use( express.static( __dirname + '/' ) );   <-- 指示应用提供静态文件的服务，静态文件来自当前工作目录。
});

app.get( '/', function ( request, response ) {
  response.redirect( '/socket.html' );
});
// -------------- END SERVER CONFIGURATION ----------------

// ----------------- BEGIN START SERVER -------------------
server.listen( 3000 );
console.log(
  'Express server listening on port %d in %s mode',
   server.address().port, app.settings.env
);

setInterval( countUp, 1000 );          <-- 使用 JavaScript 的 setInterval 函数，每隔 1000 毫秒调用一次 countUp 函数。
 // ------------------ END START SERVER --------------------
```

当启动服务器时（`node socket.js`），我们看到在终端上会输出不断增加的数字。

现在，我们创建 webapp/socket.html 来显示这个数字，如代码清单 7-28 所示。我们将引入 jQuery，因为用它来获取 body 标签很简单。

代码清单 7-28 创建浏览文档——webapp/socket.html

```
<!doctype html>
<!-- socket.html - simple socket example -->
<html>
<head>
  <script type="text/javascript"
src="http://ajax.googleapis.com/ajax/libs/jquery/1.9.1/jquery.min.js"
  ></script>
</head>
<body>
  Loading...
</body>
</html>
```

现在可以加载 http://localhost:3000，页面几乎是空白的。让 Socket.IO 向客户端发送该信息只需在服务器应用中添加两行代码，如代码清单 7-29 所示。更改部分以粗体显示。

代码清单 7-29 在服务器应用中添加 Web socket——webapp/socket.js

```
...
  server    = http.createServer( app ),
  io        = socketIo.listen( server ),     // 指示 Socket.IO 监听 HTTP 服务器。
  countIdx  = 0
  ;
// ------------- END MODULE SCOPE VARIABLES ---------------

// --------------- BEGIN UTILITY METHODS -----------------
countUp = function () {
  countIdx++;
  console.log( countIdx );
  io.sockets.send( countIdx );     // 向所有正在监听的 socket 发送计数。
};
// ---------------- END UTILITY METHODS ------------------

// ------------- BEGIN SERVER CONFIGURATION ---------------
...
```

启用 Socket.IO，浏览文档只需要添加六行代码，如代码清单 7-30 所示。更改部分以粗体显示。

代码清单 7-30 在浏览文档中添加 Web socket——webapp/socket.html

```
<!doctype html>
<!-- socket.html - simple socket example -->
<html>
<head>
  <script type="text/javascript"
```

```
src="http://ajax.googleapis.com/ajax/libs/jquery/1.9.1/jquery.min.js"
  ></script>
  <script src="/socket.io/socket.io.js"></script>
  <script>
    io.connect().on('message', function ( count ) {
      $('body').html( count );
    });
  </script>
</head>
<body>
  Loading...
</body>
</html>
```

在安装 Socket.IO 后就已提供 JavaScript 文件/`socket.io/socket.io.js`，所以不需要创建了。它也是一个“魔法”文件，实际上并不存在于服务器上面，所以不用去找它了。`io.connect()`返回一个 Socket.IO 连接，`on` 方法和 jQuery 中的 `bind` 方法类似，告诉 Socket.IO 连接监听某种类型的 Socket.IO 事件。在上面这个示例中，监听的是从连接过来的名为 `message` 的事件。然后使用 jQuery，更新 `body` 的内容为新的计数。你去服务器上找 socket.io.js 文件了，是不是?

如果在浏览器中打开 http://localhost:3000，会看到计数器在不断增加。当在另外一个浏览器标签中打开相同的地址时，会看到计数器在不断增加，数字和频率都一样，因为在服务器应用中，`countIdx` 是模块作用域变量。

7.5.2 Socket.IO 和消息服务器

当使用 Socket.IO 来对在客户端和服务器之间的消息进行路由时，我们创建的是一个消息服务器。消息服务器的另外一个例子是 Openfire，它使用 XMPP（Google Chat 和 Jabber 使用的协议）来提供消息服务。消息服务器必须维护所有和客户端的连接，这样它们才能快速地接收和响应消息。它们也应该避免不需要的数据，从而把消息的大小减至最小。

传统的 Web 服务器，像 Apache2，是比较弱的消息服务器，因为它们会为每个连接创建和分配一个进程（或者线程），并且只要连接保持着，进程就必须“活着”。你可能会猜到，在有了几百或者几千个连接之后，连接服务会消耗掉 Web 服务器的所有资源。Apache2 从来都不是为此目的而设计的，它是作为内容服务器而被编写出来的，它的理念是在响应请求时，尽可能快地把数据推送出去，然后尽可能快地关闭连接。对于这些用途类型，Apache2 是非常棒的选择，只要问问 YouTube 就知道了[①]。

相比之下，Node.js 是一个非常出色的消息服务器。由于它的事件模型（event model），它不会为每个连接创建一个进程。当打开或者关闭连接的时候，它会进行记录，在打开和

① YouTube 网站的很多请求都是由 Apache 承载的。——译者注

关闭连接期间会做些维护工作。因此在一般的硬件上，它能够处理几万甚至几十万的并发连接。直到一个或者多个打开的连接发出了消息事件（比如请求或者响应），Node.js 才会开始做重要的工作。

Node.js 能够处理的消息客户端的数量，取决于服务器实际承载的工作量。如果客户端相对空闲，服务器的任务就轻，可以应付很多的客户端。如果客户端繁忙，服务器的任务就重，能应付的客户端就要少很多。可以想像，在数据量很大的环境中，负载均衡（load balancer）会在提供消息通信的 Node.js 服务器集群之间、提供动态 Web 内容的 Node.js 服务器集群之间和提供静态内容的 Apache2 服务器集群之间“路由”流量。

使用 Node.js 比使用其他通信协议（像 XMPP）有很多的好处。下面只列举了一些。

- Socket.IO 使得 Web 应用程序中的跨浏览器通信显得“微不足道”[①]。我们之前已经在产品级应用中使用过 XMPP。相信我们：光为这软件就要花费很多的工作。
- 不用维护不同的服务器和配置。这又是一件大好事。
- 可以使用原生的 JSON 协议，而不是不同的语言。XMPP 使用 XML 协议，并且需要复杂的软件对它进行编码和解码。
- 我们不用担心（至少是在初始阶段）可怕的、折磨其他消息通信平台的“同源”策略。如果内容不是来自 JavaScript 所在的相同服务器，则该浏览器策略就会阻止加载该内容[②]。

现在我们来看一种 Socket.IO 的用途，这肯定能加深印象：动态单页应用。

7.5.3 使用 Socket.IO 更新 JavaScript

单页应用的挑战之一是确保客户端软件和服务器应用相匹配。想象一下，如果 Bobbie 在她的浏览器中加载了我们的单页应用，五分钟之后我们更新了服务器应用。现在 Bobbie 遇到了问题，因为我们对服务器做了更新后，用的是一种新的数据格式，而 Bobbie 的单页应用仍然需要旧的数据格式。解决这一情况的一种方法是，在意识到数据格式过时的时候，强制 Bobbie 重新加载整个单页应用（比如说之后向她发送服务器更新的消息通告）。但我们能够做得更加漂亮：可以选择性地只更新单页应用中发生变化的 JavaScript 文件，不用强制重新加载整个应用。

那么如何做这种神奇的更新呢？有三个问题需要考虑。

（1）监听 JavaScript 文件，能够检测到对它们的修改。

（2）通知客户端文件已经被更新。

---

① 意即 Socket.IO 大大地减少了开发人员的工作量，不用花费很多时间就可以完成消息通信的功能。——译者注

② 这么说是不对的。要加载的内容需要和当前页面所在的服务器相同（两者的 URI 同源），和 JavaScript 来自哪个服务器无关。——译者注

（3）当客户端收到变化的通知时，更新客户端的 JavaScript 文件。

第一个问题，能够检测到对文件的修改，可以使用原生的 node 文件系统模块 `fs` 来完成这个功能。第二个是上一节讨论过的向浏览器发送 Socket.IO 通知的问题，而第三个更新客户端文件的问题，可以在接收到通知的时候，通过插入一个新的 script 标签来完成。我们可以更新上一个示例中的服务器应用，如代码清单 7-31 所示。更改部分以粗体显示。

代码清单 7-31 更新服务器应用，以便监听文件——webapp/socket.js

```
/*
 * socket.js - dynamic JS loading example
*/

/*jslint         node    : true, continue : true,
  devel  : true, indent  : 2,    maxerr   : 50,
  newcap : true, nomen   : true, plusplus : true,
  regexp : true, sloppy  : true, vars     : false,
  white  : true
        */
        /*global */

        // ------------ BEGIN MODULE SCOPE VARIABLES --------------
        'use strict';
        var
          setWatch,

          http       = require( 'http'      ),
          express    = require( 'express'   ),
          socketIo   = require( 'socket.io' ),
          fsHandle   = require( 'fs'        ),    <-- 把文件系统模块保存到 fsHandle 变量。

          app        = express(),
          server     = http.createServer( app ),
          io         = socketIo.listen( server ),
          watchMap   = {}
          ;
        // ------------- END MODULE SCOPE VARIABLES ---------------

        // --------------- BEGIN UTILITY METHODS ------------------
        setWatch = function ( url_path, file_type ) {
          console.log( 'setWatch called on ' + url_path );

          if ( ! watchMap[ url_path ] ) {
            console.log( 'setting watch on ' + url_path );

            fsHandle.watchFile(    <-- 指示文件系统模块，监听文件的变化。

              url_path.slice(1),    <-- 删除 url_path 的/，因为文件系统模块需要的是相对于当前目录的相对路径。
              function ( current, previous ) {

                console.log( 'file accessed' );
                if ( current.mtime !== previous.mtime ) {    <-- 比较文件当前状态和先前状态的时间戳（mtime），确定它是否被修改过。
                  console.log( 'file changed' );
                  io.sockets.emit( file_type, url_path );    <-- 向客户端发出 script 或者 stylesheet 事件，包含了发生变化的文件的路径。
                }
              }
            );
```

```
        watchMap[ url_path ] = true;
      }
    };
    // ---------------- END UTILITY METHODS -------------------

    // ------------- BEGIN SERVER CONFIGURATION ---------------
    app.configure( function () {
      app.use( function ( request, response, next ) {
        if ( request.url.indexOf( '/js/' ) >= 0 ) {
          setWatch( request.url, 'script' );
        }
        else if ( request.url.indexOf( '/css/' ) >= 0 ) {
          setWatch( request.url, 'stylesheet' );
        }
        next();
      });
      app.use( express.static( __dirname + '/' ) );
    });

    app.get( '/', function ( request, response ) {
  response.redirect( '/socket.html' );
});
// -------------- END SERVER CONFIGURATION ----------------

// ----------------- BEGIN START SERVER -------------------
server.listen( 3000 );
console.log(
  'Express server listening on port %d in %s mode',
  server.address().port, app.settings.env
);
// ------------------ END START SERVER --------------------
```

使用自定义的中间件来监听所有静态文件。

如果请求的文件在 js 文件夹中，则认为它是脚本文件。

如果请求的文件在 css 文件夹中，则认为它是样式表文件。

现在已经准备好了服务器应用，我们来看一下客户端，先是要更新的 JavaScript 文件，然后是主页面文件。数据文件 webapp/js/data.js 包含一行代码，把一些文本赋给一个变量，如代码清单 7-32 所示。

代码清单 7-32 创建数据文件——webapp/js/data.js

```
var b = 'SPA';
```

浏览文档需要的修改稍微多一些，如代码清单 7-33 所示。更改部分以粗体显示。

代码清单 7-33 更新浏览文档——webapp/socket.html

```
<!doctype html>
<!-- socket.html - dynamic JS loading example -->
<html>
<head>
  <script type="text/javascript"
src="http://ajax.googleapis.com/ajax/libs/jquery/1.9.1/jquery.min.js"
```

```
></script>
<script src="/socket.io/socket.io.js"></script>
<script id="script_a" src="/js/data.js"></script>
<script>
  $(function () {
    $( 'body' ).html( b );
  });
  io.connect('http://localhost').on( 'script', function ( path ) {
    $( '#script_a' ).remove();
    $( 'head' ).append(
      '<script id="script_a" src="'
      + path +
      '"></scr' + 'ipt>'
    );
    $( 'body' ).html( b );
  });
</script>
</head>
<body>
  Loading...
</body>
</html>
```

第一次加载页面的时候，把 HTML 的 body 的内容设置为在 data.js 文件中设置的变量 b 的值。

引入要更新的 JavaScript 文件。

当接收到从服务器发出的 script 事件的时候，执行这个函数。

移除旧的脚本标签，插入一个新的脚本标签，地址指向更改后的 JavaScript 文件。这会执行文件 webapp/js/data.js 中的 JavaScript 代码，重新加载 b 变量。

替换 HTML 的 body 的内容为更新后的变量 b 的值。

现在是见证奇迹的时刻。首先，启动服务器应用（在命令行中输入 node socket.js）。接着，打开浏览文档（webapp/socket.html）。在浏览器窗口中会看到 SPA 字样。然后编辑 webapp/js/data.js 文件，把 SPA 更改为 the meaning of life is a rutabaga 或者是其他同样精辟的评论。当我们返回到浏览器时，会看到显示由 SPA 变成了上面提到的精辟评论（不用重新加载浏览器）。可能会有几秒钟的延时，因为 watchFile 命令注意到文件变化可能需要这么长的时间[①]。

7.6 小结

在这一章，我们看到了，尽管单页应用的很多逻辑已经移到了客户端，但是服务器仍然承担认证、数据验证和数据存储的职责。我们安装了 Node.js 服务器，使用了 Connect 和 Express 中间件，使得路由、日志输出和认证变得更加容易。

把路由和配置分离到不同的文件，变得容易理解，Express 有为不同的环境定义不同配置的功能。Express 提供了很容易创建 CRUD 路由的工具，它对所有的对象类型都有效。

我们还没有解决如何验证和保存数据的问题，这在下一章会讨论，到时会把应用和数据结合起来。

---

① 在生产环境的设置中，通常希望把对文件的轮询保持在最小值，因为这会拖垮服务器的性能。fileWatch 方法有选项集，这样文件就可以较低的频率被轮询。比如，可以每隔 30000 毫秒（30 秒）轮询一次，而不是使用默认值 0（我们只能假定这意味着“真的真的是经常在检查”）。

第 8 章　服务器数据库

本章涵盖的内容

- 数据库在单页应用中的作用
- 使用 JavaScript（MongoDB）作为数据库语言
- 理解 Node.js 的 MongoDB 驱动程序
- 实现 CRUD 操作
- 使用 JSV 进行数据验证
- 使用 Socket.IO 向客户端推送数据

本章我们以在第 7 章中编写的代码为基础。建议把第 7 章的整个目录结构复制一份，放到新的“chapter_8”目录中，在新的目录中更新文件。

在这一章，我们会向单页应用添加数据库，以便持久存储数据。这就完成了我们从前端到后端全部都使用 JavaScript 的愿景：数据库、服务器和浏览器。当完成这项工作的时候，可以启动 Node.js 服务器应用，邀请我们的朋友在他们的电脑上或者是触摸设备上登入我们的单页应用。然后他们就可以互相聊天，或者是修改头像，每个人都能实时地看到新更换的头像。先更详细地看一下数据库的作用。

8.1 数据库的作用

我们使用数据库服务器，为数据提供可靠的持久存储。数据库要放在服务端，因为客户端的数据存储是临时的，容易发生应用错误、用户错误和篡改用户。客户端数据也难以点对点地进行分享，只有当客户端用户在线时才可以。

8.1.1 选择数据存储

在选择服务器存储方案时，可选项有很多，举几个来说：关系型数据库、key/value 存储以及 NoSQL 数据库。但哪个是最好的选择呢？就像生活中的很多问题一样，答案是“视情况而定”。我们开发过的一些 Web 应用，针对不同的用途，同时使用了好几个数据库。很多人已经编写了论述各种数据存储优点的书籍，比如关系型数据库（像 MySQL）、key-value 存储（像 memcached）、图形数据库（像 Neo4J）或者文档数据库（像 Cassandra 或者 MongoDB）。讨论这些解决方案的优缺点已经超出了本书范围，不过作者们都倾向不可知论，认为每一种方案都有各自的用武之地。

想象一下，我们创建了一个字处理单页应用。对于大批量的文件，可以使用循环文件系统的数据存储，使用 MySQL 数据库对它们进行索引。另外，可以把认证对象存储在 MongoDB 里面。不管怎样，用户肯定希望他们的文档能长期地保存在服务器上。有时候用户可能想从本地磁盘上读取或者是存入文件，我们肯定要提供这样的功能。但是随着网络、远程存储和访问性的价值和可靠性的不断改进，本地存储的使用情况会持续地减少。

我们选择 MongoDB 作为数据存储，有几个理由：它被证明是可靠的、可扩展的，它有良好的性能（不像一些其他的 NoSQL 数据库），它的定位就是成为通用数据库。我们发现它很适合单页应用，因为这样一来单页应用的前端和后端都可以使用 JavaScript 和 JSON。它的命令行接口使用 JavaScript 作为查询语言，所以在浏览数据库的时候就可以很容易地使用 JavaScript 语法结构进行测试，操作数据的时候可以使用和在服务端或浏览器中所用的完全相同的表达式。MongoDB 的存储格式是 JSON，它的数据管理工具是专门为 JSON 而开发的。

8.1.2 消除数据转换

考虑一下使用 MySQL/Ruby on Rails（或者 mod_perl、PHP、ASP、Java 或 Python）和 JavaScript 编写的传统 Web 应用程序：在发送数据给客户端时，开发人员必须编写代码进行 SQL->Active Record（活动记录）->JSON 的转换，然后接收客户端返回的数据时，又必须进行 JSON ->Active Record-> SQL 的转换（见图 8-1）。这里涉及到了三种语言（SQL、Ruby、JavaScript），三种数据格式（SQL、Active Record、JSON）和四次数据转换。最好的一面是，这只是浪费了大量的服务器资源，这些资源本来可以用在别的地方。最坏的一面是，每次转换都有引入 bug 的机会，实现和维护就需要费很大的劲儿。

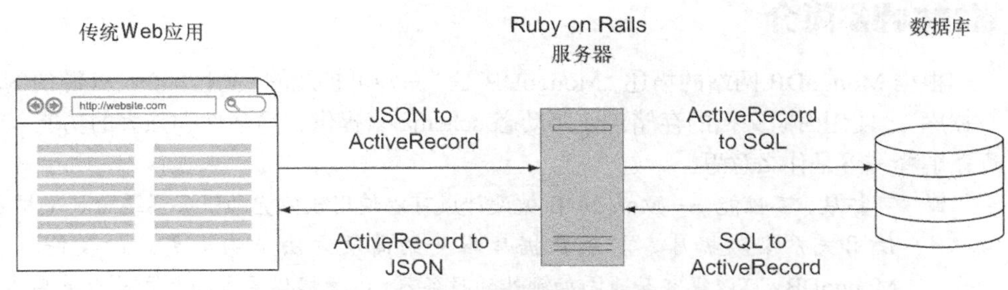

图 8-1　Web 应用程序中的数据转换

我们使用 MongoDB、Node.js 和原生的 JavaScript 单页应用，所以数据映射是这样的：向客户端发送数据时是 JSON -> JSON -> JSON，接收客户端返回的数据时是 JSON -> JSON -> JSON（见图 8-2）。我们只使用一种语言（JavaScript），一种数据格式（JSON），没有数据转换。这使得复杂的系统变得很简单。

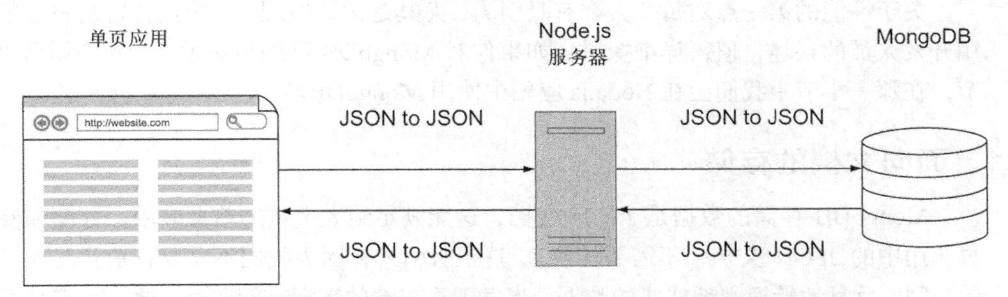

图 8-2　使用 MongoDB 和 Node.js 的单页应用，没有数据转换

这种简洁的组织架构，在决定把应用逻辑放在哪一端的时候，也具有很大的灵活性。

8.1.3　把逻辑放在需要的地方

在传统 Web 应用的示例中，思考一下把一些应用逻辑放在哪一端是如何选择的。也许应该把它放在已经保存好的 SQL 程序中？或者是把逻辑嵌入在服务器应用中？也许应该把逻辑放在客户端？如果需要把逻辑从这一层移到另外一层，通常需要费很大的劲儿，因为层与层之间使用的是不同的语言和数据格式。换句话说，犯错的代价是非常昂贵的（比如，想象一下使用 JavaScript 重新编写 Java 的逻辑）。这会导致妥协的“安全”选择，从而限制了应用的功能。

使用单一的语言和数据格式，会大大地减少思维切换的开销。这允许我们在开发期间，更具创造力，因为犯错的代价非常小。如果需要把一些逻辑从服务端迁移到客户端，可以使用相同的 JavaScript 代码，只需很少的修改。

现在我们更深入地看一下所选的 MongoDB 数据库。

8.2 MongoDB 简介

根据 MongoDB 网站的描述，MongoDB 是“一种可扩展的、高性能的、开源的 NoSQL 数据库”，使用面向文档的存储，使用动态 schema 来提供“简洁性和强大的功能”。我们逐条解释一下是什么意思。

- 可扩展、高性能——MongoDB 被设计成可以使用较便宜的服务器进行水平扩展。而使用关系型数据库，扩展数据库唯一的简便方法是购买更好的硬件[①]。使用 MongoDB，可以很容易地添加额外的服务器，以便提供更多的容量或者更高的性能。
- 面向文档的存储——MongoDB 使用 JSON 文档格式来存储数据，而不是有列和行的表。文档（大致同 SQL 的行等价）以集合的形式进行存储（与 SQL 的表类似）。
- 动态 schema——关系型数据库需要 schema 来定义什么数据可以存储在什么表中，MongoDB 不是这样的。你可以在集合中存储任何 JSON 文档。在同个集合中的个人文档，可以有完全不同的结构，在更新文档的时候可以彻底改变文档结构。

关于性能的第一点对每个人都有吸引力，尤其是运营经理。后两点会特别引起单页应用开发人员的兴趣，值得详细探讨。如果你对 MongoDB 已经很熟悉了，可以跳到 8.3 小节，在那一小节中我们会在 Node.js 应用中使用 MongoDB。

8.2.1 面向文档的存储

MongoDB 存储的数据是 JSON 文档，这能满足绝大多数的单页应用。存储和检索单页应用中的 JSON 文档，不需要转换[②]。这很吸引人，因为我们不需要花费开发或者处理的时间，反复地转换本地格式的数据。当发现客户端的数据有问题时，要检查它是否能在数据库中找到是很简单的，因为格式完全相同。

这不但使得开发更加简单、应用程序更加简洁，而且还有性能的好处。服务器不用操作从这种格式到那种格式的数据，只管发送就行了。这对部署和扩展应用也有影响，因为服务器要做的工作更少了。在这种情况下，工作量并不会转嫁给客户端，它消失了，因为数据格式是单一的。这并不意味着 Node.js+MongoDB 必定要比 Java+PostgreSQL 要快（还有很多其他的因素会影响应用的整体速度），但它确实意味着在其他条件一样的情况下，单一的数据格式具备更加优异的性能。

8.2.2 动态文档结构

MongoDB 不会限制文档结构。不用定义结构，就可以在集合中添加文档。甚至不需要先创建集合，向不存在的集合中插入数据时会创建这个集合。对比关系型数据库，必须

---

① 是的，可以创建关系型数据库集群和副本，但是对它们进行配置和维护通常需要大量的专门知识。购买更快的服务器就容易得多了。

② 而在关系型数据库中，为了存储文档，首先得转换成 SQL，然后在检索的时候又要把它转换回 JSON。

要明确地定义表和 schema，对数据结构的任何更改都需要更改 schema。不需要 schema 的数据库有一些有趣的优点。

- 文档结构灵活。不管是什么结构，MongoDB 都会存储文档。如果文档结构频繁更改或者文档没有结构，不需要对它们进行调整，MongoDB 会直接存储。
- 经常变化的应用不需要更改数据库。当更新文档而有了新的或者是不同的属性时，我们可以部署应用，它会立即开始保存新的文档结构。否则，可能需要修改代码，为以前保存的文档增加不存在的文档属性。
- 没有会引起停机和延时的 schema 变化。我们不必锁定数据库的部分功能，以便应对文档结构的变化。而在此之前，可能需要修改应用程序。
- 不需要 schema 设计的专业知识。没有 schema 意味着，不需要掌握构建应用的一个完整的领域知识。这意味着对于一般的技术人员，构建应用变得更加容易，上线运行所需的规划可能也更少。

但没有 schema 也有缺点。

- 没有强制的文档结构。没有在数据库级别强制文档结构，对文档结构的任何修改都不会自动传播给已经存在的文档。当多个应用程序使用相同的集合时尤其令人痛苦。
- 没有文档结构的定义。数据库中没有地方为数据库工程师或者应用程序来确定数据结构是什么。通过查看文档来确定集合的目的就更加困难了，因为无法保证文档与文档之间的结构是一样的。
- 没有明确的定义。文档数据库没有数学上的明确定义。当在关系型数据库中存储数据的时候，经常有数学上可证明的最佳实践可作参考，使得数据访问尽可能的灵活和快速。对 MongoDB 的优化也几乎没有明确的定义，尽管一些传统的方法是支持的，比如创建索引。

现在对于 MongoDB 如何存储数据有了大概的了解，我们开始来使用它。

8.2.3 开始使用 MongoDB

开始使用 MongoDB 的好办法就是安装 MongoDB，然后使用 MongoDB 的 shell，操作集合和文档。首先，从 MongoDB 的网站（http://www.mongodb.org/downloads）下载安装 MongoDB，然后启动 mongodb 服务器进程。启动的过程根据操作系统而不同，所以请查阅文档获取详细信息（http://docs.mongodb.org/manual/tutorial/manage-mongodb-processes/）。一旦启动了数据库，打开终端，输入 mongo 启动 shell（Windows 上请输入 mongo.exe），会看到下面的信息：

```
MongoDB shell version: 2.4.3
connecting to: test
>
```

在操作 MongoDB 的时候，要注意一个重要的概念，不用手动创建数据库或者集合：在需要它们的时候会自动创建它们。为了“创建”新的数据库，输入命令直接使用该数据库即可。为了“创建”集合，把文档直接插入集合即可。如果在查询的时候引用了一个不存在的集合，查询不会失败。就像集合存在一样，但是直到插入文档的时候才会真正地创建它。表 8-1 演示了一些常用操作。建议你按顺序进行测试，*database_name* 请使用“spa”。

表 8-1　基本的 MongoDB shell 命令

命令	描述
`show dbs`	显示 MongoDB 实例中所有数据库的清单
`use database_name`	切换当前数据库到 *database_name*。如果数据库还不存在，在首次向该数据库中的集合插入文档的时候会创建这个数据库
`db`	显示当前数据库
`help`	获取常规帮助。`db.help()` 会显示操作 db 的方法
`db.getCollectionNames()`	获取当前数据库可用的所有集合的清单
`db.collection_name`	当前数据库中的某个集合
`db.collection_name.insert({ 'name': 'Josh Powell'})`	向集合 *collection_name* 中插入字段为 *name*、值为“Josh Powell”的文档
`db.collection_name().find()`	返回 *collection_name* 集合中的所有文档
`db.collection_name.find({ 'name': 'Josh Powell'})`	返回集合 *collection_name* 中所有的字段为 *name*、值为“*Josh Powell*”的文档
`db.collection_name.update({ 'name': 'Josh Powell' }, {'name': 'Mr. Joshua C. Powell'})`	查找所有 *name* 为“Josh Powell”的文档，替换为`{'name': 'Mr. Joshua C. Powell'}`[①]
`db.collection_name.update({ 'name': ' Mr. Joshua C. Powell ' }, {$set: {'job': 'Author'} })`	查找所有 *name* 为“Mr. Joshua C. Powell”的文档，添加或者修改`$set` 属性所提供的属性
`db.collection_name.remove({ 'name': 'Mr. Joshua C. Powell' })`	从 *collection_name* 集合中移除所有字段 *name* 的值为“Mr. Joshua C. Powell”的文档
`exit`	退出 MongoDB shell

当然，MongoDB 的功能要比表格中列出来的多得多。比如，有很多排序的方法、返回存在字段的子集、更新或者插入（upsert）文档、增加或者修改属性、操作一组文档、添加索引以及还有很多很多的功能。想更深入地研究 MongoDB 提供的所有功能，请查阅 *MongoDB in Action* (Manning 2011)、在线 MongoDB 手册(http://docs.mongodb.org/manual/)、或者 *Little MongoDB Book*（http://openmymind.net/mongodb.pdf）。现在已经运行过一些基本的 MongoDB 命令了，我们将应用和 MongoDB 连接起来。首先，我们需要准备项目文件。

8.3　使用 MongoDB 驱动程序

使用指定语言编写的应用需要数据库驱动程序，以便高效地操作 MongoDB。没有驱动程序的话，操作 MongoDB 的唯一方式是通过 shell。有用各种语言编写的若干 MongoDB 驱动程序，其中之一是使用 JavaScript 编写的 Node.js 驱动程序。一个好的驱动程序，在

① 表述有误。`update` 方法默认情况下只会更新找到的第一个文档。如需更新找到的全部文档，要设置 `multi` 参数为 `true`。更多信息请参考 http://docs.mongodb.org/manual/reference/method/db.collection.update/#db.collection.update。——译者注

操作数据库时，能处理很多底层的任务，而不用麻烦开发人员。其中的一些示例包括在和数据库连接断开时重新进行连接、管理和副本集（replica sets）的连接、缓冲池（buffer pooling）以及对游标（cursor）的支持。

8.3.1 准备项目文件

本章，我们在第 7 章已经完成的基础上进行开发。把第 7 章的整个文件结构复制到新的“chapter_8”目录里面，在新的目录中继续开发。代码清单 8-1 演示了复制完成后的文件结构。要移除的文件和目录以粗体显示。

代码清单 8-1 复制第 7 章的文件

```
chapter_8
`-- webapp
    |-- app.js
    |-- js
    |   `-- data.js
    |-- node_modules
    |-- package.json
    |-- public
    |   |-- css/
    |   |-- js/
    |   `-- spa.html
    |-- routes.js
    |-- socket.html
    `-- socket.js
```

移除 js 目录、socket.html 文件和 socket.js 文件。也把 node_modules 目录移除了，因为这在安装模块的时候会重新生成。更新过后的结构应如代码清单 8-2 所示。

代码清单 8-2 移除不再需要的文件和目录

```
chapter_8
`-- webapp
    |-- app.js
    |-- package.json
    |-- public
    |   |-- css/
    |   |-- js/
    |   `-- spa.html
    `-- routes.js
```

现在已经复制和整理了目录，我们做好在应用中添加 MongoDB 的准备了。第一步是安装 MongoDB 的驱动程序。

8.3.2 安装并连接 MongoDB

我们发现 MongoDB 的驱动程序，对于很多应用程序来说都是很好的解决方案。简单、快速并且容易理解。如果需要更多的功能，可以考虑使用 Object Document Mapper (ODM)。

ODM 和经常用于关系型数据库的 Object Relational Mapper(ORM)类似。还有一些可选方案，举几个来说：Mongoskin、Mongoose 和 Mongolia。

我们在应用中使用基本的 MongoDB 驱动程序，因为大多数的关联关系和更高层次的数据建模都放在客户端处理。我们不想要任何 ODM 的验证功能，因为我们将使用通用的 JSON 模式验证器（schema validator）来验证文档结构。我们做出这个决定是因为 JSON 模式验证器是和标准兼容的，在客户端和服务端都可以使用，而 ODM 验证目前只能用在服务端。

可以使用 `package.json` 来安装 MongoDB 驱动程序。和以前一样，指定模块的主要版本和次要版本，补丁版本使用最新的，如代码清单 8-3 所示。更改部分以粗体显示。

代码清单 8-3　更新用于 npm install 的清单——webapp/package.json

```
{ "name"    : "SPA",
  "version" : "0.0.3",
  "private" : true,
  "dependencies" : {
    "express"   : "3.2.x",
    "mongodb"   : "1.3.x",
    "socket.io" : "0.9.x"
  }
}
```

可以运行 `npm install` 来安装清单中的所有模块，包括 MongoDB 驱动程序。编辑 routes.js 文件，引入 `mongodb` 并启动连接，如代码清单 8-4 所示。更改部分以粗体显示。

代码清单 8-4　打开 MongoDB 连接——webapp/routes.js

```
/*
 * routes.js - module to provide routing
*/
...
// ------------ BEGIN MODULE SCOPE VARIABLES --------------
'use strict';
var
  configRoutes,
  mongodb     = require( 'mongodb' ),

  mongoServer = new mongodb.Server(
    'localhost',
    mongodb.Connection.DEFAULT_PORT
  ),
  dbHandle    = new mongodb.Db(
    'spa', mongoServer, { safe : true }
  );

dbHandle.open( function () {
  console.log( '** Connected to MongoDB **' );
});
// ------------- END MODULE SCOPE VARIABLES ---------------
...
```

引入 MongoDB 连接器。

配置 MongoDB 服务器连接对象，传入 URL（localhost）和端口号。

创建 MongoDB 数据库句柄，传入服务器连接对象和一组选项。1.3.6 版本的驱动程序，已弃用 `safe` 设置选项。对于单个 MongoDB 服务器，设置`{ w : 1 }`可以提供类似的结果。

打开数据库连接。添加回调函数，当连接成功的时候会调用这个回调函数。

也可以移除服务器应用中的基本认证，如代码清单 8-5 所示。

代码清单 8-5 移除服务器应用中的基本认证——webapp/app.js

```
/*
 * app.js - Express server with routing
*/
...
// ------------- BEGIN SERVER CONFIGURATION ---------------
app.configure( function () {
  app.use( express.bodyParser() );
  app.use( express.methodOverride() );
  app.use( express.static( __dirname + '/public' ) );
  app.use( app.router );
});
...
```

删除的行：app.use(express.basicAuth('user', 'spa'));。

现在可以启动服务器应用（在命令提示符中输入 node app.js），会看到下面的输出结果：

```
Express server listening on port 3000 in development mode
** Connected to MongoDB **
```

现在服务器应用已经连接了 MongoDB，我们来探讨一下基本的 CRUD 操作。

8.3.3 使用 MongoDB 的 CRUD 方法

在进一步更新服务器应用之前，我们希望能熟练掌握 MongoDB 的 CRUD 方法。请打开终端，输入 mongo 启动 MongoDB shell。然后在集合中创建一些文档（使用 insert 方法），如代码清单 8-6 所示。输入以粗体显示。

代码清单 8-6 在 MongoDB 中创建一些文档

```
> use spa;
switched to db spa
> db.user.insert({
  "name" : "Mike Mikowski",
  "is_online" : false,
  "css_map":{"top":100,"left":120,
    "background-color":"rgb(136, 255, 136)"
  }
});

> db.user.insert({
  "name" : "Mr. Joshua C. Powell, humble humanitarian",
  "is_online": false,
  "css_map":{"top":150,"left":120,
    "background-color":"rgb(136, 255, 136)"
  }
});

> db.user.insert({
  "name": "Your name here",
```

```
  "is_online": false,
  "css_map":{"top":50,"left":120,
    "background-color":"rgb(136, 255, 136)"
  }
});

> db.user.insert({
  "name": "Hapless interloper",
  "is_online": false,
  "css_map":{"top":0,"left":120,
    "background-color":"rgb(136, 255, 136)"
  }
});
```

可以读取这些文档，确保文档已被正确地添加（使用 find 方法），如代码清单 8-7 所示。输入以粗体显示。

代码清单 8-7　从 MongoDB 中读取文档

```
> db.user.find()
{ "_id" : ObjectId("5186aae56f0001debc935c33"),
  "name" : "Mike Mikowski",
  "is_online" : false,
  "css_map" : {
    "top" : 100, "left" : 120,
    "background-color" : "rgb(136, 255, 136)"
  }
},
{ "_id" : ObjectId("5186aaed6f0001debc935c34"),
  "name" : "Mr. Josh C. Powell, humble humanitarian",
  "is_online" : false,
  "css_map" : {
    "top" : 150, "left" : 120,
    "background-color" : "rgb(136, 255, 136)"
  }
}
{ "_id" : ObjectId("5186aaf76f0001debc935c35"),
  "name" : "Your name here",
  "is_online" : false,
  "css_map" : {
    "top" : 50, "left" : 120,
    "background-color" : "rgb(136, 255, 136)"
  }
}
{ "_id" : ObjectId("5186aaff6f0001debc935c36"),
  "name" : "Hapless interloper",
  "is_online" : false,
  "css_map" : {
    "top" : 0, "left" : 120,
    "background-color" : "rgb(136, 255, 136)"
  }
}
```

注意，MongoDB 会自动给所有插入的文档添加一个唯一的 ID 字段，名为_id。虽然其中一位作者的 name 字段很明显是正确的（尽管可能是轻描淡写），但是看起来过于正式。我们来删除自负的部分并更新文档（使用 update 方法），如代码清单 8-8 所示。输入以粗体显示。

代码清单 8-8　更新 MongoDB 中的文档

```
> db.user.update(
  { "_id" : ObjectId("5186aaed6f0001debc935c34") },
  { $set : { "name" : "Josh Powell" } }
);

db.user.find({
  "_id" : ObjectId("5186aaed6f0001debc935c34")
});

{ "_id" : ObjectId("5186aaed6f0001debc935c34"),
  "name" : "Josh Powell",
  "is_online" : false,
  "css_map" : {
    "top" : 150, "left" : 120,
    "background-color" : "rgb(136, 255, 136)"
  }
}
```

我们不禁注意到有一位 hapless interloper（倒霉的闯入者）进入了数据库。就像 *Star Trek* 中的先遣登陆部队的红衣船员[①]，倒霉的闯入者在相关情节结束时不应该还活着。我们讨厌打破传统，所以让我们立即除掉这位闯入者并删除文档（使用 remove 方法），如代码清单 8-9 所示。输入以粗体显示。

代码清单 8-9　从 MongoDB 中删除文档

```
> db.user.remove(
  { "_id" : ObjectId("5186aaff6f0001debc935c36") }
);

> db.user.find()
{ "_id" : ObjectId("5186aae56f0001debc935c33"),
  "name" : "Mike Mikowski",
  "is_online" : false,
  "css_map" : {
    "top" : 100, "left" : 120,
    "background-color" : "rgb(136, 255, 136)"
  }
}
{ "_id" : ObjectId("5186aaed6f0001debc935c34"),
  "name" : "Josh Powell",
  "is_online" : false,
  "css_map" : {
    "top" : 150, "left" : 120,
```

① Star Trek（《星际旅行》）电视剧（1966-69）中的红衣船员，在很多集中，出场后不久就会被敌人消灭掉，是非常典型的龙套角色。红衣人在科幻片中的这一定型角色（出场不久就会死去），就是源自于此。——译者注

```
    "background-color" : "rgb(136, 255, 136)"
  }
}
{ "_id" : ObjectId("5186aaf76f0001debc935c35"),
  "name" : "Your name here",
  "is_online" : false,
  "css_map" : {
    "top" : 50, "left" : 120,
    "background-color" : "rgb(136, 255, 136)"
  }
}
```

现在我们已经使用 MongoDB 控制台，完成了 Create-Read-Update-Delete 操作。我们来更新服务器应用，以便支持这些操作。

8.3.4　向服务器应用添加 CRUD 操作

因为我们使用的是 Node.js，而 JavaScript 是基于事件的，所以操作 MongoDB 会和其他很多语言有所不同。现在数据库中已经有了一些文档可供测试，我们来更新路由，使用 MongoDB 获取用户对象的列表，如代码清单 8-10 所示。更改部分以粗体显示。

代码清单 8-10　更新路由，获取用户列表——webapp/routes.js

```
/*
 * routes.js - module to provide routing
*/
...
// --------------- BEGIN PUBLIC METHODS -----------------
configRoutes = function ( app, server ) {
  ...
  app.get( '/:obj_type/list', function ( request, response ) {
    dbHandle.collection(
      request.params.obj_type,
      function ( outer_error, collection ) {
        collection.find().toArray(
          function ( inner_error, map_list ) {
            response.send( map_list );
          }
        );
      }
    );
  });
...
};

module.exports = { configRoutes : configRoutes };
// ---------------- END PUBLIC METHODS ------------------
...
```

使用 dbHandle 对象，根据 URL 中指定的:obj_type 获取集合，传入回调函数以期执行。

查找集合（dbHandle.collection）中的所有文档，把结果转换为数组。

向客户端发送 JSON 对象列表。

在浏览器中查看结果之前，你可能需要安装浏览器扩展或者附加组件，以便更容易阅读 JSON。我们在 Chrome 中使用 JSONView 0.0.32，在 Firefox 中使用 JSONovich 1.9.5。两者都可以在各自浏览器厂商的附加组件网站上获取到。

可以在终端输入 `node app.js` 来启动应用。当在浏览器中打开 http://localhost:3000/user/list 的时候，将看到和图 8-3 类似显示的 JSON 文档。

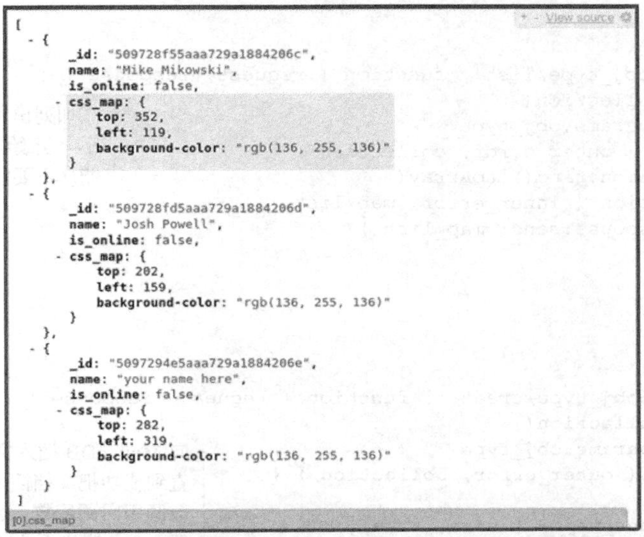

```
[
  - {
        _id: "509728f55aaa729a1884206c",
        name: "Mike Mikowski",
        is_online: false,
      - css_map: {
            top: 352,
            left: 119,
            background-color: "rgb(136, 255, 136)"
        }
    },
  - {
        _id: "509728fd5aaa729a1884206d",
        name: "Josh Powell",
        is_online: false,
      - css_map: {
            top: 202,
            left: 159,
            background-color: "rgb(136, 255, 136)"
        }
    },
  - {
        _id: "5097294e5aaa729a1884206e",
        name: "your name here",
        is_online: false,
      - css_map: {
            top: 282,
            left: 319,
            background-color: "rgb(136, 255, 136)"
        }
    }
]
```

View source

[0].css_map

图 8-3 从 MongoDB 经由 Node.js 发给客户端的响应

现在可以添加剩余的 CRUD 操作，如代码清单 8-11 所示。更改部分以粗体显示。

代码清单 8-11 在路由模块中添加 MongoDB 驱动程序和 CRUD——routes.js

```
/*
 * routes.js - module to provide routing
*/
...
// ------------ BEGIN MODULE SCOPE VARIABLES --------------
'use strict';
var
  configRoutes,
  mongodb     = require( 'mongodb' ),

  mongoServer = new mongodb.Server(
    'localhost',
    mongodb.Connection.DEFAULT_PORT
  ),
  dbHandle    = new mongodb.Db(
    'spa', mongoServer, { safe : true }
  ),

  makeMongoId = mongodb.ObjectID;
// ------------- END MODULE SCOPE VARIABLES ---------------
```

把 `ObjectId` 函数赋给模块作用域变量 `makeMongoId`。这是为了方便。请注意现在在模块的最后会打开数据库连接。

```
// ---------------- BEGIN PUBLIC METHODS ------------------
configRoutes = function ( app, server ) {
  app.get( '/', function ( request, response ) {
    response.redirect( '/spa.html' );
  });
app.all( '/:obj_type/*?', function ( request, response, next ) {
  response.contentType( 'json' );
  next();
});

app.get( '/:obj_type/list', function ( request, response ) {
  dbHandle.collection(
    request.params.obj_type,
    function ( outer_error, collection ) {
      collection.find().toArray(
        function ( inner_error, map_list ) {
          response.send( map_list );
        }
      );
    }
  );
});

app.post( '/:obj_type/create', function ( request, response ) {
  dbHandle.collection(
    request.params.obj_type,
    function ( outer_error, collection ) {
      var
        options_map = { safe: true },
        obj_map     = request.body;

      collection.insert(
        obj_map,
        options_map,
        function ( inner_error, result_map ) {
          response.send( result_map );
        }
      );
    }
  );
});

app.get( '/:obj_type/read/:id', function ( request, response ) {
  var find_map = { _id: makeMongoId( request.params.id ) };
  dbHandle.collection(
    request.params.obj_type,
    function ( outer_error, collection ) {
      collection.findOne(
        find_map,
        function ( inner_error, result_map ) {
          response.send( result_map );
        }
      );
    }
  );
});
```

添加列出每个用户的功能。这一小节开始时已经解释过这个功能。不要添加两次。

向 MongoDB 插入文档。选项 `safe` 指定直到成功把文档插入到 MongoDB 里面才会调用回调函数；否则回调函数会立即执行，不会等待成功的响应。想更快还是更安全，这由你决定。从严格意义上讲，这里是不需要的，因为在配置数据库句柄的时候已经设置了默认的 `safe` 选项。也请看一个下之前关于新的 `w` 选项的注释，`safe` 选项已经被弃用了。

使用 Node.js 的 MongoDB 驱动程序的 `findOne` 方法，查找并返回匹配搜索参数的第一个文档。由于对于一个特定的 ID，只有一个对象，所以只需要返回一个文档就行了。

```
app.post( '/:obj_type/update/:id', function ( request, response ) {
  var
    find_map = { _id: makeMongoId( request.params.id ) },
    obj_map  = request.body;

    dbHandle.collection(
      request.params.obj_type,
      function ( outer_error, collection ) {
        var
          sort_order = [],
          options_map = {
            'new' : true, upsert: false, safe: true
          };

        collection.findAndModify(
          find_map,
          sort_order,
          obj_map,
          options_map,
          function ( inner_error, updated_map ) {
            response.send( updated_map );
          }
        );
      }
    );
  });

  app.get( '/:obj_type/delete/:id', function ( request, response ) {
    var find_map = { _id: makeMongoId( request.params.id ) };

    dbHandle.collection(
      request.params.obj_type,
      function ( outer_error, collection ) {
        var options_map = { safe: true, single: true };

        collection.remove(
          find_map,
          options_map,
          function ( inner_error, delete_count ) {
            response.send({ delete_count: delete_count });
          }
        );
      }
    );
  });
};

module.exports = { configRoutes : configRoutes };
// ----------------- END PUBLIC METHODS ------------------

// ------------- BEGIN MODULE INITIALIZATION --------------
dbHandle.open( function () {
  console.log( '** Connected to MongoDB **' );
});
// -------------- END MODULE INITIALIZATION ---------------
```

使用 Node.js 的 MongoDB 驱动程序的 findAndModify 方法。该方法会查找所有匹配搜索条件的文档，并使用 obj_map 对象替换它们。是的，我们知道这个方法的名字会令人误解，但是 MongoDB 并不是我们编写的，目前不是我们吧？

使用 remove 方法移除所有匹配对象映射属性的文档。传入 single:true 选项，这样最多就只会删除一个文档。

添加模块初始化代码。

现在有了用户的 CRUD 操作，从客户端经由 Node.js 服务器再到 MongoDB 然后再返回，都能走通。现在我们想让应用验证接收来自客户端的数据。

8.4 验证客户端数据

MongoDB 没有定义集合中能和不能添加什么东西的机制。在保存客户端数据之前，需要我们自己来对数据进行验证。我们希望数据传输如图 8-4 所示。

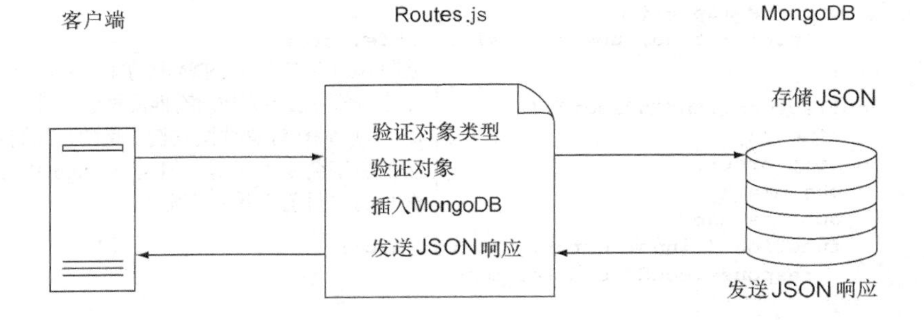

图 8-4 验证客户端的数据——代码路径

我们首先来定义什么类型的对象是有效的。

8.4.1 验证对象类型

现在的情况是，我们会接受任何路由，甚至没有验证是否为允许的类型，就直接把对象传给了 MongoDB。比如，POST 一个创建 horse 的请求也是有效的。下面是使用 wget 的示例。输入以粗体显示。

```
# Create a new MongoDB collection of horses
wget http://localhost:3000/horse/create \
  --header='content-type: application/json' \
  --post-data='{"css_map":{"color":"#ddd"},"name":"Ed"}'\
  -O -

# Add another horse
wget http://localhost:3000/horse/create \
  --header='content-type: application/json' \
  --post-data='{"css_map":{"color":"#2e0"},"name":"Winney"}'\
  -O -

# Check the corral
wget http://localhost:3000/horse/list -O -
  [ {
    "css_map": {
      "color": "#ddd"
    },
    "name": "Ed",
    "_id": "51886ac7e7f0be8d20000001"
  },
  {
```

```
    "css_map": {
      "color": "#2e0"
    },
    "name": "Winney",
    "_id": "51886adae7f0be8d20000002"
}]
```

实际情况比看上去要更糟。MongoDB 不仅仅是存储了文档，而且还创建了一个全新的集合（就像在示例中所做的一样），消耗了大量的资源。我们不能就这样发布上线，因为一个普通的脚本黑客就能够很容易地通过运行一段脚本，创建成千上万的新 MongoDB 集合，在几分钟之内就能把服务器拖垮掉[①]。我们应该只允许通过验证的对象类型进入，如图 8-5 所示。

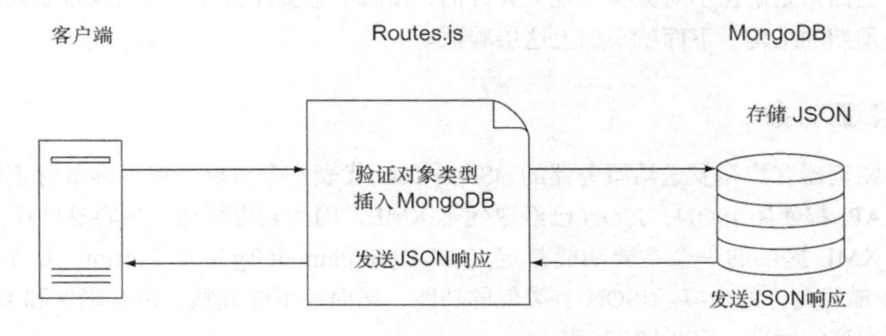

图 8-5　验证对象类型

这很容易实现。可以创建一个允许对象类型的映射，然后在路由中进行检查。为此，我们来修改 routes.js 文件，如代码清单 8-12 所示。更改部分以粗体显示。

代码清单 8-12　验证进入的路由——routes.js

```
/*
 * routes.js - module to provide routing
*/
...
// ------------ BEGIN MODULE SCOPE VARIABLES --------------
'use strict';
var
...
  makeMongoId = mongodb.ObjectID,
  objTypeMap = { 'user': {} };<=
// ------------- END MODULE SCOPE VARIABLES ---------------

// ---------------- BEGIN PUBLIC METHODS ------------------
configRoutes = function ( app, server ) {
  app.get( '/', function ( request, response ) {
    response.redirect( '/spa.html' );
```

声明并赋值允许的对象类型的映射。

① 在我的 64 位开发机上，每个几乎是空的集合都会占用大约 64 MB 的磁盘空间。

如果对象类型(:obj_type)在对象类型映射中没有定义，则发送一个 JSON 响应，告诉客户端这是一个无效的路由。

```
});

app.all( '/:obj_type/*?', function ( request, response, next ) {
  response.contentType( 'json' );
  if ( objTypeMap[ request.params.obj_type ] ) {
    next();
  }
  else {
    response.send({ error_msg : request.params.obj_type
      + ' is not a valid object type'
    });
  }
});
...
```

如果对象类型(:obj_type)在对象类型映射中有定义，则调用下一个路由处理程序。

上面只是确保了对象类型是被允许的，我们不想就此打住。我们也希望确保客户端数据是预期的结构。下面就来加上这层验证。

8.4.2 验证对象

浏览器客户端发送给服务器的 JSON 文档代表一个对象。很多读者肯定知道，很多 Web API 都使用 JSON，JSON 已经取代了 XML，因为它更简洁，更容易处理。

XML 提供的一个主要功能是定义 DTD(Document Type Definition，文档类型定义)，DTD 描述允许的内容。JSON 有类似的功能，然而还不够成熟，没有确保和 DTD 类似的文档内容的标准。它叫做 JSON schema。

JSV 是一款使用 JSON schema 的验证器。浏览器和服务器都可以使用，所以不必编写或者维护两份单独的(总是会产生难以捉摸的冲突)验证库。下面是验证对象需要的步骤。

- 安装 JSV 的 node 模块。
- 创建 JSON schema。
- 加载 JSON schema。
- 创建验证函数。
- 验证进入的数据。

第一步是安装 JSV。

1. 安装 JSV 的 node 模块

更新 package.json 文件，引入 JSV 4.0.2，如代码清单 8-13 所示。

代码清单 8-13 更新清单，引入 JSV——webapp/package.json

```
{ "name"     : "SPA",
  "version" : "0.0.3",
  "private" : true,
  "dependencies" : {
    "express"   : "3.2.x",
    "mongodb"   : "1.3.x",
    "socket.io" : "0.9.x",
```

```
    "JSV" : "4.0.x"
  }
}
```

在运行 npm install 时，npm 会检测到更改并安装 JSV。

2. 创建 JSON schema

在可以验证用户对象之前，必须决定什么属性是允许的，它们的值可能是什么。JSON schema 提供了很好的标准机制来描述这些约束，如代码清单 8-14 所示。请一定要仔细地注意注释，因为它们说明了约束的内容。

代码清单 8-14 创建用户 schema——webapp/user.json

```
{ "type" : "object",
  "additionalProperties" : false,
  "properties" : {
    "_id" : {
      "type"      : "string",
      "minLength" : 25,
      "maxLength" : 25
    },
    "name" : {
      "type"      : "string",
      "minLength" : 2,
      "maxLength" : 127
    },
    "is_online" : {
      "type"      : "boolean"
    },
    "css_map": {
      "type" : "object",
      "additionalProperties" : false,
      "properties" : {
        "background-color" : {
          "required"  : true,
          "type"      : "string",
          "minLength" : 0,
          "maxLength" : 25
        },
        "top" : {
          "required" : true,
          "type"     : "integer"
        },
        "left" : {
          "required" : true,
          "type"     : "integer"
        }
      }
    }
  }
}
```

“object”表示 schema 为 object("type" : "object")。请注意，表示的约束可以是布尔值、整数、字符串或者数组。

properties 值是这个object schema 的属性映射对象，它的键是这个 object 的属性名。

这个 object 类型可以接受或者拒绝没有显式声明的属性。如果为 false，验证器不允许有未声明的属性。正确的选择几乎总是为 false。

_id 属性是字符串，长度必须是 25 个字符（"minLength" : 25, "maxLength" : 25）。

name 属性和_id 类似，但是它的长度是可变的。

css_map 属性必须是对象，并且不允许有未声明的属性。

is_online 属性必须是 true 或者 false。

css_map 对象的 background-color 属性是必需的，是字符串，最长为 25 个字符。

css_map 对象的 top 属性是必需的，并且必须是整数。

css_map 对象的 left 属性是必需的，并且必须是整数。

你可能已经注意到，我们定义了一个约束对象以及约束这个对象中的对象的 schema。这说明了 JSON schema 是可以无限递归的。JSON schema 也可以扩展其他的 schema，很像 XML。若想了解更多关于 JSON schema 的信息，请查看官方网站 json-schema.org。现在可以加载 schema，确保接收到的任何用户对象只包含我们允许的数据。

3. 加载 JSON schema

在启动服务器的时候，把 schema 文档加载到内存里面。这将避免在服务器应用运行期间，进行昂贵的文件查找操作。可以为在对象类型映射（objTypeMap）中定义的每个对象类型加载一个 schema，如代码清单 8-15 所示。更改部分以粗体显示。

代码清单 8-15 在路由中加载 schema——webapp/routes.js

```
/*
 * routes.js - module to provide routing
*/
...
// ------------ BEGIN MODULE SCOPE VARIABLES --------------
'use strict';
var
  loadSchema, configRoutes,
  mongodb     = require( 'mongodb' ),
  fsHandle    = require( 'fs'      ),     // 引入文件系统模块。

  mongoServer = new mongodb.Server(
    'localhost',
    mongodb.Connection.DEFAULT_PORT
  ),
  dbHandle    = new mongodb.Db(
    'spa', mongoServer, { safe : true }
  ),

  makeMongoId = mongodb.ObjectID,
  objTypeMap  = { 'user': {} };
// ------------- END MODULE SCOPE VARIABLES --------------

// ---------------- BEGIN UTILITY METHODS ------------------
loadSchema = function ( schema_name, schema_path ) {     // 创建loadSchema工具方法，读取文件内容并把它保存到对象类型映射（objTypeMap）中。
  fsHandle.readFile( schema_path, 'utf8', function ( err, data ) {
    objTypeMap[ schema_name ] = JSON.parse( data );
  });
};
// ----------------- END UTILITY METHODS -------------------

// ---------------- BEGIN PUBLIC METHODS ------------------
...
// ----------------- END PUBLIC METHODS -------------------

// ------------- BEGIN MODULE INITIALIZATION --------------
dbHandle.open( function () {
```

```
  console.log( '** Connected to MongoDB **' );
});

// load schemas into memory (objTypeMap)
(function () {
  var schema_name, schema_path;
  for ( schema_name in objTypeMap ) {
    if ( objTypeMap.hasOwnProperty( schema_name ) ) {
      schema_path = __dirname + '/' + schema_name + '.json';
      loadSchema( schema_name, schema_path );
    }
  }
}());
// -------------- END MODULE INITIALIZATION ---------------
```

读取 objTypeMap 中定义每个对象类型的文件。这里只有一个对象类型：user。

把文件中的数据解析为 JSON 对象，并把它保存到对象映射中。我们使用外部函数（loadSchema），因为在循环中声明函数通常是不好的做法，JSLint 会有警告。

现在已经加载了 schema，我们可以来创建验证函数。

4. 创建验证函数

现在已经加载了 user 的 JSON schema，我们想把来自客户端的数据与之进行比较。代码清单 8-16 演示了使用一个简单的函数来完成这个功能。更改部分以粗体显示。

代码清单 8-16 添加函数来验证文档——webapp/routes.js

```
/*
 * routes.js - module to provide routing
*/
...
// ------------ BEGIN MODULE SCOPE VARIABLES --------------
'use strict';
var
  loadSchema, checkSchema, configRoutes,
  mongodb     = require( 'mongodb' ),
  fsHandle    = require( 'fs'      ),
  JSV         = require( 'JSV'     ).JSV,

  mongoServer = new mongodb.Server(
    'localhost',
    mongodb.Connection.DEFAULT_PORT
  ),
  dbHandle    = new mongodb.Db(
    'spa', mongoServer, { safe : true }
  ),
  validator   = JSV.createEnvironment(),

  makeMongoId = mongodb.ObjectID,
  objTypeMap  = { 'user': {} };
```

引入 JSV 模块。

创建 JSV 验证器环境。

```
// ------------- END MODULE SCOPE VARIABLES ---------------

// --------------- BEGIN UTILITY METHODS ------------------
loadSchema = function ( schema_name, schema_path ) {
  fsHandle.readFile( schema_path, 'utf8', function ( err, data ) {
    objTypeMap[ schema_name ] = JSON.parse( data );
  });
};

checkSchema = function ( obj_type, obj_map, callback ) {
  var
    schema_map = objTypeMap[ obj_type ],
       report_map = validator.validate( obj_map, schema_map );

    callback( report_map.errors );
  };
  // ---------------- END UTILITY METHODS -------------------

  // ---------------- BEGIN PUBLIC METHODS ------------------
  ...
```

验证器接收三个参数：要验证的对象（obj_map）、要验证的对象 schema 名字（obj_type）和一个回调函数（callback）。

验证函数运行完时，调用回调函数，参数是错误列表。如果错误列表为空，则对象是有效的。

现在已经加载了 JSON schema 并且创建了验证函数，我们可以验证来自客户端的数据了。

5. 验证来自客户端的数据

现在可以来完成验证程序。只需要修改路由（创建和更新部分），对来自客户端的数据进行验证即可。在每一种情况下，如果错误列表是空的，则执行请求操作，否则返回错误报告，如代码清单 8-17 所示。更改部分以粗体显示。

代码清单 8-17 给创建和更新的路由加上验证——webapp/routes.js

```
/*
 * routes.js - module to provide routing
*/
...
// ---------------- BEGIN PUBLIC METHODS ------------------
configRoutes = function ( app, server ) {
  ...
  app.post( '/:obj_type/create', function ( request, response ) {
    var
      obj_type = request.params.obj_type,
      obj_map  = request.body;

    checkSchema(
      obj_type, obj_map,
      function ( error_list ) {
        if ( error_list.length === 0 ) {
          dbHandle.collection(
            obj_type,
            function ( outer_error, collection ) {
              var options_map = { safe: true };

              collection.insert(
                obj_map,
```

调用在上一小节中定义的验证函数（checkSchema），使用对象类型、对象映射和回调函数作为参数。

```
            options_map,
            function ( inner_error, result_map ) {
              response.send( result_map );
            }
          );
        }
      );
    }
    else {
      response.send({
        error_msg  : 'Input document not valid',
        error_list : error_list
      });
    }
  }
 );
});
...
app.post( '/:obj_type/update/:id', function ( request, response ) {
  var
    find_map = { _id: makeMongoId( request.params.id ) },
    obj_map  = request.body,
    obj_type = request.params.obj_type;

  checkSchema(
    obj_type, obj_map,
    function ( error_list ) {
      if ( error_list.length === 0 ) {
        dbHandle.collection(
          obj_type,
          function ( outer_error, collection ) {
            var
              sort_order = [],
              options_map = {
                'new' : true, upsert: false, safe: true
              };
            collection.findAndModify(
              find_map,
              sort_order,
              obj_map,
              options_map,
              function ( inner_error, updated_map ) {
                response.send( updated_map );
              }
            );
          }
        );
      }
      else {
        response.send({
          error_msg  : 'Input document not valid',
          error_list : error_list
        });
```

查检错误列表是否为空。如果是，则和以前一样创建或者更新对象。

如果错误列表不为空，则发送错误报告。

```
            }
          }
        );
    });
    ...
};
module.exports = { configRoutes : configRoutes };
// ----------------- END PUBLIC METHODS -------------------
...
```

现在已经完成了验证程序，来看一下我们所做的成果。首先要确保所有的模块通过 JSLint（`jslint user.json app.js routes.js`），然后启动应用（`node app.js`）。然后可以使用灵巧的 `wget` 技术 `POST` 错误的和正确的数据，如代码清单 8-18 所示。输入以粗体显示。

代码清单 8-18　使用灵巧的 wget 技术 POST 错误的和正确的数据

```
# Try invalid data
wget http://localhost:3000/user/create \
  --header='content-type: application/json' \
  --post-data='{"name":"Betty",
    "css_map":{"background-color":"#ddd",
    "top" : 22 }
  }' -O -

--2013-06-07 22:20:17--  http://localhost:3000/user/create
Resolving localhost (localhost)... 127.0.0.1
Connecting to localhost (localhost)|127.0.0.1|:3000... connected.
HTTP request sent, awaiting response... 200 OK
Length: 354 [application/json]
Saving to: 'STDOUT'
...
{ "error_msg": "Input document not valid",
  "error_list": [
    {
      "uri": "urn:uuid:8c05b92a...",
      "schemaUri": "urn:uuid:.../properties/css_map/properties/left",
      "attribute": "required",
      "message": "Property is required",
      "details": true
    }
  ]
}
...
# Oops, we missed the "left" property.  Let's fix that:
wget http://localhost:3000/user/create \
  --header='content-type: application/json' \
  --post-data='{"name":"Betty",
    "css_map":{"background-color":"#ddd",
    "top" : 22, "left" : 500 }
  }' -O -
--2013-05-07 22:24:02--  http://localhost:3000/user/create
Resolving localhost (localhost)... 127.0.0.1
Connecting to localhost (localhost)|127.0.0.1|:3000... connected.
```

```
HTTP request sent, awaiting response... 200 OK
Length: 163 [application/json]
Saving to: 'STDOUT'
...
  {
    "name": "Betty",
    "css_map": {
      "background-color": "#ddd",
      "top": 22,
      "left": 500
    },
    "_id": "5189e172ac5a4c5c68000001"
  }
...
# Success!
```

使用 wget 更新用户，这个留给读者作为练习。

在下一小节，我们将会把 CRUD 功能移到单独的模块里面。这样就会更整洁，更容易理解，代码也更容易维护。

8.5　创建单独的 CRUD 模块

到现在为止，routes.js 文件包含了 CRUD 操作和路由，如图 8-6 所示。

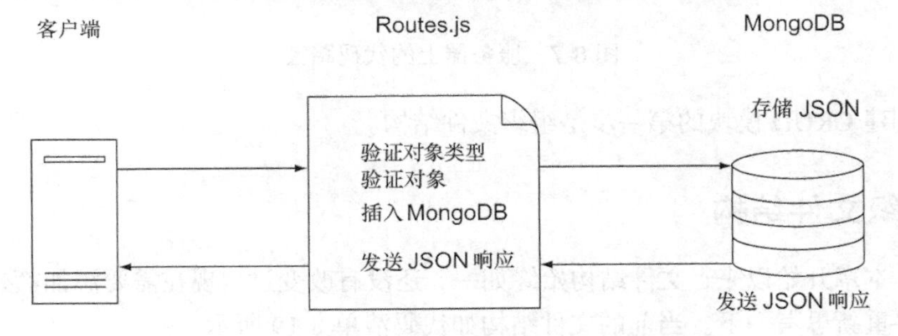

图 8-6　代码路径

服务器接收来自客户端的请求、验证数据并把数据保存到数据库中。验证和保存数据的唯一方法是使用 HTTP 请求来调用路由。如果这就是应用所需的，那么不用进一步的抽象，到此收手是说得过去的。但是我们的单页应用也需要创建和修改来自 Web socket 连接的对象。因此，我们会创建一个 CRUD 模块，它拥有验证和管理数据库中文档的所有逻辑。然后路由会使用 CRUD 模块，用于必需的 CRUD 操作。

在创建 CRUD 模块之前，想强调一下为什么要等到现在才来创建这个模块。我们想让代码尽可能的直观和简单，但不能过于简单[①]。如果代码中的操作是一次性的，通常倾

① 出自爱因斯坦（Albert Einstein）的名言："Everything should be made as simple as possible, but no simpler."（凡事都应该尽可能简单，但也不能过于简单）。——译者注

向使用内联函数（inline function），或者至少是局部函数。但当发现某个操作需要执行两次或者两次以上时，我们就想把它提取出来。尽管这不会节省开始时的编码时间，但通常会节省维护时间，因为把逻辑都集中到一个程序里面了，避免了更改实现而导致的细微错误。当然，决定把这一哲学执行到何种程度，需要正确的判断力。比如，我们觉得把所有的 `for` 循环提取出来，这通常不是很好的想法，尽管这在 JavaScript 中完全可以做到。

在把 MongoDB 的连接和验证程序移到单独的 CRUD 模块之后，路由将不再关心数据存储的实现，表现得更像控制器：它把请求调度给其他模块，而不是自己来执行操作，如图 8-7 所示。

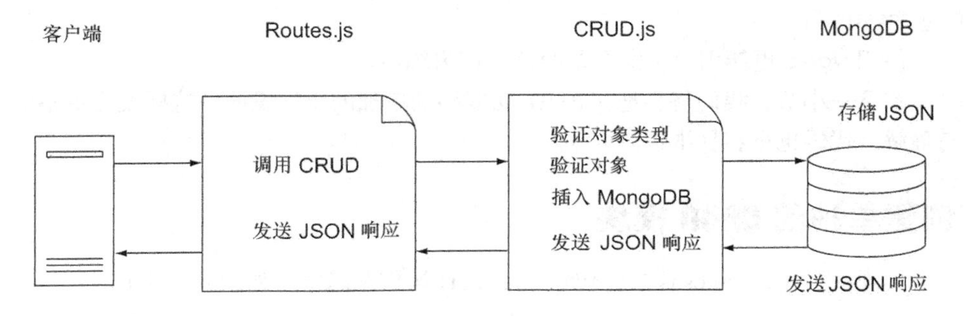

图 8-7　服务器上的代码路径

创建 CRUD 模块的第一步是组织文件结构。

8.5.1 组织文件结构

自本章开始以来，文件结构始终如一，还没有改变过。现在需要添加额外的模块，因此需要重新思考一下。当前的文件结构如代码清单 8-19 所示。

代码清单 8-19　当前的文件结构

```
chapter_8
`-- webapp
    |-- app.js
    |-- node_modules/
    |-- package.json
    |-- public
    |   |-- css/
    |   |-- js/
    |   `-- spa.html
    |-- user.json
    `-- routes.js
```

我们喜欢把模块放到单独的 lib 目录里面。这会使 webapp 目录显得整洁，把我们的模块和 node_modules 目录分隔开来。node_modules 目录应该只包含使用 `npm install` 命令添加的外部模块，这样删除和重新构建外部模块就不会影响我们的模块。代码清单 8-20 演示了如何组织文件。更改部分以粗体显示。

代码清单 8-20　改进后新的文件结构

```
chapter_8
`-- webapp
    |-- app.js
    |-- lib
    |   |-- crud.js
    |   |-- routes.js
    |   `-- user.json
    |-- node_modules/
    |-- package.json
|-- public
    |-- css/
    |-- js/
    `-- spa.html
```

对文件结构的第一步改进是把路由文件移到了 webapp/lib 里面。做了这个更改之后，需要更新服务器应用程序，以便指向新的路径，如代码清单 8-21 所示。更改部分以粗体显示。

代码清单 8-21　修改 app.js，引入移动后的 routes.js——webapp/app.js

```
/*
 * app.js - Express server with routing
*/
...
// ------------ BEGIN MODULE SCOPE VARIABLES --------------
'use strict';
var
  http    = require( 'http'           ),
  express = require( 'express'        ),
  routes  = require( './lib/routes' ),
  app     = express(),
  server  = http.createServer( app );
// ------------- END MODULE SCOPE VARIABLES ---------------
...
```

下一步是在路由模块中引入 CRUD 模块，如代码清单 8-22 所示。更改部分以粗体显示。

代码清单 8-22　修改路由模块，引入 CRUD 模块——webapp/lib/routes.js

```
/*
 * routes.js - module to provide routing
*/
...
// ------------ BEGIN MODULE SCOPE VARIABLES --------------
'use strict';
var
  loadSchema, checkSchema, configRoutes,
```

```
  mongodb      = require( 'mongodb' ),
  fsHandle     = require( 'fs'      ),
  JSV          = require( 'JSV'     ).JSV,
  crud         = require( './crud'  ),
  ...
```

我们可以创建 CRUD 模块，并简略地列出它的 API。使用 module.exports 来共享 CRUD 方法，如代码清单 8-23 所示。

代码清单 8-23 创建 CRUD 模块——webapp/lib/crud.js

```
/*
 * crud.js - module to provide CRUD db capabilities
*/
/*jslint         node   : true, continue : true,
  devel  : true, indent : 2,    maxerr   : 50,
  newcap : true, nomen  : true, plusplus : true,
  regexp : true, sloppy : true, vars     : false,
  white  : true
*/
/*global */

// ------------ BEGIN MODULE SCOPE VARIABLES --------------
'use strict';
var
  checkType,    constructObj, readObj,
  updateObj,    destroyObj;
// ------------- END MODULE SCOPE VARIABLES ---------------

// ---------------- BEGIN PUBLIC METHODS ------------------
checkType     = function () {};
constructObj  = function () {};
readObj       = function () {};
updateObj     = function () {};
destroyObj    = function () {};

module.exports = {
  makeMongoId : null,
  checkType   : checkType,
  construct   : constructObj,
  read        : readObj,
  update      : updateObj,
  destroy     : destroyObj
};
// ----------------- END PUBLIC METHODS -----------------

// ------------- BEGIN MODULE INITIALIZATION --------------
console.log( '** CRUD module loaded **' );
// -------------- END MODULE INITIALIZATION ---------------
```

使用 construct 作为方法名，这是因为 create 是 JavaScript 中 Object 原型上的根方法。

使用 destroy 作为方法名，这是因为 delete 是 JavaScript 中的保留字。

当使用 node app.js 命令启动服务器时，应该不会有任何错误：

```
** CRUD module loaded **
Express server listening on port 3000 in development mode
** Connected to MongoDB **
```

请注意，除了基本的 CRUD 操作之外，我们还添加了两个公开方法。第一个是 makeMongoId，提供创建 MongoDB ID 对象的功能。第二个是 checkType，打算用来查检允许的对象类型。现在文件已经有了，可以把 CRUD 逻辑移动到它自己的模块里面。

8.5.2 把 CRUD 移到它自己的模块里面

可以把路由模块中的方法复制到 CRUD 模块里面，然后使用通用的参数来替换特定的 HTTP 参数。我们不会讲解细节，因为我们觉得转移是浅显易懂的。完整的模块如代码清单 8-24 所示。请注意注释部分，它们提供了一些额外的见解。

代码清单 8-24 把逻辑移到 CRUD 模块——webapp/lib/crud.js

```
/*
 * crud.js - module to provide CRUD db capabilities
*/

/*jslint         node    : true, continue : true,
  devel  : true, indent  : 2,    maxerr   : 50,
  newcap : true, nomen   : true, plusplus : true,
  regexp : true, sloppy  : true, vars     : false,
  white  : true
*/
/*global */

// ------------ BEGIN MODULE SCOPE VARIABLES --------------
'use strict';
var
  loadSchema,    checkSchema,   clearIsOnline,
  checkType,     constructObj,  readObj,
  updateObj,     destroyObj,

  mongodb     = require( 'mongodb' ),
  fsHandle    = require( 'fs'      ),
  JSV         = require( 'JSV'     ).JSV,

  mongoServer = new mongodb.Server(
    'localhost',
    mongodb.Connection.DEFAULT_PORT
  ),
  dbHandle    = new mongodb.Db(
    'spa', mongoServer, { safe : true }
  ),
  validator   = JSV.createEnvironment(),

  objTypeMap  = { 'user' : {} };
// ------------- END MODULE SCOPE VARIABLES ---------------

// ---------------- BEGIN UTILITY METHODS -----------------
loadSchema = function ( schema_name, schema_path ) {
  fsHandle.readFile( schema_path, 'utf8', function ( err, data ) {
    objTypeMap[ schema_name ] = JSON.parse( data );
  });
};
```

按照 webapp/lib/routes.js，引入 CRUD 需要的库。

按照 webapp/lib/routes.js，创建数据库连接变量（mongodb 和 dbHandle）和 JSON schema 验证器。

按照 webapp/lib/routes.js，声明允许的对象类型映射（objTypeMap）。

按照 webapp/lib/routes.js，添加加载和检查 schema 的工具方法。

```
checkSchema = function ( obj_type, obj_map, callback ) {
  var
    schema_map = objTypeMap[ obj_type ],
    report_map = validator.validate( obj_map, schema_map );

  callback( report_map.errors );
};

clearIsOnline = function () {
  updateObj(
    'user',
    { is_online : true  },
    { is_online : false },
    function ( response_map ) {
      console.log( 'All users set to offline', response_map );
    }
  );
};
// ----------------- END UTILITY METHODS ------------------

// ---------------- BEGIN PUBLIC METHODS ------------------
checkType = function ( obj_type ) {
  if ( ! objTypeMap[ obj_type ] ) {
    return ({ error_msg : 'Object type "' + obj_type
      + '" is not supported.'
    });
  }
  return null;
};

constructObj = function ( obj_type, obj_map, callback ) {
  var type_check_map = checkType( obj_type );
  if ( type_check_map ) {
    callback( type_check_map );
    return;
  }

  checkSchema(
    obj_type, obj_map,
    function ( error_list ) {
      if ( error_list.length === 0 ) {
        dbHandle.collection(
          obj_type,
          function ( outer_error, collection ) {
            var options_map = { safe: true };

            collection.insert(
              obj_map,
              options_map,
              function ( inner_error, result_map ) {
                callback( result_map );
              }
            );
          }
        );
      }
      else {
        callback({
          error_msg  : 'Input document not valid',
```

创建 clearIsOnline 方法，在连接上MongoDB 时会执行该方法。它确保在服务器启动时，所有的用户都被标记为离线状态。

创建方法，检查某个对象类型（比如，user 或者 horse）是否为模块所支持。目前 user 是唯一支持的对象类型。

把 webapp/lib/routes.js 中创建（construct）对象的逻辑移到这个模块里面。使用相同的逻辑，但进行了修改，使它更加通用。这对来自路由模块和其他模块的调用有帮助。

添加逻辑，确保对象类型是支持的。如果不支持，则返回 JSON 错误报告。

```
          error_list : error_list
        });
      }
    }
  );
};

readObj = function ( obj_type, find_map, fields_map, callback ) {
  var type_check_map = checkType( obj_type );
  if ( type_check_map ) {
    callback( type_check_map );
    return;
  }

  dbHandle.collection(
    obj_type,
    function ( outer_error, collection ) {
      collection.find( find_map, fields_map ).toArray(
        function ( inner_error, map_list ) {
          callback( map_list );
        }
      );
    }
  );
};

updateObj = function ( obj_type, find_map, set_map, callback ) {
  var type_check_map = checkType( obj_type );
  if ( type_check_map ) {
    callback( type_check_map );
    return;
  }

  checkSchema(
    obj_type, set_map,
    function ( error_list ) {
      if ( error_list.length === 0 ) {
        dbHandle.collection(
          obj_type,
          function ( outer_error, collection ) {
            collection.update(
              find_map,
              { $set : set_map },
              { safe : true, multi : true, upsert : false },
              function ( inner_error, update_count ) {
                callback({ update_count : update_count });
              }
            );
          }
        );
      }
      else {
        callback({
          error_msg  : 'Input document not valid',
          error_list : error_list
        });
```

添加逻辑，确保对象类型是支持的。如果不支持，则返回 JSON 错误报告。

按照 webapp/lib/routes.js，创建 read 方法。修改逻辑使之更加通用。

按照 webapp/lib/routes.js，创建 update 方法。修改逻辑使之更加通用。

添加逻辑，确保对象类型是支持的。如果不支持，则返回 JSON 错误报告。

```
      }
    }
  );
};

destroyObj = function ( obj_type, find_map, callback ) {
  var type_check_map = checkType( obj_type );
  if ( type_check_map ) {
    callback( type_check_map );
    return;
  }

  dbHandle.collection(
         obj_type,
         function ( outer_error, collection ) {
           var options_map = { safe: true, single: true };

           collection.remove( find_map, options_map,
             function ( inner_error, delete_count ) {
               callback({ delete_count: delete_count });
             }
           );
         }
       );
     };

     module.exports = {
       makeMongoId : mongodb.ObjectID,
       checkType   : checkType,
       construct   : constructObj,
       read        : readObj,
       update      : updateObj,
       destroy     : destroyObj
     };
     // ---------------- END PUBLIC METHODS ----------------

     // ------------ BEGIN MODULE INITIALIZATION -------------
     dbHandle.open( function () {
       console.log( '** Connected to MongoDB **' );
       clearIsOnline();
     });

     // load schemas into memory (objTypeMap)
     (function () {
       var schema_name, schema_path;
       for ( schema_name in objTypeMap ) {
         if ( objTypeMap.hasOwnProperty( schema_name ) ) {
           schema_path = __dirname + '/' + schema_name + '.json';
           loadSchema( schema_name, schema_path );
         }
       }
     }());
     // ------------- END MODULE INITIALIZATION --------------
```

按照 webapp/lib/routes.js，创建删除（destroy）方法。修改逻辑使之更加通用。

添加逻辑，确保对象类型是支持的。如果不支持，则返回 JSON 错误报告。

导出所有的公开方法。

当连接上 MongoDB 的时候，调用 clearIsOnline 方法。

按照 webapp/lib/ routes.js，把 schema 保存到内存里面。

现在的路由模块看上去要简单得多了，因为大多数的逻辑和很多依赖已经移到 CRUD 模块里面。代码清单 8-25 是修改后的路由文件。更改部分以粗体显示。

代码清单 8-25 修改后的路由模块——webapp/lib/routes.js

```
/*
 * routes.js - module to provide routing
*/

/*jslint         node    : true, continue : true,
  devel  : true, indent  : 2,    maxerr   : 50,
  newcap : true, nomen   : true, plusplus : true,
  regexp : true, sloppy  : true, vars     : false,
  white  : true
*/
/*global */

// ------------ BEGIN MODULE SCOPE VARIABLES --------------
'use strict';
var
  configRoutes,
  crud        = require( './crud' ),
  makeMongoId = crud.makeMongoId;
// ------------- END MODULE SCOPE VARIABLES ---------------

// ---------------- BEGIN PUBLIC METHODS ------------------
configRoutes = function ( app, server ) {
  app.get( '/', function ( request, response ) {
    response.redirect( '/spa.html' );
  });

  app.all( '/:obj_type/*?', function ( request, response, next ) {
    response.contentType( 'json' );
    next();
  });

  app.get( '/:obj_type/list', function ( request, response ) {
    crud.read(
      request.params.obj_type,
      {}, {},
      function ( map_list ) { response.send( map_list ); }
    );
  });

  app.post( '/:obj_type/create', function ( request, response ) {
    crud.construct(
      request.params.obj_type,
      request.body,
      function ( result_map ) { response.send( result_map ); }
    );
  });

  app.get( '/:obj_type/read/:id', function ( request, response ) {
    crud.read(
      request.params.obj_type,
      { _id: makeMongoId( request.params.id ) },
      {},
      function ( map_list ) { response.send( map_list ); }
    );
  });

  app.post( '/:obj_type/update/:id', function ( request, response ) {
    crud.update(
      request.params.obj_type,
```

大部分变量声明已被移到 CRUD 模块里面，在这里把它们移除。

移除工具函数区块的代码。

在这里移除对象类型检查，因为现在由 CRUD 模块来处理。依靠 CRUD 模块来检查更加安全。

使用 CRUD 模块的 read 方法来获取对象列表。CRUD 模块的响应可以是数据或者错误。不论是哪种情况，都原封不动将结果返回。

使用 CRUD 模块的 construct 方法来创建用户。原封不动地将结果返回。

使用CRUD模块的read方法来获取单个对象。原封不动地将结果返回。请注意，这和之前的read方法有所不同，因为这里成功返回的响应是数组，数组里面只有一个对象。

使用 CRUD 模块的 update 方法来更新单个对象。原封不动地将结果返回。

```
        { _id: makeMongoId( request.params.id ) },
        request.body,
        function ( result_map ) { response.send( result_map ); }
      );
    });

    app.get( '/:obj_type/delete/:id', function ( request, response ) {
      crud.destroy(
        request.params.obj_type,
        { _id: makeMongoId( request.params.id ) },
        function ( result_map ) { response.send( result_map ); }
      );
    });
};

module.exports = { configRoutes : configRoutes };
// ----------------- END PUBLIC METHODS -------------------
```

使用 CRUD 模块的 destroy 方法来移除单个对象。原封不动地将结果返回。

移除初始化区块的代码。

和以前一样，导出配置方法。

现在的路由模块更加小了，它使用 CRUD 模块来提供路由服务。并且更重要的是，CRUD 模块已经可以用于 chat 模块，下一小节我们就来构建 chat 模块。

8.6 构建 chat 模块

我们希望服务器应用程序向单页应用提供聊天的功能。到现在为止，我们已经构建了客户端、UI 和服务端的支撑框架。请看图 8-8，它是实现聊天功能后应用程序的界面。

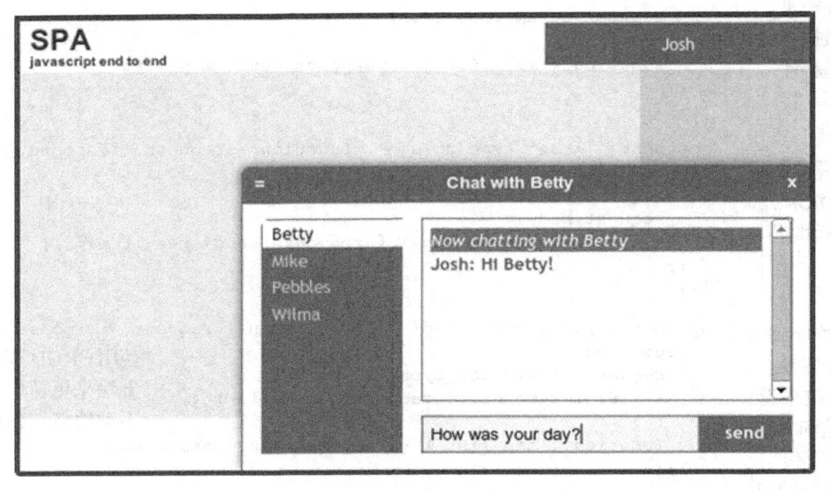

图 8-8　完成后的聊天应用

在本节结束时，我们会有一个可以工作的聊天服务器。先来创建 chat 模块。

8.6.1 开始创建 chat 模块

webapp 目录应该已经安装了 Socket.IO。确保你的 webapp/package.json 清单有下面列出来的正确模块：

```
{ "name"    : "SPA",
  "version" : "0.0.3",
  "private" : true,
  "dependencies" : {
    "express"   : "3.2.x",
    "mongodb"   : "1.3.x",
    "socket.io" : "0.9.x",
    "JSV"       : "4.0.x"
  }
}
```

在确保清单和上面的示例一致时，可以运行 `npm install`，npm 会确保安装 `socket.io` 和所有其他必需的模块。

现在可以构建 chat 消息模块。我们想引入 CRUD 模块，因为我们确定消息模块是需要它的。我们将构建一个 `chatObj` 对象，并使用 `module.exports` 来导出这个对象。开始时这个对象只有一个叫做 `connect` 的方法，它接收的参数是 `http.Server` 实例（`server`），会开始监听 socket 连接。第一轮如代码清单 8-26 所示。

代码清单 8-26 chat 消息模块（第一轮）——webapp/lib/chat.js

```
/*
 * chat.js - module to provide chat messaging
*/

/*jslint         node    : true, continue : true,
  devel  : true, indent  : 2,    maxerr   : 50,
  newcap : true, nomen   : true, plusplus : true,
  regexp : true, sloppy  : true, vars     : false,
  white  : true
*/
/*global */
// ------------ BEGIN MODULE SCOPE VARIABLES --------------
'use strict';
var
  chatObj,
  socket = require( 'socket.io' ),
  crud   = require( './crud'    );
// ------------- END MODULE SCOPE VARIABLES ---------------

// ---------------- BEGIN PUBLIC METHODS ------------------
chatObj = {
  connect : function ( server ) {
    var io = socket.listen( server );
    return io;
```

```
  }
};

module.exports = chatObj;
// ----------------- END PUBLIC METHODS -------------------
```

你可能记得在第 6 章，客户端向服务器发送消息（adduser、updatechat、leavechat、disconnect 和 updateavatar），使用的是/chat 名字空间。我们来设置处理这些消息的 chat 服务端，如代码清单 8-27 所示。更改部分以粗体显示。

代码清单 8-27　设置应用，简单地列出消息处理程序——webapp/lib/chat.js

```
/*
 * chat.js - module to provide chat messaging
*/
...
// ---------------- BEGIN PUBLIC METHODS ------------------
chatObj = {
  connect : function ( server ) {
    var io = socket.listen( server );

    // Begin io setup
    io
      .set( 'blacklist' , [] )
      .of( '/chat' )
      .on( 'connection', function ( socket ) {
        socket.on( 'adduser',      function () {} );
        socket.on( 'updatechat',   function () {} );
        socket.on( 'leavechat',    function () {} );
        socket.on( 'disconnect',   function () {} );
        socket.on( 'updateavatar', function () {} );
      }
    );
    // End io setup

    return io;
  }
};

module.exports = chatObj;
// ----------------- END PUBLIC METHODS -------------------
```

配置 Socket.IO，没有消息黑名单，也不要中断其他消息。

配置 Socket.IO，在/chat 名字空间响应消息。

定义函数，在客户端连接到/chat 名字空间时会调用这个函数。

创建/chat 名字空间中的消息处理程序。

我们回到路由模块，在其中引入 chat 模块，然后使用 chat.connect 方法来初始化 Socket.IO 连接。参数是 http.Server 实例（server），如代码清单 8-28 所示。更改部分以粗体显示。

代码清单 8-28　更新路由模块，初始化 chat——webapp/lib/routes.js

```
/*
 * routes.js - module to provide routing
*/
...
// ------------ BEGIN MODULE SCOPE VARIABLES --------------
```

```
'use strict';
var
  configRoutes,
  crud         = require( './crud' ),
  chat         = require( './chat' ),
  makeMongoId = crud.makeMongoId;
// ------------- END MODULE SCOPE VARIABLES ---------------

// ---------------- BEGIN PUBLIC METHODS ------------------
configRoutes = function ( app, server ) {
  ...
  chat.connect( server );
};

module.exports = { configRoutes : configRoutes };
// ----------------- END PUBLIC METHODS -------------------
```

当使用 `node app.js` 启动服务器的时候，在 Node.js 服务器日志里面会看到 `info-socket.io started`。也可以和以前一样，在浏览器中访问 http://localhost:3000，来管理用户对象，或者是查看应用。

我们已经声明了所有的消息处理程序，现在需要让它们能进行响应。我们先来创建 `adduser` 消息处理程序。

为什么使用 Web socket？

和其他一些在浏览器端使用的近实时通信技术相比，Web socket 有一些显著的优点。

- 为维持数据连接，Web socket 的数据帧（data frame）只需要两个字节，而 AJAX HTTP 调用（用于长轮询）的每一帧经常要发送上千字节的信息（实际数据量取决于 cookie 的数量和大小）。
- Web socket 比长轮询有优势。通常情况下，Web socket 使用的网络带宽是长轮询的 1%～2%，延迟时间是长轮询的三分之一。Web socket 也往往是更加“防火墙友好”的。
- Web socket 是全双工的，而大多数的其他解决方法并不是，它们相当于需要两个连接。
- 不像 Flash socket，Web socket 几乎在所有平台的所有现代浏览器上都能工作，包括像智能手机和平板电脑这样的移动设备。

尽管 Socket.IO 喜欢 Web socket，但令人欣慰的是，如果不支持 Web socket，它会尽可能地选择最佳的连接方式。

8.6.2 创建 adduser 消息处理程序

当用户尝试登入的时候，客户端会向服务器应用发送 `adduser` 消息和用户数据。`adduser` 消息处理程序应该：

- 使用 CRUD 模块，尝试在 MongoDB 中按提供的用户名查找用户对象；
- 如果找到请求用户名的对象，则使用找到的对象；

- 如果没找到请求用户名的对象，则使用提供的用户名，创建一个新的用户对象，并把它插入到数据库里面，然后使用这个新创建的对象；
- 在 MongoDB 中更新用户对象，提示用户在线（is_online:true）；
- 更新 chatterMap，以键-值对的形式保存用户 ID 和 socket 连接。

我们来实现上面的逻辑，如代码清单 8-29 所示。更改部分以粗体显示。

代码清单 8-29 创建 adduser 消息处理程序——webapp/lib/chat.js

```
/*
 * chat.js - module to provide chat messaging
*/
...
// ------------ BEGIN MODULE SCOPE VARIABLES --------------
'use strict';
var
  emitUserList, signIn, chatObj,
  socket = require( 'socket.io' ),
  crud   = require( './crud'    ),

  makeMongoId = crud.makeMongoId,
  chatterMap  = {};
// ------------- END MODULE SCOPE VARIABLES ---------------

// ---------------- BEGIN UTILITY METHODS -----------------
// emitUserList - broadcast user list to all connected clients
//
emitUserList = function ( io ) {
  crud.read(
    'user',
    { is_online : true },
    {},
    function ( result_list ) {
      io
        .of( '/chat' )
        .emit( 'listchange', result_list );
    }
  );
};

// signIn - update is_online property and chatterMap
//
signIn = function ( io, user_map, socket ) {
  crud.update(
    'user',
    { '_id'     : user_map._id },
    { is_online : true         },
    function ( result_map ) {
      emitUserList( io );
      user_map.is_online = true;
      socket.emit( 'userupdate', user_map );
    }
  );

  chatterMap[ user_map._id ] = socket;
```

添加 chatterMap 对象，把用户 ID 和 socket 连接关联起来。

声明 emitUserList 和 signIn 工具方法。

添加 emitUserList 工具方法，把在线用户列表广播给所有已连接的客户端。

发布 listchange 消息，广播在线用户列表。携带的数据是新的在线用户列表。

当用户登入时，调用 emitUserList 方法，把在线用户列表广播给所有已连接的客户端。

添加 signIn 工具方法，通过更新用户的状态（is_online: true），登入当前用户。

把用户添加到 chatterMap 里面，属性为用户 ID，值为 socket，方便访问。

```
    socket.user_id = user_map._id;
  };
  // ---------------- END UTILITY METHODS -----------------

  // ---------------- BEGIN PUBLIC METHODS -----------------
  chatObj = {
    connect : function ( server ) {
      var io = socket.listen( server );

      // Begin io setup
      io
        .set( 'blacklist' , [] )
        .of( '/chat' )
        .on( 'connection', function ( socket ) {

          // Begin /adduser/ message handler
          // Summary   : Provides sign in capability.
          // Arguments : A single user_map object.
          //   user_map should have the following properties:
          //     name    = the name of the user
          //     cid     = the client id
          // Action    :
          //   If a user with the provided username already exists
          //     in Mongo, use the existing user object and ignore
          //     other input.
          //   If a user with the provided username does not exist
          //     in Mongo, create one and use it.
          //   Send a 'userupdate' message to the sender so that
          //     a login cycle can complete.  Ensure the client id
          //     is passed back so the client can correlate the user,
          //     but do not store it in MongoDB.
          //   Mark the user as online and send the updated online
          //     user list to all clients, including the client that
          //     originated the 'adduser' message.
          //
          socket.on( 'adduser', function ( user_map ) {
            crud.read(
              'user',
              { name : user_map.name },
              {},
              function ( result_list ) {
                var
                  result_map,
                  cid = user_map.cid;

                delete user_map.cid;

                // use existing user with provided name
                if ( result_list.length > 0 ) {
                  result_map     = result_list[ 0 ];
                  result_map.cid = cid;
                  signIn( io, result_map, socket );
                }

                // create user with new name
```

添加 adduser 消息处理程序的文档。

更新 adduser 消息处理程序，接收来自客户端的 user_map 对象。

使用 crud.read 方法，按用户名查找所有的用户。

如果找到了该用户名的用户对象，则使用查找到的对象来调用 signIn 工具方法。signIn 工具方法会向客户端发送 updateuser 消息，携带的数据是 user_map。它也会调用 emitUserList，把在线用户列表广播给所有已连接的客户端。

如果找不到该用户名的用户，则创建一个新的对象，并把它保存到 MongoDB 集合里面。把用户对象添加到 chatterMap 里面，属性为用户 ID，值为 socket，方便访问。然后调用 emitUserList，把在线用户列表广播给所有已连接的客户端。

```
          else {
            user_map.is_online = true;
            crud.construct(
              'user',
              user_map,
              function ( result_list ) {
                result_map     = result_list[ 0 ];
                result_map.cid = cid;
                chatterMap[ result_map._id ] = socket;
                socket.user_id = result_map._id;
                socket.emit( 'userupdate', result_map );
                emitUserList( io );
              }
            );
          }
        }
      );
    });
    // End /adduser/ message handler

    socket.on( 'updatechat',   function () {} );
    socket.on( 'leavechat',    function () {} );
    socket.on( 'disconnect',   function () {} );
    socket.on( 'updateavatar', function () {} );
  }
);
// End io setup

return io;
}
};

module.exports = chatObj;
// ---------------- END PUBLIC METHODS ------------------
```

适应回调函数的思想可能需要一点时间，通常是调用一个方法，在方法完成时，就会执行传入的回调函数。其实它是把下面这种过程式的代码：

```
var user = user.create();

if ( user ) {
  //do things with user object
}
```

转变成了下面这种“事件驱动”式的代码：

```
user.create( function ( user ) {
    // do things with user object
});
```

我们使用回调函数，这是因为在 Node.js 中的很多函数都是异步的。在前一个示例中，在调用 user.create 的时候，JavaScript 引擎不会等到调用结束，它会继续执行后续的代码。能保证在结果可用时就立即使用该结果的方法就是使用回调函数①。如果你熟悉 jQuery

① 另外一种机制叫做 promise，它通常比普通的回调函数更加灵活。Promise 库包括 Q（npm install q）和 Promised-IO（npm install promised-io）。jQuery 也为 Node.js 提供了丰富的和熟悉的 promise 方法集。附录 B 演示了 jQuery 在 Node.js 中的使用。

的 AJAX 调用，它就是使用了回调函数机制：

```
$.ajax({
  'url': '/path',
  'success': function ( data ) {
    // do things with data
  }
});
```

现在可以在浏览器中访问 localhost:3000 进行登入。我们鼓励读者试着运行一下示例。现在我们让用户可以互相聊天。

8.6.3 创建 updatechat 消息处理程序

实现登入功能需要大量的代码。我们现在的应用程序在 MongoDB 里面记录了用户，管理着他们的状态，并把所有在线用户列表广播给所有已连接的客户端。处理聊天消息比较简单，尤其现在已经完成了登入的逻辑。

当客户端向服务器应用发送 `updatechat` 消息的时候，它请求把消息传送给某个人。`updatechat` 消息处理程序应该：

- 检查聊天数据，检索接收者；
- 确定预期接收者是否在线；
- 如果接收者在线，则在接收者的 socket 连接上，向接收者发送聊天数据；
- 如果接收者不在线，则在发送者的 socket 连接上，向发送者发送新的聊天数据；新的聊天数据要通知发送者：预期的接收者不在线。

我们来实现这一逻辑，如代码清单 8-30 所示。更改部分以粗体显示。

代码清单 8-30 添加 updatechat 消息处理程序——webapp/lib/chat.js

```
/*
 * chat.js - module to provide chat messaging
*/
...
// ---------------- BEGIN PUBLIC METHODS ------------------
chatObj = {
  connect : function ( server ) {
    var io = socket.listen( server );

    // Begin io setup
    io
      .set( 'blacklist' , [] )
      .of( '/chat' )
```

```
      .on( 'connection', function ( socket ) {

        ...
        // Begin /adduser/ message handler
        ...
        socket.on( 'adduser', function ( user_map ) {
          ...
        });
        // End /adduser/ message handler

        // Begin /updatechat/ message handler
        // Summary   : Handles messages for chat.
        // Arguments : A single chat_map object.
        //  chat_map should have the following properties:
        //    dest_id   = id of recipient
        //    dest_name = name of recipient
        //    sender_id = id of sender
        //    msg_text  = message text
        // Action    :
        //   If the recipient is online, the chat_map is sent to her.
        //   If not, a 'user has gone offline' message is
        //     sent to the sender.
        //
        socket.on( 'updatechat', function ( chat_map ) {
          if ( chatterMap.hasOwnProperty( chat_map.dest_id ) ) {
            chatterMap[ chat_map.dest_id ]
              .emit( 'updatechat', chat_map );
          }
          else {
            socket.emit( 'updatechat', {
              sender_id : chat_map.sender_id,
              msg_text  : chat_map.dest_name + ' has gone offline.'
            });
          }
        });
        // End /updatechat/ message handler

        socket.on( 'leavechat',    function () {} );
        socket.on( 'disconnect',   function () {} );
        socket.on( 'updateavatar', function () {} );
      }
    );
    // End io setup

    return io;
  }
};

module.exports = chatObj;
// ---------------- END PUBLIC METHODS ------------------
```

为 updatechat 消息处理程序添加文档。

如果预期的接收者在线（用户 ID 在 chatterMap 里面），则通过相应的 socket 连接，把 chat_map 转发给接收客户端。

添加 chat_map 参数，该参数包含来自客户端的聊天数据。

如果预期的接收者不在线，则返回新的 chat_map 给发送者，提示请求的接收者已不在线。

现在可以在浏览器中访问 localhost:3000 进行登入。如果在另外一个浏览器窗口登入另外一个用户，就可以来回传输消息了。一如既往，我们鼓励读者试着运行一下示例。只剩下断开连接和头像的功能还不能用。下一小节来完成断开连接的功能。

8.6.4 创建 disconnect 消息处理程序

客户端可以使用两种方式来关闭会话（session）。第一种，用户可以点击浏览器窗口右上角的用户名进行注销。这会向服务器发送 leavechat 消息。第二种，用户可以关闭浏览器窗口。这会向服务器发送 disconnect 消息。不论哪种情况，Socket.IO 都能很好地完成关闭 socket 连接的任务。

当服务器应用接收到 leavechat 或者 disconnect 消息的时候，它应该执行同样的两步操作。第一步，把客户端用户标记为离线状态（is_online:false）。第二步，需要把更新后的在线用户列表广播给所有已连接的客户端。逻辑如代码清单 8-31 所示。更改部分以粗体显示。

代码清单 8-31　添加 disconnect 方法——webapp/lib/chat.js

```
/*
 * chat.js - module to provide chat messaging
*/
...
// ------------ BEGIN MODULE SCOPE VARIABLES --------------
'use strict';
var
  emitUserList, signIn, signOut, chatObj,
  socket = require( 'socket.io' ),
  crud   = require( './crud'    ),

  makeMongoId = crud.makeMongoId,
  chatterMap  = {};
// ------------- END MODULE SCOPE VARIABLES ---------------
// ---------------- BEGIN UTILITY METHODS -----------------
...
// signOut - update is_online property and chatterMap
//
signOut = function ( io, user_id ) {
  crud.update(
    'user',
    { '_id'      : user_id },
    { is_online : false   },
    function ( result_list ) { emitUserList( io ); }
  );
  delete chatterMap[ user_id ];
};
// ----------------- END UTILITY METHODS ------------------
// ---------------- BEGIN PUBLIC METHODS ------------------
chatObj = {
  connect : function ( server ) {
    var io = socket.listen( server );

    // Begin io setup
    io
      .set( 'blacklist' , [] )
      .of( '/chat' )
```

通过把 is_online 属性设置为 false 来注销用户。

在用户注销之后，把新的在线用户列表发布给所有已连接的客户端。

将注销的用户从 chatterMap 里面移除。

```
      .on( 'connection', function ( socket ) {

        ...
        // Begin disconnect methods
        socket.on( 'leavechat', function () {
          console.log(
            '** user %s logged out **', socket.user_id
          );
          signOut( io, socket.user_id );
        });

        socket.on( 'disconnect', function () {
          console.log(
            '** user %s closed browser window or tab **',
            socket.user_id
          ); signOut( io, socket.user_id );
        });
        // End disconnect methods

        socket.on( 'updateavatar', function () {} );
      }
    );
    // End io setup

    return io;
  }
};

module.exports = chatObj;
// ----------------- END PUBLIC METHODS -------------------
```

现在可以打开多个浏览器窗口，访问 http://localhost:3000，点击每个窗口的右上角，登入不同的用户。然后就可以在两个用户之间发送消息了。我们故意将一个漏洞留给读者当作练习：服务器应用允许相同的用户登入多个客户端。不应该是这样的。在 adduser 消息处理程序中查检 chatterMap 就能够修复这个问题。

还有一个功能没有实现：同步头像。

8.6.5　创建 updateavatar 消息处理程序

Web socket 的消息传输技术，可用于各种各样的服务器和客户端之间的通信。当需要和浏览器近实时地通信时，它通常是最佳选择。为演示 Socket.IO 的另外一种用途，我们已经在聊天应用里面创建了头像，用户可以在屏幕上移动头像以及更改它的颜色。当有用户更改了头像，Socket.IO 会立即把这些更改推送给其他的用户。我们来看一下这一过程是怎样的，如图 8-9、图 8-10 和图 8-11 所示。

第 6 章已经演示了这个功能的客户端代码，那时已经把所有相关的功能都整合在了一起。现在实现这个功能只需很少的服务端代码，因为我们已经有了 Node.js 服务器、MongoDB 和 Socket.IO。只要在 lib/chat.js 中的其他功能旁边找个位置添加消息处理程序即可，如代码清单 8-32 所示。

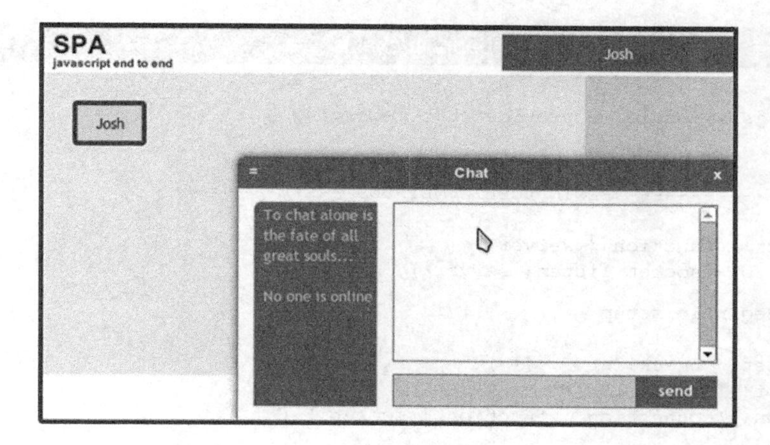

图 8-9 登录时的头像

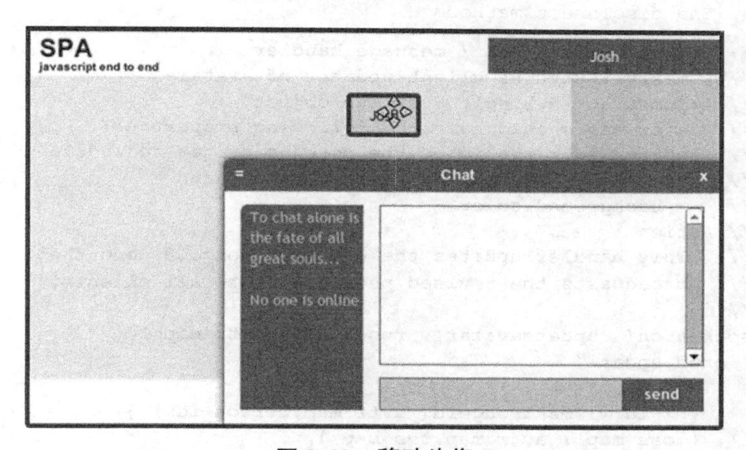

图 8-10 移动头像

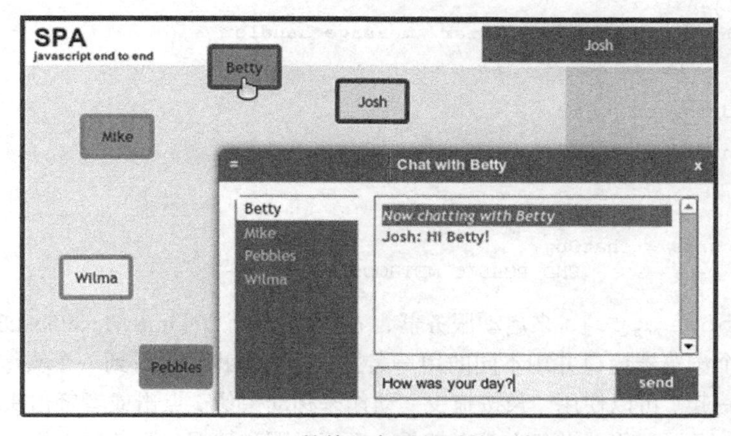

图 8-11 其他用户登录时的头像

代码清单 8-32　监视头像——webapp/lib/chat.js

```
/*
 * chat.js - module to provide chat messaging
*/
...
// ---------------- BEGIN PUBLIC METHODS ------------------
chatObj = {
  connect : function ( server ) {
    var io = socket.listen( server );

    // Begin io setup
    io
      .set( 'blacklist' , [] )
      .of( '/chat' )
      .on( 'connection', function ( socket ) {

        ...

        // End disconnect methods

        // Begin /updateavatar/ message handler
        // Summary : Handles client updates of avatars
        // Arguments : A single avtr_map object.
        //   avtr_map should have the following properties:
        //   person_id = the id of the persons avatar to update
        //   css_map = the css map for top, left, and
        //     background-color
        // Action :
        //   This handler updates the entry in MongoDB, and then
        //   broadcasts the revised people list to all clients.
        //
        socket.on( 'updateavatar', function ( avtr_map ) {
          crud.update(
            'user',
            { '_id' : makeMongoId( avtr_map.person_id ) },
            { css_map : avtr_map.css_map },
            function ( result_list ) { emitUserList( io ); }
          );
        }); // End /updateavatar/ message handler
      }
    );
    // End io setup

    return io;
  }
};

module.exports = chatObj;
// ----------------- END PUBLIC METHODS -------------------
```

使用 `node app.js` 来启动服务器，在浏览器中访问 http://localhost:3000/并登入。再打开第二个浏览器窗口并用不同的用户名登入。这时我们只看到一个头像，因为两个头像重叠在了一起。可以使用“长按拖曳”动作来移动头像。点击或者轻击头像可以更改它的颜色。这在桌面和移动设备上都有效果。不管是哪种情况，服务器应用都会近实时地同步头像。

消息传输是近实时协作的关键所在。有了 Web socket，我们可以创建这样的应用：相距很远的人们一起努力解决难题、一起设计引擎或者是一起画画，可能性是无限的。这是实时 Web 的希望，我们每天都能看到更多的应用。

8.7 小结

在这一章，我们安装了 MongoDB，将它和 Node.js 进行了连接，执行了一些基本的 CRUD 操作。我们对 MongoDB 作了介绍，讨论了它的很多优点和缺点。我们也演示了如何利用客户端使用的相同代码，在把数据插入到数据库之前，对数据进行验证。这一重用帮助我们消除了常见的痛苦，不用在服务端用一种语言编写验证器，然后在浏览器端又用 JavaScript 重新编写验证器。

我们介绍了 Socket.IO，演示了如何用它来传输聊天消息。我们把 CRUD 功能移到了单独的模块里面，这样它就很容易地为 HTTP API 和 Socket.IO 提供服务。我们使用消息传输技术，在多个客户端之间提供近实时的头像同步功能。

下一章来看一看如何做好发布单页应用产品的准备。我们将检查一些在发布单页应用时会遇到的问题，并讨论如何来解决这些问题。

第 9 章 单页应用发布准备

本章涵盖的内容

- 单页应用针对搜索引擎的优化
- 使用 Google Analytics
- 把静态内容放到内容分发网络（CDN）上
- 记录客户端错误
- 缓存和缓存破坏（cache bust）

本章以在第 8 章中编写的代码为基础。建议把第 8 章的整个目录结构复制一份，放到一个新的“chapter_9”目录中，在新的目录中更新文件。

我们已经完成了响应式单页应用的编写，使用了经过精心测试的架构，但还剩下一些挑战，它们和编程的关系不大，更多的是和运维有关。

我们需要对单页应用进行修改，这样用户就可以使用 Google 和其他搜索引擎找到他们所需的东西。我们的 Web 服务器需要和爬虫机器人进行交互，它们索引的内容是不同的，因为爬虫不会执行那些单页应用用来生成内容的 JavaScript。我们也希望使用分析工具。传统网站的数据分析，通常是在每张 HTML 页面里面添加一段 JavaScript 代码来收集数据。由于单页应用的所有 HTML 都由 JavaScript 生成，所以需要使用不同的方法。

我们也希望增强单页应用的功能，提供详细的日志信息：网站流量、用户行为和错误信息。对于传统网站，服务器的日志功能已经记录了很多有效的信息。单页应用把大部分的用户交互逻辑移到了客户端，所以需要使用另外的方法。我们希望单页应用有很高的响应性。提升响应时间的一种方法是使用 CDN 来提供静态文件和数据的服务。另外一种方法是使用 HTTP 缓存和服务器缓存。

先介绍“让单页应用的内容可搜索”。

9.1 单页应用针对搜索引擎的优化

当 Google 和其他搜索引擎为网站建立索引的时候，并不会执行 JavaScript。与传统的网站相比，这似乎对单页应用非常不利。不出现在 Google 上，意味着可能会对业务造成致命的打击，这一令人怯步的缺陷会使非知情者放弃使用单页应用。

从搜索引擎优化（SEO）的角度来说，单页应用实际上要胜过传统网站，因为 Google 和其他搜索引擎已经意识到了这一挑战。他们为单页应用创建了一套机制，不但索引动态页面，还特别针对爬虫，对页面进行了优化。这一小节重点关注最大的搜索引擎 Google，但是其他大型的搜索引擎（比如 Yahoo 和 Bing）也都支持相同的机制。

Google 是如何爬取单页应用的

当 Google 为传统网站建立索引的时候，它的 Web 爬虫（叫做 Googlebot）首先会对顶级 URI（如 www.myhome.com）中的内容进行扫描，并为之建立索引。当这一步工作完成时，然后它会查找页面中的所有链接，并且也为这些链接指向的页面建立索引。然后它又查找后续页面上的所有链接，依此类推。最终它会为网站以及相关域名下的所有内容建立索引。

当 Googlebot 尝试为单页应用建立索引的时候，它在 HTML 中所看到的只有一个空容器（通常是一个空的 `div` 或者 `body` 标签），所以没什么东西好索引的，也没链接可爬取，然后它就会为该网站建立索引（把它扔进一旁的垃圾箱里面）。

如果这就是故事的结局，那很多 Web 应用和网站的命运也就终结了。幸运的是，Google 和其他搜索引擎已经认可了单页应用的重要性，并提供了工具，允许开发人员向爬虫提供搜索信息，这比爬取传统网站的效果还要好。

要让单页应用可爬取，首先服务器要能区分请求是由爬虫发起的还是用户使用浏览器发起的，并相应地进行响应。当访问者是使用浏览器的用户时，则正常地响应，但对于爬虫，则返回优化后的页面，显示给爬虫的正是我们希望的易于爬虫读取的格式。

就拿我们网站的首页来说，为爬虫优化过的页面是什么样子的？可能有我们希望出现在搜索结果中的 logo 或者其他主要图片，一些为 SEO 优化的文本，说明应用是做什么用的，以及一系列 HTML 链接，指向那些希望 Google 进行索引的页面。页面中没有 CSS 样式和复杂的 HTML 结构，也没有 JavaScript 和那些指向网站其他地方的链接，不希望被 Google 索引（比如法律声明页面，或者是其他那些不希望人们通过 Google 搜索来访问的页面）。图 9-1 演示了呈现给浏览器以及呈现给爬虫的页面。

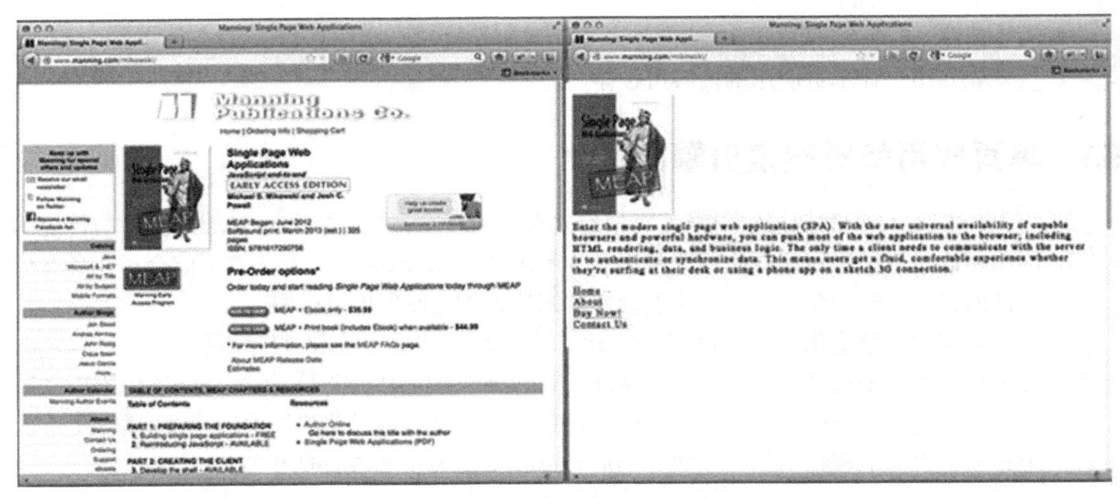

图 9-1　客户端和爬虫看到的首页

页面上的链接，爬虫使用的地址和用户使用的地址不一样，因为我们在 URI 锚组件中使用了特殊字符#!（读作 hash bang①）。比如，如果单页应用中链向用户页面的 URI 是/index.htm#!page=user:id,123，爬虫看到#!后，知道请求的网页 URI 是/index.htm?_escaped_fragment_=page=user:id,123。知道了爬虫会按照这种模式来请求 URI，我们就可以在服务端编好程序，把页面的 HTML 快照返回给请求，快照一般通过在浏览器中使用 JavaScript 渲染得到。该快照会被 Google 索引，只不过用户点击了 Google 搜索结果列表中的这个快照后，会跳转到/index.htm#!page=user:id,123。单页应用的 JavaScript 会按预期渲染页面。

这给单页应用开发人员提供了机会，使得他们的网站能同时满足 Google 和用户的特定需求。用不着编写对用户和爬虫都清晰可辨且有吸引力的文案，页面可以分别进行优化，不用互相担心。访问网站的爬虫路径是可以控制的，这就允许我们把用户从 Google 搜索结果页面引导至一组特定的入口页面。对工程师来说，这需要更多的开发工作，但在搜索结果位置和客户维系方面会取得巨大的成功。

在编写本书的时候，Googlebot 自己宣布，作为爬虫，在服务器发送请求的时候会带上用户代理（user-agent）字符串：Googlebot/2.1（+http://www.googlebot.com/bot.html）。在我们的 Node.js 应用的中间件中，可以检测到这个用户代理字符串，如果和上述用户代理字符串匹配，则发送回针对爬虫优化过的主页。否则，就按正常情况处理请求。或者，可以把它挂靠在路由中间件上，如代码清单 9-1 所示。

---

①“#”的英文是 hash，“!”的英文是 bang。中文一般就读作“井号感叹号”。——译者注

代码清单 9-1 在 routes.js 文件里面检测 Googlebot 并提供另外的内容

提供给 Web 爬虫的 HTML。

```
...
var agent_text = 'Enter the modern single page web application(SPA).'
  + 'With the near universal availability of capable browsers and '
  + 'powerful hardware, we can push most of the web application to'
  + ' the browser; including HTML rendering, data, and business '
  + 'logic. The only time a client needs to communicate with the '
  + 'server is to authenticate or synchronize data. This means users'
  + ' get a fluid, comfortable experience whether they\'re surfing '
  + 'at their desk or using a phone app on a sketch 3G connection.'
  + '<br><br>'
  + '<a href="/index.htm#page=home">;Home</a><br>'
  + '<a href="/index.htm#page=about">About</a><br>'
  + '<a href="/index.htm#page=buynow">Buy Now!</a><br>'
  + '<a href="/index.htm#page=contact us">Contact Us</a><br>';

app.all( '*', function ( req, res, next ) {
  if ( req.headers['user-agent'] ===
      'Googlebot/2.1 (+http://www.googlebot.com/bot.html)' ) {
    res.contentType( 'html' );
    res.end( agent_text );
  }
  else {
    next();
  }
});
...
```

通过检查用户代理字符串来检测 Googlebot，其他使用不同用户代理的爬虫，做些研究工作也是能检测出来的。如果检测到爬虫，就绕过普通的路由代码，把 contentType 设置为 HTML，并把文本发送给它。

如果用户代理不是爬虫，则调用 next()，进到下一个路由，以便进行正常的处理。

这种方法对测试来说似乎挺复杂，因为我们没有 Googlebot。Google 为此提供了一种服务，公开可用的生产环境网站，它是 Webmaster Tools 的一部分（http://support.google.com/webmasters/bin/answer.py?hl=en&answer=158587），但更简单的测试方法是伪造用户代理字符串。这在以前需要一些命令行技巧，但使用 Chrome 开发者工具就很简单了，只需要点下按钮、勾选下复选框即可。

（1）点击 Google 工具栏右上角有三条水平线的按钮，打开 Chrome 开发者工具，然后选择菜单的工具，点击其中的开发者工具。

（2）在屏幕右下角有一个齿轮图标：点击该图标，会看到一些高级开发者选项，像是禁用缓存，打开 XmlHttpRequest 的日志。

（3）在第二个选项卡里面，标签名为“Overrides”，点击 User Agent 标签旁边的复选框，下拉菜单中有很多用户代理可以选择，Chrome、Firefox、IE、iPad 等。Googlebot 代理不是默认选项。为了能使用它，选择 Other，然后把用户代理字符串复制粘贴到旁边的输入框里面。

（4）现在当前的浏览器标签把自己伪装成 Googlebot 了，当打开我们网站上的任何 URI 时，将会看到爬虫页面。

很明显，关于对 Web 爬虫要做什么事情，不同的应用会有不同的需求，但总是把一张页面返回给 Googlebot 可能是不够的。我们也需要决定希望暴露什么页面，并在应用程序中提供方法，把`_escaped_fragment_=key=value`这种 URI 映射到我们希望显示的内容。无论如何，本书应该向你提供一些工具，来决定如何最有效地为应用提取爬虫内容。你可能会有奇思妙想，把服务器响应和前端框架结合起来，但这里我们通常采取更简单的方法，为爬虫创建一些自定义页面，把它们放到单独的路由文件中供爬虫使用。

还有很多合法的爬虫，所以在为 Google 爬虫修改完服务器程序后，也可以进行扩展，把其他爬虫都包括进来。

9.2 云和第三方服务

很多公司有帮助构建和管理应用的服务，这可以节省大量的开发和维护工作。如果我们是较小的企业，我们可能希望利用这些服务。三种重要的服务，即站点分析、客户端日志和 CDN，对于开发单页应用尤其重要。

9.2.1 站点分析

在 Web 开发人员的工具集中，有一个重要的工具，它能够分析他们所开发的网站。对于传统网站，开发人员已经逐渐地依赖像 Google Analytics 和 New Relic 这样的工具，它们可以提供关于用户如何使用网站的详细分析，会找出应用程序或者业务性能（网站促成销售的效率如何）的所有瓶颈。对单页应用使用相同的工具完全有效，只是方法稍微有点不同。

Google Analytics 提供了很简单的方法来获取统计数据，单页应用的流行程度以及单页应用各种各样的状态，还有网站的流量是从何而来的。可以在传统网站中使用 Google Analytics，在每张 HTML 页面中粘一段 JavaScript 代码，做些小修改，对页面进行分类。单页应用也可以使用这种方法，不过这样就只能得到初始加载页面的统计数据。为了能够在单页应用中全面利用 Google Analytics，有两种方法可以使用。

（1）使用 Google Event 跟踪哈希值的变化。

（2）使用 Node.js 在服务端进行记录。

1. Google Event

Google 早就意识到需要记录页面和对页面进行分类的事件，单页应用的开发还相当新颖，但 Ajax 已经出现了很长一段时间了（按照 Web 的年龄，真的很长时间了，1999 年就有了[①]）。跟踪事件很容易，尽管比跟踪页面浏览（page view）需要更多的手动工作。在

① 1999 年，微软在 IE5 中内置了 XMLHTTP ActiveX 控件，为 Ajax 的前身。而“Ajax”这个词是在 2005 年由 Jesse James Garrett 提出的。更多信息请参考 http://en.wikipedia.org/wiki/Ajax_(programming)。——译者注

传统网站中，JavaScript 代码片段会调用_gaq 对象的_trackPageView 方法。可以传递自定义变量，设置代码片段所在页面的信息。该调用通过请求一张图片并在请求 url 的后面传递参数，会把信息发送给 Google。Google 的服务器会使用这些参数，处理页面浏览的信息。使用 Google Event 的时候会调用_gap 对象的另外一个方法：它会调用_trackEvent 方法并带上一些参数。然后_trackEvent 会加载一张图片，在图片 url 的最后会带上一些参数，Google 会使用这些参数来处理这个事件的信息。

创建和使用事件跟踪的步骤很简单。

（1）到 Google Analytics 网站上为自己的网站创建事件跟踪。

（2）调用_trackEvent 方法。

（3）查看报告。

_trackEvent 方法接收两个必需的参数和三个可选的参数：

```
_trackEvent(category, action, opt_label, opt_value, opt_noninteraction)
```

参数的详细说明如下：

- category 是必需的，是该事件所属组别的名称。它会出现在报告中，为事件分类。
- action 是必需的，定义跟踪事件的具体动作。
- opt_label 是可选参数，用来添加事件的额外数据。
- opt_value 是可选参数，用来提供事件的数值数据。
- opt_noninteraction 是可选参数，用来告诉 Google 在跳出率计算中不要使用这个事件。

比如，在我们的单页应用中，如果希望跟踪用户打开聊天窗口，可以这样调用：

```
_trackEvent( 'chat', 'open', 'home page' );
```

然后上面的调用就会出现在报告中，让我们知道发生过聊天事件，用户打开过聊天窗口，并且用户是在主页上打开聊天窗口的。另外一个调用可能是：

```
_trackEvent( 'chat', 'message', 'game' );
```

这会记录发生过聊天事件，用户发送过消息，并且是在游戏页面进行的。像传统网站的方法一样，如何组织和跟踪不同的事件由开发人员来决定。为方便起见，不用在客户端的模型中为每个事件编写代码，可以在客户端路由（监听哈希值变化的代码）中插入_trackEvent 的调用，然后把这些变化解析为分类、动作和标签，然后调用_trackEvent 方法，把这些变化的内容作为参数。

2．服务端的 Google Analytics

如果希望得到“向服务器请求了什么数据”的信息，那么在服务端进行跟踪就很管用，但是它不能用来跟踪那些不会向服务器发送请求的客户端交互，这种交互在单页应用中是很多的。似乎它的用处较少，因为它不能跟踪客户端的动作，但它能跟踪那些越过客户端缓存的请求，这很有用。它能帮助我们查出服务器上运行很慢的请求和其他的行为。尽管这仍然能提供有益的见解，但是如果必须选择一个，我们选择客户端的。

由于 JavaScript 可以在服务器上使用了，似乎我们可以修改 Google Analytics 的代码，用在服务器上。这不但是可能的，而且像很多事情一样是个很不错的主意，已经由社区实现了。快速搜索一下，就能找到由社区开发的 node-googleanalytics 和 nodealytics 项目。

9.2.2 记录客户端错误

在传统网站中，当服务器发生错误的时候，会把错误记录到日志文件里面。在单页应用中，当客户端遇到相同错误的时候，没有地方可以记录错误。要么我们自己手动编写跟踪错误的代码，要么向第三方服务寻求帮助。自己处理错误很灵活，想怎么处理都可以，但是使用第三方服务，我们就有机会把时间和资源花费在别的事情上面。除此之外，他们的实现很可能比我们自己花时间实现的要强大得多。这也不是要孤注一掷，我们可以使用第三方服务，如果有些错误想跟踪或者是想升级某个功能点，而第三方服务却没提供这样的方法，那么我们可以自己来实现想要的功能。

1. 第三方客户端记录服务

有几个第三方服务可以收集和合计应用产生的错误，并度量应用生成的数据。

- Airbrake 专注 Ruby on Rails 的应用，对 JavaScript 应用的支持还在试验阶段。
- Bugsense 专注移动应用的解决方案。他们的产品对 JavaScript 单页应用和原生的移动应用都有效。如果我们有专注于移动端的应用，他们可能是很好的选择。
- Errorception 致力于记录 JavaScript 错误，因此它是单页应用客户端不错的选择。他们不会成为 Airbrake 或者 Bugsense，但我们喜欢他们的充沛精力。Errorception 有一个开发者博客（http://blog.errorception.com），在那里可以得到一些关于 JavaScript 错误记录的理解。
- New Relic 很迅速地成了 Web 应用性能监控的业界标准。它的性能监控包括对请求/响应周期中每一步的错误日志和性能度量，从数据库查询花了多长时间，到浏览器渲染 CSS 样式花了多长时间。该服务提供了大量令人印象深刻的关于客户端和服务器性能的深刻理解。

在编写本书的时候，我们更倾向于 New Relic 或者 Errorception。New Relic 提供了更多的数据，而在处理 JavaScript 错误时，我们发现 Errorception 更出众，也更容易设置。

2. 手动记录客户端错误

实际上，上面所有的服务都使用下面的两种方法来发送 JavaScript 错误。

（1）使用 window.onerror 事件处理程序来捕获错误。

（2）把代码放在 try/catch 语块中，把捕获到的错误信息发送给后端。

window.onerror 事件是绝大多数第三方应用的基础。运行时错误会触发 onerror，编译错误不会。使用 onerror 有点争议，因为浏览器的支持情况参差不齐[①]，还有潜在的安全漏洞，但它是我们的兵工厂中用来记录客户端 JavaScript 错误的主要武器[②]。

```
<script>
  var obj;
  obj.push( 'string' );        <-- 会报错，因为 undefined 没有 push 方法。

  window.onerror = function ( error ) {
    // do something with the error     <-- 在该语块中可以访问 error 对象，error 对象上面的属性依浏览器不同而不同。
  }
</script>
```

try/catch 方法需要把单页应用的主调用放在 try/catch 语块里面。这样就会捕获单页应用产生的所有同步调用错误，不幸的是，它会阻止错误冒泡到 window.onerror 事件或者不会在错误控制台中显示错误信息。它不会捕获异步调用中的任何错误，比如事件处理程序中的错误，或者是 setTimeout 或者 setInterval 函数中的错误。这意味着需要把异步函数中的所有代码放在 try/catch 语块里面。

```
<script>
  setTimeout( function () {
    try {
      var obj;
      obj.push( 'string' );
    } catch ( error ) {
      // do something with error
    }
  }, 1);
</script>
```

如果所有的异步调用都这么来做，会令人厌烦，并且在控制台中不会显示错误报告。把代码放在 try/catch 语块里面，也会阻止预先编译该语块中的代码，导致运行变慢。对于单页应用，一个较好的妥协方法是把 init 调用放在 try/catch 语块里面，在 catch 里面把错误输出到控制台，并用 Ajax 把错误发送出去，然后使用 window.onerror 来捕获所有的异步错误，并用 Ajax 把这些错误发送出去。不需要手动把异步调用错误输出到控制台，因为它们仍然会出现在控制台中。

---

① 除了 window 对象外，还有其他元素也有 onerror 事件，如 script、img 等。具体的支持情况可以参考：http://www.quirksmode.org/dom/events/error.html。——译者注

② 下面的示例并不能达到预期的效果。需要先绑定 window.onerror 事件，才能捕获 JavaScript 错误。——译者注

```
<script>
    $(function () {
      try {
        spa.initModule( $('#spa') );
      } catch ( error ) {
        // log the error to the console
        // then send it to a third party logging service
      }
    });

    window.onerror = function ( error ) {
      // do something with asynchronous errors
    };

  </script>
```

现在已经明白了客户端会产生何种错误，我们可以来关注一下如何更快速地把内容传输给网站用户。

9.2.3 内容分发网络

内容分发网络（CDN）是用来尽可能快地传输静态文件的网络。它可以简单到一台 Apache 服务器，和应用服务器相辅相成，或者是遍及世界各地的有许多数据中心的基础设施。不管怎样，设置单独的静态文件服务器是有意义的，以便不会因提供静态文件服务而给应用服务器增加负担。Node.js 特别不适合用来传输大的静态内容文件（图片、CSS、JavaScript），因为这种用法不能利用 Node.js 的异步本质。使用包含 prefork 模块的 Apache 更合适。

因为我们对 Apache 较为精通，在准备扩大网站规模之前，可以拼凑自己的“一台服务器的 CDN”；否则，可以使用很多第三方的 CDN。Amazon、Akamai 和 Edgecast 是三个大平台。Amazon 有 Cloudfront 产品，Akamai 和 Edgecast 通过其他公司（像 Rackspace、Distribution Cloud 等）来转卖服务。实际上，就因为有这么多的 CDN 公司，才会有致力于“选择正确的提供商”的网站：www.cdnplanet.com。

使用分布全球的 CDN 的另外一个好处是，内容由离我们最近的服务器提供，从而使得传输文件花费的时间大大缩短。当我们考虑性能效益的时候，使用 CDN 通常是显而易见的选择。

9.3 缓存和缓存破坏

为了能使应用跑得快，缓存非常重要。没有比从客户端缓存检索数据更快的方式，再次请求并计算相同的信息时，有服务器缓存通常是更优的。单页应用中的很多地方有缓存数据的可能，因此可以使应用的该部分性能得以提升。我们会对它们逐个进行讲解：

■ Web 存储；
■ HTTP 缓存；
■ 服务器缓存；
■ 数据库缓存。

在进行缓存的时候，考虑数据的新鲜度是至关重要的。我们不希望把过期的数据提供给应用的用户，但同时又希望尽可能快地对请求进行响应。

9.3.1 缓存时机

每一种缓存都有不同的职责，以不同的方式和客户端交互，从而提升应用的性能。

■ Web 存储把字符串保存在客户端，应用程序可以访问。可以使用它来保存处理好的 HTML，HTML 是根据服务器上的数据生成的。
■ HTTP 缓存是客户端缓存，它把服务器的响应保存在客户端。为了能正确地控制这种缓存，有很多细节要学习，但在学习完并实现了之后，我们能得到很多免费的缓存。
■ Memcached 和 Redis 的服务器缓存，经常用于缓存处理过的服务器响应。这是缓存的重要形式，可以为不同的用户保存数据，这样如果一个用户请求了一些信息，下一次其他人请求相同的信息时，它已经被缓存了，节省了一次查找数据库的时间。
■ 数据库缓存，或者叫查询缓存，是数据库用来缓存查询结果的，如果它被打开了，后续相同的查询就会返回缓存的数据，而不是重新去收集数据。

图 9-2 演示了一个典型的请求/响应周期内的所有缓存时机。我们可以看到每个层级的缓存，如何在不同的阶段，通过简化周期来加快响应的速度。HTTP 缓存和数据库缓存的实现最为简单，通常只需要设置一些配置信息，而 Web 存储和服务器缓存较为复杂，需要开发人员更多的精力。

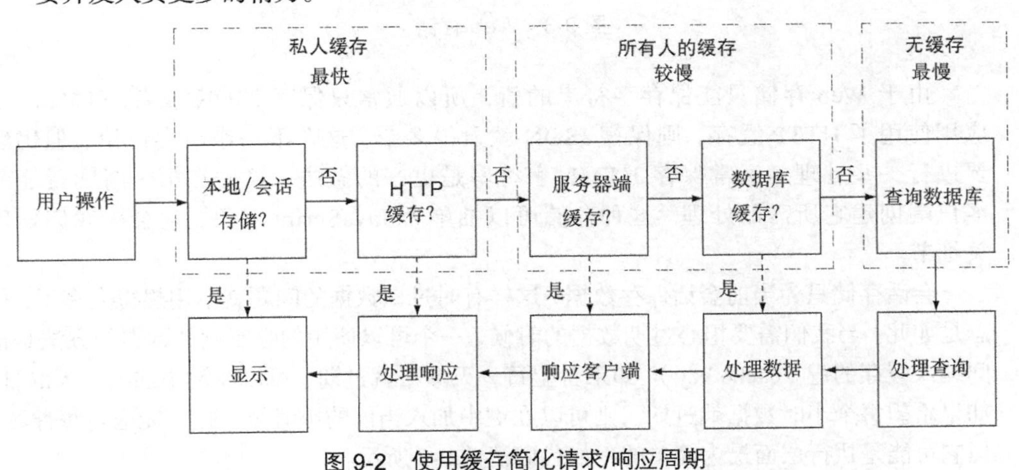

图 9-2　使用缓存简化请求/响应周期

9.3.2 Web 存储

Web 存储，也叫 DOM 存储，有两种：本地存储（local storage）和会话存储（session storage）。所有的现代浏览器都支持这两种存储，包括 IE8+。它们是简单的键/值存储，键和值肯定都是字符串。会话存储只保存当前浏览器标签会话的数据，关闭浏览器标签会结束会话并清除数据。本地存储会一直把存储缓存着，没有过期时间。不论哪种情况，数据只对保存它的网页有效。对于单页应用来说，这意味着整个网站都能访问存储。使用 Web 存储的一个极好的方式是，保存处理好的 HTML 字符串，使得请求能绕过整个请求/响应周期，直接显示结果。图 9-3 演示了 Web 存储的细节。

我们使用本地存储来保存不敏感的信息，希望在当前浏览器会话结束后能持久存在。我们使用会话存储来保存当前会话结束后不会持久存在的数据。

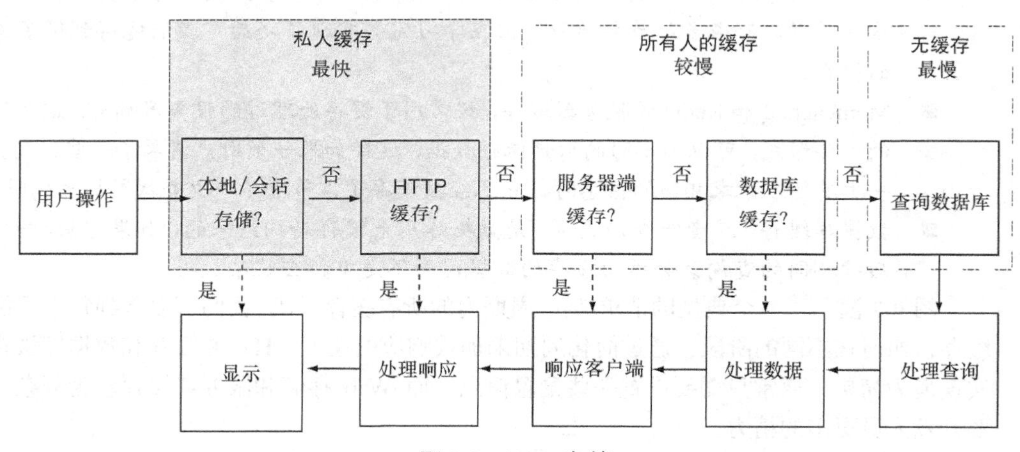

图 9-3 Web 存储

由于 Web 存储只能保存字符串的值，所以通常只保存 JSON 或者 HTML。单页应用使用了 HTTP 缓存，则保存 JSON 就显得多余，这在下一小节会讨论，但仍然需要进行一些处理。通常保存 HTML 字符串是更好的做法，这样在第一时间就能节省客户端创建它所需的处理。这种存储可以抽象为 JavaScript 对象，它会为我们处理相关细节。

会话存储只为当前会话保存数据，这样有时过期数据的问题就不用想得太多了，但不总是如此。当我们需要担心过期数据的时候，一个可以使用的强制刷新数据的方法是把时间编入缓存的键（cache key）。如果希望每一天数据就过期，可以在键中加入当天的日期。如果希望每个小时数据就过期，则可以在键中加入当前的小时数。这不能应付每种场景，但它可能是执行层面最为简单的，如代码清单 9-2 所示。

代码清单 9-2 把时间编入缓存的键

```
SPA.storage = (function () {

  var generateKey = function ( key ) {
    var date      = new Date(),
        datekey   = new String()
                  + date.getYear()
                  + date.getMonth()
                  + date.getDay();
    return key + datekey;
  };

  return {

    'set': function ( key, value ) {
      sessionStorage.setItem( generateKey( key ), value );
    },

    'get': function ( key ) {
      return sessionStorage.getItem( generateKey( key ) );
    },

    'remove': function ( key ) {
      sessionStorage.removeItem( generateKey( key ) );
    },

    'clear': function () {
      sessionStorage.clear();
    }

  }
})();
```

把当前日期添加在键上，强制会话只缓存数据一天。这是一个简单的技巧，它能保证在某个间隔之后不会返回缓存的数据。

这些方法是对 sessionStorage 的抽象，这样之后不用更改所有的代码，就能替换成 localStorage（或者其他存储）。它们也会调用 generateKey 方法来添加日期，这样不用在每次使用存储的时候都得编写在键中加入日期的代码。

9.3.3 HTTP 缓存

根据服务器在首部中设置的一些属性，或者是根据行业标准集中的默认缓存指南，当服务器向浏览器发送数据的时候，浏览器就会缓存数据，从而产生了 HTTP 缓存。然而它比 Web 存储要慢，因为仍然需要处理结果，但是它经常要简单得多，并且仍然比服务端缓存快。图 9-4 演示了请求/响应周期中的 HTTP 缓存。

HTTP 缓存用于在客户端保存服务器的响应，免去了客户端和服务器之间的来回通信。有两种模式可以遵循。

（1）不向服务器检查新鲜度，直接从缓存中获取。

（2）向服务器检查新鲜度，如果是新鲜的，则从缓存中获取，如果过期了，则从服务器获取。

直接从缓存获取数据而不检查数据的新鲜度是最快的，因为我们放弃了和服务器之间的来回通信。对于图片、CSS 和 JavaScript 文件，这么做是很安全的，但也可以为应用建立这样的机制，这样应用也会把数据缓存一段时间。比如，假设有这样一个应用，它只会在每天的午夜更新某些种类的数据，然后就可以指示客户端在午夜之前可以一直缓存数据。

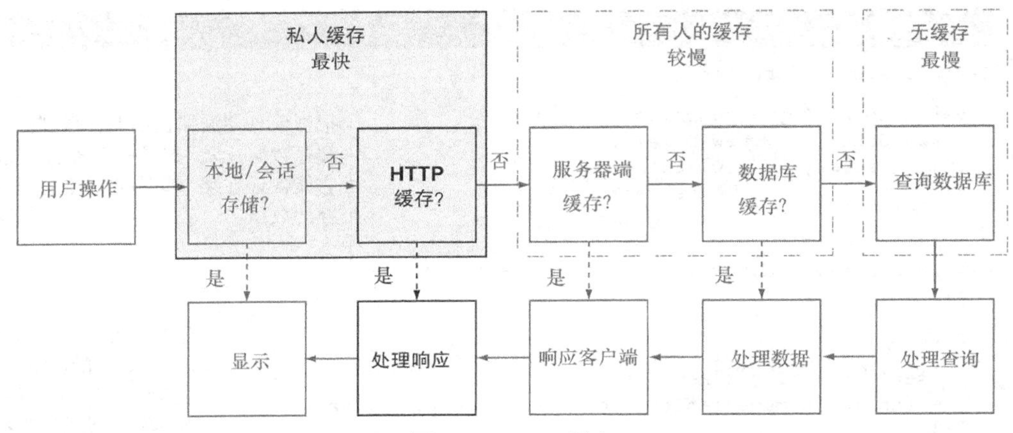

图 9-4　HTTP 缓存

有时候没有足够的信息来判断数据是不是最新的。这时候可以指示浏览器向服务器核实，看看数据是否仍然是新鲜的。

我们来讨论一下细节，看看这种缓存是如何工作的。客户端要查看服务器响应的首部，这样 HTTP 缓存才会有效果。客户端会查看三个主要的属性：`max-age`、`no-cache` 和 `last-modified`。每一个属性都有助于告诉客户端要把数据缓存多长时间。

max-age

为了让客户端使用缓存中的数据，而不用尝试联系服务器，最初响应首部的 `Cache-Control` 首部必须设置 `max-age`。这个值告诉客户端在发起另外的请求之前，要把数据缓存多长时间。`max-age` 的值以秒为单位。这是一个很强大的功能，同时也有潜在的危险。它强大是因为它是最快访问数据的方法，以这种方式来缓存数据，一旦数据加载后应用会运行得非常快。它危险是因为客户端不会再向服务器核实数据的变化，所以在使用之前要考虑周到。

在使用 Express 的时候，可以设置 `Cache-Control` 首部的 `max-age` 属性。

```
res.header("Cache-Control", "max-age=28800");
```

一旦以这种方式设置了缓存，则破坏缓存和强制客户端发起新请求的唯一方法是更改文件名。

很明显，每次更改生产环境中的文件名是不现实的。幸运的是，更改传递给文件的参数会破坏缓存。这通常是添加版本号，或者添加每次部署构建系统的增量整数。有很多种实现方法，但我们喜欢的一种是有一个单独的文件，文件里面有增量值，并把这个数字添加在文件名的最后面。由于主页是静态的，我们可以配置部署工具，生成处理好的 HTML 文件，并在引入文件的最后添加版本号。我们来看一下代码清单 9-3 所示的示例，看看处理好的 HTML 中的缓存破坏器（cache buster）是什么样的。

代码清单 9-3　破坏 max-age 缓存

```
<html>
<head>
  <link rel="stylesheet" type="text/css"
      href="/path/to/css/file?version=1.1"/>      <-- 缓存破坏器：version=1.1。
  <script src="/path/to/js/file?version=1.1"></script>
</head>
<body>

</body>
</html>
```

max-age 的另外一种用法是设置为 0，这会告诉客户端，总是要验证内容。当设置为这个值之后，客户端总是会向服务器核实，以确保内容仍然是有效的，而服务器仍然返回 304 响应，通知客户端数据没有过期，应从缓存中获取。设置 max-age=0 的一个副作用是中间服务器（在客户端和后端服务器之间的那些服务器）仍然可以用过期缓存来响应，只要它们在响应中设置警告标志即可。

现在，如果我们希望阻止中间服务器使用它的缓存，那么可以看下 no-cache 属性。

1. no-cache

根据规范的描述，no-cache 属性在某种意义上和设置 max-age=0 非常相似，但效果令人困惑。它告诉客户端在使用缓存中的数据之前，要和服务器重新验证，但是它也告诉中间服务器，它们不能提供过期内容甚至是警告信息。在过去的几年里出现了一个有趣的情况，因为 IE 和 Firefox 已经开始把这一设置解释为，在任何情况下都不应该缓存数据。这意味着客户端在保存数据前，甚至不用询问服务器上次接收到的数据是否是新鲜的，客户端甚至永远不会把数据保存到它的缓存里面。使用 no-cache 首部加载的资源会变得不必要的慢。如果想要的行为是阻止客户端缓存资源，那么应该使用 no-store 属性。

2. no-store

no-store 属性会通知客户端和中间服务器，不要把这次请求/响应周期中的信息保存在它们的缓存中。尽管这有助于增强这种传输的隐私性，但它决不是完美形式的安全。在正确实现的系统中，对数据的所有跟踪都会丢失，有可能数据会经过不正确或者是恶意编码的系统，容易受到窃听。

3. last-modified

如果没有设置 Cache-Control，那么客户端会根据基于 last-modified 日期的算法，来决定把数据缓存多长时间。通常是自 last-modified 日期以来的三分之一的时间。因此，如果一个图片文件在三天前被修改了，当请求这张图片的时候，默认情况下，在重新向服务器核实之前，客户端会在缓存中把图片保留一天的时间。这在很大程度上导致了从缓存中获取资源的时间限度的随机性，取决于自文件发布到生产环境后过了多长时间。

关于缓存处理还有很多其他的属性，但是掌握这些基本的属性，将会大大地加快应用的加载时间。HTTP 缓存让应用的客户端能够使用之前的资源，不需要重新请求信息，或者是把询问服务器资源是否仍然新鲜的开销降到最低。这会加快应用后续请求的速度，但是由其他客户端发起的相同请求会怎样？HTTP 缓存对此无能为力，数据需要被缓存在服务器上。

9.3.4 服务器缓存

服务器响应客户端请求的最快方法是从缓存中获取动态数据。这会消除查询数据库的时间和把查询结果转换为 JSON 字符串的时间。图 9-5 演示了服务器缓存在请求/响应周期内的合适位置。

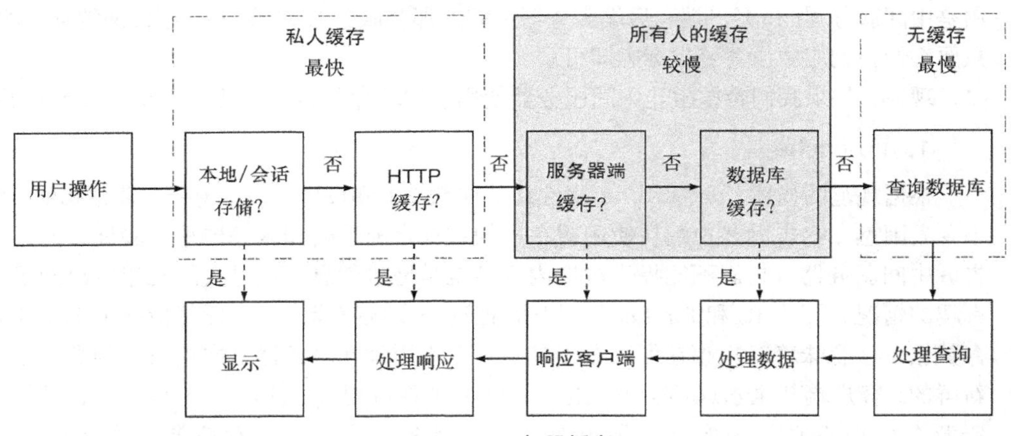

图 9-5　服务器缓存

在服务器上缓存数据的两种流行方法是使用 Memcached 和 Redis。根据 memcached.org 上写的，“Memcached is an in-memory key-value store for small chunks of arbitrary data[①]”。它是为临时缓存从数据库中检索出来的数据、API 调用或者处理好的 HTML 而特别构建的。当服务器内存耗尽的时候，它会按照最近最少使用（LRU）算法，自动开始丢弃数据。Redis 是一种高级的键值存储，可以用来保存更加复杂的数据结构，比如字符串、哈希表、链表、集合和有序集合。

缓存的总体思路是减轻服务器负载和提升响应时间。当接收到数据请求的时候，应用程序首先会检查此次查询是否已经保存在缓存里面。如果应用程序在缓存中找到了数据，就把它发送给客户端。如果数据不在缓存中，就会执行相对昂贵的数据库查询，并把数据转换为 JSON。然后把数据保存在缓存里面，并把结果发送给客户端。

① “Memcached 是一种内存中的键值存储，用来保存任意类型的小块数据。”——译者注

当使用缓存的时候，我们必须要考虑什么时候需要破坏缓存。只要我们的应用程序向缓存写入数据，那么当数据变化的时候，应用程序可以清除或者重新生成缓存。如果其他的应用程序也会向缓存写入数据，那么也需要它们来更新缓存。有一些变通的方法。

（1）可以在一段时间后使缓存失效，强制刷新数据。如果每小时刷新一次数据，那么一整天相当于有 24 次的非缓存响应。很明显，这不会对所有的应用都有效。

（2）可以检查数据的上次更新时间，看它是否和缓存时间戳是一样的，或者早于缓存时间戳。这比第一个方案要花费更长的时间来处理，但是花费的时间不会和执行复杂请求的时间一样长，并能保证数据是新鲜的。

我们选择哪种方案取决于应用的需求。

服务器缓存对我们的单页应用来说是大材小用。MongoDB 为我们的样本数据集提供了非常好的性能。我们不会处理 MongoDB 的响应结果，仅仅是把它传给了客户端。

那么什么时候应该考虑在 Web 应用中添加服务器缓存？在发现数据库或者 Web 服务器成为瓶颈的时候。通常它会减轻服务器和数据库的负载，提升响应时间。在购买昂贵的新服务器之前，当然是值得尝试的。但请记住，服务器缓存需要另外的服务（像 Memcached 或者 Redis），需要对其监控和维护，并且这也会增加应用的复杂度。

Node.js 有 Memcached 和 Redis 的驱动。我们在应用中添加 Redis，使用它来缓存用户数据。可以访问 http://redis.io，按照上面的提示把 Redis 安装到系统中。在安装完并运行起来后，可以使用 `redis-cli` 命令打开 Redis 的 shell，确认它是否可用。

我们来更新 `npm` 清单，安装 Redis 驱动，如代码清单 9-4 所示。更改部分以粗体显示。

代码清单 9-4　更新 npm 清单，引入 redis——webapp/package.json

```
{ "name"    : "SPA",
  "version" : "0.0.3",
  "private" : true,
  "dependencies" : {
    "express"   : "3.2.x",
    "mongodb"   : "1.3.x",
    "socket.io" : "0.9.x",
    "JSV"       : "4.0.x",
    "redis"     : "0.8.x"
  }
}
```

在开始之前，我们考虑一下使用缓存来做什么事情。想到的两件事情是，设置“键值对”的缓存并按“键”来获取缓存的值。我们也希望能删除缓存的键。于是我们建立 node 模块，在 lib 目录中创建 cache.js 文件，使用 node 模块模式，编写获取、设置和删除缓存的方法。请看代码清单 9-5，看一下 Node.js 如何连接 Redis 并创建缓存文件的框架。

代码清单 9-5　开启 redis 缓存——webapp/cache.js

```
/*
 * cache.js - Redis cache implementation
*/

/*jslint         node    : true, continue : true,
  devel  : true, indent  : 2,    maxerr   : 50,
  newcap : true, nomen   : true, plusplus : true,
  regexp : true, sloppy  : true, vars     : false,
  white  : true
*/
/*global */

// ------------ BEGIN MODULE SCOPE VARIABLES --------------
'use strict';
var
  redisDriver = require( 'redis' ),
  redisClient = redisDriver.createClient(),
  makeString, deleteKey, getValue, setValue;
// ------------- END MODULE SCOPE VARIABLES ---------------

// ---------------- BEGIN PUBLIC METHODS ------------------
deleteKey = function ( key ) {};
getValue = function ( key, hit_callback, miss_callback ) {};

setValue = function ( key, value ) {};

module.exports = {
  deleteKey : deleteKey,
  getValue  : getValue,
  setValue  : setValue
};
// ----------------- END PUBLIC METHODS -------------------
```

现在开始编写这些方法，完成后的方法如代码清单 9-6 所示。先编写 setValue 方法，因为它是最简单的。Redis 有很多不同的数据类型（取决于缓存数据的类型），这是很有用的。对于这个示例来说，我们会继续使用基本的字符串键值对。使用 Redis 驱动来设置值很简单，调用 redis.set(key, value) 即可。这里没有回调函数，因为我们假定该方法可以工作，让调用工作异步进行，放弃失败的情况。我们可以做更具想像力的事情，在 Redis 中增加值，以保持对失败情况的跟踪。我们鼓励有兴趣的读者探索一下这个方法。

getValue 方法接收三个参数：搜索的 key，缓存命中的回调函数（hit_callback）和缓存未命中的回调函数（miss_callback）。当调用这个方法的时候，它请求 Redis 返回和 key 关联的值。如果命中（值不是 null），则调用 hit_callback 函数，参数是命中的值。如果未命中（值为 null），则调用 miss_callback。所有查询数据库的逻辑都留给调用者，因为我们希望这里的代码关注的是缓存。

deleteKey 方法调用 redis.del，传入 Redis 的键。我们没有使用回调函数，因为这是异步进行的，并假定它能工作。

makeString 工具函数，用于在把键和值呈现给 Redis 之前，对它们进行转换。我们需要这个方法，否则的话，Redis Node 驱动会使用键和值上的 toString()方法。这会导致产生像[object Object]这样的字符串，这不是我们想要的。

更新后的缓存模块如代码清单 9-6 所示。更改部分以粗体显示。

代码清单 9-6 最终的 Redis 缓存文件——webapp/lib/cache.js

makeString 方法用来把对象转换成 JSON 字符串，否则 Redis 客户端会调用输入对象上的 toString()方法，这会创建像[object Object]这样的键，这是没什么用的。

deleteKey 方法使用 Redis 的 del 命令，删除某个键和对应的值。

getValue 方法接收的参数是 key 和两个回调函数。第一个回调函数在找到匹配时会被调用，否则第二个回调函数会被调用。

setValue 方法使用 Redis 的 set 命令来保存字符串。Redis 有不同的命令，这取决于保存对象的类型，它不仅仅能保存字符串，这使得它成了很灵活的缓存系统。

```
/*
 * cache.js - Redis cache implementation
*/
...
// ------------ BEGIN MODULE SCOPE VARIABLES --------------
'use strict';
var
  redisDriver = require( 'redis' ),
  redisClient = redisDriver.createClient(),
  makeString, deleteKey, getValue, setValue;
// ------------- END MODULE SCOPE VARIABLES ---------------

// --------------- BEGIN UTILITY METHODS ------------------
makeString = function ( key_data ) {
  return (typeof key_data === 'string' )
   ? key_data
   : JSON.stringify( key_data );
};
// ---------------- END UTILITY METHODS -------------------

// ---------------- BEGIN PUBLIC METHODS ------------------
deleteKey = function ( key ) {
  redisClient.del( makeString( key ) );
};

getValue = function ( key, hit_callback, miss_callback ) {
  redisClient.get(
    makeString( key ),
    function( err, reply ) {
      if ( reply ) {
        console.log( 'HIT' );
        hit_callback( reply );
      }
      else {
        console.log( 'MISS' );
        miss_callback();
      }
    }
  );
};

setValue = function ( key, value ) {
  redisClient.set(
    makeString( key ), makeString( value )
  );
};
```

```
module.exports = {
  deleteKey : deleteKey,
  getValue  : getValue,
  setValue  : setValue
};
// ----------------- END PUBLIC METHODS ------------------
```

现在已经创建了缓存文件，可以在 crud.js 文件中使用它的功能，添加 5 行代码即可，如代码清单 9-7 所示。更改部分以粗体显示。

代码清单 9-7 读取缓存——webapp/lib/crud.js

```
/*
 * crud.js - module to provide CRUD db capabilities
*/
...
// ------------ BEGIN MODULE SCOPE VARIABLES --------------
'use strict';
var
  ...
  JSV         = require( 'JSV'      ).JSV,
  cache       = require( './cache' ),       <-- 在 CRUD 模块中引入 cache 模块。

  mongoServer = new mongodb.Server(
  ...
 // ------------- END MODULE SCOPE VARIABLES ---------------

 ...

 // ---------------- BEGIN PUBLIC METHODS ------------------

 ...

 readObj = function ( obj_type, find_map, fields_map, callback ) {
   var type_check_map = checkType( obj_type );
   if ( type_check_map ) {
     callback( type_check_map );
     return;
   }
   cache.getValue( find_map, callback, function () {    <-- 把 find_map 当作缓存的键。
     dbHandle.collection(
       obj_type,
       function ( outer_error, collection ) {
         collection.find( find_map, fields_map ).toArray(
           function ( inner_error, map_list ) {
             cache.setValue( find_map, map_list );
             callback( map_list );
           }
         );
       }
     );
   });         <-- 闭合 cache.getValue 调用。
 };
 ...

 destroyObj = function ( obj_type, find_map, callback ) {
   var type_check_map = checkType( obj_type );
```

添加 cache.getValue 调用，把之前对 mongo 的调用传给回调函数，如果缓存未命中，则会执行该回调函数。

当缓存未命中时，调用 cache.setValue 把该数据项添加到缓存中。

```
      if ( type_check_map ) {
        callback( type_check_map );
        return;
      }

      cache.deleteKey( find_map );
      dbHandle.collection(
        obj_type,
        function ( outer_error, collection ) {
          var options_map = { safe: true, single: true };
          collection.remove( find_map, options_map,
            function ( inner_error, delete_count ) {
              callback({ delete_count: delete_count });
            }
          );
        }
      );
    };
    ...
    // ----------------- END PUBLIC METHODS ------------------
    ...
```

在删除数据库中的对象时，使用 cache.deleteKey 方法移除 Redis 中的检索键。

当删除对象的时候，要确保在 Redis 数据库中移除对象的键。但远远没有这么理想。它无法保证所有的缓存数据实例都会被删除，它只保证移除和用来删除数据项的键所关联的缓存数据。比如，我们会根据 ID 删除刚刚被解雇的雇员，但是该用户可能仍然可以登入系统，进行大肆破坏，因为可能使用“用户名和密码”的键缓存了用户信息。当更新对象时也会发生相同的问题。

这并不是一个容易解决的问题，也是为什么服务器缓存经常会被推迟使用的理由，直到系统规模变大了才会有必要在这上面投入时间。一些可能的解决方案包括，在一段时间后使缓存失效（把缓存不匹配的概率降至最低）、在删除或者更新用户的时候清除全部的用户缓存（很安全，但会导致更多的缓存未命中）、或者手动跟踪缓存对象（开发人员容易出错）。

服务器缓存有很多的机遇和挑战（关于它足以写一本书），但是希望这里的介绍足以帮助你入门。现在我们来看下最后的缓存方法：在数据库中缓存数据。

9.3.5　数据库查询缓存

当数据库缓存特定查询的结果时，就产生了查询缓存（query caching）。在关系型数据库中，这特别重要，因为需要把结果转变为应用程序能够读取的形式。查询缓存会保存这一转变后的结果。请看图 9-6，看看查询缓存在请求/响应周期中的哪个地方。

MongoDB 会使用操作系统的文件系统，自动为我们缓存查询结果。MongoDB 不会为特定查询缓存结果，它会尝试把整个索引保存在内存中，当整个数据集都能保存在内存中的时候，查询是非常快的。MongoDB，更确切地说是操作系统的内存子系统，会根据服务器的需要，动态地分配内存。这意味着 MongoDB 可以完全使用剩余可用的 RAM，不用猜测分配多少内存，当需要的时候会自动为其他进程释放内存。缓存机制（如最近最少使用算法）是根据操作系统的行为而工作的。

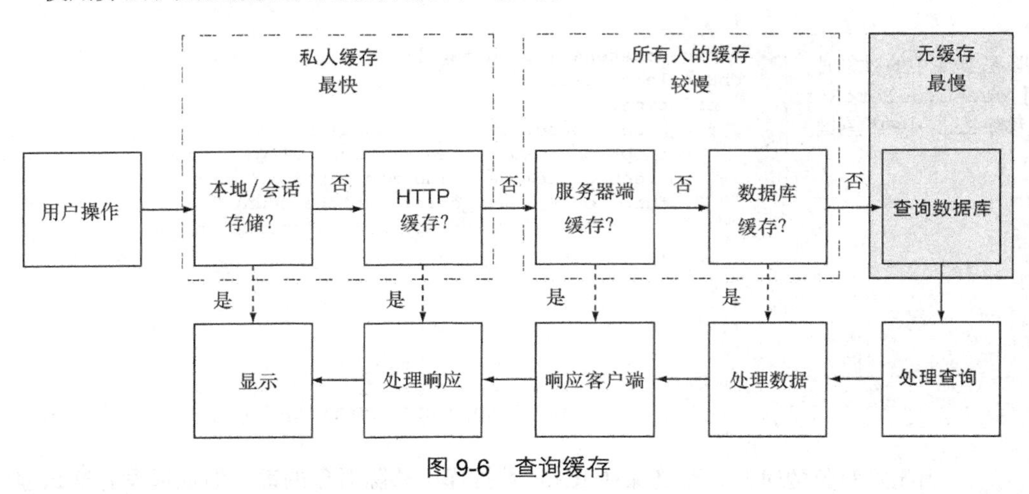

图 9-6 查询缓存

9.4 小结

在这一章，我们回答了在发布单页应用网站时会遇到的一些常见问题。演示了如何修改我们的单页应用，以便搜索引擎可以为之建立索引，如何使用分析工具（像 Google Analytics），以及如何把应用产生的错误信息发送给服务器。最后，我们讨论了如何在应用的每个层级进行缓存，每一层缓存的实际价值是什么，以及如何使用缓存。

关于如何构建健壮的、可测试的和可扩展的单页应用，我们的建议差不多就结束了。我们强烈建议你阅读一下附录 A 和附录 B，因为它们覆盖了很重要的话题，讲解得非常深入。附录 A 演示了整本书自始至终使用的代码标准，附录 B 演示了如何使用测试模式和自动化测试，很容易地识别、隔离和修复软件的缺陷。

在本书的第一部分，我们构建了第一个单页应用，讨论了为什么对于很多网站来说，单页应用是非常好的选择。尤其是单页应用可以提供难以置信的快速响应和交互式用户体验，而传统网站是无法企及的。接下来我们回顾了一些 JavaScript 编程方面的概念，要想顺利地实现大规模的单页应用，需要理解这些概念。

在本书的第二部分，我们使用久经考验的架构，继续设计并实现单页应用。我们没有使用框架库，是因为我们希望演示单页应用的内部工作。你可以使用这个架构来开发自己的单页应用，或者着手挑战学习众多框架中的其中一个，再根据必要的经验来判断它是否提供了你需要的工具。

在本书的第三部分，我们安装了 Node.js 和 MongoDB 服务器，为单页应用提供了 CRUD 的后端实现。我们使用 Socket.IO，提供了在客户端和服务器之间快速响应和轻量的全双工通信。我们也消除了数据格式之间的互相转换，这种转换在传统网站中是经常可以见到的。

最后，在整个开发过程中，我们使用的语言是 JavaScript，使用的数据格式是 JSON。使用这种优雅简洁的方式，开发过程中的每个环节都能获益。比如，使用单一的语言，就提供了在客户端和服务器之间移动并共享代码的机会，大大地减少了代码的体积和复杂度。它也节省了我们的时间，避免了混乱，因为几乎没有了语言和数据格式之间的环境切换。好处还延伸到了测试环节，因为不但需要测试的代码大大地减少了，而且也可以使用相同的测试框架来测试几乎所有的代码，没有浏览器测试集的开销和费用。

我们希望你喜欢这本书，并学会了书中介绍的所有知识。学习单页 Web 应用的最好方法就是持续不断地开发单页应用。我们已经尽我们所能，向你提供了从前端到后端都使用 JavaScript 来开发单页应用所需的所有工具。

附录A JavaScript编码标准

本附录涵盖的内容

- 探讨为什么编码标准很重要
- 代码的呈现和文档要一致
- 变量命名方式要一致
- 使用名字空间隔离代码
- 组织文件，确保一致的语法
- 使用 JSLint 验证代码
- 使用体现标准的模板

编码标准是有争议的。几乎每个人都同意你有自己的标准，但对标准应该是什么样的，则似乎很少能达成共识。我们来思考一下为什么编码标准对 JavaScript 特别重要。

A.1 为什么需要编码标准

给像 JavaScript 这种松类型（loosely typed）动态语言定义明确的标准，几乎可以肯定，要比给较为严格的语言定义标准来得更加重要。JavaScript 的高度灵活性，可能会使它成为编码语法和实践的潘多拉魔盒。较为严格的语言，本身就具备结构性和一致性，而 JavaScript 需要准则和应用标准才能达到相同的效果。

我们遵循的标准，许多年以来一直在使用和改进。它相当全面并有内在联系，全书始终都使用这个标准。它在这里的展示不是很简洁，因为添加了很多的解释和示例。大部分的内容已经浓缩成了一张三页的速查表，可以在 https://github.com/mmikowski/spa 上找到。

我们不十分肯定认为这个编码标准适合每一个人：你应该根据自己的工作，使用或者忽略这个标准。不管怎样，我们希望讨论的思想将会鼓励你回顾自己实际编写的代码。我们强烈建议任何团队，在着手开发大型项目之前，要达成一致的标准，以免经历他们自己的巴别塔。

经验与研究表明，维护代码要比编写代码花费更多的时间。因此，我们的标准倾向于可读性多于编码的速度。我们发现要编写越是容易理解的代码，在最开始就越是需要深思熟虑和良好的结构。

我们已经发现了成功的编码标准。

- 编码错误的可能性降至最低。
- 代码适合大规模的项目和团队（一致的、可读的、可扩展的和可维护的）。
- 鼓励编码的效率、效果和重用。
- 鼓励使用 JavaScript 的优点，避免使用它的缺点。
- 开发团队的每个成员都使用。

马丁·福勒[①]曾有句名言："Any fool can write code that a computer can understand. Good programmers write code that humans can understand.[②]"。尽管定义明确和内容全面的标准，不能保证编写出来的 JavaScript 就是人类可读的，但它们确实会有帮助，就像词典和语法指南一样，能保证英语是人类可读的。

A.2 代码布局和注释

以一致和经过深思熟虑的方式来编排代码，是提升代码理解力的最好方法之一。它也是编码标准中争议较大的问题之一[③]。所以在阅读这一小节时，你要沉住气。喝一杯无咖啡因的咖啡，来个薄荷茶叶足疗，并打开你的心扉。接下来会很有趣，真的。

A.2.1 编排代码，具备可读性

如果把这本书的所有标题、标点符号、空格和大写都省略，会怎么样？嗯，这本书能提早几个月出版，但是读者会发现它不知所云。或许这就是为什么我们的编辑，坚持让我们在写作的时候，要规定格式和应用约定，以便你们——亲爱的读者，可以很容易地理解书本上的内容。

有两种群体需要理解 JavaScript 代码：执行它的机器和维护或者扩展它的人类。通常，我们的代码被阅读的次数比编写它的次数要多得多。对代码规定格式和应用约定，以便我

① 马丁·福勒（Martin Fowler，1963—），生于英格兰沃尔索耳，是一个软件开发方面的著名作者和国际知名演说家，专注于面向对象分析与设计、统一建模语言、领域建模以及敏捷软件开发方法，包括极限编程。——译者注

② "任何傻瓜都能写出计算机可以理解的代码。优秀的程序员能编写人类可以理解的代码。"——译者注

③ 关于是否只使用 tab，开发者大军们在狂热的网络论战上，已经花费了无数个小时（如果你需要更多的证据，请在网上搜索"tabs versus spaces"）。

们的开发同事（包括几个星期之后的我们自己），能够很容易地理解代码的内容。

1. 使用一致的缩进和行长

可能大家都已经注意到，报纸上的文本列都在 50 ~ 80 个字符的长度之间。对人类的眼睛来说，超过 80 个字符的行，看起来会逐渐变得吃力。Bringhurst[①]的权威著作《The Elements of Typographic Style》建议，阅读理解的最佳行长（line length）在 45 ~ 75 个字符之间，66 个字符的行长被认为是最舒适的。

较长的行在计算机显示器上也很难阅读。如今越来越多的网页都使用多列布局，虽然要很好地实现这种布局的高昂代价也是众所周知的。如果很长的行显示有问题，这是 Web 开发人员要遭受这种麻烦事的唯一理由（或者如果他们的工资是按小时支付的）。

支持更宽的制表符（4 ~ 8 个空格）的人说，这能使他们的代码更加易读。但是他们也经常提倡很长的行，以弥补宽制表符的使用。我们采用其他的方法：短制表符（2 个空格）和稍短的行长（78 个字符），每一行都更窄一些，重要的内容也更易读一些。使用短制表符也是意识到，像 JavaScript 这种事件驱动的语言比纯过程语言，缩进要小一些，因为 JavaScript 有大量的回调函数和闭包。

- **每级代码缩进两个空格。**
- **使用空格缩进而不是制表符**，因为制表符的位置还没有标准。
- **每行限制为 78 个字符。**

较窄的文档在所有显示器上的效果也更好，允许每个人在两个高分辨率的显示器上，同时打开六个文件视图，或者在笔记本电脑、平板电脑或智能手机上，能很容易地阅读单个文档。较窄的文档清单格式，也非常适合电子阅读器或者印刷书籍，这能使我们的编辑更加开心[②]。

2. 按段落组织代码

英语和其他书面语言按段落展示来帮助读者理解什么时候一个话题结束了，将要显示的是另外一个话题。计算机语言也从此约定中获益。可以把这些段落标注为一个整体。通过合理地使用空白[③]，JavaScript 读起来就和精心排版的书本一样。

- **按逻辑段落组织代码**，段落之间要空行。
- **每一行最多只包含一条语句或赋值语句**，但是允许每行同时声明多个变量。
- **运算符和变量之间要有空格**，这样就能更容易地识别变量。
- **每个逗号之后要有空格。**
- 在段落内，**相似的运算符要对齐。**
- **缩进注释**，缩进量和所解释的代码相同。

---

① Robert Bringhurst，加拿大诗人、作家、排版设计者。《The Elements of Typographic Style》是一本关于字体、字形的参考读物，更多信息请参考 http://en.wikipedia.org/wiki/Robert_Bringhurst。——译者注

② 本书代码清单的行长，实际上限制为了 72 个字符，丢失了最后 6 个字符，令人不快。

③ 空白（white space）是空格、换行或者制表符的任意组合。但不要使用制表符。

- 每条语句的最后要有分号。
- 在一个控制结构中的所有语句要用大括号括起来。控制结构包括 for、if 和 while 在内的语法结构。违反该条准则的最常见情形可能是省略单行 if 语句的大括号。不要这么做（见代码清单 A-1）。一直使用大括号，这样添加语句时会很容易，不会意外地引入 bug（见代码清单 A-2）。

代码清单 A-1 不要这样

不要把多条赋值语句写在一行上。

该条注释平淡无奇。

该条注释容易过时。

每条注释的缩进要和它所描述的代码一致。

该条语句的结尾没有使用分号。

不大容易看到该条注释，因为它隐藏在大量的文字里面。

这些等式难以阅读。

所有的 if 语句都要使用大括号。

```
// initialize variables
var first_name='sally';var rot_delta=1;
var x_delta=1;var y_delta=1; var coef=1;
var first_name = 'sally', x, y, r, print_msg, get_random;
// put important text into div id sl_foo
print_msg = function ( msg_text ) {
// .text() prevents xss injection
  $('#sl').text( msg_text )
};
// get a random number
get_random = function ( num_arg ){
  return Math.random() * num_arg;
};
// initialize coordinates
x=get_random( 10 );
y=get_random( 20 );
r=get_random( 360 );
// adjust coordinates
x+=x_delta*coef;
y+=y_delta*coef;
r+=rot_delta*coef;
if ( first_name === 'sally' ) print_msg('Hello Sally!)
```

代码清单 A-2 而要这样

移除平淡无奇的注释。

把一个或者多个声明放在一行上，但每行只有一条赋值语句。

缩进注释，要和它所描述的段落层级一致。

在下一个段落的前面添加空行。更改注释，对区块进行描述。

添加遗漏的分号。所有语句的结尾都要使用分号。

```
var
  x, y, r, print_msg, get_random,
  coef       = 0.5
  rot_delta  = 1,
  x_delta    = 1,
  y_delta    = 1,
  first_name = 'sally'
  ;

// function to write text to message container
print_msg = function ( msg_text ) {
  // .text() prevents xss injection
  $('#sl').text( msg_text );
};

// function to return a random number
get_random = function ( num_arg ) {
  return Math.random() * num_arg;
```

```
  };
  // initialize coordinates
  x = get_random(  10 );
  y = get_random(  20 );
  r = get_random( 360 );

  // adjust to offsets
  x += x_delta   * coef;
  y += y_delta   * coef;
  r += rot_delta * coef;

  if ( first_name === 'sally' ){ print_msg('Hello Sally!); }
```

添加另外一个段落。有了段落，注释很容易被看到。

在下一个段落的前面添加空行。更改注释，对区块进行描述。

添加空格，对齐相似的元素，相似的语句更容易阅读。

所有 if 语句和控制结构都要使用大括号。

在编排代码的时候，我们要以清晰明白为目标，而不是减少代码的字节数。一旦代码发布到生产环境，在传输给用户之前，JavaScript 代码会合并（concatenated）、压缩（minified）以及服务端压缩（compressed）[①]。结果，那些用来帮助理解的工具（空白、注释和更具描述性的变量名）对性能毫无影响。

3. 换行要一致

如果语句没有超过最大的行长，则应该把它写在一行上。但这往往是不大可能的，所以得把它分成两行或者更多行。下面这些指南将有助于减少错误，提高认知。

- **在运算符的前面换行**，因为人们检查左列的所有运算符是很容易的。
- **把后续的语句缩进一个层次**，比如我们的示例中使用两个空格。
- **在逗号分隔符的后面换行**。
- **方括号或者括号单独占一行**。清楚地表明这是语句的结尾，不会迫使读者横向扫寻分号。

具体示例见代码清单 A-3 和代码清单 A-4。

代码清单 A-3　不要这样

```
long_quote = 'Four score and seven years ago our ' +
  'fathers brought forth on this continent, a new '
  'nation conceived in Liberty, ' +
  'and dedicated to the proposition that ' +
  'all men are created equal.';

cat_breed_list = ['Abyssinian' , 'American Bobtail'
  , 'American Curl' , 'American Shorthair' , 'American Whiterhair'
  , 'Balinese', 'Balinese-Javanese'  , 'Birman' , 'Bombay' ];
```

参差不齐的行尾，很容易遗漏末尾的“+”。

把逗号放在前面有它的优点，但这不是我们的标准。

语句的结尾在哪里？请继续扫描分号……

① 通常说的“合并压缩 JavaScript 代码”中的“压缩”是指 minified，即移除空行、空格等内容。而 compressed 指的是服务端的压缩，比如 gzip。——译者注

代码清单 A-4 而要这样

将运算符放在左边，排成一列。

```
long_quote = 'Four score and seven years ago our '
  + 'fathers brought forth on this continent, a new '
  + 'nation, conceived in Liberty, '
  + 'and dedicated to the proposition that '
  + 'all men are created equal.';

cat_breed_list = [
  'Abyssinian',           'American Bobtail',      'American Curl',
  'American Shorthair',   'American Whiterhair',   'Balinese',
  'Balinese-Javanese',    'Birman',                'Bombay'
];
```

尾部逗号，更加容易维护。

方括号单独占一行。下一条语句就容易识别了。

稍后在本附录中，我们将会安装 JSLint，它能帮助我们检查语法。

4．使用 K&R 风格的括号

K&R 风格的括号[①]可以平衡垂直空间的使用，增加可读性。当格式化对象和映射、数组、复合语句或者调用的时候，应该使用 K&R 风格的括号。复合语句是使用花括号括起来的一条或者多条语句。例子包括 `if`、`while` 和 `for` 语句。调用（像 `alert( 'I have been invoked!' );`）是指函数或者方法的调用。

- **如果可能，就使用单行。**比如，当一个很短的数组声明能写在一行上的时候，就没必要把它拆分成三行。
- **把左括号、左花括号或者左方括号放在开始行的末尾。**
- **在分隔符（括号、花括号或者方括号）的里面把代码缩进一个层级，**比如，两个空格。
- **右括号、右花括号或者右方括号单独占一行，**缩进和开始行相同。

具体示例见代码清单 A-5 和代码清单 A-6。

代码清单 A-5 不要这样

```
var invocation_count, full_name, top_fruit_list,
  full_fruit_list, print_string;

invocation_count = 2;
full_name = 'Fred Burns';
top_fruit_list =
[
  'Apple',
  'Banana',
  'Orange'
];

full_fruit_list =
[ 'Apple','Apricot','Banana','Blackberry','Blueberry',
  'Currant','Cherry','Date','Grape','Grapefruit',
```

很稀疏，也很长。

真是一团糟！请试着用人类的眼睛把某个水果找出来。

① K&R 指的是《The C Programming Language》（《C 程序设计语言》）这本书。K 和 R 是此书两位作者（Brian Kernighan 和 Dennis Ritchie）名字的首字母。这里指的是 C 语言风格的括号写法。——译者注

```
  'Guava','Kiwi','Kumquat','Lemon','Lime',
  'Lychee','Mango','Melon','Nectarine','Orange',
  'Peach','Pear','Pineapple','Raspberry','Strawberry',
  'Tangerine'  ,'Ugli'
];

print_string = function ( text_arg )
{
  var char_list = text_arg.split(''), i;

  for ( i = 0; i < char_list.length; i++ )
  {
    document.write( char_list[i] );
  }

  return true;
};

print_string( 'We have counted '
  + String( invocation_count )
  + ' invokes to date!
);
```

使用 GNU 风格的括号，页面会显得很长。

代码清单 A-6 而要这样

```
var
  run_count,       full_name,   top_fruit_list,
  full_fruit_list, print_string;

run_count = 2;
full_name = 'Fred Burns';

top_fruit_list  = [ 'Apple', 'Banana', 'Orange' ];
full_fruit_list = [
  'Apple',     'Apricot',   'Banana',     'Blackberry', 'Blueberry',
  'Currant',   'Cherry',    'Date',       'Grape',      'Grapefruit',
  'Guava',     'Kiwi',      'Kumquat',    'Lemon',      'Lime',
  'Lychee',    'Mango',     'Melon',      'Nectarine',  'Orange',
  'Peach',     'Pear',      'Pineapple',  'Raspberry',  'Strawberry',
  'Tangerine', 'Ugli'
];

print_string = function ( text_arg ) {
  var text_arg, char_list, i;

  char_list = input_text.split('');

  for ( i = 0; i < char_list.length; i++ ) {
    document.write( char_list[i] );
  }
 return true;
};

print_string( 'We have counted '

  + String( run_count )
  + ' invocations to date!
);
```

垂直对齐能为可读性创造奇迹。

所有这些都可以放在一行上。

按照 K&R 风格的括号写法，把左花括号放在上一行的末尾。

调整元素，垂直排成一列，真的有助于理解，但要是没有强大的文本编辑器的话，也会浪费时间。在对齐值的时候，垂直文本选取（Vim、Sublime、WebStorm 等都有这个功能）是很有用的。WebStorm 甚至提供自动对齐映射值的工具，这是节省时间的好方法。如果你的编辑器不允许垂直选取，我们强烈建议你考虑换个编辑器。

5. 使用空格来区别函数和关键字

很多语言有冠词的概念，像 *an*、*a* 或者 *the* 这种单词①。冠词的目的之一是提醒读者或者听者，下一个单词将是名词或者名词短语。和函数以及关键字一起使用的空格，可以达到类似的效果。

- **函数名后面没有空格。**在函数名和左括号“(”之间没有空格。
- **关键字后面空一格，**然后是左括号“(”。
- **当格式化 `for` 语句的时候，在每个分号的后面空一格。**

具体示例见代码清单 A-7 和代码清单 A-8。

代码清单 A-7 不要这样

```
mystery_text = get_mystery ('Hello JavaScript Denizens');
for(x=1;x<10;x++){console.log(x);}
```

get_mystery 是关键字还是自定义函数？

空格的缺失导致文字挤成了一堆。

代码清单 A-8 而要这样

```
mystery_text = get_mystery( 'Hello JavaScript Denizens' );
for ( x = 1; x < 10; x++ ) { console.log( x ); }
```

紧贴的括号表示这是一个函数。

加了空格后，更具可读性了。

这一约定在其他动态语言（像 Python、Perl 或者 PHP）中也很常见。

6. 引号要一致

我们喜欢单引号作为字符串的定义符号，而不是双引号，因为 HTML 中标准属性的定义符是双引号。而在单页应用中的 HTML 通常都是带引号的。使用单引号分隔的 HTML，需要较少的转义字符或者编码字符。结果，HTML 就更简短、更容易阅读并且出错的可能性更小。具体示例见代码清单 A-9 和代码清单 A-10。

---

① 冠词（article）是印欧语系和闪含语系的诸语中，位于名词或名词词组之前或之后，在句子里主要是对名词起限定作用的词。冠词是一种虚词。在汉语（粤语和吴语除外，这两门汉语量词作定冠词）、日语等语言中没有与之相对应的词性。更多信息请参见 http://zh.wikipedia.org/wiki/冠词。——译者注

代码清单 A-9 不要这样

```
html_snip = "<input name=\"alley_cat\" type=\"text\" value=\"bone\">";
```

代码清单 A-10 而要这样

```
html_snip = '<input name="alley_cat" type="text" value="bone">';
```

很多语言（像 Perl、PHP 以及 Bash）有插值引号（interpolating quote）和非插值引号的概念。插值引号里面的变量会被替换成它们的值，而非插值引号则不会。一般来说，双引号（"）需要插值，而单引号则不需要。JavaScript 的引号不会进行插值，而且使用单引号还是双引号没有什么区别。因此我们的使用习惯和其他流行语言是一致的。

A.2.2 注释说明和文档

注释可能要比它们所解释的代码更加重要，因为它们能传达在其他方面不明显的关键细节。这在事件驱动编程中尤其明显，因为大量的回调函数，导致跟踪代码的执行要耗费掉大量时间。这并不意味着添加更多的注释总是更好的。摆放有策略、信息量大和精心维护的注释，价值是很高的，而杂乱无章文不对题的注释，还不如没有的好。

1. 解释代码策略

我们的标准旨在将注释的数量最小化，将注释的价值最大化。通过约定来减少注释，尽可能地让代码进行自我说明。通过将注释和它们所描述的段落对齐，并确保它们的内容对读者是有价值的，从而使注释的价值最大化。具体示例见代码清单 A-11 和代码清单 A-12。

代码清单 A-11 不要这样

```
var
  welcome_to_the   = '<h1>Welcome to Color Haus</h1>',
  houses_we_use    = [ 'yellow','green','little pink' ],
  the_results, make_it_happen, init;

// get house spec
var make_it_happen = function ( house ) {
  var
    sync = houses_we_use.length,
    spec = {},
    i;

  for ( i = 0; i < sync; i++ ) {
    ...
    // 30 more lines
  }
  return spec;
};

var init = function () {
  // houses_we_use is an array of house colors.
```

```
  // make_it_happen is a function that returns a map of building specs
  //
  var the_results = make_it_happen( houses_we_use );

  // And place welcome message into our DOM
  $('#welcome').text( welcome_to_the );
  // And now our specifications
  $('#specs').text( JSON.stringify( the_results ) );
};

init();
```

代码清单 A-12 而要这样

```
var
  welcome_html      = '<h1>Welcome to Color Haus</h1>',
  house_color_list = [ 'yellow','green','little pink' ]
  spec_map, get_spec_map, run_init;

// Begin /get_spec_map/
// Get a specification map based on colors
get_spec_map = function ( color_list_arg ) {
  var
    color_count = color_list_arg.length,
    spec_map    = {},
    i;
  for ( i = 0; i < color_count; i++ ) {
    // ... 30 more lines
  }
  return spec_map;
};
// End /get_spec_map/

run_init = function () {
  var spec_map = getSpecMap( house_color_list );

  $('#welcome').html( welcome_html );
  $('#specs').text( JSON.stringify( spec_map ) );

};

run_init();
```

尽可能使用一致的和有意义的变量名，而不是用注释来解释。

使用 Begin 和 End 分隔符，清晰地定义较长的代码区块。

一致的、有意义的变量名，能提供更多的信息，需要的注释很少。“变量命名”小节在本附录的稍后会有介绍，但我们先看一些最重要的点。所有指向函数的变量，第一个单词都是动词：get_spec_map、run_init。其他变量的命名，要有助于理解它们的内容：welcome_html 是一段 HTML 字符串，house_color_list 是一组颜色名称，spec_map 是规格（specifications）的映射。这有助于减少需要添加或者维护的注释数量，使得代码容易理解。

2．给 API 和 TODO 添加文档

注释也能为代码提供更为正式的文档。然而需要警惕的是，总体架构的文档不应该埋藏在数十个 JavaScript 文件的某一个之中，应该把它放在专门的架构文档里面。但是函数或者对象 API 的文档，可以并且通常应该放在代码的旁边。

- 解释所有重要的函数，说明它的目的，使用的参数或者设置（setting），它的返回值，以及所有抛出的异常。具体示例见代码清单 A-13。

- **如果禁用了代码**，要解释为什么，使用这种格式的注释：`//TODO date username-comment`。在判断注释新鲜度的时候，用户名和日期是很有价值的，也可以使用自动化工具，在代码库中的 TODO 项上，自动填上用户名和日期。具体示例见代码清单 A-14。

代码清单 A-13 给函数添加 API 文档的示例

```
// BEGIN DOM Method /toggleSlider/
// Purpose   : Extends and retracts chat slider
// Required Arguments :
//   * do_extend (boolean) true extends slider, false retracts
// Optional Arguments :
//   * callback (function) executed after animation is complete
// Settings  :
//   * chat_extend_time,   chat_retract_time
//   * chat_extend_height, chat_retract_height
// Returns   : boolean
//   * true  - slider animation activated
//   * false - slider animation not activated
// Throws    : none
//
toggleSlider = function( do_extend, callback ) {
  //   ...
};
// END DOM Method /toggleSlider/
```

代码清单 A-14 禁用代码的示例

```
// BEGIN TODO 2012-12-29 mmikowski - debug code disabled
// alert( warning_text );
//  ... (lots more lines) ...
//
// END TODO 2012-12-29 mmikowski - debug code disabled
```

有些人会说，你应该直接把代码删了，如果再需要的话，就从源代码管理工具里面恢复。但是我们发现，把很可能会再次用到的代码注释掉，比寻找最初禁用代码的那个版本然后再合并回来，来得更加有效。在代码被禁用了一些时日后，就可以安全删除了。

A.3 变量名

你是否注意到，书上经常会在代码清单中引入专门的命名约定。比如，你会看到这样的行：`person_str = 'fred';`。作者经常会这么做，因为他不想插入一个很笨拙的提醒，之后需要花费时间和精力来回想变量表示什么意思。变量名是能自我说明的。

每个人在编码的时候，都会使用命名约定，不管他们是否意识到这一点[①]。一个好的命名约定，当团队的所有成员都理解并使用它的时候，能发挥巨大的价值。当他们这么做的时候，就能

① 有点像“if you choose not to decide you still have made a choice”（不做决定也是一种决定）（Rush 乐团的歌曲“Freewill”,《Permanent Waves》专辑，1980 年发行）。

从枯燥的代码跟踪和费力的注释维护当中解放出来，把精力都集中在代码的目标和逻辑上面。

A.3.1 使用命名约定，减少并改进注释

对于企业级 JavaScript 应用，一致的和描述性的名字是非常重要的，因为它们能大大地加快认知的速度，也有助于避免常见的错误。考虑代码清单 A-15 和代码清单 A-16 所示的完全有效的实际 JavaScript 代码。

代码清单 A-15 示例 A

```
var creator = maker( 'house' );
```

现在使用命名约定将它重写，之后马上会对它进行讨论：

代码清单 A-16 示例 B

```
var make_house = curry_build_item({ item_type : 'house' });
```

当然是示例 B 更具描述性。根据我们的约定，能看出以下信息。

- make_house 是一个对象构造器。
- 调用的函数叫做柯里化函数[1]，它使用闭包来维护状态并返回一个函数。
- 调用的函数接收字符串参数，表示类型（type）。
- 变量的作用域是局部的。

现在，我们通过观察示例 A 中的代码上下文，能想像得出它之中的所有细节。为了跟踪所有的函数和变量，可能需要花费掉 5、30 或者 60 分钟时间。在维护这段代码或者要和这段代码打交道的时候，得把所有的东西记在心里面。我们不仅会浪费时间，而且可能会忘记最初到底是想干嘛来着。

每次有新的开发人员来维护这段代码时，都要支出这笔本可避免的费用。请记住，在几个星期以后，这段代码，对任何开发人员（包括原作者）来说实际上都是新的。很显然，这是非常低效的，也容易出错。

我们来看一下，在示例 A 中，需要使用多少注释才能提供和示例 B 一样多的信息量，如代码清单 A-17 所示。

代码清单 A-17 有注释的示例 A

```
// 'creator' is an object constructor we get by
// calling 'maker'. The first positional argument
// of 'maker' must be a string, and it directs
// the type of object constructor to be returned.
// 'maker' uses a closure to remember the type
// of object the returned function is to
```

---

① 在数学和计算机科学中，柯里化（currying），是指把接收多个参数的函数，变换成接收单个参数函数的技术。更多信息请参考 http://zh.wikipedia.org/wiki/柯里化。——译者注

```
// meant to create.

var creator = maker( 'house' );
```

加了注释的示例 A，不但比示例 B 显得更为冗长，而且需要更多的时间编写，很可能是因为我们设法传递和命名约定一样多的信息量。情况会越来越糟糕：经过一段时间以后，注释容易变得不准确，因为代码改变了，开发人员变得懒惰了。假如几个星期之后，我们决定更改一些名字，见代码清单 A-18。

代码清单 A-18　更改变量名之后，有注释的示例 A

哎呀！名字错了。

不对，现在是叫 builder 了。

该死，是 builder 不是 maker，最好修复这个问题。

啊！让别人来修复这个问题，我还有新的代码要写。

```
// 'creator' is an object constructor we get by
// calling 'maker'. The first positional argument
// of 'maker' must be a string, and it directs
// the type of object constructor to be returned.
// 'maker' uses a closure to remember the type
// of object the returned function is to
// meant to create.

var maker = builder( 'house' );
```

哦，天哪，我们刚更改了变量名，却忘记更新注释中引用这些变量名的地方。现在的注释完全错了并且容易误导别人。不但是这样，而且所有这些注释使得代码难以理解，因为代码清单长了 9 倍。没有注释是最好的。相比之下，如果我们想更改示例 B 中的变量名，见代码清单 A-19。

代码清单 A-19　更改变量名之后的示例 B

```
var make_abode = curry_make_item({ item_type : 'abode' });
```

上面的修改是非常正确的，因为没有注释需要修改。这表明，深思熟虑的命名约定，是原作者给代码自动添加文档的非常棒的方法，描述更加精确，没有几乎不可能维护的杂乱注释。它有助于加快开发的速度、提升质量并且方便维护。

A.3.2　使用命名指南

变量名可以传达很多信息，上面我们已经列举过了。来看一些我们发现的很有用处的指南。

1. 使用常见字符

虽然许多团队认为把变量命名为 queensrÿche_album_name 是合适的，但是那些试图在他们的键盘上寻找 ÿ 键的人会持有不同的和非常消极的观点。最好是把变量名限定在世界上大多数键盘都有的字符上。

- 变量名使用 a ~ z、A ~ Z、0 ~ 9、下划线和$符号。
- 变量名不要以数字开头[①]。

① 这里不是“要和不要”的问题，而是“能和不能”的问题。JavaScript 中合法的标识符和绝大多数语言一样，不能以数字开头。虽然以数字开头的标识符理论上完全没问题，但在进行词法分析的时候，必须回溯才能确定到底是标识符还是数字。在规定标识符不能以数字开头后，区分是标识符还是数字就很容易了。——译者注

2. 传达变量作用域

我们的 JavaScript 文件和模块是一一对应的，和 Node.js 类似（稍后本附录会详细讲解）。我们发现，在区分整个模块可见的变量和有更多作用域限制的变量时，这会很有用。

- **当变量作用域是整个模块时使用驼峰式**（模块名字空间的所有地方都可以访问该变量）。
- **当变量作用域不是整个模块时使用下划线**[①]（模块名字空间内的某个函数的局部变量）。
- **确保所有模块作用域内的变量至少有两个音节**，这样作用域就清晰了。比如，不要使用叫做 `config` 的变量，可以使用更具描述性的和明显是模块作用域的 `configMap`。

3. 要意识到变量类型是很重要的

只是因为 JavaScript 允许反复无常的变量类型，并不意味着你就应该这么做。考虑代码清单 A-20 给出的示例。

代码清单 A-20 隐式类型转换

```
var x = 10, y = '02', z = x + y;
console.log ( z ); // '1002'
```

在上面的示例程序中，JavaScript 把 x 转换成字符串，然后和 y（02）连接，得到的结果是字符串 `1002`。这很可能不是真正的意图。由于类型转换，也可能会有更加深刻的影响，如代码清单 A-21 所示。

代码清单 A-21 类型转换的“阴暗面”

```
var
  x = 10,
  z = [ 03, 02, '01' ],
  i , p;

for ( i in z ) {
  p = x + z[ i ];
  console.log( p.toFixed( 2 ) );
}

// Output:
// 13.00
// 12.00
// TypeError: Object 1001 has no method 'toFixed'
```

我们发现像上面这种类型转换，无意的情况要比有意的情况多得多，这经常会导致查找和解决 bug 变得很困难。我们很少故意更改变量的类型，因为（还有其他的原因）这么做几乎总是很混乱，或者是难以维护，没什么好处[②]。因此，在命名变量的时候，我们经

---

① 和驼峰式（Camel case）对应，它有一个名不见经传的名字：Snake case（不妨称之为卧蛇式）。更多信息请参见 http://en.wikipedia.org/wiki/Snake_case。——译者注

② 较新版本的 Firefox 的 JavaScript 即时编译器（JIT compiler）意识到了这一事实，使用了一种叫做类型推断（type inference）的技术，在实际代码中获得了 20% ~ 30%的性能提升。

常希望传达变量所能拥有的值的类型。

4. 命名布尔变量

当布尔值表示状态的时候,我们使用单词is,比如,is_retracted或者is_stale。当使用布尔值来表示行为的时候(如函数中的参数),我们使用单词do,像do_retract或者do_extend。当使用布尔值来表示所有权的时候,我们使用has,比如,has_whiskers或者has_wheels。表A-1列举了一些示例。

表 A-1 经常使用的变量名示例

指示器	局部作用域	模块作用域
bool[通用]	bool_return	boolReturn
do(请求行为)	do_retract	doRetract
has(表示包含)	has_whiskers	hasWhiskers
is(表示状态)	is_retracted	isRetracted

5. 命名字符串变量

先前的示例表明,如果知道正在使用的是字符串变量,这是很有好处的。表A-2是我们通常使用的字符串指示器的统计表。

表 A-2 字符串变量名的示例

指示器	局部作用域	模块作用域
str[通用]	direction_str	directionStr
id(identifier,标识符)	email_id	emailId
date	email_date	emailDate
html	body_html	bodyHtml
msg(message,消息)	employee_msg	employeeMsg
name	employee_name	employeeName
text	email_text	emailText
type	item_type	itemType

6. 命名整型变量

JavaScript 支持的变量类型当中没有整数,但有很多实际情况,只有提供整数,编程语言才能正常地工作。比如,在迭代数组的时候,如果索引是浮点数,则不能正常工作:

```
var color_list = [ 'red', 'green', 'blue' ];

color_list[1.5] = 'chartreuse';

console.log( color_list.pop() ); // 'blue'
console.log( color_list.pop() ); // 'green'
console.log( color_list.pop() ); // 'red'
console.log( color_list.pop() ); // undefined - where did 'chartreuse' go?
console.log( color_list[1.5] );  // oh, there it is

console.log( color_list ); // shows [1.5: "chartreuse"]
```

其他内置操作也预期接收整数值,像字符串的substr()方法。所以当使用整数是很重要的时候，可以使用指示器，如表 A-3 所示。

表 A-3　整数变量名的示例

指示器	局部作用域	模块作用域
int [通用]	size_int	sizeInt
无（约定）	i，j，k	（不允许出现在模块作用域内）
count	employee_count	employeeCount
index	employee_index	employeeIndex
time（毫秒）	retract_time	retractTime

7．命名数字变量

如果需要明白“正在处理的是非整型数字”是很重要的话，可以使用其他指示器（参见表 A-4）。

表 A-4　数字变量名的示例

指示器	局部作用域	模块作用域
num [通用]	size_num	sizeNum
无（约定）	x，y，z	（不允许出现在模块作用域内）
coord（坐标）	x_coord	xCoord
ratio	sales_ratio	salesRatio

8．命名正则变量

我们通常喜欢给正则变量加上前缀 regex，如表 A-5 所示。

表 A-5　正则变量名的示例

指示器	局部作用域	模块作用域
regex	regex_filter	regexFilter

9．命名数组变量

下面的一些指南，我们发现在命名数组变量时很有用。

- 数组变量名应该是单名词加上单词“list”。
- 对于模块作用域数组的变量，我们喜欢“名词-List”的形式。

表 A-6 列举了一些示例。

表 A-6　数组变量名的示例

指示器	局部作用域	模块作用域
list	timestamp-list	timestampList
list	color_list	colorList

10．命名映射变量

JavaScript 没有正式的 map 数据类型，它只有对象。但是我们发现，在区分只用来保存数据的简单对象(map)和功能完整的对象的时候，就显得很有用处。映射的结构和 Java 中的映射(map)、Python 中的字典(dict)、PHP 中的关联数组(associative array)以及 Perl 的哈希(hash)类似。

当给映射变量命名的时候，我们通常希望强调开发人员的意图，在名字中使用单词“map”。通常，结构是名词加上单词 map，并且总是单数。请见表 A-7 中的映射变量名的示例。

表 A-7 映射变量名的示例

指示器	局部作用域	模块作用域
map	employee_map	employeeMap
map	receipt_timestamp_map	receiptTimestampMap

有时候，映射的键有特殊的含义或者功能。此时，可以在名字中进行暗示，比如，receipt_timestamp_map。

11. 命名对象变量

对象通常是对“现实世界”的具体模拟，我们相应地为它们命名。

- **对象变量应该是名词**，加上可选的修饰符：emplyee 或者 receipt。
- **确保模块作用域的对象变量名具有两个或者两个以上的音节**，这样作用域就清晰了：storeEmployee 或者 salesReceipt。
- **jQuery 对象有前缀$**。目前这种约定很常见，在单页应用中，jQuery 对象（有时候叫集合）很普遍。

表 A-8 列举了一些示例。

表 A-8 对象变量名的示例

指示器	局部作用域	模块作用域
无（单名词）	employee	storeEmployee
无（单名词）	receipt	salesReceipt
$	$area_tabs	$areaTabs

如果预期 jQuery 集合包含多个元素，则使用复数。

12. 命名函数变量

函数通常执行对象上的某个操作。因此我们总是喜欢把表示“操作”的动词作为函数名的前半部分。

- **命名函数应始终遵循动词加名词的形式**，比如，get_record 或者 empty_cache_map。
- **模块作用域的函数应始终包含两个或两个以上的音节**，这样作用域就清晰了：getRecord 或者 emptyCacheMap。
- 动词含义要一致。表 A-9 列举了一些常见动词的一贯含义。

表 A-9　函数变量名的示例

指示器	指示器含义	局部作用域	模块作用域
fn[通用]	通用函数指示器	fn_sync	fnSync
curry	返回指定参数的函数	curry_make_user	curryMakeUser
destroy, remove	移除数据结构，如数组。意味着必要时会回收数据引用	destroy_entry, remove_element	destroyEntry, removeElement
empty	移除数据结构的一些或者全部成员，不会移除容器。比如，移除数组的所有元素，而数组还是可用的	empty_cache_map	emptyCacheMap
fetch	返回从外部源获取的数据，比如通过 AJAX 或者 Web socket 调用而获得的数据	fetch_user_list	fetchUserList
get	返回对象或者其他内部数据结构中的数据	get_user_list	getUserList
make	返回新建对象（不使用 new 操作符）	make_user	makeUser
on	事件处理程序。事件应是单字的，和 HTML 标记一致	on_mouseover	onMouseover
save	把数据保存到对象或者其他内部数据结构中	save_user_list	saveUserList
set	初始化或者更新通过参数提供的值	set_user_name	setUserName
store	发送数据到外部源进行存储，比如通过 AJAX 调用	store_user_list	storeUserList
update	和 set 类似，但有“先前已经初始化了”的暗含意思	update_user_list	updateUserList

我们看到了构造动词 make，fetch/get 和 store/save 之间的区别，尤其是在跨团队沟通意图的时候颇具价值。同时，使用 onEventname 格式的事件处理程序，变得越来越常见和有用。通用形式是 on<eventname><modifier>（on<事件名><修饰符>），其中修饰符是可选的。请注意，我们使用的事件名是单字的。比如，是 onMouseover，不是 onMouseOver，或者是 on_dragstart，不是 on_drag_start。

13. 命名未知类型的变量

有时候，我们实际上不知道变量包含的数据类型是什么。有两种情况很常见。

- 编写多态函数（接收多种数据类型的函数）。
- 接收的数据来自外部数据源，比如 AJAX 或者 Web socket 订阅。

此时，变量的主要特点是数据类型的不确定性。我们选定了一种写法，确保在变量名中包含了单词 data（见表 A-10）。

表 A-10　数据变量名的示例

局部作用域	模块作用域	说明
http_data, socket_data	httpData, socketData	接收自 HTTP 订阅或者 Web socket 的未知数据类型
arg_data, data	---	通过参数传递的未知数据类型

现在已经回顾了命名指南，我们来应用这些指南。

A.3.3 应用命名指南

我们来比较一下应用命名指南之前和之后的对象原型，见代码清单 A-22 和代码清单 A-23。

代码清单 A-22 不要这样

```
doggy = {
  temperature   : 36.5,
  name          : 'Guido',
  greeting      : 'Grrrr',
  speech        : 'I am a dog',
  height        : 1.0,
  legs          : 4,
  ok            : check,
  remove        : destroy,
  greet_people  : greet_people,
  say_something : say_something,
  speak_to_us   : speak,
  colorify      : flash,
  show          : render
};
```

我们不知道 temperature 是什么：是方法？字符串？还是对象？如果它是数字，单位是什么——F 还是 C?

这个属性也同样会有误导性。我们可能猜测它是字符串或者方法。

legs 暗示它是集合，像数组或者映射。但是这里却用于保存整数计数。

这样的方法映射很可怕：键和引用的函数之间没有并行的结构，从而跟踪代码就是噩梦。并且，函数名并不总是表示动作。最差劲的不符合规范的用法可能是 ok，意味着它是布尔状态。但它不是。

代码清单 A-23 而要这样

```
dogPrototype = {
  body_temp_c    : 36.5,
  dog_name       : 'Guido',
  greet_text     : 'Grrrr',
  speak_text     : 'I am a dog',
  height_in_m    : 1.0,
  leg_count      : 4,

  check_destroy  : checkDestroy,
  destroy_dog    : destroyDog,
  print_greet    : printGreet,
  print_name     : printName,
  print_speak    : printSpeak,
  show_flash     : showFlash,
  redraw_dog     : redrawDog
};
```

名字指示器告诉我们，它的值为字符串，和下面的 text 值的写法一样。

名字中包含单位，让我们知道它是数字以及它的范围。

count（计数）表明它是整数值。

行为动词表明它是方法。注意对齐的函数名，在跟踪代码的时候会有帮助。

上面的两个示例是两张示例页面中的代码片段：listings/apx0A/bad_dog.html 和 listings/apx0A/good_dog.html，在本书的代码资源中可以找到这两个文件。鼓励你下载并对它们进行比较，看看哪个示例更全面和更具维护性。

A.4　变量声明和赋值

可以将函数指针、对象指针、数组指针、字符串、数字、null 或者 undefined 赋给变量。一些 JavaScript 实现可能会在内部区分整数、32 位有符号整数和 64 位双精度浮点数，但没有正式的接口可以执行此种分类。

- 创建新对象、映射或者数组的时候，**使用{}或者[]**代替 `new Object()` 或者 `new Array()`。记住，映射是简单的只包含数据而没有方法的对象。如果需要使用对象继承，请使用第 2 章和本附录 A.5 小节演示的 `createObject` 工具方法。
- **使用工具方法复制对象和数组**。当把简单变量（像布尔值、字符串或者数字）赋给其他变量的时候，会复制它们的值。比如，`new_str = this_str`，会把底层数据（这里是字符串）复制给 `new_str`。当把 JavaScript 中的复杂变量（像数组和对象）赋给其他变量的时候，并不是复制它们的值，而是复制数据结构的指针。比如，`second_map = first_map`，结果 `second_map` 和 `first_map` 指向的数据是相同的，并且任何对 `second_map` 的操作都会在 `first_map` 体现出来。正确地复制数组和对象，不一定是显而易见或者容易的。为此我们极力推荐使用精心测试过的工具方法，比如 jQuery 所提供的方法。
- **一开始**就在函数作用域内，使用单个 `var` 关键字，**显式地声明所有的变量**。JavaScript 通过函数来限定变量作用域，没有提供块作用域（block scope）。因此，如果在函数中的任意地方声明变量，在调用函数的时候，立即就会被初始化，值为 `undefined`。把所有的变量声明放在前面，就是意识到了这种行为。这也会使代码更容易阅读，更容易发觉未声明的变量（这种变量绝不可接受）。

```
var getMapCopy = function ( arg_map ) {
  var key_name, result_map, val_data;

  result_map = {};

  for ( key_name in arg_map ) {
    if ( arg_map.hasOwnProperty( key_name ) ) {
      val_data = arg_map[ key_name ];
      if ( val_data ) { result_map[ key_name ] = val_data; }
    }
  }

  return result_map;
};
```


声明变量和对它赋值不一样：声明会通知 JavaScript 引擎，变量存在于作用域中。赋值是为变量提供值（取代 `undefined`）。为了方便起见，可以使用 `var` 语句合并声明和赋值的过程，但这不是必需的。

- **不要使用块**，因为 JavaScript 没有提供块作用域[①]。在块中定义变量，会使那些有

---

① 大多数时候这么说是对的，但 Firefox 中的 JavaScript（从 1.7 版本开始），引进了 `let` 语句，可以使用它来提供块作用域。但是它还未被所有主流浏览器支持，因此应该忽略它。

丰富的C家族语言经验的程序员感到困惑。请在函数作用域中声明变量。

- **把所有函数赋给变量**。这进一步巩固了 JavaScript 把函数当作第一类对象的事实。

```
// BAD
 function getMapCopy( arg_map ) { ... };
// GOOD
 var getMapCopy = function ( arg_map ) { ... };
```

- 当函数需要三个以上的参数时，**使用具名参数**（named arguments），因为位置参数①的含义很容易忘记，并且也不能进行自我说明。

```
// BAD
 var coor_map = refactorCoords( 22, 28, 32, 48);
// BETTER
 var coord_map = refactorCoords({ x1:22, y1:28, x2:32, y2:48 });
```

- **每条变量赋值语句占用一行**。尽可能按字母或者逻辑来排序。多个声明可以放在单行上：

```
// vars for lasso and drag function
var
  $cursor         = null, // current highlighted list item
  scroll_up_intid = null, // interval Id for scroll up
  index, length, ratio
  ;
```

声明并赋值。

一行上面声明多个变量。

A.5 函数

函数在 JavaScript 中起着核心的作用：它们组织代码、为变量作用域提供容器，并提供用于构造基于原型的对象的执行环境。因此尽管对函数的指南不多，但我们对它们已经很亲切了。

- **使用工厂模式构造对象**，因为它更好地说明 JavaScript 对象实际上是如何工作的，这种方式很快，可以提供像类一样的功能，比如对象计数。

```
var createObject, extendObject,
  sayHello, sayText, makeMammal,
  catPrototype, makeCat, garfieldCat;

// ** Utility function to set inheritance
// Cross-browser method to inherit Object.create()
//   Newer js engines (v1.8.5+) support it natively

var objectCreate = function ( arg ) {
  if ( ! arg ) { return {}; }
```

① 位置参数（positional arguments），顾名思义，参数的值是由它所在的位置（在函数形参列表中的位置）决定的。——译者注

```
  function obj() {};
  obj.prototype = arg;
  return new obj;
};

Object.create = Object.create || objectCreate;

// ** Utility function to extend an object
extendObject = function ( orig_obj, ext_obj ) {
  var key_name;
  for ( key_name in ext_obj ) {
    if ( ext_obj.hasOwnProperty( key_name ) ) {
      orig_obj[ key_name ] = ext_obj[ key_name ];
    }
  }
};

// ** object methods...
sayHello = function () {
  console.warn( this.hello_text + ' says ' + this.name );
};

sayText = function ( text ) {
  console.warn( this.name + ' says ' + text );
};
// ** makeMammal constructor
makeMammal = function ( arg_map ) {
  var mammal = {
    is_warm_blooded : true,
    has_fur         : true,
    leg_count       : 4,
    has_live_birth  : true,
    hello_text      : 'grunt',
    name            : 'anonymous',
    say_hello       : sayHello,
    say_text        : sayText
  };
  extendObject( mammal, arg_map );
  return mammal;
};
// ** use mammal constructor to create cat prototype
catPrototype = makeMammal({
  has_whiskers : true,
  hello_text   : 'meow'
});

// ** cat constructor
makeCat = function( arg_map ) {
  var cat = Object.create( catPrototype );
  extendObject( cat, arg_map );
  return cat;
};
// ** cat instance
garfieldCat = makeCat({
```

```
  name       : 'Garfield',
  weight_lbs : 8.6
});

// ** cat instance method invocations
garfieldCat.say_hello();
garfieldCat.say_text('Purr...');
```

- **避免伪类对象构造器**，即不要使用 new 关键字来构造伪类。如果在调用这种构造器时，没有使用 new 关键字，就会破坏全局名字空间。如果一定要使用这种构造器，就把首字母大写，这样就可以意识到它是伪类对象构造器。
- **所有的函数在使用之前都要先声明**。记住，声明函数和把值赋给它们是不同的。
- **当函数被立即调用的时候**，用括号将它包起来，这样就清楚地知道，值是函数运行的结果，而不是函数自身：`spa.shell = (function () { ... }());`

A.6 名字空间

很多早期的 JavaScript 代码比较简单，单独在一张页面上使用。这些脚本可以（而且经常就是这么做的）使用全局变量，而不会有什么影响。但是随着 JavaScript 应用的蓬勃发展和第三方类库的普遍使用，别人想要全局变量 i 的可能性会急剧上升。当两个代码库声明了相同的全局变量时，地狱之门也随之打开[①]。

只使用单一的全局函数，把其他所有变量的作用域限制在该函数里面，就可以极大地减少这种问题，如下所示：

```
var spa = (function () {
  // other code here

  var initModule = function () {
    console.log( 'hi there' );
  };

  return { initModule : initModule };
}());
```

我们把这个单一的全局函数（在这个示例中是 spa）叫做名字空间。赋给它的函数，在加载的时候就会执行，当然所有在该函数里面赋值的局部变量，在全局名字空间中是不可访问的。注意我们让 initModule 方法对外可见。所以其他代码可以调用初始化函数，但它不能访问其他的东西。并且必须使用 spa 前缀：

```
// from another library, call the spa initialization function
spa.initModule();
```

可以把名字空间再细分，这样就不会被迫用单个文件来装载 50KB 的应用。比如，可

① 作者曾经开发过一个应用，其中的一个第三方类库突然错误地声明了全局变量 util（他们本应该使用 JSLint……）。虽然我们的应用只有三个名字空间，其中一个就是 util。这个冲突使得我们的应用崩溃了，我们花费了四个小时来诊断，对问题做了变通方案。很明显我们都没那么开心。

以创建 spa、spa.shell 和 spa.slider 这样的名字空间：

```
// In the file spa.js:
var spa = (function () {
  // some code here
}());

// In the file spa.shell.js:
var spa.shell = (function () {
  // some code here
}());

// In the file spa.slider.js:
var spa.slider = (function () {
 // some code here
}());
```

名字空间是创建可维护的 JavaScript 代码的关键所在。

A.7 文件名和布局

名字空间是文件命名和布局的基础。下面是通用指南。

- **使用 jQuery** 来操作 DOM。
- 在构建自己的插件（像 jQuery 插件）之前，**先研究一下有没有第三方代码库**。“集成成本和臃肿的应用”与“标准化和代码一致性的好处”，要做到平衡。
- 避免在 HTML 中嵌入 JavaScript。使用外部库的方式。
- **在上线之前，对 JavaScript 和 CSS 进行压缩（minify）、混淆和 gzip 压缩**。比如，在上线准备期间，使用 Uglify 来压缩和混淆 JavaScript，在传输时使用 Apache2/mod_gzip 对文件进行 gzip 压缩。

JavaScript 文件指南如下。

- 在 HTML 中，**先引入第三方 JavaScript 文件**，这样它们的函数都有值了，我们的应用就随时可以使用这些函数。
- **接着引入我们自己的 JavaScript 文件**，按名字空间的顺序引入。比如，如果根名字空间 spa 还没被加载，那么不能加载 spa.shell 名字空间。
- **所有 JavaScript 文件的后缀都为.js**。
- **把所有的静态 JavaScript 文件保存在叫做 js 的目录下**。
- **根据名字空间来命名 JavaScript 文件**，每个文件一个名字空间。示例：

```
spa.js          // spa.*        namespace
spa.shell.js    // spa.shell.*  namespace
spa.slider.js   // spa.slider.* namespace
```

- **使用模板**来创建所有的 JavaScript 模块文件。本附录的最后有一个模板文件。

JavaScript 文件与 CSS 文件和类名之间，保持平行结构。

- **为会生成 HTML 的每个 JavaScript 文件创建一个 CSS 文件。**示例:

```
spa.css        // spa.*        namespace
spa.shell.css  // spa.shell.*  namespace
spa.slider.css // spa.slider.* namespace
```

- **所有 CSS 文件的后缀都为.css。**
- **把所有的 CSS 文件保存在叫做 css 的目录下。**
- **给 CSS 选择器加上模块名前缀。**这种做法能极大地有助于避免和第三方模块的意外冲突。示例:

```
spa.css defines #spa, .spa-x-clearall
spa.shell.css defines
  #spa-shell-header, #spa-shell-footer, .spa-shell-main
```

- 状态指示器**使用<名字空间>-x-<描述符>**和其他共享的类名。例如，`spa-x-select` 和 `spa-x-disabled`。把上面这些选择器放在根名字空间样式表里面，比如 `spa.css`。

上面这些是简单指南，容易遵循。这种组织化和一致性使得理解 CSS 和 JavaScript 之间的关系也就容易得多了。

A.8 语法

本节研究 JavaScript 的语法和一些我们遵循的指南。

A.8.1 标签

语句的标签(label)是可选的。只有下面这些语句需要加标签:`while`、`for` 和 `switch`。标签应该总使用大写，而且应该是单名词:

```
var
  horseList  = ['Anglo-Arabian', 'Arabian', 'Azteca', 'Clydsedale' ],
  horseCount = horseList.length,
  breedName, i
  ;

HORSE:
for ( i = 0; i < horseCount; i++ ) {
  breedName = horseList[ i ];
  if ( breedName === 'Clydsedale' ) { continue HORSE; }
  // processing for non-bud horses follows below
  // ...
}
```

A.8.2 语句

下面列出了常见的 JavaScript 语句和我们的使用建议。

1. continue

除非使用了标签，否则我们就会避免使用 `continue` 语句，要不然控制流程容易变得难以理解。continue 后面跟上一个标签，也使 continue 更具“弹性”。

```
// discouraged
 continue;

// encouraged
 continue HORSE;
```

2. do

do 语句的形式应该如下：

```
do {
  // statements
} while ( condition );
```

do 语句的结尾总是加上分号。

3. for

for 语句的形式，应该是下面所演示的其中之一：

```
for ( initialization; condition; update ) {
  // statements
}

for ( variable in object ) {
  if ( filter ) {
    // statements
  }
}
```

第一种形式应该用于数组，循环迭代的次数是可知的。

第二种形式应该用于对象和映射。注意，在对象原型上添加的成员（属性和方法），会包含在枚举当中。使用 hasOwnProperty 方法，可以筛选出真正的属性：

```
for ( variable in object ) {
  if ( object.hasOwnProperty( variable ) ) {
    // statements
  }
}
```

4. if

if 语句的形式，应该是下面演示的其中之一。else 关键字应另起一行：

```
if ( condition ) {
  // statements
}

if ( condition ) {
  // statements
}
else {
  // statements
}

if ( condition ) {
```

```
  // statements
}
else if ( condition ) {
  // statements
}
else {
  // statements
}
```

5. return

return 语句的返回值，不应该加括号。为了避免自动插入的分号，返回值表达式必须和 return 关键字在同一行上。

6. switch

switch 语句的形式应该如下：

```
switch ( expression ) {
  case expression:
    // statements
  break;
  case expression:
    // statements
  break;
  default:
   // statements
}
```

每组语句（default 除外）要以 break、return 或者 throw 结尾，使用贯穿（fall-through）的时候要非常小心，并加以注释，甚至应该重新考虑是否需要它。以简洁性换取可读性，真的值得吗？很可能不值得。

7. try

try 语句的形式，应该是以下形式的其中之一：

```
try {
  // statements
}
catch ( variable ) {
  // statements
}

try {
  // statements
}
catch ( variable ) {
  // statements
}
finally {
  // statements
}
```

8. while

while 语句的形式应该如下：

```
while ( condition ) {
  // statements
}
```

应该避免使用 while 语句，因为它们容易产生死循环的情况。赞成只要可能就使用 for 语句。

9. **with**

应该避免使用 with 语句。使用 object.call()家族方法，在调用函数的时候修改 this 的值。

A.8.3 其他语法

当然，除了标签和语句，JavaScript 还有很多的内容。下面是一些我们会遵循的其他指南。

1. 避免逗号运算符

避免使用逗号运算符（在 for 循环结构中会看到）。这并不适用逗号分隔符，它用于对象字面量、数组字面量、var 语句和参数列表。

2. 避免赋值表达式

在 if 和 while 语句的条件部分，避免使用赋值表达式（不要编写 if (a = b) { ...，因为不清楚是想测试相等，还是赋值）。

3. 总是使用===和!==比较运算符

使用===和!==运算符总是更好的。==和!=会进行类型转换。尤其不要使用==来比较“假值”。我们的 JSLint 配置不允许类型转换。如果你想测试某个值是“真”还是“假”，使用下面的结构：

```
if ( is_drag_mode ) { // is_drag_mode is truthy!
  runReport();
}
```

4. 避免混乱的加号和减号

请小心，在+之后不要跟随+或者++。这种模式很混乱。在它们之间插入括号，让你的意图变得清晰。

```
// confusing:
total = total_count + +arg_map.cost_dollars;

// better:
 total = total_count + (+arg_map.cost_dollars);
```

这就能防止把+ +错看成++。该指南对减号也同样适用。

5. 不要使用 **eval**

请当心，eval 有魔鬼的外号。不要使用 Function 构造器。不要向 setTimeout 和 setInterval 传递字符串。把JSON字符串转换成内部数据结构，要使用解析器，不要使用eval。

A.9 验证代码

JSLint 是一款 JavaScript 验证工具，由 Douglas Crockford 编写和维护。它很受欢迎，在定位代码错误并确保基本指南得以遵循时，非常有用。如果你正在编写专业级的 JavaScript，应该使用 JSLint 或者类似的验证工具。它帮助我们避免了许多种 bug，极大地缩短了开发时间。

A.9.1 安装 JSLint

- 下载最近的 jslint4java 发布版本，比如 https://code.google.com/p/jslint4java/上的 jslint4java-2.0.2.zip。
- 按照你所使用平台的说明，进行解压和安装。

如果使用的是 OS X 或者 Linux

可以移动 jar 文件，比如 `sudo mv jslint4java-2.0.2.jar /usr/local/lib/`，然后在`/usr/local/bin/j slint` 里面创建下列包装器（wrapper）：

```
#!/bin/bash
# See http://code.google.com/p/jslint4java/

for jsfile in $@;
do /usr/bin/java \
  -jar /usr/local/lib/jslint4java-2.0.1.jar \
  "$jsfile";
done
```

确保 jslint 是可执行的：`sudo chmod 755 /usr/local/bin/jslint`。

如果你安装了 Node.js，可以安装另外一个版本，像这样：`npm install -g jslint`。这个版本运行快得多，但这本书中的代码清单没有用它测试过。

A.9.2 配置 JSLint

我们的模块模板包含了 JSLint 的配置。我们使用下面这些设置来匹配编码标准。

```
/*jslint         browser : true, continue : true,
  devel  : true, indent  : 2,    maxerr   : 50,
  newcap : true, nomen   : true, plusplus : true,
  regexp : true, sloppy  : true, vars     : false,
  white  : true
*/
/*global $, spa, <other external vars> */
```

- `browser:true`——允许与浏览器相关的关键字，像 `document`、`history`、`clearInterval` 等。
- `continue:true`——允许 `continue` 语句。
- `devel:true`——允许与开发相关的关键字，像 `alert`、`console` 等。

- indent : 2——缩进为 2 个空格。
- maxerr : 50——超过 50 个错误后，终止 JSLint。
- newcap : true——允许构造函数首字母非大写。
- nomen : true——不允许在两边（最前或者最后）悬挂下划线符号（_）。
- plusplus : true——允许++和--。
- regexp : true——允许很有用但有潜在危险的正则表达式结构。
- sloppy : true——不需要 use strict 编译指令。
- vars : false——每个函数作用域内，不允许有多个 var 语句。
- white : true——禁用 JSLint 的格式化检查。

A.9.3 使用 JSLint

当希望检查代码正确性的时候，可以在命令行中使用 JSLint。语法为：

```
jslint filepath1 [filepath2, ... filepathN]
# example: jslint spa.js
# example: jslint *.js
```

我们已经编写了一个 git 的提交钩子脚本（hook），在允许提交到代码库之前，会测试所有更改的 JavaScript 文件。可以把下面的 shell 脚本添加到 repo/.git/hooks/pre-commit。

```
#!/bin/bash

# See www.davidpashley.com/articles/writing-robust-shell-scripts.html
# unset var check
set -u;
# exit on error check
# set -e;

BAIL=0;
TMP_FILE="/tmp/git-pre-commit.tmp";
echo;
echo "JSLint test of updated or new *.js files ...";
echo "  We ignore third_party libraries in .../js/third_party/...";
git status \
  | grep '.js$' \
  | grep -v '/js/third_party/' \
  | grep '#\s\+\(modified\|new file\)' \
  | sed -e 's/^#\s\+\(modified\|new file\):\s\+//g' \
  | sed -e 's/\s\+$//g' \
  | while read LINE; do
      echo -en "  Check ${LINE}: ... "
      CHECK=$(jslint $LINE);
      if [ "${CHECK}" != "" ]; then
        echo "FAIL";
```

```
      else
        echo "pass";
      fi;
    done \
  | tee "${TMP_FILE}";

echo "JSlint test complete";
if grep -s 'FAIL' "${TMP_FILE}"; then
  echo "JSLint testing FAILED";
  echo "  Please use jslint to test the failed files and ";
  echo "  commit again once they pass the check.";
  exit 1;
fi
echo;
exit 0;
```

你可能需要根据自己的用途，对它进行修改。另外，请确保它是可执行的（在 Mac 或 Linux 中，`chmod 755 pre-commit`）。

A.10 模块模板

经验表明，模块按一致的区块来划分，是很有价值的做法。它能帮助我们理解和浏览代码，提醒我们要以良好的方式来编码。代码清单 A-24 显示的模板是从很多项目的上百个模块中提炼出来的，里面是一些示例代码。

代码清单 A-24 推荐的模块模板

```
/*
 * module_template.js
 * Template for browser feature modules
 */

/*jslint         browser : true, continue : true,
  devel  : true, indent  : 2,    maxerr   : 50,
  newcap : true, nomen   : true, plusplus : true,
  regexp : true, sloppy  : true, vars     : false,
  white  : true
*/

/*global $, spa */

spa.module = (function () {
  //---------------- BEGIN MODULE SCOPE VARIABLES --------------
  var
    configMap = {
      settable_map : { color_name: true },
      color_name   : 'blue'
    },
    stateMap  = { $container : null },
    jqueryMap = {},

    setJqueryMap, configModule, initModule;
  //----------------- END MODULE SCOPE VARIABLES ---------------
```

在头部写明目的、作者和版本信息。这样就确保不管文件以任何方式传播，该信息都不会丢失。

在头部引入 JSLint 设置。推荐使用提交钩子（commit hook）以确保只有通过 JSLint 的 JavaScript 才能被提交到代码库。

使用自执行函数为模块创建名字空间。这能防止意外地创建全局 JavaScript 变量。每个文件应该只定义一个名字空间，并且文件名正好和名字空间对应。比如，模块的名字空间是 `spa.shell`，则文件名应为 `spa.shell.js`。

声明并初始化模块作用域变量。一般会使用 `configMap` 来保存模块配置、使用 `stateMap` 来保存运行时的状态值以及使用 `jqueryMap` 来缓存 jQuery 集合。

把所有私有的工具方法聚集在它们自己的区块里面。这些方法不会操作DOM,因此不需要浏览器就能运行。如果一个方法不是单个模块的工具方法，则应该把它移到共享的工具方法库里面，比如spa.util.js。

```
//------------------- BEGIN UTILITY METHODS ------------------
// example : getTrimmedString
//-------------------- END UTILITY METHODS -------------------

//--------------------- BEGIN DOM METHODS --------------------
```

把所有私有的 DOM 方法聚集在它们自己的区块里面。这些方法会访问和修改 DOM，因此需要浏览器才能运行。一个 DOM 方法的例子是移动 CSS sprite。setJqueryMap 方法用来缓存 jQuery 集合。

把所有的私有事件处理程序聚集在它们自己的区块里面。这些方法会处理事件，比如按钮点击、按下按键、浏览器容器缩放、或者接收 Web socket 消息。事件处理程序一般会调用 DOM 方法来修改 DOM，而不是它们自己直接去修改 DOM。

```
// Begin DOM method /setJqueryMap/
setJqueryMap = function () {
  var $container = stateMap.$container;

  jqueryMap = { $container : $container };
};
// End DOM method /setJqueryMap/
//---------------------- END DOM METHODS ---------------------
//------------------- BEGIN EVENT HANDLERS -------------------
// example: onClickButton = ...
//-------------------- END EVENT HANDLERS --------------------
```

把所有的回调方法聚集在它们自己的区块里面。如果有回调函数，我们一般都会把它们放在事件处理程序和公开方法之间。它们是准公开方法，因为它们会被所服务的外部模块使用。

```
//------------------- BEGIN PUBLIC METHODS -------------------
// Begin public method /configModule/
// Purpose    : Adjust configuration of allowed keys
// Arguments  : A map of settable keys and values
//   * color_name - color to use
// Settings   :
//   * configMap.settable_map declares allowed keys
// Returns    : true
// Throws     : none
//
configModule = function ( input_map ) {
  spa.butil.setConfigMap({
    input_map    : input_map,
    settable_map : configMap.settable_map,
    config_map   : configMap
  });
  return true;
};
// End public method /configModule/

// Begin public method /initModule/
// Purpose    : Initializes module
// Arguments  :
//  * $container the jquery element used by this feature
// Returns    : true
// Throws     : nonaccidental
//
initModule = function ( $container ) {
  stateMap.$container = $container;
  setJqueryMap();
  return true;
```

把所有的公开方法聚集在它们自己的区块里面。这些方法是模块公开接口的部分。如果有的话，该区块应该包括 configModule 和 initModule 方法。

```
  };
  // End public method /initModule/

  // return public methods
  return {
    configModule : configModule,
    initModule   : initModule
  };
  //------------------- END PUBLIC METHODS --------------------
}());
```

返回对象的公开方法。

A.11 小结

好的编码标准，是一个或多个开发人员最有效地工作所必需的。我们提出的标准很广泛且有凝聚力，但我们承认它可能不适合每个团队。不管怎样，希望这会鼓励读者，思考约定是如何解决或缓解这些常见问题的。我们强烈建议任何团队在着手大型项目之前，要达成一致的标准。

阅读代码的次数要比编写它的次数多得多，所以要优化代码的可读性。我们把每行的字符数限制为 78 个，使用两个空格的缩进。我们不允许使用制表符。我们按逻辑区块来划分代码行，这能使读者理解我们的意图，换行也使用一致的风格。使用 K&R 风格的括号，使用空格来区分关键字和函数。定义字符串字面量的时候，我们喜欢使用单引号。我们支持使用约定而不是注释来传达代码是干什么的。具有描述性的和一致的变量名是传达我们意图的关键所在，不用过度地使用注释。当在写注释的时候，我们按区块的策略来为之添加文档。重要的内部接口则使用一致的文档。

我们防止其他脚本通过名字空间，和代码发生不必要的交互。使用自执行函数来提供名字空间。对根名字空间进行了细分，以便组织代码并提供合理的文件大小和作用域。我们的每个 JavaScript 文件都只包含单个名字空间，它们的文件名反映了它们提供的名字空间。我们为 CSS 选择器和文件创建了并行的名字空间。

我们安装并配置了 JSLint。我们的代码，在允许它被提交到代码库之前，总是应用 JSLint 进行验证。我们使用一致的验证设置。我们演示了一个模块模板，它体现了很多我们提出的约定，并在头部引入 JSLint 设置。

编码标准意味着，通过共同语言和一致的结构，把开发人员从无意义的工作中解放出来。允许他们把创新精神放在重要的逻辑上面。一个好的标准能提供清晰明了的意图，对大型项目的成功至关重要。

附录 B　测试单页应用

本附录涵盖的内容

- 设置测试模式
- 选择测试框架
- 安装 nodeunit
- 创建测试集
- 修改单页应用的模块，添加测试设置

本附录以在第 8 章中编写的代码为基础。在开始前，你应该有了第 8 章的项目文件，我们将在其中添加文件。建议把第 8 章的整个目录结构复制一份，放到新的“appendix_B”目录中，在新的目录中更新文件。

我们是测试驱动开发的拥趸，曾参与过疯狂的项目，所有的测试都是自动生成的。使用排列工具，自动生成数以千计的回归测试，这些回归测试仅仅是描述 API 和它们的预期行为。如果某位开发人员修改了代码，在提交到代码库之前，必须通过回归测试。在引入新的 API 时，开发人员在配置中添加描述，然后就会自动生成成百上千的新测试。这种做法的结果是超凡的质量，因为代码覆盖率很高，很少有任何形式的回归。

虽然喜欢这种回归测试，但是我们不渴望在本附录能达到这种程度。我们只有足够的空间和时间帮你把脚弄湿[①]，但不能帮你洗澡。我们将创建测试模式，讨论它们的用法，然后使用 jQuery 和测试框架创建测试集。我们的测试工作比在实际项目中要晚，我们喜

① “帮你把脚弄湿（get your feet wet）”的意思是“带你入门”。——译者注

欢在编码的同时编写测试，因为这有助于解释清楚代码应该做什么。似乎是为了证明这一点，在编写本附录的时候，我们发现并解决了两个问题[①]。现在我们来讨论希望给单页应用添加的测试模式。

B.1 设置测试模式

在开发单页应用的时候，我们至少使用四种不同的测试模式。这些模式通常应该按下面的顺序使用。

- 不用浏览器，使用伪造数据测试 Model（模式 1）。
- 使用伪造数据，测试用户接口（模式 2）。
- 不用浏览器，使用真实数据测试 Model（模式 3）。
- 使用真实数据，测试 Model 和用户接口（模式 4）。

我们需要能够很容易地在测试模式之间进行切换，这样就可以快速地诊断、隔离并解决问题。这个目标的一个必然结果是，所有的模式应该使用相同的代码。我们希望不用浏览器就能运行测试（模式 1 和 3），也希望在浏览器中运行测试（模式 2 和 4）。

图 B-1 演示了“不用浏览器，使用伪造数据测试 Model（模式 1）”所用到的模块。首先应该使用这种测试模式，以便确保 Model 的 API 和预期设计的完全一样。

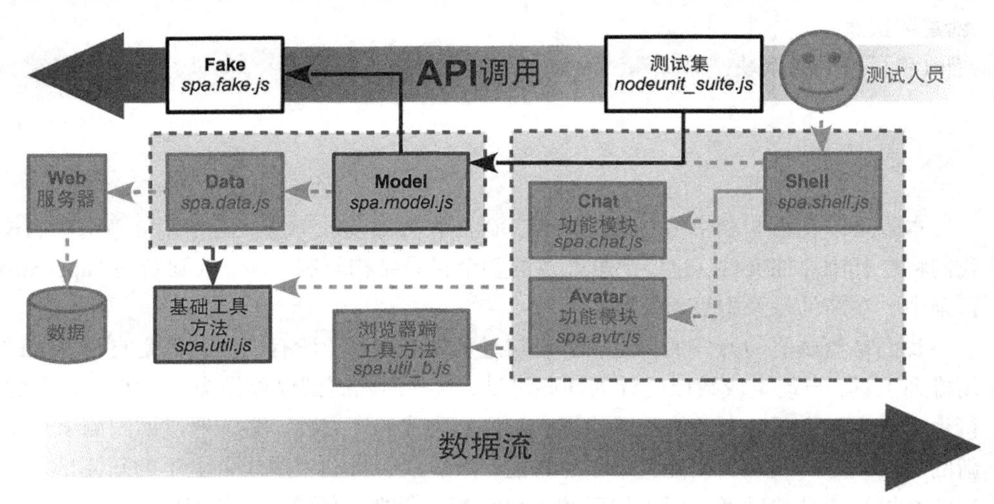

图 B-1　不用浏览器，使用伪造数据测试 Model（模式 1）

图 B-2 演示了“使用伪造数据，测试用户接口（模式 2）”所用到的模块。这是一个

① 如果你一定要知道的话，它们是：（1）在登出的时候，在线人员列表没有正确地清除；（2）在听者的头像被更新后，调用 `spa.model.chat.get_chatee()` 会返回过时的对象。这两个 bug 都已经在第 6 章中修复。

很好的模式，在测试过 Model 之后，可以隔离视图和控制器相关的 bug。

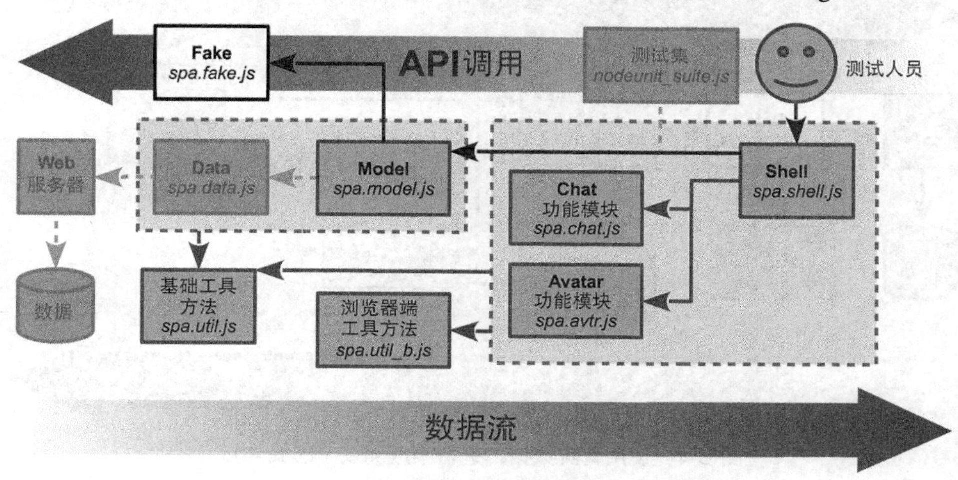

图 B-2 使用伪造数据，测试视图和控制器（模式 2）

图 B-3 演示了“不用浏览器，使用真实数据测试 Model（模式 3）”所用到的模块。这有助于隔离服务器 API 的问题。

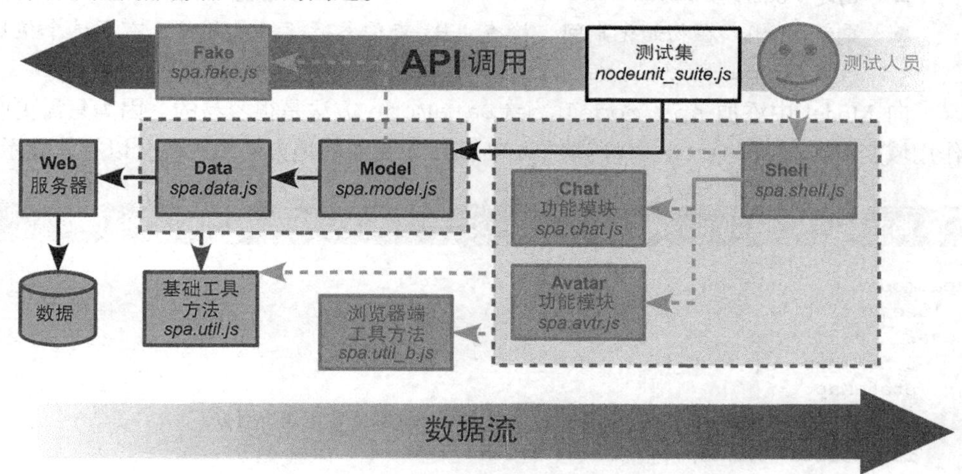

图 B-3 使用测试集和真实数据，测试 Model（模式 3）

图 B-4 演示了“使用真实数据，测试用户接口（模式 4）”所用到的模块。这允许用户测试整个流程（full stack），实际上就是整个应用。测试爱好者们（或者像我们这种有志向成为测试爱好者的人）把这叫做集成测试。

如果其他模式的测试工作做得很到位，就可以使得在模式 4 中发现的问题数量降至最小。一旦真的在模式 4 中发现了问题，我们应该使用更简单的模式对它进行隔离，从模式 1 开始。如果能很有效地解决问题，模式 4 就像月亮：一个有趣的观光胜地，但你不会想住在那里。

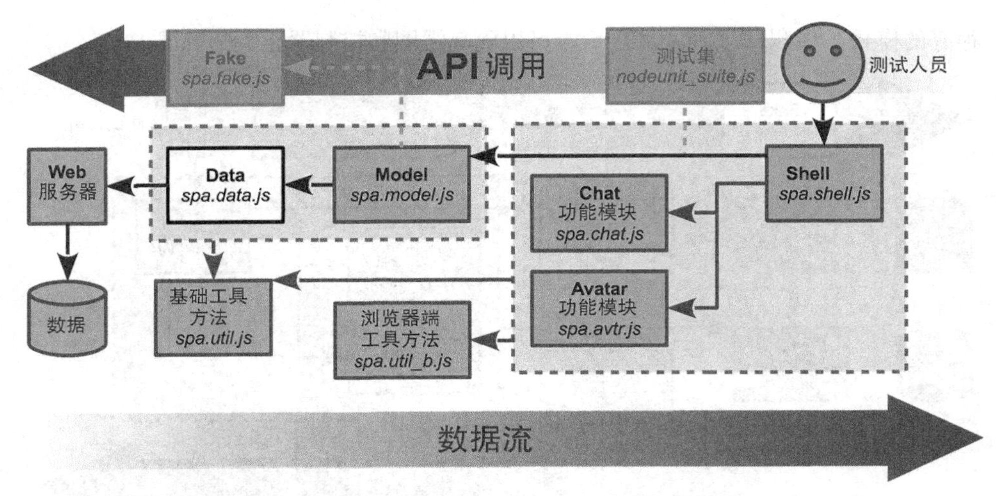

图 B-4 使用真实数据，进行集成测试（模式 4）

在本节中，我们将做些必要的更改，以便可以在浏览器界面中使用真实的和伪造的数据（模式 2 和 4）。下面是需要做的工作。

- 创建Model的spa.model.setDataMode方法，在伪造数据和真实数据之间进行切换。
- 更新 Shell，在初始化期间，检查 URI 查询参数 fake 的值。有了这个值后，然后使用 spa.model.setDataMode 方法，设置数据模式。

向 Model 中添加 spa.model.setDataMode 方法是很容易的，因为只需更改模块作用域变量 isFakeData。代码清单 B-1 演示了更新的地方。更改部分以粗体显示。

代码清单 B-1 向 Model 中添加 setDataMode——webapp/public/js/spa.model.js

```
...
spa.model = (function () {
  'use strict';
  var
    configMap = { anon_id : 'a0' },
    stateMap  = { ...
    },

    isFakeData = true,

    personProto, makeCid, clearPeopleDb, completeLogin,
    makePerson, removePerson, people, chat, initModule,
    setDataMode;
...
  setDataMode = function ( arg_str ) {
    isFakeData = arg_str === 'fake'
      ? true : false;
  };

  return {
    initModule : initModule,
```

默认使用伪造数据。

设置模块作用域变量 isFakeData。

```
    chat        : chat,
    people      : people,
    setDataMode: setDataMode     <---- 添加到导出列表。
  };
}());
```

接下来是修改 Shell，在初始化时读取 URI 查询参数，然后调用 spa.model.setDataMode（刚添加的方法）。这个更改就像是动了次外科手术，如代码清单 B-2 所示。更改部分以粗体显示。

代码清单 B-2 在 Shell 中设置数据模式——webapp/public/js/spa.shell.js

```
...
  //------------------- BEGIN PUBLIC METHODS -------------------
  // Begin Public method /initModule/
  ...
  //
  initModule = function ( $container ) {
    var data_mode_str;

    // set data to fake if URI query argument set
    data_mode_str
      = window.location.search === '?fake'
      ? 'fake' : 'live';
    spa.model.setDataMode( data_mode_str );

    // load HTML and map jQuery collections
    stateMap.$container = $container;
    $container.html( configMap.main_html );
    setJqueryMap();
    ...
```

首先进到 webapp 目录安装模块（npm install），然后启动 node 应用（node app.js）。打开带 fake 标志的浏览文档时（http://localhost:3000/spa.html?fake）时，接口会使用伪造的数据（模式 2）①。如果打开不带 fake 标志的浏览文档（http://localhost: 3000/spa.html），则会使用真实数据（模式 4）。在后面的小节中将讨论如何不在浏览器中测试单页应用（模式 1 和 3）。首先，来选定测试框架。

B.2 选择测试框架

我们已经设计了单页应用的架构，所以不使用浏览器就可以很容易地测试 Model。我们发现当 Model 运作得完全和设计一样时，修复用户接口 bug 的开销就显得微不足道。我们也发现人类在测试接口时，经常（但不总是）比测试脚本来得更加高效。

我们将使用 Node.js（而不是浏览器）来测试 Model。这允许我们在开发期间和部署

① 是的，我们知道解析查询参数是临时技巧。在线上环境中，我们会使用更健壮的程序库。

前，很容易并自动地运行测试集。因为不依赖浏览器，测试的编写、维护和扩展就更简单了。

Node.js 有很多测试框架，已经过多年的使用和优化。挑一个直接使用而不是自己进行开发，是明智的选择。下面列出的是一些因为这样或者那样的原因而觉得有趣的测试框架[1]。

- jasmine-jquery——可以“监视”jQuery 事件。
- mocha——流行的，和 nodeunit 类似，但测试报告要更好。
- nodeunit——流行的，简单却强大的工具。
- patr——使用 promise（和 jQuery 的`$.Deferred`对象类似）进行异步测试。
- vows——流行的异步 BDD[2]框架
- zombie——流行的、基于 Webkit 引擎的无头浏览器[3]，可以测试完整的应用。

zombie 兼容并包，目标是测试用户界面和 Model。它甚至引入了自己的 Webkit 渲染引擎实例，这样测试就可以检测渲染后的元素了。在这我们不会追逐这种测试，因为它很昂贵，并且安装、设置和维护都很繁琐（这只是附录，不是另一本书）。尽管我们发现 jasmine-jquery 和 patr 很有趣，理由在上面已经列出了，但我们觉得它们没达到我们需要的支持层级。mocha 和 vows 很流行，但我们希望先从更简单的开始。

这样一来只剩下 nodeunit 了，它很流行、强大、简单并且和我们的 IDE 集成得非常不错。我们来安装 nodeunit。

B.3 安装 nodeunit

在可以安装 nodeunit 之前，需要确保已经安装了在第 7 章中概述的 Node.js。当 Node.js 可以使用时，为了准备好 nodeunit 来运行测试集，需要安装两个 `npm` 包。

- `jquery`——需要安装 Node.js 版本的 jQuery，因为我们的 Model 使用了全局自定义事件，这需要 jQuery 和 jquery.event.gevent 插件。安装这个包会提供模拟的浏览器环境，这是额外的好处。所以如果想测试 DOM 操作的话，是可以做到的。
- `nodeunit`——这会提供 nodeunit 的命令行工具。当运行测试集的时候，我们将使用 `nodeunit` 命令，而不是 `node` 命令。

我们想在系统范围内安装这些包，这样所有的 Node.js 项目就可以使用它们。以根用户（或者如果是 Windows，则是管理员）的身份，使用`-g` 开关来安装这些包。代码清单 B-3 所示的命令对 Linux 和 Mac 有效。

---

① 详细清单请参见 https://github.com/joyent/node/wiki/modules#wiki-testing。

② BDD（behaviour driven development），行为驱动开发。——译者注

③ 无头浏览器（headless browser），即没有用户界面的浏览器。可以和普通浏览器一样访问页面，但是给其他程序使用的。——译者注

代码清单 B-3　安装系统范围内可用的 jQuery 和 nodeunit

```
$ sudo npm install -g jquery
$ sudo npm install -g nodeunit
```

请注意，你可能需要通过设置 NODE_PATH 环境变量，告诉执行环境在哪找到系统中的 Node.js 库。在 Linux 或者 Mac 中，在~/.bashrc 文件中添加下面的内容就行了：

```
$ echo 'export NODE_PATH=/usr/lib/node_modules' >> ~/.bashrc
```

这将确保每次打开新的终端会话时，都会设置 NODE_PATH[①]。现在已经安装了 Node.js、jQuery 和 nodeunit，我们来准备要测试的模块。

B.4 创建测试集

使用第 6 章中的已知数据（多亏 Fake 模块）和精心定义的 API，我们已经具备了成功测试 Model 的所有要素。图 B-5 演示了我们测试 Model 的计划[②]。

在可以开始测试之前，需要让 Node.js 来加载模块。接下来就做这一工作。

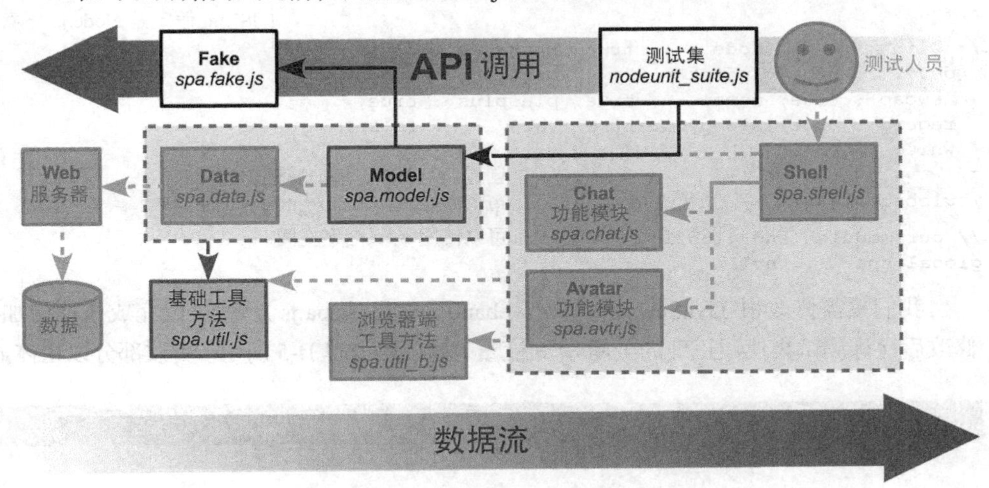

图 B-5　使用测试集和伪造数据来测试 Model（模式 1）

B.4.1 使用 Node.js 加载模块

Node.js 处理全局变量的方式和浏览器不同。不像浏览器中的 JavaScript，Node.js 文件

① 若只针对当前运行的终端会话有效，请输入 export PATH=/usr/lib/node_modules。取决于 Node.js 是如何安装的，路径可能会不同。在 Mac 上，你可以试一下/usr/local/share/npm/lib/node_modules。

② 有心的读者会注意到这张图是先前显示过的一张图的完美复制品，每个像素都一样，会说我们偷懒了。真希望我们是按书稿的长度来获得报酬的……

中的变量默认就是局部的。实际上，Node.js 把所有的库文件封装在一个匿名函数里面。让变量跨模块可用的方法是，把它作为一个顶级对象的属性。Node.js 中的顶级对象不是浏览器中的 window 对象，它叫做——且听我说——global。

我们设计的模块，是用在浏览器中的。但它们设计精巧，只需些许修改，就可以在 Node.js 中使用。我们是这么做的：整个应用运行在单个名字空间（对象）spa 中。所以如果在加载模块之前，在 Node.js 测试脚本中声明一个 global.spa 属性，那么所有的事情都会按预期工作。

现在，在一切东西从我们的短期记忆中消失之前，我们来开始编写测试集 webapp/public/nodeunit_suite.js，如代码清单 B-4 所示。

代码清单 B-4 在测试集中声明名字空间——webapp/public/nodeunit_suite.js

```
/*
 * nodeunit_suite.js
 * Unit test suite for SPA
 *
 * Please run using /nodeunit <this_file>/
*/

/*jslint         node    : true, continue : true,
  devel  : true, indent  : 2,    maxerr   : 50,
  newcap : true, nomen   : true, plusplus : true,
  regexp : true, sloppy  : true, vars     : false,
  white  : true
*/
/*global spa */

// our modules and globals
global.spa    = null;
```

添加 node: true 开关，让 JSLint 假定是 Node.js 环境。

创建 global.spa 属性，这样单页应用模块在加载的时候，就可以使用 spa 名字空间。

我们只需修改根 JavaScript 文件（webapp/public/js/spa.js），就可以完成模块的加载。修改后允许测试集使用正确的全局 spa 变量，如代码清单 B-5 所示。更改部分以粗体显示。

代码清单 B-5 修改单页应用的根 JavaScript 文件——webapp/public/js/spa.js

```
/*
 * spa.js
 * Root namespace module
*/
...
/*global $, spa:true */

spa = (function () {
  'use strict';
  var initModule = function ( $container ) {
    spa.data.initModule();
    spa.model.initModule();

    if ( spa.shell && $container ) {
      spa.shell.initModule( $container );
    }
```

在配置中添加 spa: true，这样 JSLint 就会允许我们指派全局变量 spa。

移除 var 声明。

修改应用，以便没有用户界面（Shell）也能运行。

```
    };

    return { initModule: initModule };
  }());
```

现在已经创建了 global.spa 变量，我们可以加载模块了，和在浏览文档中的做法很像（webapp/public/spa.html）。首先加载第三方模块，像 jQuery 和 TaffyDB，并确保它们的全局变量也是可用的（如果一定想知道的话，它们是 jQuery、$和 TAFFY）。然后加载 jQuery 插件，再然后是单页应用的模块。我们不会加载 Shell 和功能模块，因为测试 Model 时不需要它们。当这些想法仍旧在我们的意识中逗留的时候，我们来更新单元测试文件，如代码清单 B-6 所示。更改部分以粗体显示。

代码清单 B-6 添加库和模块——webapp/public/nodeunit_suite.js

```
...
/*global $, spa */

// third-party modules and globals
global.jQuery = require( 'jquery' );
global.TAFFY  = require( './js/jq/taffydb-2.6.2.js' ).taffy;
global.$      = global.jQuery;
require( './js/jq/jquery.event.gevent-0.1.9.js' );

// our modules and globals
global.spa = null;
require( './js/spa.js'       );
require( './js/spa.util.js'  );
require( './js/spa.fake.js'  );
require( './js/spa.data.js'  );
require( './js/spa.model.js' );

// example code
spa.initModule();
spa.model.setDataMode( 'fake' );

var $t = $( '<div/>' );
$.gevent.subscribe(
  $t, 'spa-login',
  function ( event, user ){
    console.log( 'Login user is:', user );
  }
);

spa.model.people.login( 'Fred' );
```

我们在代码清单的最后还颇具野心地偷偷写了个很简短的测试脚本。尽管希望最后使用 nodeunit 来运行这个文件，我们首先使用 Node.js 来运行这个文件，确保它正确地加载了库。事实上，当使用 Node.js 运行测试集的时候，我们看到的内容是这样的：

```
node nodeunit_suite.js
Login user is: { cid: 'id_5',
  name: 'Fred',
  css_map: { top: 25, left: 25, 'background-color': '#8f8' },
  ___id: 'T000002R000003',
  ___s: true,
  id: 'id_5' }
```

如果你正在运行示例，请耐心等待。在看到输出之前需要花费三秒钟，因为 Fake 模块在完成登入请求之前，会暂停这么长的时间。在输出内容后，还需要花费八秒钟时间，以便 Node.js 结束运行。这是因为 Fake 模块在模拟服务器的时候，使用了计时器（计时器是用 `setTimeout` 和 `setInterval` 方法创建的）。在这些计时器完成之前，Node.js 会认为程序“正在运行”，不会退出。之后我们还会讨论这个问题。现在先熟悉一下 nodeunit。

B.4.2 创建单个 nodeunit 测试

现在 Node.js 已经加载了库文件，我们可以专注于创建 nodeunit 测试。首先我们来熟悉一下 nodeunit。运行成功测试的步骤如下。

- 声明测试函数。
- 在每个测试函数中，使用 `test.expect(< count >)` 告诉 `test` 对象，预期有多少个断言（assertion）。
- 在每个测试中运行断言，比如 `test.ok( true );`。
- 在每个测试的最后，使用 `test.done()` 告诉 `test` 对象，测试已完成。
- 导出按顺序运行的测试结果清单。每个测试都是在前面的测试完成后才开始运行的。
- 使用 `nodeunit <filename>`，运行测试集。

代码清单 B-7 演示了使用上面这些步骤创建单个测试的 nodeunit 脚本。请阅读注释，它们提供了有用的见解。

代码清单 B-7 第一个 nodeunit 测试——webapp/public/nodeunit_test.js

```
/*jslint node : true, sloppy : true, white : true */

// A trivial nodeunit example

// Begin /testAcct/
var testAcct = function ( test ) {
  test.expect( 1 );
  test.ok( true, 'this passes' );
  test.done();
};
// End /testAcct/

module.exports = { testAcct : testAcct };
```

告诉 test 对象，我们计划运行单个断言。

声明测试函数 testAcct。可以给测试取任何想要的名字，它只是一个接收测试对象作为它唯一参数的函数。

调用该示例中的第一个（也是唯一一个）断言。

调用 test.done()，以便 nodeunit 可以继续处理下一个测试（或者退出）。

按顺序导出希望 nodeunit 运行的测试的结果清单。

当运行 `nodeunit nodeunit_test.js` 时，会看到下面的输出信息：

```
nodeunit_test.js
✔ testAcct

OK: 1 assertions (3ms)
```

现在我们结合 nodeunit 的经验，对想要测试的代码进行测试。

B.4.3 创建第一个真实的测试

现在我们将把第一个测试示例转换成真实的测试。可以使用 nodeunit 和 jQuery 的 Deferred 对象，避开测试事件驱动代码的陷阱。首先，我们依赖这一事实：只有当前一个测试通过执行 test.done() 来声明它已完成时，nodeunit 才会继续运行新的测试。这样测试就更容易编写和理解。其次，可以使用 jQuery 中的 Deferred 对象，只有在所需的单页应用的登入事件发布之后，才调用 test.done()。然后让脚本继续运行下一个测试。我们来更新测试集，如代码清单 B-8 所示。更改部分以粗体显示。

代码清单 B-8 第一个真实的测试——webapp/public/nodeunit_suite.js

```
...
// our modules and globals
global.spa = null;
require( './js/spa.js'       );
require( './js/spa.util.js'  );
require( './js/spa.fake.js'  );
require( './js/spa.data.js'  );
require( './js/spa.model.js' );

// Begin /testAcct/ initialize and login
var testAcct = function ( test ) {
  var $t, test_str, user, on_login,
    $defer = $.Deferred();

  // set expected test count
  test.expect( 1 );

  // define handler for 'spa-login' event
  on_login = function (){ $defer.resolve(); };

  // initialize
  spa.initModule( null );
  spa.model.setDataMode( 'fake' );

  // create a jQuery object and subscribe
  $t = $('<div/>');
  $.gevent.subscribe( $t, 'spa-login', on_login );

  spa.model.people.login( 'Fred' );

  // confirm user is no longer anonymous
  user     = spa.model.people.get_user();
  test_str = 'user is no longer anonymous';
  test.ok( ! user.get_is_anon(), test_str );

  // declare finished once sign-in is complete
  $defer.done( test.done );
};
// End /testAcct/ initial setup and login

module.exports = { testAcct : testAcct };
```

当运行 nodeunit nodeunit_suite.js 时，我们会看到以下输出信息：

```
nodeunit_suite.js
✔ testAcct

OK: 1 assertions (3320ms)
```

现在已经成功实现了单个测试，我们来制定出希望出现在测试集中的测试，并讨论如何确保按正确的顺序来执行这些测试。

B.4.4 映射事件和测试

在第 5 章和第 6 章中手动测试 Model 时，在输入下一个测试之前，自然而然会等待某个处理过程的完成。这对人类是显而易见的：在可以测试消息传输之前，必须等到登入成功为止。但对测试集来说却不用这样。

我们必须制定事件和测试的序列，以便测试集顺利地运行。编写测试集的一个好处是，它可以让我们更全面地分析和理解代码。有时候与运行测试相比，编写测试可以发现更多的 bug。

我们先设计测试集的测试计划。把虚构用户 Fred 当作测试 Model，通过他来对整个单页应用进行测试。下面是想让 Fred 做的事情（附带标签）。

- testInitialState——测试 Model 的初始状态。
- loginAsFred——登入 Fred，在登入完成前测试用户对象。
- testUserAndPeople——测试在线用户列表和用户详情。
- testWilmaMsg——接收来自 Wilma 的消息并测试消息详情。
- sendPebblesMsg——把听者更改为 Pebbles，并向她发送消息。
- testMsgToPebbles——测试发送给 Pebbles 的消息内容。
- testPebblesResponse——测试 Pebbles 发送的响应消息内容。
- updatePebblesAvtr——更新 Pebbles 的头像数据。
- testPebblesAvtr——测试更新 Pebbles 的头像。
- logoutAsFred——登出 Fred。
- testLogoutState——在登出之后，测试 Model 的状态。

我们的测试框架和 nodeunit，会按上面显示的顺序来运行测试，只有在前面的测试声明它已完成时，才会继续运行下一个测试。这种机制对我们有利，因为我们想确保在运行某个测试之前，特定的事件已经发生。比如，在测试在线用户列表之前，我们希望发生用户登入事件。我们来制定测试计划，包括在继续每个测试之前需要发生的事件，如代码清单 B-9 所示。请注意，测试名称和我们计划中的标签正好匹配，它们是给人阅读的。

代码清单 B-9 详细描述包含阻塞事件的测试计划

```
// Begin /testInitialState/
  // initialize our SPA
  // test the user in the initial state
  // test the list of online persons
  // proceed to next test without blocking
// End /testInitialState/

// Begin /loginAsFred/
  // login as 'Fred'
  // test user attributes before login completes
  // proceed to next test when both conditions are met:
  //   + login is complete (spa-login event)
  //   + the list of online persons has been updated
  //     (spa-listchange event)
// End /loginAsFred/

// Begin /testUserAndPeople/
  // test user attributes
  // test the list of online persons
  // proceed to next test when both conditions are met:
  //   + first message has been received (spa-updatechat event)
  //     (this is the example message from 'Wilma')
  //   + chatee change has occurred (spa-setchatee event)
// End /testUserAndPeople/

// Begin /testWilmaMsg/
  // test message received from 'Wilma'
  // test chatee attributes
  // proceed to next test without blocking
// End /testWilmaMsg/

// Begin /sendPebblesMsg/
  // set_chatee to 'Pebbles'
  // send_msg to 'Pebbles'
  // test get_chatee() results
  // proceed to next test when both conditions are met:
  //   + chatee has been set (spa-setchatee event)
  //   + message has been sent (spa-updatechat event)
// End /sendPebblesMsg/

// Begin /testMsgToPebbles/
  // test the chatee attributes
  // test the message sent
  // proceed to the next test when
  //   + A response has been received from 'Pebbles'
  //     (spa-updatechat event)
// End /testMsgToPebbles/

// Begin /testPebblesResponse/
  // test the message received from 'Pebbles'
  // proceed to next test without blocking
// End /testPebblesResponse/

// Begin /updatePebblesAvtr/
  // invoke the update_avatar method
  // proceed to the next test when
```

```
    //   + the list of online persons has been updated
    //     (spa-listchange event)
  // End /updatePebblesAvtr/

  // Begin /testPebblesAvtr/
    // get 'Pebbles' person object using get_chatee method
    // test avatar details for 'Pebbles'
    // proceed to next test without blocking
  // End /testPebblesAvtr/

  // Begin /logoutAsFred/
    // logout as fred
    // proceed to next test when
    //   + logout is complete (spa-logout event)
  // End /logoutAsFred/

  // Begin /testLogoutState/
    // test the list of online persons
    // test user attributes
    // proceed without blocking
  // End /testLogoutState/
```

这个计划是线性的，容易理解。在下一节中，我们将实现这个计划。

B.4.5 创建测试集

现在可以添加一些工具方法，逐渐地向测试集中添加测试。为了检查进展，每一步我们都会运行测试集。

1. 添加初始化状态和登入的测试

我们会先在测试集中编写一些工具方法，添加三个测试：检查 Model 的初始状态，让 Fred 登入，然后检查用户和人员列表属性。我们发现这些测试通常分为以下两类。

（1）验证测试：许多断言（像 `user.name === 'Fred'`）用来检查程序数据的正确性。这些测试通常不会阻塞。

（2）控制测试：会执行操作，像登入、发送消息或者更新头像。这些测试很少有很多的断言，并且经常会阻塞进程，直到基于事件的条件满足为止。

我们发现最好是拥抱这种自然的划分，相应地命名测试。验证测试命名为 `test<something>`，控制测试根据它们所做的事件进行命名，像 `loginAsFred`。

`loginAsFred` 测试需要完成登入，在允许 nodeunit 继续运行 `testUserAndPeople` 测试之前，需要更新在线用户列表。这是通过让 jQuery 集合 `$t` 绑定 `spa-login` 和 `spa-listchange` 事件处理程序来完成的。测试集使用 jQuery 的 `Deferred` 对象来确保这些事件发生在 `loginAsFred` 执行 `test.done()` 之前。

我们来更新测试集，如清单 B-10 所示。像往常一样，请阅读包含了额外信息的注释。代码清单 B-9 是为测试计划创建的注释，更改部分以粗体显示。

代码清单 B-10 添加前两个测试——webapp/public/nodeunit_suite.js

```
...
/*global $, spa */

// third-party modules and globals
...

// our modules and globals
...

var
  // utility and handlers
  makePeopleStr, onLogin, onListchange,

  // test functions
  testInitialState, loginAsFred, testUserAndPeople,

  // event handlers
  loginEvent, changeEvent, loginData, changeData,

  // indexes
  changeIdx = 0,

  // deferred objects
  $deferLogin      = $.Deferred(),
  $deferChangeList = [ $.Deferred() ];

// utility to make a string of online person names
makePeopleStr = function ( people_db ) {
  var people_list = [];
  people_db().each(function( person, idx ) {
    people_list.push( person.name );
  });
  return people_list.sort().join( ',' );
};

// event handler for 'spa-login'
onLogin = function ( event, arg ) {
  loginEvent = event;
  loginData  = arg;
  $deferLogin.resolve();
};

// event handler for 'spa-listchange'
onListchange = function ( event, arg ) {
  changeEvent = event;
  changeData  = arg;
  $deferChangeList[ changeIdx ].resolve();
  changeIdx++;
  $deferChangeList[ changeIdx ] = $.Deferred();
};

// Begin /testInitialState/
testInitialState = function ( test ) {
  var $t, user, people_db, people_str, test_str;
  test.expect( 2 );

  // initialize our SPA
  spa.initModule( null );
```

使用描述性的名称，声明前三个测试方法，以便测试报告读起来很容易。

创建 makePeopleStr 工具方法。顾名思义，它会生成包含 TaffyDB 集合中的用户名字符串。这使得测试集只要简单地比较字符串，就可以测试在线人员列表。

创建处理自定义全局事件 spa-login 的方法。当执行这个方法时，它会调用$deferLogin.resolve()。

创建处理自定义全局事件 spa-listchange 的方法。当执行这个方法时，它会调用$deferChangeList [idxChange].resolve()，然后把一个新的 jQuery Deferred 对象保存到$deferChangeList，用于之后的 spa-listchange 事件。

```
  spa.model.setDataMode( 'fake' );

  // create a jQuery object
  $t = $('<div/>');

  // subscribe functions to global custom events
  $.gevent.subscribe( $t, 'spa-login',      onLogin      );
  $.gevent.subscribe( $t, 'spa-listchange', onListchange );

  // test the user in the initial state
  user     = spa.model.people.get_user();
  test_str = 'user is anonymous';
  test.ok( user.get_is_anon(), test_str );

  // test the list of online persons
  test_str = 'expected user only contains anonymous';
  people_db  = spa.model.people.get_db();
  people_str = makePeopleStr( people_db );
  test.ok( people_str === 'anonymous', test_str );

  // proceed to next test without blocking
  test.done();
};
// End /testInitialState/

// Begin /loginAsFred/
loginAsFred = function ( test ) {
  var user, people_db, people_str, test_str;
  test.expect( 6 );

  // login as 'Fred'
  spa.model.people.login( 'Fred' );
  test_str = 'log in as Fred';
  test.ok( true, test_str );

  // test user attributes before login completes
  user     = spa.model.people.get_user();
  test_str = 'user is no longer anonymous';
  test.ok( ! user.get_is_anon(), test_str );

  test_str = 'usr name is "Fred"';
  test.ok( user.name === 'Fred', test_str );

  test_str = 'user id is undefined as login is incomplete';
  test.ok( ! user.id, test_str );

  test_str = 'user cid is c0';
  test.ok( user.cid === 'c0', test_str );

  test_str   = 'user list is as expected';
  people_db  = spa.model.people.get_db();
  people_str = makePeopleStr( people_db );
  test.ok( people_str === 'Fred,anonymous', test_str );

  // proceed to next test when both conditions are met:
  //   + login is complete (spa-login event)
  //   + the list of online persons has been updated
  //     (spa-listchange event)
  $.when( $deferLogin, $deferChangeList[ 0 ] )
    .then( test.done );
```

创建 jQuery 集合$t，可以用它来绑定自定义全局事件的处理程序。

订阅需要确认 loginAsFred 完成的 jQuery 自定义全局事件。spa-login 事件由 onLogin 方法处理，spa-listchange 事件由 onListchange 方法处理。

通过无条件地调用 test.done()，testInitialState 测试不会阻塞下一个测试，测试会继续进行。

loginAsFred使用jQuery的Deferred对象，以便确保在声明test.done()之前，所需的事件已经完成。登录过程必须完成（$deferLogin.is_resolved()===true），在线用户列表必须已经更新($defer ChangeList[0].is_resolved === true)。$.when(<deferred objects>).then(<function>) 语句实现了这个逻辑。

```
};
// End /loginAsFred/

// Begin /testUserAndPeople/
testUserAndPeople = function ( test ) {
  var
    user, cloned_user,
    people_db, people_str,
    user_str, test_str;
  test.expect( 4 );

  // test user attributes
  test_str = 'login as Fred complete';
  test.ok( true, test_str );

  user        = spa.model.people.get_user();
  test_str    = 'Fred has expected attributes';
  cloned_user = $.extend( true, {}, user );

  delete cloned_user.___id;
  delete cloned_user.___s;
  delete cloned_user.get_is_anon;
  delete cloned_user.get_is_user;

  test.deepEqual(
    cloned_user,
    { cid     : 'id_5',
      css_map : { top: 25, left: 25, 'background-color': '#8f8' },
      id      : 'id_5',
      name    : 'Fred'
    },
    test_str
  );

  // test the list of online persons
  test_str = 'receipt of listchange complete';
  test.ok( true, test_str );

  people_db  = spa.model.people.get_db();
  people_str = makePeopleStr( people_db );
  user_str = 'Betty,Fred,Mike,Pebbles,Wilma';
  test_str = 'user list provided is expected - ' + user_str;

  test.ok( people_str === user_str, test_str );

  test.done();
};
// End /testUserAndPeople/

module.exports = {
  testInitialState  : testInitialState,
  loginAsFred       : loginAsFred,
  testUserAndPeople : testUserAndPeople
};
// End of test suite
```

测试登入用户和在线人员列表的属性。

此时让测试继续进行，不要阻塞 testUserAndPeople 测试，因为在这儿它没有更多的测试。在添加更多测试时再进行更改。

按希望的执行顺序导出测试。当使用nodeunit运行这些测试的时候，会显示测试的名称。

当运行测试集时（nodeunit nodeunit_suite.js），会看到以下输出信息：

```
nodeunit_suite.js
✔ testInitialState
```

```
✔ loginAsFred
✔ testUserAndPeople

OK: 12 assertions (4223ms)
```

在可以操作控制台之前，测试集花费了大约 12 秒钟时间，因为 JavaScript 需要等待激活计时器（active timer）的完成。不用担心这事，在完成测试集的时候就不会有这个问题了。现在我们来添加消息处理的测试。

2. 添加消息处理的测试

现在我们将添加测试计划中接下来的 4 个测试。这些测试是很好的逻辑组合，因为它们全部都在测试发送和接收消息的问题。测试包括 `testWilmaMsg`、`sendPebblesMsg`、`testMsgToPebbles` 和 `testPebblesResponse`。我们觉得这些名字很好地概括了每个测试是干什么的。

在添加测试时，我们需要更多的 jQuery `Deferred` 对象，以便确保测试的连续执行。代码清单 B-11 演示了这一实现。请阅读注释，它们详细描述了如何完成对新测试的阻塞。所有的更改以粗体显示。

代码清单 B-11 添加消息处理的测试——webapp/public/ nodeunit_suite.js

```
...
var
  // utility and handlers
  makePeopleStr, onLogin, onListchange,
  onSetchatee,   onUpdatechat,

  // test functions
  testInitialState,    loginAsFred,    testUserAndPeople,
  testWilmaMsg,        sendPebblesMsg, testMsgToPebbles,
  testPebblesResponse,

  // event handlers
  loginEvent, changeEvent, chateeEvent, msgEvent,
  loginData, changeData, msgData, chateeData,

  // indexes
  changeIdx = 0, chateeIdx = 0, msgIdx = 0,

  // deferred objects
  $deferLogin      = $.Deferred(),
  $deferChangeList = [ $.Deferred() ],
  $deferChateeList = [ $.Deferred() ],
  $deferMsgList    = [ $.Deferred() ];

// utility to make a string of online person names

...

// event handler for 'spa-updatechat'
onUpdatechat = function ( event, arg ) {
  msgEvent = event;
  msgData  = arg;
  $deferMsgList[ msgIdx ].resolve();
```

声明两个新的事件处理程序。

声明保存事件处理程序数据的变量。

声明 4 个新的测试名称。

声明 Deferred 对象列表的索引变量。

声明用于事件处理程序的 jQuery Deferred 对象列表。

添加全局自定义事件 spa-updatechat 的处理程序。当接收或者发送新消息时，会调用这个事件处理程序。

```
    msgIdx++;
    $deferMsgList[ msgIdx ] = $.Deferred();
  };

  // event handler for 'spa-setchatee'
  onSetchatee = function ( event, arg ) {
    chateeEvent = event;
    chateeData = arg;
    $deferChateeList[ chateeIdx ].resolve();
    chateeIdx++;
    $deferChateeList[ chateeIdx ] = $.Deferred();
  };

  // Begin /testInitialState/
  testInitialState = function ( test ) {
    ...
    // subscribe functions to global custom events
    $.gevent.subscribe( $t, 'spa-login',      onLogin      );
    $.gevent.subscribe( $t, 'spa-listchange', onListchange );
    $.gevent.subscribe( $t, 'spa-setchatee',  onSetchatee  );
    $.gevent.subscribe( $t, 'spa-updatechat', onUpdatechat );
    ...
  };
  // End /testInitialState/

  ...
  // Begin /testUserAndPeople/
  testUserAndPeople = function ( test ) {
    ...
    test.ok( people_str === user_str, test_str );

    // proceed to next test when both conditions are met:
    //   + first message has been received (spa-updatechat event)
    //     (this is the example message from 'Wilma')
    //   + chatee change has occurred (spa-setchatee event)
    $.when($deferMsgList[ 0 ], $deferChateeList[ 0 ] )
      .then( test.done );
  };
  // End /testUserAndPeople/

  // Begin /testWilmaMsg/
  testWilmaMsg = function ( test ) {
    var test_str;
    test.expect( 4 );

    // test message received from 'Wilma'
    test_str = 'Message is as expected';
    test.deepEqual(
      msgData,
      { dest_id: 'id_5',
        dest_name: 'Fred',
        sender_id: 'id_04',
        msg_text: 'Hi there Fred!  Wilma here.'
      },
      test_str
    );

    // test chatee attributes
```

添加全局自定义事件 spa-setchatee 的处理程序。当听者发生变化时（不管是何原因），会调用这个事件处理程序。如果用户选择了新的听者，或者如果当前听者下线，或者如果接收到了不是来自当前听者的消息时，都会导致听者发生变化。

让 jQuery 集合 $t 绑定全局自定义事件 spa-setchatee 的处理程序 onSetchatee。

让 jQuery 集合 $t 绑定全局自定义事件 spa-updatechat 的处理程序 onUpdatechat。

直到处理完第一条消息和听者第一次发生变化之后，才让 testUserAndPeople 测试继续往前行进。使用 jQuery 的 Deferred 对象和 $.when().then() 结构来实现这一阻塞。

添加测试，检查来自 Wilma 的消息连同新的听者的属性。

```
    test.ok( chateeData.new_chatee.cid  === 'id_04' );
    test.ok( chateeData.new_chatee.id   === 'id_04' );
    test.ok( chateeData.new_chatee.name === 'Wilma' );

    // proceed to next test without blocking
    test.done();
  };
  // End /testWilmaMsg/

  // Begin /sendPebblesMsg/
  sendPebblesMsg = function ( test ) {
    var test_str, chatee;
    test.expect( 1 );

    // set_chatee to 'Pebbles'
    spa.model.chat.set_chatee( 'id_03' );

    // send_msg to 'Pebbles'
    spa.model.chat.send_msg( 'whats up, tricks?' );

    // test get_chatee() results
    chatee = spa.model.chat.get_chatee();
    test_str = 'Chatee is as expected';
    test.ok( chatee.name === 'Pebbles', test_str );

    // proceed to next test when both conditions are met:
    //   + chatee has been set (spa-setchatee event)
    //   + message has been sent (spa-updatechat event)
    $.when( $deferMsgList[ 1 ], $deferChateeList[ 1] )
      .then( test.done );
  };
  // End /sendPebblesMsg/

  // Begin /testMsgToPebbles/
  testMsgToPebbles = function ( test ) {
    var test_str;
    test.expect( 2 );

    // test the chatee attributes
    test_str = 'Pebbles is the chatee name';
    test.ok(
      chateeData.new_chatee.name === 'Pebbles',
      test_str
    );

    // test the message sent
    test_str = 'message change is as expected';
    test.ok( msgData.msg_text === 'whats up, tricks?', test_str );

    // proceed to the next test when
    //   + A response has been received from 'Pebbles'
    //     (spa-updatechat event)
    $deferMsgList[ 2 ].done( test.done );
  };
  // End /testMsgToPebbles/

  // Begin /testPebblesResponse/
  testPebblesResponse = function ( test ) {
    var test_str;
```

不阻塞 testWilmaMsg 测试，继续进行下一个测试。

添加 sendPebblesMsg 测试，Fred 把 Pebbles 设置为听者，并向她发送了一条消息。像大多数执行操作的测试，很少会有断言，代码块会一直阻塞着，直到有事件发生为止。

直到处理完第二条消息和听者第二次发生变化之后，才让 sendPebblesMsg 测试继续往前行进。使用 jQuery 的 Deferred 对象和 $.when().then() 结构来实现这一阻塞。

添加测试，检查发送给 Pebbles 的消息。

直到处理完第三条消息（Pebbles 的响应）之后，才让 testMsgToPebbles 测试继续往前行进。

添加 testPebblesResponse 测试，检查 Pebbles 发送的消息。

```
    test.expect( 1 );

    // test the message received from 'Pebbles'
    test_str = 'Message is as expected';
    test.deepEqual(
      msgData,
      { dest_id: 'id_5',
        dest_name: 'Fred',
        sender_id: 'id_03',
        msg_text: 'Thanks for the note, Fred'
      },
      test_str
    );

    // proceed to next test without blocking
    test.done();
  };
  // End /testPebblesResponse/

  module.exports = {
    testInitialState      : testInitialState,
    loginAsFred           : loginAsFred,
    testUserAndPeople     : testUserAndPeople,
    testWilmaMsg          : testWilmaMsg,
    sendPebblesMsg        : sendPebblesMsg,
    testMsgToPebbles      : testMsgToPebbles,
    testPebblesResponse   : testPebblesResponse
  };
  // End of test suite
```

不阻塞 testPebblesResponse 测试，继续往前行进。

向测试集添加新的测试。

当运行测试集时（nodeunit nodeunit_suite.js），会看到以下输出信息：

```
nodeunit_suite.js
✔ testInitialState
✔ loginAsFred
✔ testUserAndPeople
✔ testWilmaMsg
✔ sendPebblesMsg
✔ testMsgToPebbles
✔ testPebblesResponse

OK: 20 assertions (14233ms)
```

从运行测试集到返回至控制台，花费的时间和前面的一样长，但现在我们看到了新的测试。具体来说，现在测试集会先等待，然后测试 Wilma 发送给用户的消息。现在我们来添加更多的测试，从而完成测试集的编写。

3. 添加头像、登出和登出状态的测试

现在我们将添加计划中剩余的 4 个测试，从而完成测试集的编写。我们还是使用 Deferred 对象，以便确保在允许从这一个测试行进到另一个测试之前，接收了某些事件。代码清单 B-12 演示了附加的测试。更改部分以粗体显示。

代码清单 B-12 附加测试——webapp/public/nodeunit_suite.js

```
...
var
  // utility and handlers
  makePeopleStr, onLogin,        onListchange,
  onSetchatee,   onUpdatechat, onLogout,

  // test functions
  testInitialState,    loginAsFred,         testUserAndPeople,
  testWilmaMsg,        sendPebblesMsg,      testMsgToPebbles,
  testPebblesResponse, updatePebblesAvtr, testPebblesAvtr,
  logoutAsFred,        testLogoutState,

  // event handlers
  loginEvent, changeEvent, chateeEvent, msgEvent, logoutEvent,
  loginData, changeData, msgData, chateeData, logoutData,
  ...

  $deferMsgList    = [ $.Deferred() ],
  $deferLogout     = $.Deferred();

...
// event handler for 'spa-setchatee'
...
// event handler for 'spa-logout'
onLogout = function ( event, arg ) {
  logoutEvent = event;
  logoutData  = arg;
  $deferLogout.resolve();
};

// Begin /testInitialState/
testInitialState = function ( test ) {
  ...
  $.gevent.subscribe( $t, 'spa-updatechat', onUpdatechat );
  $.gevent.subscribe( $t, 'spa-logout',     onLogout     );

  // test the user in the initial state
...
// End /testPebblesResponse/

// Begin /updatePebblesAvtr/
updatePebblesAvtr = function ( test ) {
  test.expect( 0 );

  // invoke the update_avatar method
  spa.model.chat.update_avatar({
    person_id : 'id_03',
    css_map   : {
      'top' : 10, 'left' : 100,
      'background-color' : '#ff0'
    }
  });

  // proceed to the next test when
  //   + the list of online persons has been updated
  //     (spa-listchange event)
  $deferChangeList[ 1 ].done( test.done );
```

```
};
// End /updatePebblesAvtr/

// Begin /testPebblesAvtr/
testPebblesAvtr = function ( test ) {
  var chatee, test_str;
  test.expect( 1 );

  // get 'Pebbles' person object using get_chatee method
  chatee = spa.model.chat.get_chatee();

  // test avatar details for 'Pebbles'
  test_str = 'avatar details updated';
  test.deepEqual(
    chatee.css_map,
    { top : 10, left : 100,
      'background-color' : '#ff0'
    },
    test_str
  );

  // proceed to next test without blocking
  test.done();
};
// End /testPebblesAvtr/

// Begin /logoutAsFred/
logoutAsFred = function( test ) {
  test.expect( 0 );

  // logout as fred
  spa.model.people.logout();

  // proceed to next test when
  //   + logout is complete (spa-logout event)
  $deferLogout.done( test.done );
};
// End /logoutAsFred/

// Begin /testLogoutState/
testLogoutState = function ( test ) {
  var user, people_db, people_str, user_str, test_str;
  test.expect( 4 );

  test_str = 'logout as Fred complete';
  test.ok( true, test_str );

  // test the list of online persons
  people_db  = spa.model.people.get_db();
  people_str = makePeopleStr( people_db );
  user_str   = 'anonymous';
  test_str   = 'user list provided is expected - ' + user_str;

  test.ok( people_str === 'anonymous', test_str );

  // test user attributes
  user     = spa.model.people.get_user();
  test_str = 'current user is anonymous after logout';
  test.ok( user.get_is_anon(), test_str );
```

```
  test.ok( true, 'test complete' );

  // Proceed without blocking
  test.done();
};
// End /testLogoutState/

module.exports = {
  testInitialState     : testInitialState,
  loginAsFred          : loginAsFred,
  testUserAndPeople    : testUserAndPeople,
  testWilmaMsg         : testWilmaMsg,
  sendPebblesMsg       : sendPebblesMsg,
  testMsgToPebbles     : testMsgToPebbles,
  testPebblesResponse  : testPebblesResponse,
  updatePebblesAvtr    : updatePebblesAvtr,
  testPebblesAvtr      : testPebblesAvtr,
  logoutAsFred         : logoutAsFred,
  testLogoutState      : testLogoutState
};
// End of test suite
```

当运行测试集时（nodeunit nodeunit_suite.js），会看到以下输出信息：

```
nodeunit_suite.js
✔ testInitialState
✔ loginAsFred
✔ testUserAndPeople
✔ testWilmaMsg
✔ sendPebblesMsg
✔ testMsgToPebbles
✔ testPebblesResponse
✔ updatePebblesAvtr
✔ testPebblesAvtr
✔ logoutAsFred
✔ testLogoutState

OK: 25 assertions (14234ms)
```

根据计划，我们已经完成了测试集的编写。在更新至代码库之前（回想一下“提交钩子”），可以自动地运行这个测试集。这种做法并不会延缓我们的步伐，而是会防止回归和保证质量，从而加快我们的开发进度。这是产品质量设计的示例，而不是产品测试的“完成”。

还剩下一个很耀眼的问题：当前的测试集一直没有退出。当然，终端显示已经完成了 25 个断言，但是控制权一直没有返回给终端和其他调用进程。这阻止了测试集的自动运行。在下一节，我们将会讨论为什么会发生这种情况，以及我们对此能做什么事情。

B.5 修改单页应用模块，以便测试

Node.js（和与之相关的 nodeunit）遇到的一个麻烦问题是：它如何知道什么时候测试集运行完了？这是计算机科学中经典的停机问题[①]的例子，这在所有的事件驱动语言中是很重要的。一般来说，当 Node.js 发现没有代码可以执行和没有待处理的事务时，就会认为应用程序已完成运行。

到目前为止，我们的代码被设计成连续使用，除了关闭浏览器标签以外，没有考虑退出的条件。当测试人员使用模式 2（在浏览器中使用伪造数据进行测试）并登出的时候，Fake 模块会启动 `setTimeout` 方法，期待另外用户的登入。

我们的测试集，像某些类型的电影，需要明确的结束。因此，如果我们打算看到测试集结束的终止信号（`SIGTERM`）或者终止进程（`SIGKILL`），需要使用测试设置（test setting）[②]。测试设置是一种配置或者测试所需的指令，但“线上产品”不需要使用。

正如你所料，我们宁愿不需要什么测试设置，这样就能阻止它们引入它们自己的 bug。有时候，它们也是不可避免的。在这种情况下，我们需要测试设置来停止 Fake 模块不断地产生计时器。这将允许测试集退出，这样就可以使用脚本自动运行测试集并解释结果。

可以执行下面的步骤，阻止 Fake 模块在登出之后重新启动计时器。

- 在测试集中，在登出调用方法中添加 `true` 参数，像这样：`spa.model.people(true)`。这个指令（我们叫做 do_not_reset 标志）会通知 Model，在登出之后，我们不希望它重置值然后为其他人的登入做好准备。
- 在 Model 的 `spa.model.people.logout` 方法中，接收可选的 `do_not_reset` 参数。把这个值作为单个参数传递给 `chat._leave` 方法。
- 在 Model 的 `spa.model.chat._leave` 方法中，接收可选的 `do_not_reset` 参数。在向后端发送 `leavechat` 消息时，把这个值作为数据传递给后端。
- 更改 Fake（webapp/public/js/spa.fake.js）模块，确保 `leavechat` 回调函数把接收到的数据当作 `do_not_reset` 标志。当 `leavechat` 回调函数看到接收到的数据的值为 `true` 时，它就不会在登出后重新启动计时器。

虽然这比我们希望的工作多很多（我们追求的是没有额外的工作），但是这只需要对 3 个文件进行微小的修改。先修改测试集，然后向登出方法调用中添加 `do_not_reset` 指令，如代码清单 B-13 所示。添加的一个单词显示为粗体。

---

① 通俗的说，停机问题（halting problem）就是判断任意一个程序是否会在有限的时间之内结束运行的问题。更多信息请参考 http://zh.wikipedia.org/wiki/停机问题。——译者注

② 清楚地说明一下：我们需要退出这个程序，因为自动化提交钩子会依赖对退出代码的分析。没有退出，意味着没有退出代码，这意味着没有自动化，这当然是无法接受的。

代码清单 B-13 在测试集中添加 do_not_reset 指令——webapp/public/nodeunit_suite.js

```
...
// Begin /logoutAsFred/
logoutAsFred = function( test ) {
  test.expect( 0 );

  // logout as fred
  spa.model.people.logout( true );

  // proceed to next test when
  //   + logout is complete (spa-logout event)
  $deferLogout.done( test.done );
};
// End /logoutAsFred/
...
```

现在我们在 Model 中添加 do_not_reset 参数，如代码清单 B-14 所示。更改部分以粗体显示。

代码清单 B-14 在 Model 中添加 do_not_reset 指令——webapp/public/js/spa.model.js

```
...
 people = (function () {
   ...
   logout = function ( do_not_reset ) {
     var user = stateMap.user;

     chat._leave( do_not_reset );
     stateMap.user = stateMap.anon_user;
     clearPeopleDb();

     $.gevent.publish( 'spa-logout', [ user ] );
   };
   ...
 }());
 ...
 chat = (function () {
   ...
   _leave_chat = function ( do_not_reset ) {
     var sio = isFakeData ? spa.fake.mockSio : spa.data.getSio();
     chatee  = null;
     stateMap.is_connected = false;
     if ( sio ) { sio.emit( 'leavechat', do_not_reset ); }
   };
   ...
 }());
 ...
```

最后我们来更新 Fake 模块，当发送 leavechat 消息时，需要考虑 do_not_reset 指令，如代码清单 B-15 所示。更改部分以粗体显示。

代码清单 B-15 在 Fake 模块中添加 do_not_reset 指令——webapp/public/js/spa.fake.js

```
...
mockSio = (function () {
```

```
...
emit_sio = function ( msg_type, data ) {
  ...
  if ( msg_type === 'leavechat' ) {
    // reset login status
    delete callback_map.listchange;
    delete callback_map.updatechat;

    if ( listchange_idto ) {
      clearTimeout( listchange_idto );
      listchange_idto = undefined;
    }
    if ( ! data ) { send_listchange(); }
  }
  ...
```

更新完之后，可以运行 nodeunit nodeunit_suite.js，观察测试集的运行和退出：

```
nodeunit_suite.js
✔ testInitialState
✔ loginAsFred
✔ testUserAndPeople
✔ testWilmaMsg
✔ sendPebblesMsg
✔ testMsgToPebbles
✔ testPebblesResponse
✔ updatePebblesAvtr
✔ testPebblesAvtr
✔ logoutAsFred
✔ testLogoutState

OK: 25 assertions (14234ms)
$
```

测试集的退出码[①]是断言失败的次数。因此，如果所有的测试都通过了，退出码是 0（在 Linux 和 Mac 上，使用 echo $?可以查看退出码）。脚本可以利用这个退出状态（以及其他输出）来做些事件，比如阻止构建的部署，或者是向相关的开发人员或者项目经理发送邮件。

B.6 小结

测试是帮助我们更快和更好地开发的手段。一个运行良好的项目，从一开始就有多种测试模式的设计，编写测试代码，有助于快速有效地诊断和解决问题。几乎每个人都会在某个项目中工作一段时间，其中的每一个进步似乎都有与之对应的失败产物，而这些失败

① 退出码（exit code），也叫退出状态（exit status），在计算机领域中指一个子进程（或被调用方）运行结束时向其父进程（或调用方）返回的一个相对小的值。在 Windows 中的命令提示符中，可以使用 echo %errorlevel%查看退出码。更多信息请参见 http://zh.wikipedia.org/wiki/退出状态。——译者注

的产物以前是可以工作的。一致的、早期的和精心设计的测试，可以防止回归和加快开发进度。

本附录演示了 4 种测试模式，讨论了如何创建它们以及何时使用它们。我们选择了 nodeunit 作为我们的测试框架。我们不需要使用 Web 浏览器就能测试 Model。当创建测试集时，我们使用 jQuery 的 `Deferred` 对象和测试指令，确保测试按正确的顺序运行。最后，演示了如何修改模块，以便可以在测试环境中成功地运行测试。

希望我们的介绍对你有所启发，并能给你带来灵感。快乐地测试吧！